浙江绿肥生产与综合利用技术

王建红　符建荣 主编

中国农业科学技术出版社

图书在版编目（CIP）数据

浙江绿肥生产与综合利用技术 / 王建红，符建荣主编．—北京：中国农业科学技术出版社，2014.12

ISBN 978－7－5116－1833－7

Ⅰ.①浙…　Ⅱ.①王…②符…　Ⅲ.①绿肥－生产－浙江省②绿肥－综合利用－浙江省　Ⅳ.①S142

中国版本图书馆CIP数据核字（2014）第229301号

责任编辑　贺可香
责任校对　贾晓红

出 版 者　中国农业科学技术出版社
北京市中关村南大街12号　邮编：100081
电　　话　(010)82106638(编辑室)　(010)82109702(发行部)
(010)82109709(读者服务部)
传　　真　(010)82106650
网　　址　http://www.castp.cn
经 销 者　各地新华书店
印 刷 者　北京富泰印刷有限责任公司
开　　本　787 mm×1 092 mm　1/16
印　　张　23.25
字　　数　630千字
版　　次　2014年12月第1版　2014年12月第1次印刷
定　　价　58.00元

公益性行业（农业）科研专项“绿肥作物生产与利用技术集成研究与示范”（200803029，201103005）；浙江省重大科技专项重点农业项目“优质高产绿肥生产及综合利用关键技术集成与示范”（2009C12001）资助。

《浙江绿肥生产与综合利用技术》
编　委　会

主　编： 王建红　符建荣

副主编： 倪治华　单英杰　俞巧钢　张　贤

编　委：（以姓氏笔画为序）

丁炳红　王光松　王　阳　王伯诚　石其伟
叶　静　朱小芳　朱贵平　华金渭　刘庭付
刘　辉　刘新华　何贤彪　宋仿根　张　硕
张彭达　项玉英　赵伟明　姜丽娜　姜新有
顾国平　徐建祥　曹　凯　蒋玉根　程旺大
傅丽青　舒巧云　童文彬

前　言

绿肥是利用植物生长过程中所产生的全部或部分绿色体，通过就地或异地还田，利用植物体腐解后释放养分为主作物提供营养，同时具有改善土壤理化性状的一类植物性肥料。在实际生产中人们往往认为绿肥是一类以肥料利用为主要目的的附属作物（相对于主作物而言），但从狭义上理解，绿肥本质上是一类植物性肥料。在化肥出现之前，农业生产的肥料来源主要依赖农家肥（如人粪尿、畜禽栏肥、作物秸秆等）和绿肥，因此，绿肥在我国传统农业的发展过程中具有重要的地位。

随着化学肥料的出现和大量推广使用，绿肥在农业生产中的地位发生了戏剧性的变化，开始由重要地位转而被忽视甚至抛弃。但是，随着不合理使用化肥的年限不断增加，随之而来的生态负面效应开始显现，如土壤结构退化、农业面源污染加剧、农田生物多样性减少等，正在威胁农业的可持续发展。如何有效应对化肥带来的负面影响，人们开始重新省视农业生产中使用肥料的种类和结构。绿肥作为一类安全、优质、环保的肥料，重新获得了人们的重视。我国从2007—2009年的中央“一号文件”均提出鼓励农民种植和发展绿肥生产，使绿肥产业的发展又获得了新生。

浙江省种植利用绿肥历史悠久，其中，紫云英绿肥可以说是浙江省绿肥发展的一面旗帜。据统计，20世纪60年代，浙江省仅紫云英绿肥的种植面积就超过60万hm^2，占全省水田面积的70%以上。绿肥研究也取得了多项科技成果，其中，“浙紫5号”紫云英新品种就是20世纪80年代选育完成的。但是，浙江省的绿肥发展形势和全国相似，从20世纪80年代末至2007年，由于受化肥大量推广使用和市场经济思维的影响，绿肥研究与利用受到极大冲击。据2004年统计，全省的绿肥面积不到7万hm^2。

过度依赖和使用化肥对农业生态环境的破坏引起了全国上下的重视。2008年农业部、财政部和科技部启动了国家公益性行业（农业）科研专项“绿肥作物生产与利用技术集成研究及示范”项目，浙江省农业科学院作为该项目的参加单位，参与了项目的部分研究任务，这使浙江省的绿肥科研工作得以重新启动。2009年浙江省科技厅根据全国绿肥发展形势的需要也启动了浙江省重大科技专项重点农业项目“优质高产绿肥生产及综合利用关键技术集成与示范”，该项目由浙江省农业科学院和浙江省土肥站共同承担，省内的7个地方农业科学院（所）和4个市（县）土肥技术推广部门共同参与项目实施。通过该项目的实施，全省的绿肥研究和推广工作取得了巨大进步，同时也培养出了一支专业从事绿肥研究和推广的人才队伍。2011年农业部、财政部和科技部继续实施国家公益性行业（农业）科研专项绿肥项目，项目的实施进一步推动了全省的绿肥科研推广工作。

通过国家和浙江省绿肥项目的实施，在一批绿肥科研和推广人员的共同努力下，一些有关绿肥研究的专业论文陆续发表，这些论文从不同角度、不同方向展示了全省绿肥技术研究的最新成果。为了让这些科技成果能更加系统全面地为浙江省的绿肥研究和推广工作服务，编者决定将绿肥项目实施过程中发表的有关专业论文进行系统整理并付印出版。为了让出版的内容更加全面、深入，编者同时将浙江省 2000 年以来通过其他各类项目实施，但研究内容以绿肥为主的试验论文也收录到本书中，以便更加全面地给读者展示 21 世纪以来浙江省在绿肥科学研究方面的最新成果。

绿肥作物种类繁多。不同地区、不同省份适宜的绿肥品种和利用方式存在很大差异。编者在论文整理过程中，充分考虑到浙江省的气候、地形特点，根据绿肥作物在浙江省实际生产中的推广面积、栽培适应性、发展潜力等因素，重点介绍了紫云英、蚕（豌）豆、黑麦草、白三叶等绿肥方面的研究成果。为了让读者更好地阅读此书，编者根据每篇论文的研究侧重点，将全书归纳整理为六个部分：绿肥生产概述；绿肥作物品种选育与种子生产技术；绿肥作物高产栽培技术；绿肥与土壤培肥及主作物产量关系；绿肥生产与农业生态环境效应；绿肥作物综合利用技术。绿肥生产概述部分主要收集一些全省绿肥发展历史、现状及对策，绿肥主要种植模式、栽培技术规程之类的综述性研究论文。绿肥作物品种选育与种子生产技术部分主要向读者介绍浙江省 21 世纪以来绿肥作物品种选育和种子生产技术的最新研究成果。绿肥作物高产栽培技术部分重点介绍不同绿肥作物获得生物量高产的科学施肥和管理技术。绿肥与土壤培肥及主作物产量关系部分主要介绍不同绿肥培肥土壤的效果及对主作物产量、品质的影响。绿肥生产与农业生态环境效应部分主要介绍绿肥作物在生产与利用过程中对改善园地小气候、钝化土壤重金属活性、促进土壤有害化合物降解、防治水土及养分流失、增加土壤微生物多样性、修复氮磷污染水体等诸多环境保护方面的功能与作用，这是本书介绍绿肥技术的亮点。绿肥作物综合利用技术部分主要介绍绿肥作物除了用作肥料之外的其他用途，如饲用、菜用、发展生态循环农业等，这部分内容与第四、第五部分的内容既有联系又有区别，前者主要是理论研究，后者侧重的是具体的技术措施，前者为后者的应用提供理论依据。需要引起关注的是绿肥作物在污水治理等方面的应用技术研究与浙江省当前广泛开展的“五水共治”工程联系紧密，如何将绿肥技术更好的应用于这项全省的重点工程是广大绿肥科研推广工作者需要思考的问题。

本书出版得到了公益性行业（农业）科研专项“绿肥作物生产与利用技术集成研究及示范”项目（201103005）以及浙江省重大科技专项重点农业项目“优质高产绿肥生产及综合利用关键技术集成与示范”（2009C12001）的支持。编者特别要感谢“绿肥作物生产与利用技术集成研究及示范”项目首席专家中国农业科学院资源与区划研究所曹卫东研究员，江西省农业科学院土壤肥料与资源环境研究所徐昌旭研究员，他们在百忙中对本书的编写给予了悉心指导。编者还要对被收录到本书中的所有论文作者表示感谢，是他们的辛苦劳动，共同推动了浙江绿肥科研事业的发展。除此之外，编者还要对本书编写和出版过程中给予过关心和帮助的所有单位和个人表示感谢。

本书可以作为从事绿肥科研、推广、教育、培训人员的参考用书，希望本书可以为他们的工作提供些许帮助。由于编者及作者水平有限，书中错漏之处在所难免，恳请读者批评指正。

编　者

2014 年 6 月

目 录

第一篇 绿肥生产概述

第二篇 绿肥作物品种选育与种子生产技术

第三篇　绿肥作物高产栽培技术

第四篇　绿肥与土壤培肥及主作物产量关系

第五篇　绿肥生产与农业生态环境效应

第六篇　绿肥作物综合利用技术

第一篇　绿肥生产概述

浙江省绿肥发展历史、现状与发展对策*

王建红 曹 凯 姜丽娜 符建荣 水建国
浙江省农业科学院环境资源与土壤肥料研究所 浙江杭州 310021

摘 要：文章系统总结了浙江省绿肥的发展历史和现状，并结合浙江省绿肥发展的实际情况提出了浙江省绿肥产业发展的对策，对指导浙江省绿肥产业发展具有重要的现实意义。

关键词：浙江省；绿肥；发展现状

1 浙江省绿肥发展主要历史

1.1 绿肥发展初期

浙江省自然地理条件优越，水热资源丰富，植物种类多样，非常适合一些绿肥作物的种植。新中国成立前由于缺少化学肥料，农民对耕地的培肥主要依赖农家肥和绿肥，而绿肥作为主要的肥力来源，专业种植并用于养地和促进农业生产恐怕要属紫云英绿肥了。浙江民间曾有："一年红花草，三年地脚好"，"紫云英种三年，坏田变好田"等农谚。这里提到的红花草即为现代名称的紫云英。据林多胡等人考证，紫云英原产我国中部山间河谷地带，其后逐步向我国南北扩展[1]。浙江大面积种植紫云英的年代有待考证，但据1934年民国时期中央农业实验所《农情报告》对全国紫云英种植面积调查记载，当年全省种植面积为32.97万 hm^2[2]，居全国各省种植面积之首，此后进行的多次统计均显示浙江省的紫云英种植面积均在全国前列。

1.2 绿肥快速发展与衰退期

1.2.1 绿肥快速发展期

新中国成立之初国家非常重视农业生产和粮食安全，但那时还没有大量生产化学肥料的能力，为了稳定粮食生产保证粮食安全，绿肥作为能在生产上大面积推广应用的重要肥源受到各级农技推广部门和农民的重视。水稻是浙江省主要的粮食作物，播种面积最大，为了解决水稻生长的肥源，浙江农民大面积在稻田冬种紫云英。根据20世纪50年代中期的调查资料，浙江的嘉兴和宁波地区的间作稻区，紫云英占冬种面积的70%以上，有些地方几乎达到90%[1]。资料显示，浙江省绿肥种植面积最大的是1966年，全省绿肥种植面积达到96.9万 hm^2[3]。此后随着"文革"的开始，农业生产受到一定影响，省绿肥面积略有波动，但在20世纪70年代末以前全省绿肥面积基本变化不大，总面积稳定在100

---

* 本文发表于《浙江农业学报》，2009，21（6）：649－653.

万 hm^2/年左右。根据浙江省1975年统计资料，全省当年冬绿肥种植面积达83.1万 hm^2，其中紫云英种植面积66.5万 hm^2，约占冬绿肥种植面积的80.0%[1]。这一时期浙江省农业科学院土壤肥料研究所开始对种植绿肥的培肥效果和紫云英品种收集、引进、筛选、育种等方面进行了初步研究工作，在水稻套种满江红、水浮莲等水生绿肥的栽培和培肥效果进行了一系列研究[4~6]。

1.2.2 绿肥发展衰退期

20世纪80年代初期，随着农村实行联产承包制以后，化学肥料在全省广泛应用，农民种植绿肥的积极性逐年下降。特别是到了90年代以后，随着大量农民工进城打工，农村劳动力明显减少，农民水稻收割后开始让农田抛荒，不再种植任何作物，于是出现了大量冬闲田，导致绿肥种植面积是直线下降。统计表明，1981年全省绿肥种植面积尚有52.2万 hm^2[1]，到1990年全省绿肥种植面积下降到39.4万 hm^2[7]，下降了24.5%，年均下降2.45%。1991年全省绿肥种植面积为37.5万 hm^2[7]，到2000年全省绿肥种植面积已下降到21.8万 hm^2[7]，10年下降41.8%，年均下降4.18%。这一时期虽然绿肥的种植面积开始进入下降通道，但对绿肥的研究工作还在不断深入，浙江省农业科学院土壤肥料研究所对水生绿肥满江红，稻田冬绿肥紫云英[8]、黑麦草，果园、旱地绿肥苕子、箭舌豌豆等进行了较深入的研究，并在80年代初期成功选育了紫云英新品种“浙紫5号”[9]。这一时期浙江省农业科学院还参加了全国的绿肥协作网，对全国优良绿肥品种的引进、推广和全省绿肥的科研工作起到了重要推动作用。

1.2.3 绿肥发展低谷期

在绿肥生产应用方面，21世纪初期随着我国化肥生产能力的长足进步和各类无机肥料的普及，种植绿肥的效益进一步下滑，同时农村劳动力开始大量涌向城市，劳动力成本开始不断增加，为了省工省时，农民不愿意花费劳动力种植绿肥，全省的绿肥种植面积又呈现快速下降趋势。据统计2001年全省绿肥面积尚有17.4万 hm^2[7]，到2004年快速下降到6.7万 hm^2[7]，种植面积4年下降了61.5%，年均下降15.3%。2004年以后全省大面积种植绿肥的区域基本消失，绿肥的种植面积维持在低的水平。

2 浙江省绿肥发展现状

2.1 主要品种资源

浙江省绿肥品种资源较多，但性状优良的绿肥品种不多，目前在生产上应用较多的主要有以下一些品种。

2.1.1 紫云英

通过20世纪对紫云英品种资源的系统收集与选育工作，基本明确了适合浙江省种植的3个紫云英品种：“宁波大桥种”，“平湖大叶种”和“浙紫5号”，其中，宁波大桥种和平湖大叶种为经系统筛选和提纯复壮选育而成的地方优良品种，浙紫5号是浙江省农业科学院原土壤肥料研究所以宁波大桥种的优良株系66-140为母本，日本种为父本进行杂交，经系统选育而成的[1]。

2.1.2 蚕豌豆

蚕豌豆是比较好的肥菜兼用型冬季绿肥。浙江省种植蚕豌豆的历史也比较长，以地方品种为主，品种类型多而杂，种植面积多不大。目前，生产上农民种植比较多的蚕豆品种主要是日本大粒蚕豆。日本大粒蚕豆是20世纪90年代初从日本引进并选育而成的一个蚕豆新品种，具有植株和鲜荚产量双高，菜用价值好的特点。中豌4号品种是20世纪80年代初从中国农业科学院畜牧所引进的菜用豌豆新品种。大荚箭舌豌豆是从北方引进的果园套种绿肥品种，它在浙江省衢州、台州等柑橘园套种肥效好，对改善柑橘品质有较好的作用，受到当地农民的欢迎。

2.1.3　黑麦草

黑麦草是适宜性比较强的冬季禾本科饲草绿肥，它既可做绿肥也可做牧草。浙江省从20世纪80年代开始引进和推广黑麦草，早期主要引进意大利黑麦草和美国俄勒冈黑麦草，这两个品种都为二倍体黑麦草，适宜留种推广。20世纪80年代中期，浙江省曾在嘉兴、江山等地建立了上万亩的黑麦草留种基地，并在全省各地推广种植黑麦草。20世纪90年代以后浙江省开始从国外引进四倍体黑麦草，它的鲜草产量和抗逆性都强于二倍体黑麦草，缺点是不宜留种。

2.1.4　白三叶

白三叶是适应性比较强的多年生果园豆科绿肥，该绿肥种植后生存年限较长，一般可达7~9年，最长可达15年，喜湿润温暖气候，具有耐阴、耐酸、耐湿等特性，有一定的抗寒能力，适宜的土壤pH值为4~8，适酸碱范围较大。此外，它的耐践踏性、再生能力均很强。20世纪90年代中后期，浙江省开始引进种植。目前，生产上用得较多的有大叶型“海发”和中叶型“考拉”两个品种。

2.1.5　紫花苜蓿

紫花苜蓿是肥用和饲用价值都很高的多年生豆科肥饲兼用型绿肥。20世纪90年代前，国内还没有育成适合南方种植的紫花苜蓿品种。随着育种技术的进步，21世纪初浙江省开始从国外引进秋眠级较高的品种进行试种。引种试验表明，秋眠级在6级以上的品种在浙江省种植可以获得较高的产量[10]。目前，在生产上推广应用的主要品种有游客、维多利亚、南霸天等，但总体推广应用面积还不大，主要在桐乡、宁波、象山等地。

2.1.6　黄花苜蓿

黄花苜蓿也称金花菜，是一年生或越年生草本绿肥。黄花苜蓿农家品种很多，浙江省主要有余姚种，温岭种，上虞种等[1]。目前，在浙江省栽培的主要有温岭种和上虞种。温岭种叶片较大，叶色稍浅，茎较粗长，荚果果盘较大，荚硬刺尖，生长较直立，适于迟播。由于黄花苜蓿紫云英种脱粒困难，往往需带荚播种，这样不仅造成种子播种量大，而且种子发芽率较低，限制了黄花苜蓿紫云英在生产上的大面积推广应用。

2.2　推广应用现状

2004年以后，浙江省每年的绿肥面积稳定在6万~7万hm^2，从种植季节看，仍以冬季稻田绿肥为主，稻田冬绿肥又以紫云英为主，全省种植紫云英面积较大的区域主要集中在宁波、金华、台州、衢州等地，总面积在4万hm^2左右，其次为黑麦草、蚕豌豆等。据统计，金华市2007年年底，全市共完成冬种绿肥面积2.75万hm^2，其中，播种紫云英1.53万hm^2，占冬绿肥面积的55.4%。

从绿肥应用类型看，稻田绿肥面积在快速萎缩的过程中，茶、桑、果园套种绿肥的面积在逐年增加，这主要是因为种植稻田绿肥费工费时，而且直接经济效益差，而茶、果园中套种绿肥对提高土壤肥力，改善茶、果品质有较好效果，具有一定的经济效益[11,12]。茶、桑、果园中套种面积较大的绿肥品种主要有大荚箭舌豌豆、白三叶等，如浙江省衢州市近年来在柑橘园大面积套种大荚箭舌豌豆绿肥深受农户欢迎，浙江省丽水市在果园中推广套种白三叶也获得成功。

从绿肥品种变化趋势看，农民纯种紫云英、绿萍等绿肥的积极性不高，而对种植可饲用和菜用的绿肥品种积极性较高。农民种植可饲用的黑麦草用于饲喂各种草食动物积极性较高，种植面积稳定增加，如金华市 2007 年仅黑麦草种植面积就达 3 万 hm^2。另外，农民对可菜用的绿肥（如蚕豌豆等）也比较乐意种植。

总之，目前，浙江省的绿肥推广应用现状是：绿肥种植面积在低水平徘徊不前；绿肥种植趋势由稻田冬种绿肥向果园旱地套种绿肥拓展，绿肥种植品种由单一紫云英为主向黑麦草、蚕豌豆、白三叶、紫花苜蓿等多用途经济型绿肥品种过渡。

3　浙江省绿肥发展对策思考

3.1　明确指导思想

以绿肥种质资源开发和综合利用为核心，以科研为先导，以示范带动为主线，以政府优惠扶持为推力，通过促进绿肥产业链的形成、延伸和壮大，使绿肥种植形成一项不仅是农田土壤改良工程，也是一项解决草食动物蛋白饲料和丰富人类蔬菜、食品资源的重大工程，把绿肥作为一项推动浙江省种植业结构调整的工作，实现以粮为主，以草为辅，粮草结合的浙江省农业种植业发展新模式，最终实现绿肥产业的可持续发展。

3.2　制定发展目标

3.2.1　总体目标

通过优质绿肥品种资源的开发和推广应用，在绿肥综合利用方面不断延伸产业链，促进浙江省农田粮草合理轮作种植制度的形成和发展，最终把绿肥发展成为一项对浙江省农业种植业结构调整有重要贡献的绿肥生产和应用产业体系，为浙江省的土壤资源持续利用和粮食安全生产服务。

3.2.2　近期目标

通过对现有绿肥品种资源的收集、整理、提纯、复壮和绿肥新品种的引进与选育，以绿肥优良品种生产和推广为抓手，在绿肥培肥地力、减施化肥控制农业面源污染、改善土壤微生物群落和微生态环境、提升农业土壤综合生产能力等方面进行系统研究，明确绿肥在实现土壤资源持续利用方面的重要意义和作用机理；初步开展绿肥在动物饲料资源开发、人类蔬菜、食品资源开发等方面的研究工作，为绿肥产业链的延伸和发展壮大进行有益的探索。

3.2.3　中长期目标

通过对绿肥品种培育、部分植株残体还田和重要营养体的综合开发利用，在绿肥种子生产、鲜株加工、植株营养体开发、绿肥产品流通等方面形成强大的产业化链，促进绿肥产业的规模化生产和实现绿肥产业的可持续发展。

3.3 重点研究内容

3.3.1 品种资源开发与产业化

（1）现有种质资源收集、整理、提纯、复壮与新品种引进选育

首先，必须进行全省绿肥种植品种的调查，收集、整理出一些目前在生产上应用较广，农民欢迎的绿肥品种，以现有品种为材料，通过各种现代育种手段培育出一些性状更加优良的绿肥新品种；其次，针对目前浙江省绿肥品种仍以紫云英为主的特点，对现有紫云英种子进行提纯、复壮和选育，培育出具有优良特性的紫云英新品种；再次，由于绿肥育种时间长，浙江省现有工作基础不多，为了加快全省绿肥事业的发展，可以考虑从国内外引进一些适合浙江省气候条件种植的绿肥新品种。通过引进、筛选和进一步的培育，尽快培育出一些在生产上有应用前景的绿肥新品种，并进行推广应用。

（2）种子生产基地和生产流通体系建设

绿肥要发展必须要有健全的种子生产基地和相应的种子生产流通体系。科研单位要有一定面积稳定的种质资源圃，推广应用单位要有相对稳定的试验、示范基地。成熟的绿肥品种要有留种基地和种子生产、加工的流通体系，要出台优惠政策，鼓励种子生产企业从事绿肥种子生产、加工和经营。浙江省传统的绿肥种子生产基地要逐步恢复，对新选育的优良绿肥品种要在各类相关技术成熟以后选择适合的地区建立新的种子生产基地。

3.3.2 各种绿肥的优质高产栽培技术研究

主要研究内容包括：①各种绿肥品种的最佳播期、播种方法和栽培模式研究；②通过合理配施各类肥料，以获得生物量高的技术研究；③不同品种绿肥的混播技术与效果研究；④绿肥与粮食作物的合理轮作或套种技术研究等。

3.3.3 绿肥综合利用技术研究

（1）绿肥改良土壤综合效应研究主要包括：①不同品种绿肥还田后对土壤有机质动态变化的影响；②绿肥还田对土壤微生物群落变化的影响；③绿肥生长和还田过程中对污染土壤有机、无机有毒物的吸收、固定、降解或转化的作用机制；④在不影响粮食作物产量的前提下，化肥减量的技术；⑤不同品种绿肥对低肥力土壤的快速培肥作用；⑥种植绿肥对提高农产品品质的作用和发展有机食品的关系等。

（2）绿肥加工成植物蛋白饲料的价值评估和生产工艺与生产设备研究主要包括：①各种绿肥的植物体营养成分分析与营养价值评估；②绿肥不同生育期、不同收获部位的利用价值评估；③绿肥的省力化收割与脱水技术研究；④绿肥的青贮技术研究；⑤绿肥的干草加工技术研究；⑥绿肥的饲料深加工工艺和配套生产设备研究等。

（3）绿肥加工成蔬菜、食品的营养价值评估与生产工艺研究主要包括：①绿肥菜用或食用的采收期与采收部位研究；②绿肥菜用或食用的主要营养价值研究；③绿肥菜用或食用的加工工艺和配套生产设备研究等。

3.4 主要发展措施

3.4.1 领导重视与政策扶持

领导重视和政策扶持是浙江省绿肥产业发展的前提条件。历史经验表明，绿肥产业的发展必须有各级领导的重视和各项优惠政策的扶持。近年来，随着化肥在农田过量使用，

一些负面危害逐步显现。为了实现农田土壤的持续利用，人们重新开始认识到发展绿肥对提高土壤有机质、改善土壤结构、维持土壤资源持续利用和保障浙江省农业安全生产的重要性，并出台了许多相关绿肥种植的优惠政策。这些政策的出台在一定程度上缓解了浙江省绿肥种植面积年年下降的趋势。自 2004 年出台绿肥种植相关补助政策后，浙江省的绿肥种植面积开始趋于稳定。

3.4.2 确保科研经费长期稳定的投入

科研成果应用是绿肥发展的原动力。前些年由于全省各级科研主管部门对绿肥科研投入非常有限，导致绿肥科研成果的严重不足，以致出现省市相关政府部门出台优惠政策鼓励农民发展绿肥种植时科研部门却拿不出优秀的科研成果供农技推广部门和农民应用，特别是优质绿肥品种资源短缺，绿肥综合利用技术跟不上，最终导致绿肥产业链无法形成，造成了“政府重视，推广部门积极，农民观望”的绿肥发展被动局面。为了保证绿肥科研成果的推广，促进绿肥生产发展，今后省市科研主管部门应加强对绿肥研究的经费投入。全省和各级地方科研主管部门要制定绿肥发展的近期规划和中长期远景规划，持续不断地对绿肥研究进行经费投入，同时鼓励社会闲散资金、民营资本投资绿肥产业，共同促进绿肥科研成果的形成和转化。

3.4.3 稳定健全的绿肥科技推广网络

建设健全的绿肥成果推广应用网络是绿肥发展的组织保障。绿肥生产涉及的地区广，面积大，人员多，为了加快绿肥科研成果的转化，需要地方各级政府和各级农技推广部门的密切配合。地方各级农技推广部门要有从事绿肥技术推广应用的相应组织机构，并有相应工作经费维持组织机构的运转。只有这样才能提高绿肥科研成果的推广应用效率，促进绿肥产业的做大做强。

3.4.4 人才队伍建设

人才队伍建设是绿肥产业发展的根本。人才队伍建设包括：①科研队伍建设：省级科研单位要有专门从事绿肥研究的科研人员，要培养绿肥育种、栽培、加工的人才，形成人员结构合理的绿肥科研团队；②推广队伍与组织建设：全省各地（市）县要有从事绿肥技术推广的专业技术人员，对他们的推广资金要有保障；③经营人才培养与经营企业扶持：要培养从事绿肥种子生产和经营、绿肥饲料开发和经营、绿肥菜用和食用开发和经营的人才，对从事绿肥产业开发的人员和企业，全省和地方都要在政策和资金上予以扶助，帮助他们做大做强。只有这样，绿肥的产业体系才能健全，绿肥产业的可持续发展才有保障。

参考文献

[1] 林多胡，顾荣申．中国紫云英［M］．福州：福建科学技术出版社，2000：3－6，8，9，78.

[2] 中央农业实验所．农情报告［J］．农报，1936（3）：1 491－1 492；1937（4）：1 143.

[3] 李英法，张友金等．浙江省稻田冬绿肥优化种植模式研究［M］．浙江省“七五”科技攻关项目验收材料（内部资料）：1992.

[4] 浙江省农业科学院土壤肥料研究所绿肥组．紫云英开花生物学和杂交技术探索［J］．浙江农业科学，1975（5）：15－20.

[5] 利卓燊，叶利水，俞林火．分次压青倒萍提高稻田养殖满江红肥效的初步试验［J］．浙江农业科学，1964（5）：21－24.

[6] 浙江省农业科学院土壤肥料研究所．土、肥、水和施用方法对水浮莲肥效的影响［J］．浙江农业科学，1977：32－35.

[7] 浙江省统计局．浙江统计年鉴［M］．北京：中国统计出版社，1991：121；1992：114；2001：234；2002：226；2005：275.

[8] 李莉，方长安．紫云英数量性状自交效应和品种间杂种优势的研究［J］．土壤通报，1995，26（7）：70－72.

[9] 浙江省农业科学院土壤肥料研究所，湖南省农业科学院土壤肥料研究所．全国绿肥试验网紫云英品种资源收集、整理、鉴定及保存试验总结（1981—1985）［M］．全国绿肥网会议交流资料：1985.

[10] 王建红，曹凯，张贤等．紫花苜蓿用作浙江稻田绿肥的可行性研究［J］．浙江农业科学，2009（4）：736－738.

[11] 朱华潭，董炳荣，伍唤海等．新围砂涂葡萄园地开辟有机源对土壤培肥与丰产优质的作用［J］．浙江农业学报，1995（2）：129－131.

[12] 王建红，曹凯，傅尚文等．几种茶园绿肥的产量及对土壤水分、温度的影响［J］．浙江农业科学，2009（1）：100－102.

浙江省绿肥生产与推广应用现状及对策建议

倪治华[1]　单英杰[2]

1. 浙江省农技推广中心；2. 浙江省种植业管理局　浙江杭州　310020

摘　要：总结2009年以来浙江省绿肥生产与推广应用现状，主要做法，分析存在问题，提出下一步推广建议。

关键词：浙江省；绿肥；生产现状；对策建议

利用植物生长过程中产生的全部或部分绿色体，直接耕翻到土壤中用作肥料，这类绿色植物体被称之为“绿肥”[1]。绿肥具有提供养分、合理用地养地、改善生态环境的作用，豆科绿肥更有固氮吸碳和节能减耗的功效[2]。我国是利用绿肥最早、栽培面积最大的国家，种植绿肥作为传统农业的精华，一直延续至今。近年来，国家在绿肥生产等方面加大了扶持政策引导和专项资金投入，有力地推动了绿肥的恢复性发展，有效地促进耕地土壤可持续利用和农业可持续发展。

1　绿肥生产现状

绿肥是浙江省农业生产的主要有机肥源，20世纪60年代高峰期种植面积曾达100万

hm^2 左右。但随着经济社会发展、农村劳动力转移、劳动力成本攀升和种植结构调整，以及我国化肥工业的快速发展和各类化学肥料的普及施用，农民因绿肥生产效益低而逐年降低了种植积极性，种植面积由 20 世纪 80 年代的约 53 万 hm^2，锐减到 2002 年的 13 万 hm^2，2003 年的 9 万 hm^2 和 2004 年的 7 万 hm^2。与此同时，一方面随着改革开放的进一步深入，工业化、城镇化进程的快速发展，城市近郊大量熟化优质高产耕地逐步被建设占用，建设用地需求与优质土地资源可供量之间的矛盾日益凸显，可用于耕地开发的后备资源越来越少，新增耕地大多开发自低丘缓坡和荒滩荒涂，土壤肥力普遍较低，生产能力低下。另一方面由于有机肥投入严重不足，长期大量地施用单一的化学肥料往往会导致土壤退化，土体板结，养分流失，农产品品质降低，耕地整体质量呈逐年下降趋势，现代农业发展受耕地资源环境的约束逐年增强。据 2008 年标准农田地力调查与分等定级结果，全省近 2/3 的标准农田为中低产田，每年补充进入的新增耕地 80% 为不能种植水稻等高产粮食作物的靠天旱地。同时，各级政府和相关部门愈来愈意识到，在现有产业宏观政策和当前农村经营体制机制条件下，合理轮作和土壤培肥不单是生产经营主体的责任和义务，很大程度上需要依靠各级政府组织引导和财政资金扶持实施。因此，近年来国家农业部和省委省政府以实施沃土工程、土壤有机质提升、标准农田质量提升及补充耕地制度化后续培肥等财政补贴项目为载体，鼓励、促进地方各级政府制定出台绿肥生产优惠扶持政策，充分调动农民种植绿肥的积极性，绿肥生产有了恢复性发展，2008 年以来全省绿肥种植面积一直稳定在 17 万 hm^2 左右，绿肥轮作、套种和其他综合利用种植模式作为改良土壤、提高土壤肥力的成熟适用技术，已成为当前和今后相当一段时间浙江省耕地质量建设的重要措施之一。

1.1 种植利用模式

根据浙江省耕作制度特点和农民种植绿肥的传统习惯，主要推广“紫云英—稻”、“黑麦草—稻”、“蚕（豌）豆—稻”等绿肥水旱轮作种植、翻压利用等技术模式，绿肥在秋季或初冬播种，主要生长季节在冬季，利用稻田的冬季休闲地复种冬绿肥，来年春季或初夏利用，直接为水稻提供底肥，以肥饲、肥粮、肥油和肥菜兼用多种方式。近几年，随着现代农业园区建设的进一步扩大，山地及平原果园套种紫云英（三叶草、箭舌豌豆）等绿肥种植模式也得到快速发展。在不改变主导产业作物种植方式的情况下，利用不同作物播种期、生长期的差异，合理配置作物群体，将绿肥作物套种在主播作物行株间，使作物高矮成层，相间成行，有利于改善作物的通风透光条件，提高光能利用率，充分发挥边行优势的增产作用。绿肥翻压后可作当季作物追肥和下季作物基肥，同时培肥地力。据原浙江省土肥站统计资料，2012 年全省“三园”套种绿肥面积为 2 万 hm^2，占绿肥种植总面积的 13. 1%。近几年，采用两种以上的绿肥种子混合播种，以取长补短，形成一个立体的光能利用群体，提高光能利用率，提高整体绿肥产量的绿肥混播技术模式，也形成一定的规模趋势。浙江省绿肥混播以紫云英和油菜混播为主，主要在兰溪、仙居等地应用，紫云英鲜草与油菜秸秆（及生长过程中的枯枝落叶）混合还田，不仅产量高，还可协调还田物料中的碳氮比，进一步提升培肥效果。

1.2 主要栽植品种

在稳定紫云英（主栽品种为“宁波大桥种”）种植面积的基础上，近几年，为提高绿肥种植效益，全省积极发展菜肥兼用、粮肥兼用、饲肥兼用的黑麦草、蚕（豌）豆（主栽品种为“白花大粒”和“中豌 4 号”）等经济型绿肥，大力发展“三园”套种绿肥。据统计，2012 年全省绿肥种植面积 14.9 万 hm^2，其中，紫云英种植面积 6.5 万 hm^2，占绿肥种植面积 44.0%、黑麦草等牧草 1.2 万 hm^2 占 8.2%、蚕豌豆等经济绿肥 5.4 万 hm^2 占 36.5%。

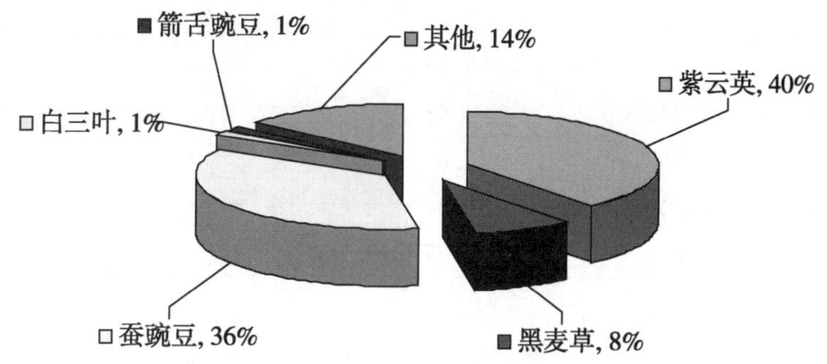

图 1　2009—2012 年全省绿肥主要品种栽植比例

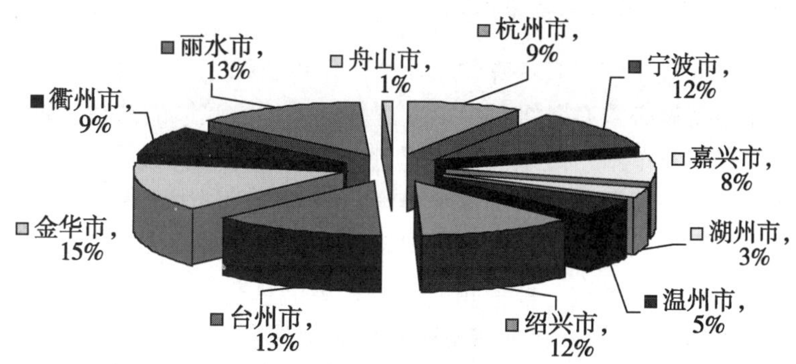

图 2　2009—2012 年全省绿肥种植区域分布情况

1.3　种植区域分布

浙江省绿肥种植面积较大的分别为金华市、丽水市、宁波市、绍兴市和台州市，占全省种植面积的比例均超过 10%，2012 年分别达 2.4 万 hm^2、2.0 万 hm^2、2.0 万 hm^2、1.8 万 hm^2 和 1.7 万 hm^2；种植面积超过。0.7 万 hm^2 的有杭州市、嘉兴市、温州市和衢州市，所占面积比例分别为 9.7%、6.6%、5.6% 和 5.9%；种植面积较少的为湖州市和舟山市，所占比例仅为 3.9% 和 1.2%（表 1）。

表 1　2009—2012 年全省各市绿肥种植面积　（单位：万 hm^2）

单位与年度	2009 年	2010 年	2011 年	2012 年
杭州市	1.58	1.56	1.49	1.44
宁波市	1.85	2.05	1.99	1.96
嘉兴市	1.54	1.54	1.35	0.98

（续表）

单位与年度	2009 年	2010 年	2011 年	2012 年
湖州市	0.84	0.84	0.54	0.57
温州市	1.17	0.82	0.88	0.83
绍兴市	2.26	2.35	2.04	1.85
台州市	2.68	2.25	2.25	1.73
金华市	2.55	2.45	2.45	2.45
衢州市	1.37	1.95	1.46	0.88
丽水市	2.46	2.63	2.19	1.98
舟山市	0.36	0.34	0.15	0.18
全省合计	18.64	18.77	16.80	14.85

2 主要做法与经验

2.1 政府重视支持落实专项扶持政策措施

由于客观存在的效益比较与其特殊的农业生产作用，绿肥生产离不开各级政府的重视和支持，绿肥产业的发展必须有各级领导的重视和各项优惠政策的扶持。近年来，随着各级领导和相关产业部门对单一、过量使用化肥造成农田基础产出下降、生态环境恶化等负面影响的逐步认知和进一步深化，为确保土壤资源的可持续利用、保障全省农业生产基本安全，各地重新认识发展绿肥生产、实行肥粮轮作对提高土壤有机质、改善土壤结构的重要性所在，并审时度势制定出台了许多相关绿肥种植的优惠政策。特别是 2005 年起开展的沃土工程项目建设和 2007 年农业部探索实施的有机质提升试点，制定了绿肥生产的财政补贴环节和标准，全省在每年的冬种生产意见中明确发展绿肥生产的要求并落实省定连片冬绿肥示范基地补助政策，各县（市、区）农业部门根据工作需要成立由主要领导为组长的工作小组和相关专业、产业部门参与的技术小组，统筹力量与资金，因地制宜完善补贴环节、补贴标准，加大扶持力度。这些政策和措施的出台在很大程度上遏制了全省绿肥种植面积逐年下降的趋势，并真正把绿肥生产作为培肥改土、建设生态循环农业、提高农业综合效益的重要内容和措施，在后期的支农惠农政策制定和财政支持项目设计中得以充分体现。

2.2 统筹项目带动发挥政策资金叠加优势

在促进各级政府出台绿肥生产优惠扶持政策的基础上，充分利用省沃土工程、农业部土壤有机质提升、标准农田质量提升项目的带动优势，极大地调动农民种植绿肥的积极性。一是 2005 年起省财政在沃土工程项目中安排专项资金，对列入计划的绿肥示范基地，给予紫云英每公顷补贴 450 元、园地套种绿肥每公顷补贴 750 元，主要用于技术指导培训、核心示范方建设、品种筛选试验、效果调查与监测点建立等土壤有机质提升技术模式研究；每年委托勿忘农种业集团建设 333.33hm^2 绿肥留种基地，组织收购“宁波大桥种”紫云英良种 25 万 kg，确保全省主栽品种基本用种量。二是从 2008 年起开始实施农业部土壤有机质提升（绿肥种植补贴）项目，对绿肥种植示范区的农民专业合作社、种粮大户及农户购买种子和根瘤菌剂给予每公顷 225 元补贴，省、县两级财政安排专项配套经费支持项目实施，为项目顺利实施提供了组织保障和资金保障。按照农业部年度目标任务要求，省级制定绿肥种子、根瘤菌招标办法并组织招标，及时将种子和根瘤菌全部供应到各项目县，由各项目县分发到村、组及农户，落实到田丘地块，确保了项目任务的顺利完成。三是 2009 年起浙江省把绿肥种植纳入标准农田质量提升地力培肥的主要技术措施和重要建设内容，实行绿肥种子、根瘤菌、适量肥料等政府补贴，把扩大绿肥种植作为培肥地力，提高粮食生产能力和保障粮食安全的重要手段来抓，充分发挥政策、项目的叠加优势。

2.3　注重示范效应建立长效推广机制

为抓好绿肥种植推广应用，切实有效鼓励发展绿肥生产，各地按照年度工作实施方案要求，结合当地实际制订出台《冬绿肥示范方创建实施方案》，明确示范方创建范围、规模、要求、品种及其补贴政策，因地制宜在重点区域建立规模连片示范方，全部实行免费提供绿肥种子、根瘤菌及配套的基追肥，送货上门，并成立统一服务队，对示范片进行统一播种、统一根瘤菌拌种、统一施磷肥、统一除草、统一开沟、统一还田的六统一服务，粮食大户、家庭农场等主体种植绿肥的积极性得到了充分发挥，如常山县百亩以上紫云英示范方达到 867hm^2，3hm^2 以上蚕（豌）豆面积 173hm^2，占全县粮食承包面积 38.6%，并带动周边农户 2 000农户种植各种绿肥 333hm^2，创下近年来全县绿肥面积新高。同时，每年 4 月绿肥开花盛期，各市开展专项现场交流活动，组织专家统一对绿肥示范方进行验收，在示范方分高、中、低三种产量类型各选一代表性田块，每一田块随机选择 5 个小区进行实割、过秤、丈量面积，折算冬绿肥亩（1 亩 ≈ 667m^2；15 亩 = 1hm^2。全书同）产量，以确保示范方的质量、水平和示范实效，发挥示范辐射效应，有效促进面上推广。

2.4　实施效果监测夯实不同模式技术支撑

为客观真实地反映绿肥种植项目建设成效，全省结合“优质高产绿肥生产及综合利用关键技术集成与示范”项目实施，全省每年在水田和旱地种植区域，由各项目县建立紫云英、蚕豆、黑麦草、白三叶、大荚箭舌豌豆等 140 个以上绿肥种植田间对比试验和效果监测调查点，内容涉及品种筛选、不同播种时间、不同播种量、不同种植模式与不同翻压时间和翻压量等，实行统一记载内容，以掌握种植绿肥后对土壤理化性状、化肥使用、对当季作物生长和后茬作物产量的影响。这些监测调查点不仅可以充分展示项目培肥改良效果，带动农户应用新技术、新成果，提高技术措施到位率，也为绿肥示范推广、土壤综合培肥和农田质量提升等工作的科学实施和决策管理提供基础依据。

2.5　强化宣传培训引导生产主体积极参与

2008 年以来，全省每年组织召开冬绿肥种植项目县工作会议，交流各地补贴项目实施进展情况和补贴物资发放到户、施用到田等工作经验和有效做法，研究部署下一年度土壤有机质提升补贴项目重点工作，明确项目实施监管要求，并针对项目实施中出现的问题，组织全省各市、县土肥站长和技术骨干进行了适宜绿肥种植技术模式、田间效果监测、根瘤菌剂的选择应用等内容的系统培训。各项目县按统一要求进一步加强多渠道宣传和适用技术培训，让农户了解相关扶持政策，掌握绿肥种植技术应用要领和项目实施要求，提高农户参与的积极性。同时充分利用现代信息传播技术，发挥广播、电视等媒体功能，通过媒体传播、分发资料、技术咨询等形式全方位、多角度、有针对性地向广大农民宣传土壤有机质提升的相关技术知识，切实抓好绿肥生产的宣传报道工作，加大发展绿肥生产的重要性和必要性的宣传力度；及时总结、宣传各地政府出台的优惠扶持政策、发展绿肥生产的好经验、好做法等；及时发布苗情长势、田间管理等生产动态，千方百计推进绿肥生产技术进村入户到田，并营造广大农户积极参与、社会各界大力支持的浓厚社会氛围，进一步增强广大农户重视农田土壤培肥改良的耕地质量意识，着力提高绿肥种植技术到位率，在全省掀起绿肥生产高潮。据统计，2008—2012 年全省累计举办培训班 631 期次，培训各类人员约达 12 万人次。

2.6 创新技术模式提高绿肥综合效应

在近几年绿肥种植与推广应用过程中，各地不断完善新机制、探索新模式，努力提高绿肥种植改土和综合利用绩效。如仙居采取绿肥生产与绿色稻米（有机稻米）基地建设相结合的模式，不但克服了有机肥源不足成为绿色稻米生产发展的制约因素，当地政府还把种植紫云英作为发展绿色稻米的突破口来抓，出台了种植冬绿肥的扶持政策，对绿色稻米基地内农户免费提供紫云英良种和磷肥，并补助机耕费用，极大地激发了农民种植紫云英的积极性，并使该县绿色稻米产业发展迅速，形成绿色和有机稻米发展到哪里，冬绿肥就种到哪里的良好局面。针对紫云英留种困难的问题，富阳市积极探索紫云英制种的规模化、产业化路子，开展紫云英种子机械收割试点，从试验的情况看效果明显，每公顷可以收获紫云英种子 375kg 左右，高的可以达到 600kg。由于采用了机械收割，大大减轻了种子收获中的劳动强度和人工成本，为紫云英留种的产业化提供了新的技术与工作模式。同时富阳市还着手开展新垦耕地推广多年生、一年生作物和禾本类作物套种绿肥的土壤改良科学研究及示范基地建设，综合评判种植、套种效益，为进一步扩大示范进行技术积累，取得初步成效。大规模示范县兰溪市在紫云英种植核心示范区开展紫云英与油菜混播（间作）连片示范，并形成较为规范的全程标准化技术模式，示范区油菜长势良好，基本未受紫云英混播（间作）的影响，既有效地解决了农民对食用油的需求，提高冬作种植综合效益，同时又能提供一定量不同秸秆翻压还田，提高了土壤培肥效果。

3 改土培肥效果

3.1 有效改善耕地土壤主要理化性状

表现在土壤有机质含量得到了提高，养分结构趋于合理，同时土壤容重降低，土壤孔隙度增加，通透性提高，犁耕比阻减小。此外，秸秆还田，绿肥种植为土壤微生物提供了充足的碳源，有利于促进微生物的生长、繁殖，提高了土壤的生物活性。据农业部土壤有机质提升项目县培肥效果监测点的数据统计，实施前土样的有机质平均含量为 23.60g/kg，实施两年后，绿肥种植加常规施肥处理的有机质平均含量为 25.34g/kg，对照（常规施肥）土样的有机质平均含量为 23.59g/kg，绿肥种植处理土样有机质含量比对照增加

1.75g/kg，提高7.42%，比实施前的土壤有机质平均含量增加1.74g/kg，提高7.37%。绿肥种植土样的全氮平均含量为1.84g/kg，比对照土样平均含量1.76g/kg增加0.08g/kg，提高4.55%，比实施前的土样平均含量1.75g/kg增加0.09g/kg，提高5.14%。绿肥种植处理土样的有效磷平均含量为18.12mg/kg，比对照平均含量17.21mg/kg增加0.91mg/kg，提高5.29%。比实施前平均含量16.68mg/kg增加1.53mg/kg，提高8.63%。绿肥种植土样速效钾平均含量为69.45mg/kg，比对照平均含量64.08mg/kg增加5.37mg/kg，提高8.38%，比实施前的平均含量64.72mg/kg增加4.73mg/kg，提高7.31%。绿肥种植处理土样平均pH值为5.40，比对照5.17上升了0.23，比实施前5.21提高了0.19。阳离子交换量绿肥种植处理土样平均值为11.60cmol/kg，比对照11.41cmol/kg提高0.19cmol/kg，增加1.67%，比实施前11.35cmol/kg提高0.25cmol/kg，增加2.20%。绿肥种植处理后，土壤平均容重为1.07g/cm^3，比对照土壤平均容重1.11g/cm^{3}下降了3.60%，比实施前土壤平均容重1.12g/cm^{3}下降了4.46%。

3.2　显著增加后茬作物稻谷产量

据绿肥种植项目县的单季稻观测点统计，绿肥种植翻压处理的后茬水稻产量与未种植翻压绿肥的对照相比，各实施点均有不同程度的增加。2010年绿肥种植区水稻平均亩为532.90kg，对照平均亩为509.85kg，绿肥种植处理亩产比未种植对照增加23.05kg，增产4.33%，其中兰溪市游埠镇增产幅度最大，达到13.67%。2011年绿肥种植区水稻平均亩产为537.15kg，对照平均亩产为504.81kg，绿肥种植处理亩产比未种植对照增加32.34kg，增产6.41%。2012年绿肥种植区水稻平均亩产为538.38kg，对照平均亩产为504.10kg，绿肥种植处理亩产比未种植对照增加34.28kg，增产6.80%。

3.3　社会经济生态效益十分明显

一是社会效益。各地通过加强宣传、培训和示范等工作，增强了农民对种植绿肥重要性的认识，提高了农户培肥养地的积极性，改变了以往生产主体重产出轻养地的落后观念。通过建立核心示范区辐射带动了项目区周边的农户，加快了绿肥种植技术的推广速度，减少化学氮肥投入，对耕地保护和建立无公害农产品、绿色食品、甚至有机食品基地具有十分重要的推动作用。同时，通过不同技术模式在大田的推广应用，获得了大量的基础技术参数，为进一步完善技术模式和大面积推广应用提供了科学依据。二是经济效益。全省按年种植绿肥14.7万hm^2、绿肥种植翻压后比对照增产346kg/hm^{2}计算，每年可增收稻谷5 000余万千克；以稻谷单价按2.5元/kg计，年增收约12 000余万元。三是生态效益。绿肥种植可提升土壤有机质含量，改善土壤物理性状，按平均每公顷鲜草产量24 000kg，干重3 120kg，干草含氮、磷（P_2O_5）、钾（K_2O）分别为2.94%、0.74%、3.35%计算，种植紫云英相当于每公顷返还土壤195kg尿素、180kg过磷酸钙和165kg氯化钾，可有效降低后茬作物施肥量，减少因化肥过多使用造成的水体富营养化，防止农业面源污染。白三叶等绿肥的茎叶茂密，可有效改善园地微生态环境。根、茎蔓延于地表层，形成5～10cm的草层能有效减少地表径流，大大减少水土流失，起到防止水土流失作用。夏季能使地表温度降低4～8℃，防止烈日暴晒表层树根系，秋冬季可提高地表温度2℃，缓解降温速度，可延长套（间）作作物吸收根的生长期，增加果园树体营养的积累，使经济作物产量和产品质量明显提高。

4 存在的主要问题

4.1 生产主体主动安排绿肥轮作的积极性有待进一步提高

绿肥种植主要为地力培肥服务，直观效益不明显，没有种植其他经济作物效益高，加之农村劳动力成本逐年大幅上升，种植稻田绿肥费工费时，农田开沟排水及翻耕费用大，绿肥翻压又比不种绿肥的免耕直播方式增加一次翻耕费用等，因此生产主体对项目补贴的依赖较大，绿肥种植的自愿接受程度较低，有待进一步加强政策引导力度，完善政策顶层设计。

4.2 绿肥种子规模产业化程度偏低市场价格偏高

由于种质资源有限、留种方式落后及产业效益比较低等多方面原因，浙江省绿肥留种生产基地和种子经营企业寥寥无几，年度生产和供应对市场需求波动的调节能力较低。随着近几年有关绿肥种植补贴项目的集中安排和公开招标方式的政府采购形式客观上推动绿肥种子价格逐年上涨。紫云英种子成本从 2009 年的每千克 15 元左右涨到了 2012 年的 31～33 元，明显增加了绿肥种植成本，减弱了财政资金补贴效应，加大了大面积推广应用难度。而且浙江省大部分绿肥种子必须向外省调运，不能保证稳定地提供绿肥生产用种，品种之间混杂，质量良莠不齐等现象也时有发生。

4.3 绿肥种植利用技术不能适应现代农业发展的要求

目前随着种植制度的变化和生产方式的改进，作物品种、田间管理、施肥水平及施肥方式等发生了巨大变革，而常规绿肥种植利用技术形成于 20 世纪 60～80 年代，品种更新与技术模式多年来未有重大突破，严重限制了绿肥对于现代农业应有的贡献。如紫云英共生晚稻田因大型机械收割后，往往会形成比较宽的深沟，并埋压很大一部分绿肥幼苗，导致整田绿肥出苗不够，生长较差的现象；同时，浙江省紫云英品种生长盛期一般在 4 月中旬，而直播早稻插种在 3 月下旬就陆续开始，此时翻压绿肥产量明显不足，需种植特早熟高产紫云英或其他可用绿肥品种替代才能匹配。

5 相关对策建议

5.1 进一步加大政府扶持力度完善政策制度设计

一是完善现有土壤有机质提升、沃土工程、标准农田和补充耕地土壤培肥等财政补贴项目的框架设计，因地制宜增加补贴环节、提高补贴标准。如增加农民绿肥自留种补贴，降低生产成本；在对种子和根瘤菌进行补贴的基础上，按照实地核查田间开沟和翻耕情况，增加机械开沟和翻耕补贴环节；增加试验示范的专项补助，建立以省级为主体的田间试验网络，扩大技术储备。二是积极探索建立耕地地力生态补偿机制，按照一定周期内土壤肥力的动态变化情况，给予一定标准的以奖代补，从根本上扭转绿肥种植的消极被动局面，成为生产主体有利可图的自觉行动。三是在现有条件下继续加大发展绿肥生产的重要性、必要性的宣传力度，通过产业引导、技术培训和配套服务等，逐渐提高绿肥种植的积极性。

5.2　加强种质资源开发进一步提升产业地位

当前绿肥品种资源开发和综合利用方面的研究比较落后，品种单一、老化、弱化，不能满足现代农作制度和轮作模式的发展要求。因此，必须花大力气加强品种资源开发与产业化，通过对现有绿肥品种资源的收集、整理、提纯、复壮和绿肥新品种的引进与选育，以绿肥优良品种生产和推广为抓手，适宜农用机械研发为配套，培育出不同适宜播种期，不同生育期，不同生物量、抗逆性强，种子产量高，可适合多种用途和现代化作业方式的绿肥新品种，特别是豆科绿肥新品种，形成能够匹配不同轮作和茬口安排的品种组合系列，满足粮食功能区和现代农业园的建设和生产要求，形成适合不同区域、不同土壤改土培肥的基础物质储备。同时，按照以种促繁的思路，引导建立紫云英等主要绿肥品种的留种基地，保证种子供应，确保种子价格平稳[1]。

5.3　强化产学研协作拓宽绿肥种植和综合利用技术模式

通过优质绿肥品种资源的开发应用和鼓励绿肥种植长效机制的建立，力争使绿肥种植和综合利用技术在多方面取得新的突破。一是在进一步明确绿肥种植对土壤改良培肥，实现农业资源可持续利用方面的重要意义和作用机理的基础上，针对不同利用现状和土壤特点，以新垦耕地后续培肥和熟化耕地自养保育为重点，分类制定技术模式，充分发挥绿肥种植在培肥地力、减施化肥、控制农业面源污染、改善土壤微生物群落和微生态环境、提升土壤综合生产能力等方面的作用。二是以绿肥优良品种生产和推广为抓手，探索绿肥在动物饲料、人类蔬菜、食品资源等方面的研究工作，进一步延伸绿肥综合利用产业链，提升绿肥种植比较效益，促进全省农田粮草合理轮作种植制度的形成和发展，使之成为农业种植业结构调整的产业选项。三是加强农艺、农机合作，研发适应未来绿肥生产和应用产业体系的新型农业机械和综合利用加工设备，在绿肥种子生产、鲜株加工、植株营养体开发、绿肥产品流通等方面形成配套的技术和物质基础支撑，促进全省绿肥产业的规模化生产和实现绿肥产业的可持续发展。

参考文献

[1] 徐晶莹．恢复发展我国绿肥生产的几点思考［J］．中国农技推广，2011（10）：39－41.

[2] 曹卫东，黄鸿翔．关于我国恢复和发展绿肥若干问题的思考［J］．中国土壤与肥料，2009（4）：6－8.

浙江稻田冬绿肥不同种植模式的肥料效应及对水稻生长的影响*

王建红[1] 曹 凯[1] 张 贤[1] 姜丽娜[1] 符建荣[1] 朱小芳[2] 章佐群[3]
1. 浙江省农业科学院环境资源与土壤肥料研究所 杭州 310021；
2. 金华市农业局土肥站 浙江金华 321000；
3. 金华市蒋堂镇农业科学试验站 浙江金华 321071

摘 要：对浙江省单季稻种植制度下不同品种冬绿肥种植模式的肥料效应和对水稻生长的影响进行研究。结果表明，四种绿肥种植模式中以紫云英单播和紫云英与黑麦草混播两种模式的绿肥生长比较理想，紫花苜蓿与紫云英和黑麦草混播时，紫花苜蓿产量较低，不能达到绿肥所需理想产量。另外，绿肥22 500kg/hm^{2}翻压还田后减施化肥15%条件下，各绿肥还田模式水稻均有不同程度增产。这一研究结果对全省单季稻生产中推广使用绿肥，减施化肥具有一定的指导意义。

关键词：稻田冬绿肥；不同种植模式；肥料效应；水稻生长

浙江省有稻田种植冬绿肥的优良传统，20 世纪 60 ~ 80 年代全省紫云英做绿肥与双季水稻轮作在生产上应用面积很广[1~2]。后来随着化肥的大量使用和种植绿肥直接效益低等原因，全省绿肥种植面积大幅下降，到 21 世纪初，全省的稻田冬绿肥种植面积不足 2 万 hm^2[3~5]。

随着化肥的过度使用，化肥对土壤结构的破坏和导致农业面源污染等环境问题不断显现。同时化肥、农药的长期使用对水稻病虫害防治和稻米品质产生越来越多的负面影响。为了提高稻米品质和实现稻田土壤资源的持续利用，绿肥作为一种生态友好型肥料重新被人们所重视。本文对浙江省当前以单季稻为主的种植制度下如何实现绿肥与水稻合理轮作的稻田冬绿肥种植模式进行研究，旨在对稻田不同冬绿肥种植模式对稻田土壤肥料效应和水稻生长影响有科学系统的认识。

1 材料与方法

1.1 试验地概况

试验安排在金华市婺城区蒋堂农业科学试验站。金华市位于浙江省中部，位于北纬 28°32′ ~ 29°41′，东经 119°14′ ~ 120°47′，属中亚热带季风气候，四季分明，年温适中，

---

* 本文发表于《绿肥在现代农业发展中的探索与实践》，2011：132 – 137.

热量丰富，雨量较多，有明显干、湿两季。春早秋短，夏季长而炎热，冬季光温互补。全年日照时数约为1700h，平均降水量为1 500mm，平均气温为17.9℃。

1.2　供试土壤理化性状

试验基地土壤类型为红壤黄筋泥土发育而成的水稻土，土壤的基本理化性质见表1。

表1　供试土壤理化性质

pH值	有机质（%）	全氮（%）	水解氮（mg/kg）	有效磷（mg/kg）	速效钾（mg/kg）
5.38	2.47	0.130	165	50.0	109

1.3　试验方案

试验采用小区试验和大区对比试验方式进行。四种稻田冬绿肥种植模式分别为：紫云英单播；紫云英与黑麦草混播（种子混播比例为7∶3）；紫花苜蓿与黑麦草混播（种子混播比例为7∶3）；紫云英与紫花苜蓿混播（种子混播比例为5∶5）。以冬闲模式为对照。小区面积20m^2，重复3次。大区面积666.7m^2。试验绿肥于2008年10月22日水稻收割后播种。各模式绿肥总用种量30kg/hm^2。2009年4月16日各种植模式绿肥翻压还田作肥料。6月4日单季水稻播种，水稻品种为中浙优1号，水稻播种量15kg/hm^2。6月1日稻田施基肥，碳酸氢铵525kg/hm^2，过磷酸钙375kg/hm^2。6月19日水稻施追肥，尿素112.5kg/hm^2，氯化钾75kg/hm^2。10月15日水稻收割。

1.4　调查测定项目

试验于2009年4月13日测定各绿肥种植模式鲜草产量，同时通过取正方体土柱（土柱截面积20cm×20cm，高度25cm）方法测定各模式土壤根系含量。并对紫云英、黑麦草、紫花苜蓿测定植株氮、磷、钾养分含量。对照模式的杂草混合测定养分含量。绿肥还田后对水稻不同生育期的植株氮含量和水稻生理性状进行观测，并于10月15日统一收割测定水稻产量。

1.5　数据分析

采用Excel等软件进行数据统计分析。

2　结果与分析

2.1　不同绿肥种植模式的鲜草产量与主要养分积累量

2.1.1　鲜草产量

2009年4月13日测定了各小区地上部分的绿肥鲜草产量，同时抽样测定各大区鲜草产量。测定结果见表2。

表 2　不同绿肥种植模式翻压期的绿肥产量

处理方法	小区产量（kg/小区）	公顷产量（kg/hm^2）	比对照增产（%）	大区平均产量（kg/hm^2）
冬闲（对照）	30.2c	15 120	0	14 055
单种紫云英	76.6b	38 320	153.6	37 125
紫云英黑麦草混播	98.0a	49 015	224.5	50 025
紫花苜蓿黑麦草混播	103.0a	51 505	241.1	52 275
紫云英紫花苜蓿混播	71.7b	35 835	137.4	34 770

注：同列小写字母不同表示 $P<0.05$ 水平下差异显著性，下同

由表 2 可知，各处理小区平均产量与大区平均产量相差不大，说明地力比较均匀。对小区产进行统计，四种冬绿肥种植模式鲜草产量均比对照空闲地杂草显著增产，四种模式的绿肥鲜草产量比对照增加 137.4% ~255.7%。

另外，从三种绿肥混播的实地生长情况看，紫云英与黑麦草长势良好，紫花苜蓿基本苗少、长势较差，紫花苜蓿与黑麦草和紫云英混播的鲜草构成中紫花苜蓿鲜草产量都很低，不能达到混播效果，两种模式的最终结果近似黑麦草和紫云英单播。紫云英与黑麦草混播模式中，两种绿肥的用种量为 7∶3，但鲜草产量构成中则以黑麦草为主，约占鲜草总量的 70% 左右。

2.1.2　不同种植模式绿肥翻压期总干物质含量

对各不同种植模式小区进行土壤中根系含量测定，同时根据各处理绿肥干物质含量和地上部分鲜草产量，分析计算不同种植模式绿肥翻压期总干物质含量，结果见表 3。

表 3　不同种植模式绿肥翻压期总干物质含量

处理方法	地上部分（kg/hm^2）	地下根系（kg/hm^2）	总干物质含量（kg/hm^2）
冬闲（对照）	1 984	495	2 479e
紫云英单播	4 279	675	4 954c
紫云英黑麦草混播	7 140	1 530	8 670b
紫花苜蓿黑麦草混播	8 509	2 543	11 052a
紫花苜蓿紫云英混播	3 460	788	4 248d

2.1.3　各不同种植模式绿肥主要养分积累量

试验对紫云英、黑麦草、混合杂草的全株进行氮、磷、钾养分含量测定，结果见表 4。根据表 4 和表 5 的数据，同时紫云英黑麦草混播模式按生物产量 3∶7 测算，紫花苜蓿黑麦草混播模式和紫花苜蓿紫云英混播模式因紫花苜蓿产量很低，分别以黑麦草和紫云英产量测算，计算分析不同绿肥种植模式的养分积累量见表 5。

表4　主要绿肥与杂草的干物质养分含量

绿肥名称	N 含量（%）	P_2O_5 含量（%）	K_2O 含量（%）
冬闲对照（混合杂草）	2.14	0.52	4.46
紫云英	2.94	0.74	3.35
黑麦草	1.25	0.54	3.80
紫花苜蓿	2.32	0.78	1.31

表5　不同种植模式绿肥翻压期主要养分积累量

处理方法	N 积累量（kg/hm^2）	P_2O_5 积累量（kg/hm^2）	K_2O 积累量（kg/hm^2）
冬闲（对照）	53.1	12.9	110.6
紫云英单播	145.6	36.7	166.0
紫云英黑麦草混播	152.6	52.0	318.2
紫花苜蓿黑麦草混播	138.2	59.6	420.0
紫花苜蓿紫云英混播	124.9	31.4	142.3

由表5可知：①四种冬绿肥种植模式与对照冬闲田相比，绿肥对氮、磷、钾的有机养分积累量都比不种绿肥的对照区明显增加；②以紫云英绿肥为主的种植模式和以黑麦草为主的绿肥种植模式对有机氮肥的积累差异不大，但对有机磷和钾的积累差异比较明显。以黑麦草绿肥鲜草为主的种植模式对有机磷和钾的积累特别明显。这对水稻植株钾的吸收和后期水稻抗倒伏效果都有较好影响。

2.2　不同种植模式绿肥定量还田和化肥减施对水稻生长和产量的影响

2.2.1　不同种植模式绿肥定量还田和化肥减施后各模式总养分供应量

为了研究绿肥还田对水稻减施化肥后的生长和产量影响，冬闲对照区按传统习惯施肥，施肥分两次，第一次在6月1日施基肥，其中，施碳酸氢铵525kg/hm^2，过磷酸钙375kg/hm^2；第二次在6月19日施追肥，其中，施尿素112.5kg/hm^2，施氯化钾75kg/hm^2。二次累计施氮肥141kg/hm^2，施磷肥60kg/hm^2，施钾肥41.3kg/hm^2。各绿肥试验区统一22 500kg/hm^2绿肥还田，同时在每次施化肥时氮、磷、钾肥均比对照区减施15%。各模式水稻生育期总养分供应量见表6。

表6　各种植模式水稻主要养分总供应量　（kg/hm^2）

处理	氮			磷			钾		
	化肥	绿肥	总	化肥	绿肥	总	化肥	绿肥	总
冬闲（对照）	141.0	53.1	194.1	60.0	12.9	72.9	41.3	110.6	151.9
紫云英单播	119.9	84.7	204.6	51.0	21.3	72.3	35.1	96.5	131.6
紫云英黑麦草混播	119.9	65.7	185.6	51.0	22.4	73.4	35.1	138.6	173.7
紫花苜蓿黑麦草混播	119.9	59.4	179.3	51.0	25.6	76.6	35.1	180.4	215.5
紫云英紫花苜蓿混播	119.9	88.0	207.9	51.0	22.1	73.1	35.1	100.3	135.4

由表6可知，各模式22 500kg/hm^{2}绿肥还田，同时减少15%化肥，与冬闲对照相比就总氮供应而言，紫云英为主的模式总氮供应略有增加，而黑麦草为主的模式总氮供应反而略有减少。从总磷供应看，各模式与对照差异不大。从总钾看，与氮的供应相反，以黑麦草为主的模式总供钾与对照比略有增加，而紫云英模式则略有减少。

2.2.2 不同种植模式绿肥定量还田后对水稻植株吸氮特性的影响

分别在水稻分蘖初期、拔节期、灌浆期和成熟期采水稻植株样品进行含氮量测定，测定结果见表7。

表7 不同种植模式水稻不同生育期植株氮含量 （单位:%）

处理方法	生育期			
	分蘖初期	拔节期	灌浆期	成熟期
冬闲（对照）	2.34	1.71	1.28	1.05
紫云英水稻	2.48	1.62	1.41	0.965
紫云英黑麦草水稻	2.39	1.39	1.19	0.902
紫花苜蓿黑麦草水稻	2.32	1.10	1.14	0.902
紫云英紫花苜蓿水稻	2.52	1.71	1.21	0.956

由表7可知，在水稻分蘖期植株氮含量差异不大，其中，以紫云英为主的模式中植株氮含量略有增加，与这种模式的总供氮量多相一致。随着水稻生育进程，植株中氮的总体含量不断下降，其中，以黑麦草为主的小区水稻植株氮含量下降相对明显。到成熟期，以施化肥处理水稻植株含氮最高，紫云英绿肥为主的小区次之，以黑麦草为主的小区含氮最低，这与水稻成熟后植株抗倒伏性有一定的关系。

2.2.3 不同种植模式水稻生育期主要性状指标及产量影响

为了了解绿肥还田后对水稻生长情况的影响，在不同生育期对水稻的主要生长情况进行考查，考查结果见表8。

由表8可知，各种植模式绿肥还田与对照相比，水稻基本苗指标无差异，最高苗指标绿肥还田模式比对照模式有不同程度增加，有效穗指标各处理也有增加，株高指标差异不明显，穗长指标差异也不大，每穗实粒数指标处理比对照要少，千粒重指标各处理均高于对照，说明绿肥还田模式的水稻籽粒比较饱满，瘪籽少，品质较好。

表8 不同种植模式水稻生育期主要性状指标

处理方法	有效穗（穗/m^2）	株高（cm）	穗长（cm）	每穗实粒数（粒）	千粒重（g）	水稻产量（kg/hm^2）	与对照比增产（%）
冬闲（对照）	45.3a	103.4a	23.9a	105.7a	26.5a	7 718a	0
紫云英单播	51.0b	102.8a	24.4a	75.4b	29.0b	7 376b	2.76
紫云英黑麦草混播	46.7a	103.5a	24.0a	83.6b	28.5b	7 376b	2.76
紫花苜蓿黑麦草混播	49.0b	104.4a	22.4a	86.7b	27.5a	7 499c	4.47
紫云英紫花苜蓿混播	46.7a	106.9a	26.0b	75.2b	28.0b	7 540c	3.79

产量结果表明，不同绿肥种植模式 22 500kg/hm^2 绿肥还田，同时化肥减施 15%，与对照相比水稻产量均有不同幅度增产，其中，紫花苜蓿与黑麦草混播模式增产最多，虽然增产幅度不大，但增产趋势稳定。这一结果表明，绿肥还田并适量减施化肥不会引起水稻减产，水稻生产中用绿肥替代部分化肥是完全可行的。

3　结论

从试验结果看，浙江省稻田适宜冬绿肥品种应以紫云英、黑麦草为主，紫花苜蓿由于与其他二种绿肥生长不同步，另外，耐湿性差，不适合与它们混播做绿肥。紫云英单播做绿肥对土壤有机氮的积累量比黑麦草要大，但黑麦草做绿肥对土壤有机钾的积累明显比紫云英高，两者对磷的积累差异性不大。因此，最理想的模式是紫云英与黑麦草混播，这样对土壤有机氮和有机钾的积累相对均衡，对水稻的生长比较有利。

从试验的观测结果分析，22 500kg/hm^2 绿肥还田，同时减施 15% 化肥用量，对水稻植株氮的吸收有一定的减量影响，这对水稻植株后期生长比较有利，植株抗倒伏性能明显增强，特别是对后期水稻籽实的饱满程度有较大的正面影响，可减少稻谷瘪籽率，提高稻谷品质。

从试验对水稻产量的测定结果表明，22 500kg/hm^2 绿肥还田，同时减施 15% 化肥用量，不会引起水稻的减产，反而有一定的稳产增产作用。这一试验结果表明，在浙江省单季稻区推广使用绿肥并适量减施化肥不会影响水稻生产，并对稻田土壤有机养分的积累有积极的作用，有利于稻田土壤资源的持续利用和农业的可持续发展。

参考文献

[1] 林多胡，顾荣申．中国紫云英［M］．福建：福建科学技术出版社，2000：3－6，242－244.

[2] 焦彬．中国绿肥［M］．北京：农业出版社，1986：475－477.

[3] 李英法等．浙江省稻田冬绿肥优化种植模式研究［M］．浙江省农业科学院土壤肥料研究所内部资料，1992：3－4.

[4] 王建红，曹凯，张贤等．紫花苜蓿用作浙江稻田绿肥的可行性研究［J］．浙江农业科学，2009（4）：736－738.

[5] 王建红，曹凯，姜丽娜等．浙江省绿肥发展历史、现状与对策［J］．浙江农业学报，2009，21（6）：649－653.

紫花苜蓿用作浙江稻田绿肥的可行性研究

王建红　曹　凯　张　贤　姜丽娜　水建国*
浙江省农业科学院环境资源与土壤肥料研究所　浙江杭州　310021

摘　要：通过不同秋眠级紫花苜蓿品种在浙江稻田中的栽培试验，探讨紫花苜蓿作为一年生作物用作浙江稻田绿肥的可行性。结果表明，秋眠级7～8级或8级的紫花苜蓿品种在南方稻田种植，播期适宜、排水良好和适量施肥的情况下，于次年种稻前翻耕用作绿肥的生物量基本能满足水稻生长的需要，而其他秋眠级的品种由于前期生长缓慢，其生物量难以满足早稻的需求。但不同秋眠级紫花苜蓿品种在单季晚稻种植前翻耕的生物量均能满足晚稻生长的需要，并且6级及以上的品种其鲜草产量超出稻田绿肥的常规需要量较多，可以刈割部分用作动物青饲料。总之，挑选适宜的紫花苜蓿品种用作浙江稻田绿肥具有一定的可行性，针对双季稻和单季稻不同的绿肥需要期，应选择不同秋眠级的紫花苜蓿品种，为浙江省稻田绿肥品种的选用提供了新思路。

关键词：紫花苜蓿；稻田绿肥；应用可行性

紫花苜蓿因其丰富的营养价值在我国北方已作为主要牧草品种大面积栽培，宁夏回族自治区（以下称宁夏）和陕西等省也有将紫花苜蓿用做稻田绿肥的历史。但由于紫花苜蓿耐高温和耐湿能力较差，在我国南方各省种植，生长差产量低。随着育种技术的进步，高秋眠级紫花苜蓿品种在南方种植获得高产的可能性不断增加。紫花苜蓿干物质含量高，一般为紫云英的2倍。研究表明，紫云英用作南方稻田绿肥的鲜草产量在15.0～22.5t/hm^2较为适合。根据紫云英与紫花苜蓿干物质含量的差异，紫花苜蓿在翻耕前的鲜草产量若能达到7.5～11.0t/hm^2，则能基本满足用作稻田绿肥的需要。

1　材料与方法

1.1　材料

试验在浙江省农业科学院农场稻田进行，供试土壤为潮土发育的水稻土。含有机质21.6g/kg，速效氮61.5mg/kg，速效磷55.6mg/kg，交换性钾174.7mg/kg，pH值为7.5。试验选用有代表性的不同秋眠级的9个紫花苜蓿品种（表1）。

* 本文发表于《浙江农业科学》，2009（4）：736－738.

表 1　供试紫花苜蓿品种的秋眠特性与来源

品种名称	秋眠等级	材料来源
南霸天	9	北京绿冠草业科技发展中心
丰宝	8	北京绿冠草业科技发展中心
盛世	7～8	北京绿冠草业科技发展中心
游客	8	百绿（天津）国际草业公司
Quadrella	7	北京绿冠草业科技发展中心
德宝	4～5	甘肃农业大学
甘农 3 号	3～4	甘肃农业大学
新疆大叶	3	甘肃农业大学
阿尔冈金	2	甘肃农业大学

1.2　试验设计

采用随机区组设计，设 9 个紫花苜蓿品种处理，重复 4 次，共 36 个小区，小区面积 $30m^2$。9 个紫花苜蓿品种均在 2007 年 9 月 25 日播种，播量 $30kg/hm^2$，播种方式为撒播。播种时施钙镁磷肥（$300kg/hm^2$）作基肥。播后 1 个月和 2 个月测定平均株高比较生长速率。次年 4 月 12 日早稻种植前第 1 次刈割测定鲜草产量，同时追施 $400kg/hm^2$ 复合肥作追肥。6 月 5 日晚稻种植前第 2 次刈割测定鲜草产量。

2　结果与分析

2.1　出苗及前期生长势

供试的 9 个紫花苜蓿的出苗期和分枝期见表 2。由表 2 可知，6 级以上的紫花苜蓿品种出苗时间在 5d 左右，6 级以下的紫花苜蓿品种出苗时间在 6～7d，可见高秋眠级在南方种植的出苗比低秋眠级提早 1～2d。相应的 6 级以上的紫花苜蓿从播种到分枝期一般需要 14～16d，6 级以下一般需要 17～20d，出现分枝最早的品种比最迟的品种约提早 6d。总体上，高秋眠级比低秋眠级的出苗要早，前期生长较快，6 级是一个比较明显的分界线，6 级以上的出苗时间和到分枝时间差异不大，6 级以下的出苗和分枝出现时间明显较 6 级以上的要迟，而且秋眠等级越低这种趋势越加明显。

方差分析结果表明，6 级以上的紫花苜蓿品种播后 30d 和 60d 后的平均株高差异不显著，但与 6 级以下的株高有显著差异。6 级以下的 4 个紫花苜蓿品种虽然品种间生长速率存在一定差异，但总体生长速度明显慢于 6 级以上的 5 个紫花苜蓿品种。

2.2　用作早稻绿肥的紫花苜蓿产量

为了考查不同品种紫花苜蓿用作早稻绿肥的产量，次年 4 月 12 日进行刈割测产，结果见表 2，第 1 茬鲜草产量以秋眠级 8 级或 7～8 级的游客和盛世两个品种的鲜草产量较高，随着秋眠级的进一步提高或降低，鲜草产量有明显的下降，其中，3～4 级的甘农 3

号产量最低。若以鲜草产量7 500kg/hm^{2}为判定作早稻绿肥的产量下限，则供试的9个紫花苜蓿品种中只有游客和盛世能基本满足产量要求，其他品种因鲜草产量过低而不适宜用作早稻绿肥。

2.3 用作单季晚稻绿肥的紫花苜蓿产量

在单季晚稻种植前的6月10日进行第2次刈割，考查不同秋眠级紫花苜蓿的鲜草产量。由表2可知，紫花苜蓿刈割后其分蘖和生长速率明显加快，不同秋眠级紫花苜蓿品种的第2茬产量均有明显提高，若以11 000kg/hm^{2}鲜草产量作为用作晚稻绿肥的产量上限，则所有供试品种均能达到这个要求，其中产量最低的甘农3号的产量也比上限高出27%，产量最高的游客紫花苜蓿的鲜草产量则比上限高出87%。为了避免因鲜草产量过高而影响水稻生长，还要从中取出一部分用作饲料，这样可以获取一定的附加经济收益。

表2　不同秋眠级紫花苜蓿的种植表现

品种名称	播种期（月-日）	出苗期（月-日）	分枝期（月-日）	播后30d株高（cm）	播种60d株高（cm）	第1茬产量（kg/hm^2）	第2茬产量（kg/hm^2）
南霸天	09-25	09-30	10-10	12.5	36.3	5 220	15 240
丰宝	09-25	09-29	10-09	13.8	37.2	6 405	18 435
盛世	09-25	09-30	10-11	14.4	36.2	8 400	20 595
游客	09-25	09-30	10-11	12.4	36.9	8 250	18 855
Quadrella	09-25	09-30	10-11	12.9	36.5	6 825	15 540
德宝	09-25	10-01	10-12	7.7	29.2	5 370	15 240
甘农3号	09-25	10-02	10-15	5.3	21.3	2 625	13 980
新疆大叶	09-25	10-01	10-12	9.0	29.3	5 655	14 805
阿尔冈金	09-25	10-02	10-14	8.1	23.5	4 200	14 250

3　小结

根据早稻种植前的苜蓿产量分析结果，仅有秋眠级在8级和7～8级的游客和盛世2个品种能基本满足要求，其他品种均不适合用作早稻绿肥种植。

根据晚稻种植前的苜蓿产量分析，所有秋眠级的紫花苜蓿品种均能达到单季晚稻绿肥需求上限，但不同秋眠级品种的鲜草产量差异悬殊。为了避免因鲜草产量过高而影响水稻生长，还可从中取出一部分用作饲料，从而获取一定的附加经济收益。

参考文献

[1] 焦彬，顾荣申，张学上等. 中国绿肥 [M]. 北京：农业出版社，1986：472－487.

[2] 林多胡，顾荣申. 中国紫云英 [M]. 福州：福建科学技术出版社，2000：218－252.

[3] 陈美琼，徐倩华，王宗寿. 紫花苜蓿在闽北的表现及丰产栽培技术 [G] //第二届中国苜蓿发展大会（论文集），北京：中国草原学会，2003：37－39，150－153.

浙江省单季稻区紫云英种植利用技术规程*

本规程由浙江省农业科学院环境资源与土壤肥料研究所、浙江省土肥站和中国农业科学院农业资源与农业区划研究所起草并提出。

本规程主要起草人：王建红、曹凯、张贤、符建荣、姜丽娜、单英杰、曹卫东。

1　范围

本规程规定了以紫云英作绿肥为主要目的的紫云英种植、紫云英绿肥利用及后作水稻水肥管理技术。

本规程适合浙江省单季稻区紫云英种植与利用。

2　引用标准

下列文件中的条款通过本规程的引用而成为本规程的条款。凡是注日期的引用文件，其随后所有的修改单（不包括勘误的内容）或修订本均不适用于本规程。然而，鼓励根据本规程达成协议的各方研究是否可使用这些文件的最新版本。凡是不注日期的引用文件，其最新版本适用于本规程。

GB/T 3543.4—1995 农作物种子检验规程（发芽试验）

GB 8080—87　绿肥种子

3　术语与定义

下列术语和定义适用于本规程。

3.1　绿肥及绿肥作物

一些作物，可以利用其生长过程中所产生的全部或部分绿色体，直接或间接翻压到土壤中作肥料；或者是通过它们与主作物的间套轮作，起到促进主作物生长、改善土壤性状等作用。这些作物称之为绿肥作物，其绿色植物体称之为绿肥。

3.2　稻底套播

在水稻生育后期将紫云英种子播进稻田的播种方式。

3.3　跑马水

农业灌溉俗语。是漫灌的一种方式，指田间快速漫灌一次水，多余的水马上放掉。目

---

* 本规程发表于《中国主要农区绿肥作物生产与利用技术规程》，2010：61－65.

的是保持田间湿而不淹。

3.4 直播

将作物种子直接播种于田间的播种方式。

4 紫云英——单季稻生产与利用方式

指单季稻收获前后播种紫云英，利用冬春空闲季节生产一季紫云英鲜草，然后翌年水稻栽种前翻压紫云英做肥料的种植利用方式。

该方式不再仅仅依靠单施化肥获得水稻产量，而是通过水稻前作的紫云英翻压还田，通过紫云英的腐解为水稻生长提供部分养分，从而达到在单季水稻生长过程中不施或少施化肥的目的。这种单季水稻生产模式不仅可以改善生态环境，还可以提高水稻品质，符合生态农业发展要求。

5 技术要求

5.1 品种选择

全省适宜的品种有宁波大桥种、浙紫 5 号和平湖大叶种。

5.1.1 宁波大桥种

高产迟熟农家品种，原产浙江省宁波市鄞县姜山区、奉化市和宁波市郊。抗寒和抗菌核病能力中等，适宜在冬季气温相当于杭州以南的绍兴、宁波、台州、温州等地推广，特别适于在单季稻田种植。

5.1.2 浙紫 5 号

浙江省农业科学院选育的一个紫云英迟熟品种。花期较集中，成熟期比较一致；抗寒力强，较抗菌核病；产量较高。适宜在浙江中、西部及北部地区推广，如金华、衢州、杭州、湖州等地。

5.1.3 平湖大叶种

优良农家品种，原产浙江省平湖县、嘉兴市、海盐县等地。茎叶含氮量较高，抗寒力强，抗菌核病能力一般。适于在杭州以北地区如嘉兴、湖州等地种植。

5.2 种子质量要求

紫云英种子必须符合国家标准《绿肥种子》（GB 8080）中规定的三级良种，即纯度不低于 94%、净度不低于 93%、发芽率不低于 80%、含水量不高于 10%。

种子经营单位提供的紫云英种子，应按照《农作物种子检验规程（发芽试验）》（GB/T 3543.4—1995）检验，并附有合格证。

用户可采用下列简易方法测定发芽率：先把种子放在清水中浸泡 24 小时，取 2 份，每份 100 粒。准备 2 条毛巾，用开水打湿后放凉，毛巾湿度以轻拧不滴水为宜。将 2 份种子分别摆放在毛巾上，边摆边将毛巾卷起，把种子卷在毛巾里，放入干净塑料袋，系上袋口，放在室内较温暖处。放入后第 5 天和第 7 天分 2 次数发芽数量，计算发芽率。一般发芽率达到 80% 左右时，可以认为种子质量符合要求。

5.3　种子处理

5.3.1　种子前处理

选好品种，用当年新种。播前晒种半天，然后加等量的河沙，装入编织袋内用力揉擦，磨伤种皮以破开蜡质。

5.3.2　菌、肥拌种

将处理好的种子拌接紫云英根瘤菌，新区种植紫云英尤为重要，是新区种植紫云英成败的关键措施，老区拌菌种也可显著提高产量。紫云英根瘤菌的用量和使用方法按紫云英根瘤菌供应商的使用说明操作。

可用5kg/亩过磷酸钙进行拌种，随拌随播。

条件不具备时，可以不接种根瘤菌、不拌磷肥。但在多年没有种植过紫云英的地区，尽可能进行根瘤菌接种。

5.4　播种量

紫云英播种量为2～3kg/亩。对于立地条件好，灌排有保障的稻田可适当减少用量；对于立地条件差，灌排没保障的稻田需适当增加种子用量以保证基本苗。

5.5　播种期

杭州以南地区在9月底至10月上中旬，杭州以北地区在9月底至10月初。10月下旬以后播种易受冻害，不利于紫云英越冬，影响紫云英鲜草产量。

5.6　稻底套播和直播

根据单季水稻收割时间确定紫云英的播种方式。一般浙中、南部地区水稻收获期早，可在水稻收割后进行直播。浙北单季水稻在10月中旬以后收获的地区需实行稻底套播。进行套播的紫云英种子最好经多效唑处理，预防高脚苗的出现。

5.7　紫云英水分管理

水稻收割后要开好十字沟、环田沟，沟沟相通，大雨不积水，雨过田干；如遇干旱，土壤发白，应及时灌水湿润土壤。

紫云英喜湿润，既怕旱，又怕渍水。整个生育期应保证土壤有一定的湿度，做到田间能排能灌。灌水时以水流流到农田最末端即可停止灌溉（即灌“跑马水”），以适应紫云英的生长要求。

5.8　紫云英施肥技术

直播紫云英在第一真叶出现时，套播紫云英在割稻后，视天气情况，施用硫酸钾肥5～10kg/亩。最好结合抗旱浇施或雨前施用，充分利用冬前温光条件，加速幼苗生长。在12月上中旬，有条件的地方可施农家肥500kg/亩左右，过磷酸钙25～30kg/亩，以增强幼苗抗寒能力，减轻冻害。来年开春后的2月中旬至3月上旬，追施尿素2～4kg/亩，促苗平衡生长，获得紫云英高产。

稻田肥力较低时，建议采取施肥措施。但如果稻田肥力较高或者对紫云英鲜草产量要求不高时，在紫云英生产过程中也可不施肥或少施肥，以减少农事操作、降低成本。

5.9 鲜草利用与翻压

紫云英单作绿肥以翻压1 500kg/亩左右鲜草较为适宜。

浙江省单季稻区由于水稻播种都在5月底以后，此时紫云英种子已成熟。由于浙江省主推的紫云英品种生物产量高，一般可达3 000kg/亩左右，因此建议在4月中下旬紫云英盛花期刈割一部分紫云英鲜草做饲用，可选在晴天刈割后将紫云英就地晾晒1~2d后打捆青贮或进一步加工成草粉用作饲料，另一半翻压作绿肥。

若不考虑紫云英其他利用，仅作绿肥，建议紫云英播种量适当减少，每亩1~1.5kg，同时少施或不施化肥，使紫云英的鲜草产量在1 000~1 500kg/亩。

5.10 带荚翻压还田

浙江省大部分地区5月中旬紫云英结荚成熟，此时一次性将紫云英茎秆连同荚果全部翻压入土。紫云英结荚后再翻压，刚好与单季稻茬口相衔接，一部分种子成熟后撒落田中，秋季部分种子自然发芽，可减少当年紫云英种子用量，还可节约一部分种子成本。带荚翻压的稻田当年补种0.5~1.0kg/亩，若水稻收割后发现紫云英的苗量比较充足，则不必补种。

6 紫云英还田后的单季稻施肥管理

6.1 基肥

土壤肥力较好的水稻田，紫云英翻压做绿肥后一般可不施基肥。土壤肥力一般或较差的水稻田，紫云英翻压做绿肥后可适当再补施基肥，用量一般折合为：N素1.5~2.5kg/亩，P_2O_5：1.0~1.2kg/亩，K_2O：1.0~1.5kg/亩。

6.2 追肥

紫云英做绿肥后，水稻追肥视土壤原有肥力状况和水稻生长情况而定。一般在水稻拔节期和孕穗期追肥1~2次。肥料用量控制在：N素2.5~3.5kg/亩，P_2O_5：1.5~2.0kg/亩，K_2O：1.5~2.5kg/亩。

6.3 水稻施肥总量

单季稻不使用紫云英绿肥还田技术一般施肥料为：N素8.0~12.0kg/亩，P_2O_5：4.0~6.0kg/亩，K_2O：5.0~7.0kg/亩。紫云英还田后建议水稻总施肥量减少30%~40%，一般为：N素5.0~7.0kg/亩，P_2O_5：2.5~3.5kg/亩，K_2O：3.0~4.5kg/亩。

浙江省紫云英带荚翻压生产绿色稻米技术规程*

本规程由浙江省农业科学院环境资源与土壤肥料研究所、浙江省土肥站、浙江省仙居县土肥站和中国农业科学院农业资源与农业区划研究所起草并提出。

本规程主要起草人：王建红、曹凯、张贤、符建荣、姜丽娜、单英杰、张惠琴、曹卫东。

1　范围

本规程规定了浙江省以紫云英绿肥为稻米主要养分来源，生产绿色稻米的技术要求。

本规程适用于浙江省已建和计划发展绿色稻米的地区。

2　引用标准

下列文件中的条款通过本规程的引用而成为本规程的条款。凡是注日期的引用文件，其随后所有的修改单（不包括勘误的内容）或修订本均不适用于本规程。然而，鼓励根据本规程达成协议的各方研究是否可使用这些文件的最新版本。凡是不注日期的引用文件，其最新版本适用于本规程。

GB 3095—1996 环境空气质量标准

GB/T 3543. 4—1995 农作物种子检验规程（发芽试验）

GB 3838—2002 地表水环境质量标准

GB 15618—1995 土壤环境质量标准

GB 8080—87 绿肥种子

NY/T 393—2000 绿色食品　农药使用准则

NY/T 419—2000 绿色食品　大米

3　术语与定义

下列术语和定义适用于本规程。

3.1　绿肥及绿肥作物

一些作物，可以利用其生长过程中所产生的全部或部分绿色体，直接或间接翻压到土壤中作肥料；或者是通过它们与主作物的间套轮作，起到促进主作物生长、改善土壤性状等作用。这些作物称之为绿肥作物，其绿色植物体称之为绿肥。

---

* 本规程发表于《中国主要农区绿肥作物生产与利用技术规程》，2010：66－69.

3.2 稻底套播

在水稻生育后期将紫云英种子播进稻田的播种方式。

3.3 跑马水

农业灌溉俗语。是漫灌的一种方式，指田间快速漫灌一次水，多余的水马上放掉。目的是保持田间湿而不淹。

3.4 绿色稻米

指符合国家绿色食品生产要求种植的水稻经加工后得到的大米。大米的农药残留、重金属残留等有毒、有害物质的含量不得超过国家对绿色食品相关规定的标准上限。

3.5 紫云英带荚翻压

指紫云英种子进入成熟期后，不以留种为目的，不收种或仅收少量种子，而将带有紫云英成熟种子的植株整体翻压还田的耕作方式。

4 紫云英带荚翻压—绿色稻米生产与利用方式

是指单季稻收获前后播种紫云英，利用冬春空闲季节生产一季紫云英鲜草，然后翌年水稻移栽前翻压紫云英做肥料的种植利用方式。所生产的稻米符合行业标准《绿色食品 大米》（NY/T 419—2000）要求。

此种方式，紫云英带荚翻压后，由于有大量成熟紫云英种子留在土壤中，当单季稻收获时，紫云英种子刚好度过休眠期开始发芽，因此，不用再播紫云英做绿肥，而直接利用上季的种子，有效降低了劳动强度。

利用绿肥作物提供水稻养分，使单季稻生产中的化肥用量减少，达到不施或少施化肥的目的。同时水稻的病虫害防治过程严格禁止使用有毒有害高残留农药，而只能依靠物理或生物措施达到病虫害防治的目的。

5 技术要求

5.1 绿色稻米基地选择

5.1.1 大气质量

绿色稻米基地外缘 5 ~ 10km 内没有排放污染气体的工厂、企业等污染源，所在地区的空气质量清新，环境空气质量符合《环境空气质量标准》（GB 3095—1996）一级标准。

5.1.2 水源质量

水源上游不得存在或规划建造可能产生污水的各类场矿、企业等水污染源。灌溉水质量必须清澈无污染，水质达到《地表水环境质量标准》（GB 3838—2002）I 类标准。

5.1.3 土壤质量

绿色稻米基地建设前必须对所在地的土壤质量进行分析，土壤分析指标必须达到《土壤环境质量标准》（GB 15618—1995）国家 I 类土壤环境质量标准要求。

5.2　紫云英品种选择

全省适宜的品种有宁波大桥种、浙紫5号和平湖大叶种。

5.2.1　宁波大桥种

高产迟熟农家品种，原产浙江省宁波市鄞县姜山区、奉化市和宁波市郊。抗寒和抗菌核病能力中等，适宜在冬季气温相当于杭州以南的绍兴、宁波、台州、温州等地推广，特别适于在单季稻田种植。

5.2.2　浙紫5号

浙江省农业科学院选育的一个紫云英迟熟品种。花期较集中，成熟期比较一致；抗寒力强，较抗菌核病；产量较高。适宜在杭州及以北地区推广，如金华、杭州、湖州等地。

5.2.3　平湖大叶种

优良农家品种，原产浙江省平湖县、嘉兴市、海盐县等地。茎叶含氮量较高，抗寒力强，抗菌核病能力一般。适于在杭州以北地区如嘉兴、湖州等地种植。

5.3　种子质量要求

紫云英种子必须符合国家标准《绿肥种子》（GB 8080）中规定的三级良种，即纯度不低于94%、净度不低于93%、发芽率不低于80%、含水量不高于10%。

种子经营单位提供的紫云英种子，应按照《农作物种子检验规程（发芽试验）》（GB/T 3543.4—1995）检验，并附有合格证。

用户可采用下列简易方法测定发芽率：先把种子放在清水中浸泡24h，取2份，每份100粒。准备2条毛巾，用开水打湿后放凉，毛巾湿度以轻拧不滴水为宜。将2份种子分别摆放在毛巾上，边摆边将毛巾卷起，把种子卷在毛巾里，放入干净塑料袋，系上袋口，放在室内较温暖处。放入后第5天和第7天分2次数发芽数量，计算发芽率。一般发芽率达到80%左右时，可以认为种子质量符合要求。

5.4　紫云英播种

绿色稻米基地选定后，第一年先将紫云英直播或套种到单季晚稻田，第一次紫云英播种量为2kg/亩左右。

对于立地条件好，灌排有保障的稻田可适当减少用种量；对于立地条件差，灌排没保障的稻田需适当增加用种量以保证基本苗。

5.5　播种期

杭州以南地区在9月底至10月上中旬，杭州以北地区在9月底至10月初。

5.6　紫云英带荚翻压

5.6.1　翻压方法

在水稻种植前的7～15d将成熟带荚的紫云英一次性翻压到水田中，并整好田面，灌满田水。

5.6.2　翻压量

紫云英翻压量以 2 000 ~ 2 500kg/亩为宜。若翻压量太低，对水稻的供养能力就差。但翻压量过多，不仅给农事操作带来困难，也容易使水稻供氮过量导致水稻生长过旺，不利水稻病虫害控制，最好收回一部分紫云英植株和种子。

5.6.3　使用年限

这种一年播种多年利用的绿肥播种模式一般在生产上可维持 3 ~ 4 年。第 4 年后水稻收割后视紫云英的出苗量适当补种，一般补种 1.0 ~ 1.5kg/亩即可。

5.7　水稻施肥

5.7.1　基肥

绿肥稻米基地土壤肥力较好的水稻田，紫云英翻压做绿肥后一般不建议施基肥。土壤肥力一般或较差的水稻田，紫云英翻压做绿肥后可适当补施基肥，用量一般折合为：N：1.0 ~ 2.0kg/亩，P_2O_5：1.0 ~ 1.2kg/亩，K_2O：1.0 ~ 1.5kg/亩。肥料品种以复合肥为主。

5.7.2　追肥

紫云英做绿肥后，水稻追肥视土壤原有肥力状况和水稻生长情况而定。一般在水稻孕穗期追肥 1 次。肥料用量控制在：N：2.0 ~ 3.0kg/亩，P_2O_5：1.0 ~ 1.5kg/亩，K_2O：1.5 ~ 2.0kg/亩。肥料品种仍以复合肥为主。

5.8　水稻病虫害防治

5.8.1　农药要求

绿色稻米基地的水稻病虫害防治所使用的农药必须是符合《绿色食品　农药使用准则》（NY/T 393—2000）标准的无公害、无毒或低毒生物农药。

5.8.2　物理方治

绿色稻米基地的虫害防治提倡采用物理防治措施，在田间合理布置杀虫灯、粘虫纸、害虫性诱捕杀设备等设备进行水稻虫害防治。

5.8.3　统防统治

绿色稻米基地的病虫害防治实施统防统治，即在绿色稻米基地落实固定的技术人员，根据水稻生长情况及病虫害发生预报，在统一时段内统一使用由专营农资公司提供的统一的化肥和农药，做到水稻施肥和病虫害防治“一固定三统一”。

浙江省鲜食蚕豆—水稻轮作技术规程

本规程由浙江省农业科学院环境资源与土壤肥料研究所，丽水市农业科学研究院和浙江省农业厅土肥站起草并提出。

本规程主要起草人：王建红、华金渭、曹凯、张贤、符建荣、俞巧钢、叶静、倪治华、单英杰。

1　范围

本规程规定了浙江省经济绿肥鲜食蚕豆和单季稻轮作的技术要求。

本规程适用于浙江省鲜食蚕豆种植利用及后作水稻水肥管理。

2　引用标准

下列文件中的条款通过本规程的引用而成为本规程的条款。凡是注日期的引用文件，其随后所有的修改单（不包括勘误的内容）或修订本均不适用于本规程。然而，鼓励根据本规程达成协议的各方研究是否可使用这些文件的最新版本。凡是不注日期的引用文件，其最新版本适用于本规程。

GB4404. 2—2010　粮食作物种子　第二部分：豆类

GB/T 3543—1995　农作物种子检验规程

3　术语与定义

下列术语和定义适用于本规程。

3.1　绿肥及绿肥作物

一些作物，可以利用其生长过程中所产生的全部或部分绿色体，直接或间接翻压到土壤中作肥料；或者是通过它们与主作物的间套轮作，起到促进主作物生长、改善土壤性状等作用。这些作物称之为绿肥作物，其绿色植物体称之为绿肥。

3.2　跑马水

农业灌溉俗语。是漫灌的一种方式，指田间快速漫灌一次水，多余的水马上放掉。目的是保持田间湿而不淹。

4　鲜食蚕豆—单季稻生产与利用方式

是指单季稻收获后播种蚕豆，利用冬春空闲季节生产一季鲜食蚕豆，然后翌年水稻移栽前翻压蚕豆秸秆作肥料的种植利用方式。

此种方式，蚕豆鲜荚收获后，通过秸秆翻压还田，利用蚕豆秸秆腐解释放的养分，为水稻生长提供部分养分，从而达到在单季水稻生长过程中少施化肥的目的。这种生产模式不仅可以改善生态环境，还可以提高水稻品质，符合生态农业发展要求。

5　蚕豆种植技术要求

5.1　播前准备

5.1.1　品种选择

鲜食蚕豆品种宜选早熟、鲜荚百粒重大的品种，丽水鲜食蚕豆产区主栽品种为慈蚕 1 号、双绿 5 号、陵西 1 寸等。

慈蚕 1 号——慈溪市种子公司选育，植株长势旺，株高约 90cm，鲜豆百粒重 450g 左右，播种至鲜荚采收200d左右，一般大田鲜荚亩产在900kg左右，鲜豆食用品质佳，商品性好。

双绿5号——浙江勿忘农种业集团选育的专用大粒型鲜食蚕豆新品种，株型紧凑，茎秆粗壮，鲜食用生育期约200d，株高约100cm，鲜豆百粒重450g左右，抗病力较强，鲜荚产量每亩750～1 000kg，鲜豆荚和鲜豆粒的综合商品性均符合出口标准。

陵西1寸——该品种主茎绿色、方型，株高100cm左右，青荚重20～30g，鲜豆百粒重500g左右，从播种至采鲜荚200d，亩产鲜荚900kg左右。

5.1.2　种子质量要求

蚕豆种子必须符合国家标准《粮食作物种子　第二部分：豆类》（GB 4404.2—2010）中规定的要求，生产用种品种纯度不低于97.0%、净度（净种子）不低于99.0%、发芽率不低于90%、含水量不高于12%。

种子经营单位提供的蚕豆种子，应按照《农作物种子检验规程》（GB/T 3543—1995）进行净度分析、发芽试验、水分测定、真实性和品种纯度检测，并附有合格证。

用户可采用下列简易方法测定发芽率：先把种子放在清水中浸泡24小时，取2份，每份100粒。准备2条毛巾，用开水打湿后放凉，毛巾湿度以轻拧不滴水为宜。将2份种子分别摆放在毛巾上，边摆边将毛巾卷起，把种子卷在毛巾里，放入干净塑料袋，系上袋口，放在室内较温暖处。放入后第5天和第7天分2次数发芽数量，计算发芽率。一般发芽率达到80%左右时，可以认为种子质量符合要求。

5.1.3　种子处理

播前1～2d选晴天暴晒，促进种子营养物质转化，加快吸胀速度，提高发芽率。

5.1.4　整地

一般选择排灌条件好的田块，亩施厩肥1 500～2 000kg翻耕，做畦，畦宽1.5m，沟宽30cm，开好田间排灌水沟，做到排灌通畅。

5.2　蚕豆播种

5.2.1　播种时期及方式

播种时间为10月中下旬至11月上旬，10月下旬最适宜。株行距75cm×35cm，每穴1粒。

5.2.2　播种量

蚕豆播种量75～90kg/hm^2，肥水条件好的地块，宜适当稀播，肥水条件差的地块适当密播。

5.3　田间管理

5.3.1　追肥

苗肥：在蚕豆苗期亩用尿素5kg/亩对水浇施，促进幼苗生长、促进早分枝。

花、荚肥：在始花和结荚期2次亩施三元复合肥25kg，有利于蚕豆高产。

5.3.2　整枝摘心

苗长5叶时，及时打顶，促早萌生分枝，每株保留5个有效分枝。

开春后苗高30cm左右时，摘除三级以上分枝；初荚期选晴天及时摘心，一般摘掉顶部1~2个叶节（一般每个分枝留有效结荚叶节在6个左右）。

5.3.3　病虫草害防治

蚕豆病害有赤斑病、褐斑病、轮纹病、锈病、立枯病、枯萎病。

防治方法：①采用水旱轮作制栽培；②清沟排水，降低田间湿度；③针对病害在发病初期进行药剂防治：可选用0.05%多菌灵、1 000倍液托布津、1 000倍20%粉锈宁等。

蚕豆虫害主要有蚜虫、斑潜蝇等，可用黄板诱杀、或用10%吡虫啉4 000~6 000倍液、48%乐斯本乳油1 000倍液等农药防治。

苗期草害防治，播后亩用草甘膦300ml和乙草胺100ml对水50kg均匀喷洒畦面防草。

5.4　蚕豆采收

蚕豆从开花至鲜荚采收一般在30~40d，从外观看籽粒饱满、无茸毛、豆荚浓绿、荚形略朝下倾斜，是摘鲜的最适期。

5.5　蚕豆秸秆翻压利用

5.5.1　翻压期

蚕豆采收结束即可翻压，宜早不宜迟，以保证秸秆在田间的腐解速度，越迟秸秆木质化程度越高，腐解速度越慢。

5.5.2　翻压量

据田间抽样，蚕豆采鲜荚后的秸秆地上部分生物量每亩1 500kg左右，因此可以全部翻压作肥。

5.5.3　翻压方法

结合整地翻耕进行蚕豆秸秆翻压。翻耕后田面保持3~5cm水深，促进秸秆腐解。

6　单季水稻的肥水管理

6.1　施肥总量

按照亩产水稻稻谷600kg计算，约需氮肥（N）12~15kg，磷肥（P_2O_5）6~8kg，钾肥（K_2O）10~14kg。如果翻压1 500kg蚕豆秸秆，相当于提供氮（N）9kg，磷肥（P_2O_5）1.5kg，钾肥（K_2O）7.5kg，不足部分用化肥补足，每亩约需补充的化肥量为尿素6.5~13.0kg，过磷酸钙37.5~54.2kg，氯化钾4.2~10.8kg。

6.2　整地施基肥

水稻移栽前，施入补充的全部磷肥、钾肥和60%的氮肥，耙平待插。

6.3　追肥

水稻移栽1周后，追施剩余40%的氮肥。

6.4　水分管理

秧苗插后寸水护苗，返青后薄水浅灌，促进分蘖，中期在发足茎蘖数后及时进行轻搁田，控制无效分蘖，抽穗灌浆期实行湿润灌溉，收获前10d左右脱水晒田，以利后作。

绍兴县绿肥种植模式浅析*

郦尧生　石其伟

1. 浙江省绍兴县马鞍镇人民政府　浙江绍兴　312072；

2. 绍兴县农技推广中心　浙江绍兴　312000

摘　要：采取实地调查、访问农户的方法，总结绍兴县绿肥主要种植模式现状，提出相关建议，以为当地乃至全省全国绿肥生产提供参考。

关键词：绿肥；种植模式；绍兴

绍兴县自 2009 年起连续 3 年被列入农业部土壤有机质提升（绿肥种植）项目县，年种植绿肥面积稳定在 4 000hm^2 以上，是大田主要越冬作物之一。以往有关绿肥的研究[1~6]以品种筛选、栽培技术等对绿肥生长的影响及绿肥种植后对土壤、作物、环境的影响效益或发展对策居多，往往针对单一的某种种植利用模式，对绿肥种植模式探讨较少，有关绍兴地区乃至江浙一带这方面的研究甚至未见报道。鉴于此，作者通过调查、访问与分析，总结了近年来绍兴县主要绿肥种植模式，并提出相关建议，旨在为进一步发展和创新绿肥生产提供参考。

1　研究地概况

绍兴县介于 120°16′45″~120°46′30″E，29°41′55″~30°14′45″N，地处浙江省东北部，东邻上虞，西接萧山、诸暨，南靠嵊州，北依钱塘江河口，隔江与海宁相望。地势南高北低，县域内中部平原良田万顷、河流纵横，南部山区森林茂密、环境优美，北部三江汇流、沧海桑田，素称“水乡泽国”，是典型的山、海、原地形。全年气候温和湿润，四季分明，年平均气温 16.5℃，年日照时数 1 996.4h，年降水总量 1 446.5mm，年平均相对湿度 81%，全年无霜期 237d，常年 11 月中旬初霜，3 月下旬终霜，全年平均风速 1.9m/s。全县耕地土壤总体较肥沃，土壤有机质平均 42.7g/kg，全氮 2.66g/kg，有效磷 20.69mg/kg，速效钾 87.12mg/kg，一等地占 50.61%，二等地 49.00%，三等地只占 0.39%。发展绿肥生产的地理条件及土壤、气候等资源丰富。

2　主要种植模式

2.1　水稻—绿肥

这一模式目前应用最为广泛，面积最大，约占全县绿肥面积的 80%，又分早稻—绿

---

* 本文发表于《浙江农业科学》，2012（6）：830－831.

肥和晚稻—绿肥2种，紫云英的效益主要体现在后茬单季晚稻节肥增产方面。早稻—绿肥模式中绿肥品种主要搭配中早花品种江西余江种，晚稻—绿肥的绿肥品种主要搭配中迟花品种宁波大桥种。因绍兴县水稻种植模式以单季稻为主，所以广大农户更喜好后者，常在9月上旬晚稻齐穗后播种紫云英，4月下旬至5月中旬翻耕入土，腐熟一段时间后种单季晚稻。

2.2 茶园—绿肥

这一模式应用的典型案例是浙江省农副产品加工龙头企业绍兴御茶村茶业有限公司茶园种植基地，在268.4hm^{2}幼龄茶园垄间套种绿肥，选用绿肥品种有蚕豌豆、油菜、肥田萝卜，常在秋末冬初播种，初春翻入土，以改良茶园土壤理化性质，提高茶园土壤肥力，促进茶树生长。绿肥还在全县老龄茶区种植，不仅可增产茶叶，更重要的还能改善茶叶品质，上升茶叶档次，成为发展有机茶的一项重要措施。

2.3 有机稻—绿肥—生态鸭/鹅

陶堰镇亭山村种粮大户陆柏夫种植有机稻米，有机稻生产面积达8.1hm^2，冬季种植绿肥蚕豆，可代替1/2稻谷作为放牧鸭群的青饲料，蚕豆自己吃或出售给做“孔乙己豆”，绿肥种植和养殖业有机结合，绿肥过腹还田，实现种植养殖经济效益双赢。

绍兴县孙端镇的天鸿鹅业公司稻—草（黑麦草）/甜玉米—鹅种养结合模式深受江浙沪、两湖粮产区以及省内关注，该模式在江南水稻地区有一定的推广价值，产生了“千斤粮，万元钱，为政府稳粮，农户增收，生态循环”的实效。2011年10月10日，央视《科技苑》栏目对该模式进行了题为《钻空子养鹅的人》专题报道。

2.4 混种绿肥

在同一块地里，同时混合播种2种以上的绿肥作物，如紫云英与肥田萝卜混播，蚕豆与油菜混播等。当地群众说“种子掺一掺，产量翻一番。”豆科绿肥与非豆科绿肥，蔓生与直立绿肥混种，使互相间能调节养分，蔓生茎可攀缘直立绿肥，使田间通风透光。所以混种产量较高，养分齐全，改良土壤效果更好。

2.5 复垦地种植

针对近年来复垦地面积大，复垦的土地抛荒多、肥力低等特点，绍兴县积极在复垦地种植绿肥，以提高土壤肥力。该种植模式主要位于绍兴县南部山区，面积也不小。选取的绿肥品种以紫云英和肥田萝卜为主，还有一部分野生绿肥品种。

2.6 花木/果树—绿肥

主要以花木—绿肥为主，前几年花木种植有较大的经济效益，且绍兴县临近萧山这个大苗木基地，农田种植苗木形成了一定规模，许多农户因常年种植花木，土壤板结或理化性状变差而有机肥源供应又不足，就采取了这一办法，既改良培肥土壤，又营养作物，还涵养了水源节约了水资源。这种简单、快捷、便利、实用的模式越来越受欢迎。

3 建议对策

政府部门加强对绿肥生产的重视与领导。从政策和舆论上鼓励和宣传种植利用绿肥，从组织上落实绿肥科研、推广队伍与经费，鼓励创新模式。

科研部门应加强试验研究增强技术支撑。应坚持长期、连续的品种资源挖掘整理、提纯复壮和品种培育创新，开展绿肥的合理种植模式及综合管理技术研究与集成，形成技术体系，以及开展长期种植利用绿肥对于土壤、作物、环境、生态等综合效应的研究。

农技推广部门应加强新品种、新技术的推广应用。目前，绍兴县绿肥品种或单一、或陈旧，绿肥种植的经济效益低下，有的模式还处于起步阶段，与绍兴县现代农业发展还存在很大的差距，今后农技部门应当以项目为载体，通过宣传发动、示范带动、政策引动等手段加强粮肥兼用、药肥兼用、饲肥兼用、短季节绿肥等经济绿肥品种的引进，切实推广高产栽培技术、高效利用技术等进村入户到田，提高各种绿肥种植模式的经济效益。

参考文献

[1] 潘福霞，李小坤，鲁剑巍等．播种量对紫云英生长及物质养分积累的影响［J］．中国生态农业学报，2011，19（3）：574－578.

[2] 姜新有，周江民．不同绿肥养分积累特点及地力培肥效果研究［J］．浙江农业科学，2012，316（1）：45－47.

[3] 李继明，黄庆海，袁天佑等．长期施用绿肥对红壤稻田水稻产量和土壤养分的影响［J］．色植物营养与肥料学报，2011，17（3）：563－570.

[4] 吴萍，胡南河，叶爱青等．种植紫云英的效益及其对土壤肥力的影响［J］．安徽农业科学，2006，34（11）：2 466－2 468.

[5] 王建红，曹凯，姜丽娜等．浙江省绿肥发展历史、现状与对策［J］．浙江农业学报，2009，21（6）：649－653.

[6] 曹卫东，黄鸿翔．关于我国恢复和发展绿肥若干问题的思考［J］．中国土壤与肥料，2009（4）：1－3.

第二篇　绿肥作物品种选育与种子生产技术

紫云英的农艺性状变异*

张　贤[1]　王建红[1]　曹　凯[1]　王松涛[2]

1. 浙江省农业科学院环境资源与土壤肥料研究所　浙江杭州　310021；

2. 贵州省安顺市西秀区农业局　贵州安顺　561000

摘　要：以广泛应用的 9 个紫云英（*Astragalus sinicus* L.）品种为试验材料，测量其株高、干质量、粗蛋白含量等 12 个农艺学性状，研究其农艺性状变异，结果表明：紫云英农艺学特性存在广泛的变异，其中，变异幅度最大的是分枝数，品种内个体间差异最大，变异系数达 0.31；聚类分析结果基本反映了紫云英品种的熟期，熟期相同的品种之间遗传距离较近。熟期相同的品种，农艺学性状相似，早熟种粤肥 2 号和信阳种，营养生长较弱，营养成分含量亦较低，中熟种闽紫 6 号和闽紫 7 号叶长、叶宽、株高、茎粗及单株干质量等性状都明显优于其他品种。

关键词：紫云英；形态学；多样性

紫云英（*Astragalus sinicus* L.），豆科黄芪属一年生或二年生草本植物。中国、日本等亚洲国家普遍种植，我国长江流域和长江以南各省均有栽培，而以长江下游各省栽培最多[1~2]。我国是紫云英的原产地，也是世界上利用和种植紫云英最早、栽培面积最大的国家，在二十世纪六七十年代种植面积达稻区面积的 60% ~70%[3]。

我国紫云英按开花和成熟期可分特早熟种、早熟种、中熟种和晚熟种四个类型。特早熟种主要分布在气候温暖的广东、广西壮族自治区（以下称广西）和福建省（区）。早熟种分布的地域较广：广东、广西、福建、四川、江西、湖南、湖北和河南等省（区）。中熟种分布在江西、湖南、浙江、安徽、江苏和上海等省（区）。晚熟种主要分布在江苏、浙江两省[4]。

紫云英茎叶柔嫩多汁，叶量丰富，富含营养物质，可青饲，也可调制干草或青贮料，是一种优质的豆科牧草[1]；同时，紫云英也是我国主要的绿肥作物[5]，能有效增加冬闲田地面覆盖，对改良和培肥土壤，提高作物产量和品质，以及促进农区牧业的发展都有着重要作用，在国内外被大力应用于养地培肥[6~8]。

从表型性状来检测遗传变异是最直接的方法，具有快速、简便易行的特点。由于表型和基因型之间存在着基因表达、调控、个体发育等复杂的中间环节，以农艺学性状检测遗传变异是根据表型上的差异来反映基因型上的差异。本研究对我国南方不同地区广泛栽培的 9 个紫云英品种进行农艺学性状分析，以揭示其变异程度和变异规律，以期为紫云英的遗传改良，及合理开发利用提供科学依据。

* 本文发表于《草业科学》，2013，30（8）：1 240 –1 245.

1　材料与方法

1.1　试验材料

本研究共选取了9个紫云英品种，包括3个早熟种，4个中熟种和2个晚熟种。分别由安徽省农业科学院、江西省农业科学院和福建省农业科学院提供。

宁波大桥：纯度较高的晚熟高产农家品种，原产浙江省宁波市鄞州区，是我国紫云英开花和种子成熟最迟的品种，植株高大，茎秆粗壮。

遂昌：原产浙江省遂昌县，为当地农家品种，属晚熟种。

闽紫1号：福建省农业科学院从四川南充地区农科所的74（3）104-1系统选育而成，早熟偏迟品种，早发性好，植株较高大，茎秆粗壮。

闽紫6号：福建省农业科学院土壤肥料研究所以江西省南城县的株良种为母本，浙紫5号的优良株系“浙紫5号-13”为父本进行杂交，经系统选育而成，属中熟偏迟品种。

闽紫7号：福建省农业科学院培育的新品种，苗期生长快，耐阴性较好，为中熟偏迟种。

余江大叶：原产江西省余江县，为江西省优良的地方品种，属中熟偏早品种。

弋江：原产安徽省南陵县大江镇，为安徽省优良的农家品种，栽培历史悠久，属中熟偏早品种。

信阳：原产于河南省信阳市，为河南省优良的农家品种。属早熟种，冬前生长缓慢，开花早，植株矮小，产草量低[3]。

粤肥2号：原名“东莞种”，从广东省原有普通栽培品种选育。早生快发，没有滞冬期，为早熟品种。

1.2　试验地建植

试验地位于浙江省农业科学院杨度实验基地。田间试验采用完全随机区组设计，设有3个重复。在每个重复内各小区随机排列，小区面积为2m^2（1m×2m）。试验所用紫云英，采取条播方式，于2010年10月播种。播种后覆土1cm，浇水，随后按牧草一般田间管理进行。

1.3　试验方法

对12个紫云英农艺学性状进行测定，包括株高、叶长、叶宽、茎粗、分枝数、花序数、单株干质量，以及粗蛋白、粗纤维、粗灰分、粗脂肪和无氮浸出物含量。

（1）各小区于盛花期随机选取5个植株测定株高、叶长、叶宽、茎粗、花序数、分枝数和单株干质量，取平均值，具体测定方法如下。

叶长：叶基部到叶尖的长度；

叶宽：叶中部距离最大处长度；

株高：地面至植株顶部绝对高度；

茎粗：在茎最粗处测量；

花序数：每植株花序数；

分枝数：每植株分枝数；

单株干质量：植株地上部分生物量，采集紫云英地上部分全株样品，65℃（48h）烘干，称重。

（2）于盛花期取各小区紫云英全株样品，65℃（48h）烘干，粉碎，按四分法取样。分别采用GB/T 6432—1994，GB/6434—2006，GB/T 6438—2007，及GB/T 6433—2006对粗蛋白、粗纤维、粗灰分和粗脂肪含量进行分析。

无氮浸出物以干基计算：

$$无氮浸出物 = (1 - 粗蛋白 - 粗脂肪 - 粗纤维 - 灰分) \times 100\%$$

1.4　数据分析

通过变异系数分析紫云英品种内的变异状况；用单因素方差分析及多重比较对农艺性状进行统计分析；并采用系统聚类研究紫云英品种间亲缘关系。统计分析中所用的分析软件为SAS 8.0。

2　结果与分析

2.1　紫云英品种内变异特征

变异系数CV反映性状均值上的离散程度。变异系数越大，该性状在品种内离散程度大，品种内个体间差异就大；相反，变异系数越小，品种内离散程度小，个体间差异就小。分析表明，12个性状在紫云英品种内的变异系数，各性状在品种内变异系数差异较大，平均变异系数最小的仅0.04（无氮浸出物含量），而最大的则高达0.310（分枝数）。12个农艺性状变异系平均值由大到小依次是：分枝数、花序数、单株干质量、茎粗、株高、粗灰分、叶长、粗脂肪、粗蛋白、叶宽、粗纤维和无氮浸出物。变异系数最大的性状分枝数，不同品种间分枝数在品种内离散程度差异显著，从0至0.47不等。品种内变异系数最小的无氮浸出物含量，其变异系数远小于其他11个性状，在9个紫云英品种中，无氮浸出物变异系数最大仅为0.046，出现在地方品种宁波大桥种。所测12个农艺性状中分枝数、花序数和干质量等性状品种内变异系数较大；除了变异系数最小的无氮浸出物含量外，叶宽、粗纤维含量平均变异系数也明显低于其他性状，分别为0.092、0.089。

2.2　紫云英品种间变异特征

不同紫云英品种，由于各自不同的遗传背景，其农艺性状变异情况也存在着极大差异。对紫云英株高、粗蛋白含量等12个农艺性状进行方差分析及多重比较，以揭示各性状的变异程度和显著性水平。平均值用来表明各观测值相对集中较多的位置，而标准差能反映数据集合的离散程度。

2.2.1　紫云英品种间形态特性变异特征

株高、叶长、叶宽是影响紫云英生物产量的重要因素，在紫云英品种间的变异状况表现出极显著的相关性。叶长在品种内及品种间均存在显著差异（$P<0.05$）。叶长最长的是宁波大桥（14.22cm），最短的是粤肥2号（9.06cm），信阳（10.11cm）较其略高，二者差异水平相同，叶长显著低于其他紫云英品种。叶宽平均值范围从3.75～4.53cm不

等，叶宽最小的仍是粤肥2号（3.75cm）和信阳（3.85cm），它们与叶宽最宽的闽紫6号（4.53cm）和闽紫7号（4.44cm）表现出了显著差异（$P<0.05$）。9个紫云英品种株高在41.78cm（粤肥2号）到61.22cm（闽紫6号）之间。其中闽紫6号株高显著高于余江大叶、粤肥2号、弋江和信阳，其余品种间株高差异不显著。

紫云英茎生长相关性状茎粗和每植株分枝数在品种间的变异状况差异较大。分枝数在紫云英品种间差异较小，而茎粗在不同品种间表现出了极显著差异（$P<0.01$）。分枝数最高的品种是宁波大桥和余江大叶种，平均分枝数均为3.67枝/株。最低的品种是信阳种，为2.0枝/株，分枝数显著低于宁波大桥和余江大叶。其他紫云英品种分枝数差异水平相同，无显著差异。茎粗最高的品种为闽紫6号，茎粗平均4.55mm，与其他8个紫云英品种均存在极显著差异（$P<0.01$）。

紫云英生殖生长相关性状每植株花序数与叶长、叶宽等营养生长性状存在一定的负相关。营养生长较弱的粤肥2号每植株花序数最多，平均值为8个，它与花序数较少的宁波大桥、余江大叶、弋江、闽紫1号，及闽紫7号差异显著（$P<0.05$）。除粤肥2号外，花序数较多的还有信阳及闽紫6号，分别为7个和8个。

9个紫云英品种中单株干质量最高的为中熟种闽紫7号，达4.09g/株。不同品种间干质量差异较大，干质量最低的是浙江当地种遂昌（2.77g/株）及弋江（2.84g/株）。闽紫7号干质量显著高于遂昌、宁波大桥、余江大叶、弋江和闽紫1号（$P<0.05$）。

2.2.2 紫云英品种间营养成分变异特征

所测紫云英品种粗蛋白含量平均为14.99%，范围13.66%～16.71%。晚熟种遂昌（16.71%）与中熟种余江大叶（16.25%）粗蛋白含量最高，显著高于早熟种粤肥2号、信阳，及中熟种闽紫6号、闽紫7号（$P<0.05$）；中熟种弋江与早熟种闽紫1号的粗蛋白含量非常接近，在9个品种中属中等水平，与其他品种粗蛋白含量均没有显著差异；粤肥2号、信阳与闽紫6号粗蛋白含量较低，三者差异水平一致；在9个品种中，闽紫7号粗蛋白含量最低，为13.66%。

紫云英品种间粗纤维含量存在显著差异（$P<0.05$），粗纤维含量平均为17.46%，其中，最高的是信阳，达19.33%，与余江大叶、弋江、闽紫1号、闽紫7号及宁波大桥差异显著（$P<0.05$）；粤肥2号、闽紫6号、遂昌粗纤维含量亦较高，分别为17.97%、18.27%和18.07%，与闽紫7号差异显著（$P<0.05$）；粗纤维含量较低的是余江大叶、弋江和宁波大桥。

紫云英品种间粗脂肪含量差异极显著（$P<0.01$），平均值为3.49%，最高的是弋江（4.03%），粗脂肪含量显著高于除余江大叶和宁波大桥外的其他紫云英品种；粗脂肪含量较高的品种还有余江大叶（3.90%）、宁波大桥（3.63%）和闽紫7号（3.6%）；粤肥2号和遂昌粗脂肪含量最低，均为3.10%，此外粗脂肪含量低的品种还有闽紫6号（3.13%）。

各紫云英品种粗灰分含量平均为7.29%，范围6.30%～8.57%；宁波大桥粗灰分含量最高；粤肥2号、余江大叶、弋江、闽紫1号、闽紫7号等品种粗灰分含量中等，与所有品种均无显著差异；含量最低的是闽紫6号（6.30%）及信阳（6.37%），与遂昌及宁波大桥差异显著。总的来说，紫云英品种间粗灰分含量的差异低于粗蛋白、粗纤维、粗脂肪等营养成分。

无氮浸出物是饲料作物干物质中粗蛋白、粗脂肪、粗纤维、灰分以外的营养成分，它的主要成分是淀粉、糖以及它们的近似物，是饲料中很重要营养成分之一。紫云英无氮浸出物含量平均为56.78%，其中闽紫7号最高（60.17%），遂昌最低（53.79%）；闽紫7号和闽紫1号无氮浸出物含量均较高，与除闽紫1号外的其他品种差异显著。

2.3　紫云英聚类分析

以12个农艺学性状的平均值，计算品种间欧氏距离，并根据欧氏距离进行聚类分析，以揭示紫云英品种间相互关系。在欧氏距离10处可以将紫云英品种分为3组：中熟偏迟品种闽紫6号首先与其余品种分开，其形态特性表现明显优于其他品种，株高、叶宽、茎粗等性状均为各品种中最高，且叶长、花序数、分枝数、干质量等亦较高，但营养成分含量较低；早熟种信阳及粤肥2号遗传距离较近，聚为一类，这两个品种形态特性和营养成分含量表现均较差；中熟品种闽紫7号、余江大叶、弋江、闽紫1号，以及晚熟种宁波大桥和遂昌各农艺性状表现中等聚为一类，其中，中熟种余江大叶、弋江和闽紫1号聚为一个小组，同为浙江本地品种的晚熟种宁波大桥和遂昌也聚为一组，与其他中熟种区分开。

3　讨论与结论

3.1　紫云英农艺性状变异特征

表型的变异是基因型、生态型变异丰富度的反映，是基因组遗传变异与环境相互作用的结果。紫云英品种之间的表型性状差异显著，不同品种物候期、鲜草产量、株高、茎粗等性状有明显差异[9]。本研究中紫云英品种间农艺学性状变异丰富。在不同品种间株高、叶长、叶宽差异显著，茎粗差异达极显著水平，分枝数在品种间差异较小；营养成分粗蛋白、粗纤维、粗脂肪含量在紫云英品种间差异显著，粗灰分含量的差异低于粗蛋白、粗纤维、粗脂肪。

紫云英表型性状在品种间和品种内均有显著的差异。变异系数CV反映性状均值上的离散程度，是品种内个体间差异大小的体现。所测性状在紫云英品种内变异情况差异十分显著（$P<0.05$）。在12个性状中，品种内变异最小的是无氮浸出物含量，其变异系数远远低于其他的性状。分枝数（0.310）、花序数（0.265）及干质量（0.246）变异系数最高，在紫云英品种内个体间性状表现出显著差异。

3.2　紫云英品种间遗传距离

群体间遗传距离是用来衡量群体间相似性关系的指标，利用遗传距离构建系统发育树是真实系统发育树的统计学推断，是研究群体间遗传关系的重要方法。孙清信分别采用ISSR和SSR分子标记分析紫云英种质资源的遗传关系，两种方法所获得的聚类结果不同，但品种间遗传距离均未表现出与熟期有相关性[10]。而本研究中采用形态学分析紫云英品种间遗传关系，系统聚类结果部分反映了紫云英品种的熟期，熟期相同的品种之间表现出了较近的遗传距离。例如，早熟种信阳与粤肥2号，中熟种弋江与余江大叶，晚熟种遂昌与宁波大桥都分别聚在3个组内。但聚类也不能完全体现紫云英品种的熟期，中熟种闽紫6号就与其他的中熟品种分在不同组内。紫云英表型性状与其开花早晚相关，开花期与株高、分枝数间均呈极显著的正相关，植株高分枝数多的紫云英开花期较迟，鲜草产量相应较高[4]。这可能是形态学检测遗传关系更能反映紫云英品种熟期的原因。

3.3 紫云英遗传改良前景

紫云英是异花授粉植物，种群内变异大[11]，遗传基础十分广泛，这就为紫云英的良种选育提供了很好的基础。与张辉等的研究结果相似[12]，中熟品种闽紫6号以及闽紫7号在叶片性状、株高、茎粗，及单株干质量等形态特性上的表现都明显优于其他品种，营养生长旺盛，可作为高生物产量个体选优的重点。紫云英是优质的豆科牧草，在日粮中补充紫云英可提高反刍动物生长率[13]。粗蛋白对于动植物来说是不可缺少的营养物质，是衡量牧草品质的最主要的指标[14]，一般来说牧草的粗蛋白、粗脂肪含量越高，粗纤维含量越低，则牧草的营养价值就越高。本研究所测9个紫云英品种中，余江大叶粗蛋白含量显著高于其他品种，粗纤维及粗灰分含量与大部分品种无显著差异，同时其粗脂肪含量高。因此余江大叶可以考虑用作优质高蛋白紫云英品种，并作为紫云英优良性状选育的材料。

参考文献

[1] 陈默君，贾慎修．中国饲用植物［M］．北京：中国农业出版社，2002：413－414.

[2] 陈宝书．牧草饲料作物栽培学［M］．北京：中国农业出版社，2001：236.

[3] 陈坚，张辉，朱炳耀等．紫云英SSR分子标记的开发及在品种鉴别中的应用［J］．作物学报，2011，37（9）：592－1 596.

[4] 林多胡，顾荣申．中国紫云英［M］．福州：福建科学技术出版社，2008：69－83.

[5] 李勇，陈玉林．紫云英混作栽培在农牧业中的作用［J］．中国畜禽种业，2010（11）：58.

[6] Dae J K，Dae S C，Sungchul C B，et al. Effects of soil selenium supplementation level on selenium contents of green tea leaves and milk vetch［J］．Journal of Food Science and Nutrition，2007，12（1）：35－39.

[7] Naomi A，Hideto U. Nitrogen dynamics in paddy soil applied with various 15 N-labelled green manures［J］．Plant and Soil，2009，322（1－2）：3－4.

[8] Nakayama H. Characteristics of rice（*Oryza sativa*）growth，yield and soil nitrogen by cultivating Chinese milk vetch（*Astragalus sinicus* L.）as green manure［J］．Tohoku Agricultural Research，2005，58：35－36.

[9] 张辉，曹卫东，吴一群等．不同紫云英品种物候期及主要经济性状研究［J］．草业科学，2010，28（2）：109－112.

[10] 孙清信．紫云英SSR引物的开发及种质资源遗传多样性分析［D］．福州：福建农林大学，2012.

[11] 林新坚，曹卫东，吴一群等．紫云英研究进展［J］．草业科学，2011，28（1）：135－140.

[12] 张辉，袁廷茂，杨秉业等．紫云英新品种（系）比较试验［J］．草业科学，2011，28（10）：1 831－1 834.

[13] Jian X L，Jun A Y，Hong W Y. The effects of supplementary Chinese milk vetch silage on

the growth rate of cattle and their intake of ammoniated rice straw [J]. Animal Feed Science and Technology, 1997, 65: 79-86.

[14] 于辉，姚江华，刘荣等. 四个紫花苜蓿品种草产量、营养品质及越冬率的综合评价 [J]. 中国草地学报，2010，32 (3)：108-111.

紫云英品种比较试验初报*

徐力恒[1] 葛常青[2] 章卓梁[3] 邵美红[4]

1. 浙江省富阳市科学技术协会 浙江富阳 311400；

2. 杭州市良种引进公司 浙江杭州 310020；

3. 富阳市洞桥镇农业公共服务站 浙江富阳 311404；

4. 建德市种子管理站 浙江建德 311600

摘 要：试验表明，引进的6个紫云英品种（系）均适合富阳市作冬季绿肥种植。闽紫5号、信紫1号不适合作单季稻后作的冬季翻沤绿肥种植；闽肥3号、宁波大桥种、闽紫1号最适合作单季稻后作的冬季绿肥种植；闽紫1号表现结荚花序、荚数和粒数多，千粒重高，应在高产栽培上加以试验研究。

关键词：紫云英，品种；比较

紫云英是重要的冬季绿肥作物，具有农用、食用、药用等价值。紫云英茎、叶柔嫩多汁，富含营养物质，是优质牧草，可青饲，也可调制成干草、干草粉或青贮料；紫云英能培肥地力，改善土地耕作性能，改良土壤环境，增产效果也较明显，还可以减少商品化肥的使用。富阳市紫云英种植而积从2004—2005年度的5 240hm^2缩减到2007—2008年度的3 633.3hm^2，近来由于政府部门对制止冬季抛荒力度的不断加大和农民对改良土壤、培肥地力的认识提高，2008—2009年度增长到5 300hm^2。为加快更新和储备紫云英优良品种，从福建、河南等地引进高产优质紫云英新品种，组织了紫云英新品种比较试验，现将有关结果报道如下。

1 材料与方法

1.1 参试品种（系）

从福建省农业科学院、河南信阳市农科所等地引进紫云英试验品种（系）6个，分别是闽紫1号、闽紫5号、闽紫6号、闽肥3号、余江大叶、信紫1号，以本地种植面积最多的宁波大桥种[1]为对照品种（CK）。

---

* 本文发表于《浙江农业科学》，2012，2：160-161.

1.2 处理设计及方法

试验在建德市航头镇环塘村进行，前作为单季杂交籼稻。小区面积 13.33m^2，采取随机区组排列，重复 3 次，四周设立保护行。

播种前 3d 用除草剂清除田间杂草。浸种 12h，10 月 20 日用沙子拌匀播种，每小区挖 5 条小沟进行条播，每小区播种量 40g，播后用薄细土覆盖。试验区在播种前使用三元复合肥 300kg/hm^2 和硼砂 7.5kg/hm^2 作基肥。

1.3 调查项目及标准

生育期观察。出苗期指出苗的日期；现蕾期指试验区内有 50% 以上茎株现蕾的日期；初花期指试验区内有 25% 的茎株开始开花的日期；盛花期指试验区内有 75% 的茎株开始开花的日期；成熟期指试验区内有 75% 以上果荚转为黑色的日期。

经济性状考查。盛花期株高在盛花期每小区随机取 10 株，从地面量至植株最高叶片尖端或者花序顶端，取平均值；成熟期株高在成熟期每小区随机取 10 株，从地面量至花序顶端，取平均值；茎粗在盛花期每小区随机取 10 株，在每个分枝最粗处测量，取平均值；每分枝结荚花序数在每小区随机取 10 个茎株清点计数，取平均值；地上部鲜草产量在晴天下午每小区割 6m^2，齐地而割，割后随即称测重量；地上部干物质产量是将计算过鲜草产量的地上部分同条件自然晒干后单晒单称；每花序荚数在每小区随机取茎株 10 个，清数每个花序的荚数，取平均值；每荚粒数在每小区随机取荚 30 荚，计数取平均值；千粒重在种子收获晒干后随机取 3 份（每份 1 000粒）称重后取平均值。

2 结果与分析

2.1 生育期

如表 1 所显示，参试的紫云英品种（系）的全生育期都短于对照宁波大桥种的 212d，其中闽紫 5 号和信紫 1 号明显短于对照品种，在 5 月初成熟，表现为早熟品种；其他与对照相仿。各品种的花期基本在 5d 左右。

表 1 紫云英参试品种（系）的生育期

品种（系）	出苗期	现蕾期	初花期	盛花期	成熟期	全生育期/d
闽紫 1 号	10-25	03-25	04-10	04-15	05-15	207
闽紫 5 号	10-25	03-14	03-30	04-05	05-07	199
闽紫 6 号	10-25	03-27	04-13	04-17	05-14	206
闽肥 3 号	10-25	03-28	04-15	04-20	05-17	209
余江大叶	10-25	03-25	04-11	04-16	05-15	207
宁波大桥种	10-25	03-29	04-17	04-21	05-20	212
信紫 1 号	10-25	03-12	03-28	04-02	05-05	196

2.2 经济性状

如表 2 显示，参试紫云英品种（系）的株高以对照品种最高，但差异不大；茎粗幅度为0.44~0.50cm，以闽紫1号的0.50cm最粗；每分枝结荚花序数以信紫1号的5.6个最多；有效分枝数以对照的2.3个最多；每花序荚数以闽紫1号的6.2个最多；每荚粒数也以闽紫1号的8粒最多；千粒重以对照的3.6g最高。

表2　紫云英参试品种（系）的经济性状

品种（系）	盛花期株高（cm）	成熟期株高（cm）	茎粗（cm）	每分枝结荚花序数	每花序荚数	每荚粒数	千粒重（g）
闽紫1号	97	106	0.50	5.20	6.20	8.00	3.40
闽紫5号	93	99	0.45	5.10	4.50	4.10	3.20
闽紫6号	94	103	0.48	5.40	6.00	4.50	3.50
闽肥3号	98	108	0.49	4.70	5.80	6.50	3.10
余江大叶	96	104	0.44	4.20	4.80	5.80	3.40
宁波大桥种	99	111	0.49	4.90	4.80	5.10	3.60
信紫1号	92	98	0.46	5.60	5.00	5.00	3.20

2.3　产量

2.3.1　鲜草产量

表3　紫云英参试品种（系）的经济性状

品种（系）	鲜草产量（kg/hm²）	差异显著性		地上部干物质产量（kg/hm²）	差异显著性	
		0.05	0.01		0.05	0.01
闽肥3号	55 785	a	A	5 970	a	A
宁波大桥种	53 025	b	AB	5 775	ab	AB
闽紫1号	51 525	bc	B	5 670	ab	AB
闽紫6号	50 025	c	BC	5 550	ab	AB
余江大叶	46 530	d	C	5 355	b	BC
闽紫5号	40 020	e	D	4 755	c	CD
信紫1号	41 025	e	D	4 515	c	D

如表3所示，比对照品种宁波大桥种鲜草产量增产的仅闽肥3号，平均单产55 785.0kg/hm^2，比对照增产5.21%，达显著差异。比对照减产达极显著差异的品种（系）有余江大叶、信紫1号和闽紫5号，减幅分别为12.25%、22.63%和24.53%。

2.3.2　地上部干物质产量

如表3所示，参试紫云英品种（系）经同等条件自然晒干称重，比对照品种宁波大桥种地上部干物质产量增产的仅闽肥3号，平均单产5 970.0kg/hm^2，比对照增产3.38%，未达显著差异。比对照减产达极显著差异的品种（系）有闽紫5号和信紫1号，减幅分别为17.66%和21.82%。

3　小结与讨论

试验表明，从生育期上看，所引进的紫云英品种（系）均适合富阳市作冬季绿肥种植。从综合性状来看，闽紫5号、信紫1号因生育期短、鲜草产量低不适合作单季稻后作的冬季翻沤绿肥品种，由于其开花早，是否可以作早稻后作的冬季翻沤绿肥种植，值得试验。闽肥3号、宁波大桥种、闽紫1号因生育期较长、鲜草产量高，适合作单季稻后作的冬季绿肥种植。闽紫1号表现结荚花序、荚数和粒数多，千粒重高，应在高产栽培上加以试验研究。

参考文献

[1] 张彭达，周亚娣，何国平等．紫云英奉化大桥种的特征特性及留种技术［J］．浙江农业科学，2006（2）：161－163.

绍兴县紫云英品种（系）比较试验*

金茂义[1]　石其伟[2]

1. 浙江省绍兴县福全镇人民政府　浙江绍兴　312044；
2. 浙江省绍兴县农业技术推广中心　浙江绍兴　312000

摘　要：筛选适宜绍兴县种植的紫云英品种。以宁波大桥和江西余江为供试品种，设2个播量处理，分别对2个品种物候期、株高和鲜草产量进行比较分析。宁波大桥为迟熟品种，江西余江为中熟品种；相同播种量宁波大桥株高均高于江西余江，同一品种播种量为22.5kg/hm^{2}的植株高于播种量30.0kg/hm^{2}的植株；2个品种盛花期鲜草产量都达到18 000.0kg/hm^{2}以上。绍兴县南部山区可以迟熟品种宁波大桥为主，北部平原稻田以中熟品种江西余江为主。

关键词：绍兴县；紫云英；品种比较

紫云英又名红花草、紫云英等，为豆科1年生或越年生草本植物，一般于秋季套播于晚稻田中，作早稻或单季稻的基肥[1~3]。紫云英的培肥效果突出，可为土壤提供丰富的有机质和氮素，改善土壤的理化性状，而且压绿肥后，土壤有机质的品质有所改善，活性有机质、总腐殖质含量和有机无机复合度均较休闲地明显提高[4~5]。为促进绿肥恢复性生产，提升耕地地力，绍兴县在土壤有机质提升项目区开展绿肥品种筛选试验，探明参试品种的生长特性和栽培技术要点，为土壤有机质提升项目的进一步实施提供技术支撑。

1　材料与方法

1.1　材料

供试紫云英品种为宁波大桥和江西余江。

* 本文发表于《园艺与种苗》，2012（1）：14－15.

1.2　试验地概况

试验设在绍兴县小舜江源头保护区，海拔 5m，年平均气温 16.5℃，年日照时数 1 996.4h，年降水总量 1 446.5mm，年平均相对湿度 81%，全年无霜期 237d。试验地前茬为水稻，土种为洪积泥沙田，质地壤黏土，土壤基本理化性质：有机质 31.50g/kg，pH 值为 5.29，全氮 2.20g/kg，有效磷 1.36mg/kg，速效钾 83.00mg/kg，阳离子交换容量（CEC）13.03cmol/kg。

1.3　试验方法

试验设 2 个播种量处理，分别为 22.5kg/hm^2 和 30.0kkg/hm^2，3 次重复，共 12 个处理，随机排列，各处理小区长 20.0m，宽 3.3m，小区间间隔 30cm。种子按品种分批处理，用 5% 盐水选种，按种子量加 2 倍细沙擦种，用清水浸种 24h，根瘤菌拌种，于 2009 年 10 月 2 日播种。施肥 2 次，分别于 2010 年 1 月 2 日施钙镁磷肥 375.0kg/hm^2，2 月 20 日施尿素 37.5kg/hm^2。施药 2 次，第 1 次于 2010 年 11 月 20 日施 10.8% 高效盖草能 375mL/hm^2 防治禾本科杂草，第 2 次于 3 月 30 日施 25% 吡蚜酮 300g/hm^2 防治蚜虫。同时记录 2 个品种的出苗期、分枝期、伸长期、现蕾期、初花期、盛花期和成熟期，并测定各处理的株高和鲜草产量。其中，初花期为试验区内 25% 的植株开始开花的日期；盛花期为试验区内有 75% 以上的植株开始开花的日期；成熟期为试验区内有 75% 以上果荚转为黑色的日期[6]。

2　结果与分析

2.1　两个品种生育期比较

如表 1 所示，2 个参试品种的出苗期、第 1 分枝出现期相同，分别在 2009 年 10 月 7 日、10 月 26 日。宁波大桥盛花期和成熟期分别在 2010 年 4 月 13 日和 5 月 12 日，表现为迟熟品种。江西余江盛花期和成熟期分别在 2010 年 4 月 1 日和 4 月 28 日，分别较宁波大桥提前 12d、14d，表现为中熟品种。

表 1　参试品种生育期　　（年-月-日）

品种	播种期	出苗期	分枝期	伸长期	现蕾期	初花期	盛花期	成熟期
宁波大桥	2009-10-02	2009-10-07	2009-10-26	2009-12-13	2010-03-09	2010-03-25	2010-04-13	2010-05-12
江西余江	2009-10-02	2009-10-07	2009-10-26	2009-12-12	2010-02-26	2010-03-17	2010-04-01	2010-04-28

2.2　2 个品种株高比较

由表 2 可知，2 个参试品种的株高差异较为明显，相同播种量处理宁波大桥株高均高于江西余江，同一品种播种量为 22.5kg/hm^2 的植株高于播种量 30.0kg/hm^2 的植株。其中，以播种量 22.5kg/hm^2 宁波大桥植株最高，达 105.6cm，较相同播种量江西余江高 32.8%。

2.3 两个品种鲜草产量比较

由表2可知，2个参试品种盛花期的鲜草产量为18 091~32 810kg/hm^2。相同播种量宁波大桥的鲜草产量较江西余江高57.0%~64.1%，同一品种播种量30.0kg/hm^{2}的鲜草产量高于播种量22.5kg/hm^{2}的鲜草产量。其中，宁波大桥播种量30.0kg/hm^{2}的鲜草产量较播种量22.5kg/hm^{2}高15.5%，江西余江播种量30.0kg/hm^{2}的鲜草产量较播种量22.5kg/hm^{2}高10.5%。

表2 参试品种株高

品种	播种量（kg/hm^2）	株高（cm）	鲜草产量（kg/hm^2）
宁波大桥	22.5	105.6	28 395
	30.0	104.7	32 809
江西余江	22.5	79.5	18 090
	30.0	68.4	19 995

3 小结

试验结果表明，2个紫云英品种在绍兴县种植均表现良好，盛花期鲜草产量都达到18 000.0kg/hm^{2}以上，尤其是宁波大桥品种，播种量30.0kg/hm^{2}的紫云英鲜草产量达30 000.0kg/hm^{2}以上。

绍兴县位于浙江省东北部，南部低山丘陵，中部河网平原，北部滨海平原，是典型的山、海、原地形，在选用种植紫云英品种时，要在考虑鲜草高产的前提下做到因地制宜。南部山区可以迟熟品种宁波大桥为主，以提高鲜草产量和利用效益；北部平原稻田以中熟品种江西余江为主，以利适时翻耕压青，种植早稻。

参考文献

[1] 杨帆，高祥照．土壤有机质提升技术模式［M］．北京：中国农业出版社，2008.

[2] 焦彬，顾荣申，张学上．中国绿肥［M］．北京：农业出版社，1986.

[3] 张玉梅，丁显萍，张萍等．紫云英种子休眠破除方法的研究［J］．园艺与种苗，2011（5）：23-24.

[4] 陈安磊，王凯荣，谢小立等．不同施肥模式下稻田土壤微生物生物量磷对土壤有机碳和磷素变化的响应［J］．应用生态学报，2007，18（12）：2 733-2 738.

[5] 陈礼智，王隽英．绿肥对土壤有机质影响的研究［J］．土壤通报，1987，18（6）：270-273.

[6] 张辉，曹卫东，吴一群等．不同紫云英品种物候期及主要经济性状研究［J］．草业科学，2010，27（2）：109-112.

鲜食蚕豆品种比较试验*

王光松
浙江省岱山县农林局　浙江舟山　316200

鲜食蚕豆是岱山县近几年发展起来的主要冬季作物之一，蚕豆栽培容易，鲜豆于初夏蔬菜淡季上市，经济效益高，备受种植者的青睐。2007 年我们引进了 3 个具有市场竞争优势的鲜食蚕豆新品种，并开展了品种比较试验，结果如下。

1　材料与方法

1.1　试验品种

慈蚕 1 号：由慈溪市种子公司于 1996 年从白花大粒蚕豆品种中选育出的变异单株，经数年定向系统选育而成的新品种。

日本白皮：又名“陵西一寸”，由青海省农林科学院作物所于 1997 年从日本引进，经混选而育成的加工型优质菜用蚕豆。

白花大粒：为对照品种，由浙江省种子公司与舟山市种子公司合作，经系统选育而成的特大蚕豆新品种。

1.2　试验方法

试验安排在岱山县岱西镇塘墩村毛义红农户承包田中。前作空白，肥力中等。试验设 3 次重复，随机区组排列，小区面积 $20m^2$，四周设保护行。11 月 25 日播种，每穴 1 粒，宽行距 1.0m，窄行距 0.5m，株距 0.42m，种植密度 31 755穴/hm^2。播种前施入过磷酸钙 600kg/hm^2 作基肥。

2　结果与分析

2.1　生育进程

各参试品种生育进程见表 1。慈蚕 1 号，开花期 3 月 15 日为最早，比白花大粒（对照）3 月 17 日早 2d，日本白皮 3 月 18 日略迟；鲜荚采收期，慈蚕 1 号为 5 月 5 日、日本白皮为 5 月 8 日，分别比白花大粒（对照）5 月 3 日迟 2d 和 5d；播种至鲜荚采收，慈蚕 1 号为 181d、日本白皮为 184d，比白花大粒（对照）179d 分别推迟 2d 和 5d 各参试品种成熟期，慈蚕 1 号为 5 月 26 日，白花大粒（对照）为 5 月 27 日，日本白皮为 5 月 29 日，全生育期依次分别为 202d、203d、205d。

* 本文发表于《种子世界》，2008，11：27.

表1　参试品种生育进程

品种	播种期（月/日）	出苗期（月/日）	开花期（月/日）	结荚期（月/日）	鲜荚采收（月/日）	成熟期（月/日）	全生育期（d）
慈蚕1号	11/5	11/18	3/15	4/5	5/5	5/26	202
日本白皮	11/5	11/20	3/18	4/8	5/8	5/29	205
白花大粒（对照）	11/5	11/17	3/17	4/3	5/3	5/27	203

2.2　植株性状

参试品种株高114.0～116.0cm，茎粗1.3～1.5cm，茎节数20～22节；慈蚕1号结荚期较集中，日本白皮结荚期较长；单株分枝数慈蚕1号平均9个，日本白皮与白花大粒（对照）相同，均为7.5个；每株结荚总数慈蚕1号为25个，白花大粒（对照）为24个，日本白皮为22个；3～4粒豆荚比例以慈蚕1号60.0%为最高，日本白皮18.2%为最低，白花大粒（对照）37.5%居中；每荚平均粒数慈蚕1号最高为2.6粒，其次是白花大粒（对照）2.33粒，日本白皮1.91粒最少；3个品种鲜豆种皮均为淡绿色，干豆种皮淡褐色，种脐黑色。详见表2。

表2　参试品种主要农艺性状

品种	株高（cm）	茎粗（cm）	茎节数（cm）	单株分枝数（个）	单株结荚数（个）			荚粒数
					总数	1～2粒数	3～4粒数	
慈蚕1号	116.0	1.5	22	9.0	25	10	15	2.60
日本白皮	114.6	1.3	20	7.5	22	18	4	1.91
白花大粒（对照）	114.0	1.5	20	7.5	24	15	9	2.33

2.3　产量表现

百粒种子干重以白花大粒（对照）185g为最重，日本白皮182g、慈蚕1号181g。产量慈蚕1号最高，鲜豆8 468kg/hm^2，干豆3 353kg/hm^2；白花大粒（对照）产量位居第2位，鲜豆7 356kg/hm^2，干豆2 948kgkg/hm^2；日本白皮产量最低，鲜豆5 787kg/hm^2，干豆1 992kg/hm^2。慈蚕1号比白花大粒（对照）鲜豆产量增15.1%，干豆产量增13.7%。详见表3。

表3　参试品种产量分析

品种	鲜豆产量（kg/hm^2）	百粒干重（g）	小区干豆产量（kg）	折干豆产量（kg/hm^2）	产量位次
慈蚕1号	8 468	181	6.70	3 353	1
日本白皮	5 787	182	3.98	1 992	3
白花大粒（对照）	7 356	185	5.89	2 948	2

3　小结

试验结果表明，慈蚕1号田间生长整齐，长势较强，产量高，商品性好，且3~4粒豆荚比例高，鲜豆荚采收比较集中，适宜岱山县种植，建议示范推广。

白花大粒作为当地主栽品种，已种植多年，应加强保纯选育，继续保持其优良特性，延缓种性退化。

豌豆 EST-SSR 标记在蚕豆中的通用性与应用*

龚亚明[1]　徐盛春[1]　毛伟华[2]　李泽昀[2]
1. 浙江省农业科学院蔬菜研究所　浙江杭州　310021；
2. 浙江大学分析测试中心　浙江杭州　310029

摘　要：对豌豆表达序列标签——微卫星（EST-SSR）分子标记在蚕豆中的通用性与应用进行研究，以期为蚕豆开发出新的分子标记。结果表明：163对豌豆EST-SSR引物中有99对可在蚕豆中获得有效扩增，其中36对引物呈现明显的多态性，共检测到等位位点148个，平均每个位点的等位基因变异数为4.1个；各多态性引物的多态信息量（PIC）值为0.035~0.810，平均PIC值为0.4834；实际观察杂合度（H_O）为0.0001~0.7000，平均值为0.2103；期望杂合度（H_E）为0.0357μ0.8452，平均值为0.5388；主成分分析与非加权配对算术平均法（UPGMA）聚类分析表明，30份蚕豆种质资源可明显分成两大类群。以上结果表明，本研究所开发的豌豆EST-SSR标记在蚕豆上具有通用性和多态性，可为今后蚕豆遗传多样性、种质资源保存、比较作图和分子标记辅助育种提供新的研究依据。

关键词：豌豆；表达序列标签——微卫星标记；蚕豆；遗传多样性

基于表达序列标签（EST）的微卫星（SSR）标记，也称EST-SSR标记，由于其来源于基因组编码序列，因而具备了与功能基因直接相关、通用性高、开发成本低等优势，已成为近年来开展植物遗传育种研究的强有力的工具[1]。随着功能基因组学的迅速开展，在公共数据库上公布的EST信息也飞速增长，目前，已在多种植物中建立了EST-SSR标记，并对各种EST-SSR标记在一些物种中的通用性也进行了广泛的研究。例如，基于大麦和小麦而开发的EST-SSR标记可用于小麦、黑麦和水稻的比较作图[2~3]，而且其中有12个大麦EST-SSR标记与4种单子叶植物（小麦、玉米、高粱和水稻）和2种双子叶植

* 本文发表于《浙江大学学报（农业与生命科学版）》，2011，37（5）：479-484.

物（拟南芥和苜蓿）的EST有着显著的同源性[3]。可见，EST标记的通用性不但可以显著提高标记的利用价值，而且使得它特别适用于基因信息缺乏的物种。

蚕豆（*vicia faba* L）是世界上最重要的豆科植物之一，其地域分布广泛，资源丰富，为人类饮食和动物饲料提供了重要的蛋白和淀粉来源。然而，尽管蚕豆具有悠久的种植历史和重要的经济价值，但对其分子标记的开发和应用研究非常有限[4~7]，大大限制了蚕豆的分子育种进程。笔者曾首次利用NCBI数据库中的蚕豆EST数据进行了蚕豆SSR研究，但由于所释放的EST数据相对较少，至2010年1月，NCBI数据中蚕豆EST仅有5 031条，笔者只获得了11个蚕豆EST-SSR标记，这在一定程度上影响了对现有蚕豆种质资源的评价和利用[8]。最近，一些文献[9~13]也相继报道了EST-SSR标记在豆科植物之间的通用性。Gutierrez等[10]报道豆科模式植物蒺藜苜蓿EST-SSR标记在蚕豆、鹰嘴豆、豌豆上不仅具有通用性，而且其通用性是基因组SSR的2倍。同时笔者在开发豌豆EST-SSR标记中发现9个新开发的豌豆EST-SSR标记中有4个在蚕豆中具有通用性，而且其中2个EST-SSR标记在3份供试蚕豆品种中具有多态性[14]，但进一步研究尚未开展；因此，本研究在已有研究的基础上，根据NCBI数据库中的豌豆EST信息进一步探讨豌豆EST-SSR在蚕豆中的通用性，从而为蚕豆的种质保存、遗传研究和品种改良开拓新的科学依据。

1 材料与方法

1.1 植物材料

本试验研究材料包括26份来自中国不同地区的蚕豆种质及4份来自欧洲的种质材料（表1）。

表1 30份蚕豆种质材料及来源

编号	种质材料	来源	编号	种质材料	来源	编号	种质材料	来源
1	XS101134	江苏	11	YUN09032	云南	21	ZL100351	甘肃
2	XS100532	浙江	12	YUN09045	云南	22	ZL100519	甘肃
3	XS100506	浙江	13	YUN09062	云南	23	ZL100602	浙江
4	XS100621	浙江	14	YUN09085	云南	24	ZL100386	浙江
5	XS100678	浙江	15	YUN09112	云南	25	LLY101221	浙江
6	XS100813	浙江	16	YUN09125	云南	26	LLY101132	湖南
7	XS100431	浙江	17	YUN09172	云南	27	LLY101225	西班牙
8	YUN09021	云南	18	ZL100212	安徽	28	LLY101256	德国
9	YUN09026	云南	19	ZL100218	安徽	29	LLY104625	意大利
10	YUN09058	云南	20	ZL100329	浙江	30	LLY107221	意大利

1.2 总DNA的提取

供试材料在浙江省农业科学院蔬菜研究所豆类育种基地育苗，幼苗长至5片叶时采集幼嫩叶片，用液氮速冻后于－70℃保存。采用试剂盒（DNeasy Plant Mini Kit，QIAGEN）

法提取总 DNA。

1.3　EST-SSR 引物的筛选和设计

2010 年 4 月从 NCBI EST 库（http：//www ncbi. nlm. nih. gov/dbEST）下载豌豆（*Pisum sativum* L）EST 序列，共计 18 552条。采用 DNAStar 软件对所下载的豌豆 EST 进行拼接，去除冗余序列，然后采用 SSRIT 软件（http：//www. gramene. org/gramene/searches/ssrtool）对非冗余序列进行 SSR 筛选分析，以含 2、3、4、5 及 5 以上核苷酸基元精确 SSR 的最小重复数分别为 8、5、4、3 为筛选标准。利用 Primer Premier 5. 0 软件设计特异性引物，分别以 FAM 和 Hex 荧光染料标记 SSR 引物的 5 端。引物设计的主要参数为：引物长度为 18 ~24bp，退火温度为 50 ~60℃；PCR 产物长度为 100 ~400bp，引物由上海赛百胜公司合成。

1.4　EST-SSR 扩增反应及扩增产物的检测

PCR 反应体系的总体积为 20μl，含有 1 × PCR 缓冲液，2μmol/L$MgCl_2$，0. 2μmol/L $dNTP_S$，0. 2μmol/L 正、反引物，1U TaqDNA 聚合酶及约 20ng 的 DNA 模板。PCR 扩增反应程序为：94℃ 预变性 2min；94℃ 变性 20s，55℃ 复性 30s，72℃ 延伸 45s，35 个循环；最后 72℃ 延伸 7min。

选用 6 个来自中国的品种和 4 个来自欧洲的品种对设计的 163 对豌豆 EST-SSR 引物进行初步筛选。扩增产物首先采用 1. 5% 琼脂糖凝胶电泳检测，然后对有明显扩增条带的 PCR 产物采用毛细管电泳荧光检测法在 Megabace 1 000 DNA 分析系统（GE）上检测[15]，分子量内标为 ET-R400（GE）。筛选出在蚕豆中扩增片段与预期片段大小相近、条带清晰的 EST-SSR 引物对所有 30 个蚕豆种质资源进行扩增。

1.5　数据分析

按照 Anderson 等[16]的方法计算多态信息量（polymorphism information content，PIC）。$PIC = 1 - \sum_{i=1}^{k} P_{ij}^2$，其中 P_{ij}表示第 i 个标记的第 j 种带型出现的频率。利用 POPGENE 1. 32 软件[17]计算每个 EST-SSR 的观测杂合度（*Ho*）、期望杂合度（H_E）以及检验引物 Hardy-Weinberg（HW）平衡的显著性。用 NTSYSpc 2. 10 软件进行 Nei 遗传距离计算及主成分分析（PCA），以非加权配对算术平均法（unweight pair group method with arithemetic averages UPGMA）进行聚类分析，绘制系统发育树。

2　结果与分析

2.1　豌豆 EST-SSR 引物在蚕豆上的通用性

利用 Primer Premier 5. 0 软件筛选和设计的 163 对豌豆 EST-SSR 特异性引物，以 6 份中国蚕豆和 4 份国外蚕豆种质的基因组 DNA 为模板进行 PCR 扩增，扩增产物首先采用 1. 5% 琼脂糖凝胶电泳检测，然后对有明显扩增条带的 PCR 产物采用毛细管电泳荧光检测法在 Megabace 1 000 DNA 分析系统（GE）上检测[15]。结果表明，有 99 对豌豆 EST-SSR

引物可以在这10份材料中得到与预期片段大小相近、条带清晰的扩增产物，引物的可扩增率为60.74%；如引物P 87的扩增产物图谱见图1。可见，豌豆EST-SSR引物在蚕豆品种中有很好的通用性。

2.2 豌豆EST-SSR引物在蚕豆上的多态性

进一步用所筛选的具有通用性的99对豌豆EST-SSR引物对30份蚕豆种质进行PCR扩增，结果发现有36对引物表现出多态性（表2）。图1所示为引物P 87在2份蚕豆种质上的多态性扩增结果。在36对引物扩增的重复基元类型中，以三基元重复类型最多，为23个；其次为六基元重复类型，为11个；另外2个为五基元重复。共检测到等位变异位点148个，平均每对引物所检测到的等位位点为4.1个，其中最多的引物为8个，最少的为2个。各多态性引物的PIC值为0.035～0.810，平均PIC值为0.483 4；实际观察杂合度（*Ho*）为0.000 1～0.700 0，平均值为0.210 3；期望杂合度（H_E）为0.035 7～0.538 8。

表2 36对EST-SSR引物的相关特征及在蚕豆种质材料中的扩增信息

引物名称	基元类型	N_A	H_O	H_E	PIC	P_{HW}
P6	gatgaa	2	0.034 5	0.160 3	0.145	**
P7	aagatg	3	0.100 0	0.216 4	0.202	**
P8	aattac	5	0.357 1	0.712 3	0.647	**
P11	atgaaa	3	0.200 0	0.535 6	0.467	**
P18	tattt	3	0.037 0	0.324 9	0.296	**
P25	gat	5	0.200 0	0.777 4	0.727	**
P26	ttc	4	0.269 2	0.610 9	0.518	**
P27	aag	4	0.071 4	0.368 2	0.335	**
P28	ttc	7	0.066 7	0.767 2	0.726	**
P30	atg	4	0.433 3	0.539 5	0.435	**
P32	tga	4	0.133 3	0.728 8	0.664	**
P39	gca	8	0.000 1	0.845 2	0.810	**
P58	caacag	6	0.266 7	0.768 9	0.724	**
P60	tctcaa	3	0.066 7	0.243 5	0.225	**
P61	gatgac	3	0.133 3	0.567 2	0.496	**
P65	ccaccg	7	0.333 3	0.755 9	0.703	**
P68	acaata	4	0.033 3	0.466 1	0.429	**
P76	aac	3	0.000 1	0.387 2	0.330	**
P79	tct	4	0.100 0	0.484 7	0.391	**
P81	aac	3	0.300 0	0.340 7	0.303	**
P85	tgc	4	0.700 0	0.636 7	0.553	**
P87	aga	2	0.033 3	0.096 6	0.090	**
P90	gat	4	0.633 3	0.579 7	0.492	**
P91	tag	4	0.000 1	0.598 9	0.503	**
P93	caa	2	0.035 7	0.035 7	0.035	**

（续表）

引物名称	基元类型	N_A	H_O	H_E	PIC	P_{HW}
P96	gat	4	0.000 1	0.298 3	0.276	**
P98	tct	5	0.034 5	0.739 9	0.690	**
P103	tga	4	0.466 7	0.633 3	0.566	**
P104	tga	4	0.700 0	0.707 9	0.648	**
P110	gaggaa	3	0.137 9	0.503 3	0.402	**
P117	tca	5	0.066 7	0.788 1	0.739	**
P126	taattg	5	0.333 3	0.629 6	0.582	**
P132	gtttt	5	0.379 3	0.658 8	0.593	**
P143	gaa	3	0.533 3	0.657 1	0.570	**
P148	aag	6	0.310 3	0.742 3	0.685	**
P156	tat	3	0.069 0	0.490 6	0.406	**

注：N_A：等位点数；H_O实际观察杂合度；H_E：期望杂合度；PIC：多态信息量；P_{HW}：Hardy-Weinberg（HW）平衡的显著性；** 表示 P_{HW}在 0.01 水平差异显著

2.3　豌豆 EST-SSR 分子标记在蚕豆种质资源遗传多样性分析中的应用

根据 36 对多态性 EST-SSR 引物的扩增结果，对 30 份材料进行二维主成分分析（PCA），发现各材料间没有表现出十分明显的分群聚集现象，但 4 份小粒型蚕豆材料相对集中于分析空间的左上方（图 2）。

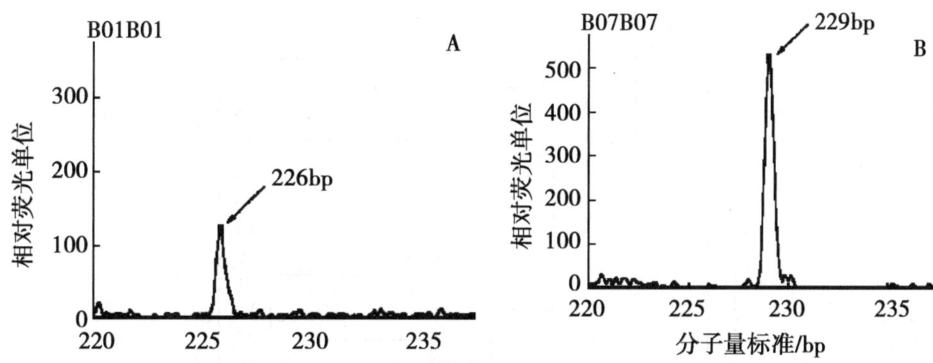

图 1　Megabace 1 000 DNA 分析系统对荧光引物 P87（FAM 标记）
在 9 号（A）与 10 号（B）种质上扩增产物的检测图谱

以 Dice 相似系数采用非加权类平均聚类法对蚕豆种质资源进行聚类分析，获得蚕豆系统树（图 3）。从中可以看出：当相似系数为 0.68 时，30 份蚕豆种质资源可聚为 2 个类群。类群Ⅰ包括来自浙江的种质 2 份，江苏种质 1 份，西班牙种质 1 份；类群Ⅱ包括了其余的 26 份种质，其中来自云南的种质 10 份，浙江种质 8 份，安徽种质 2 份，甘肃种质 2 份，湖南种质 1 份，意大利种质 2 份，西班牙种质 1 份。类群Ⅰ中 4 份种质的聚集情况与二维主成分分析一致，此 4 份材料为小粒型蚕豆种质。在整个发育系统中各分支关系与材料的地域来源间无明显关联。

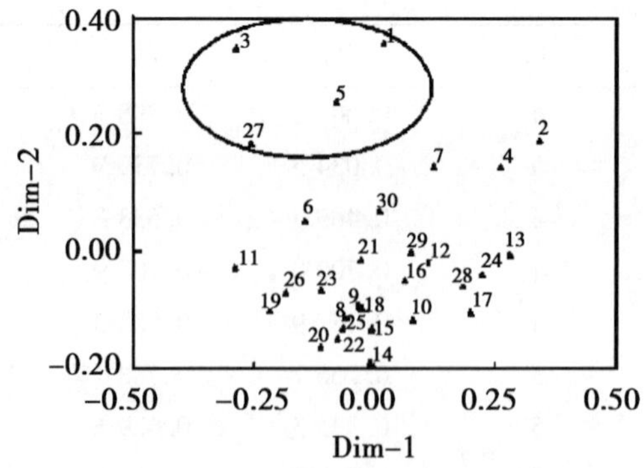

图 2　30 份蚕豆种质材料的二维主成分分析

图中数字为 30 份种质材料的编号，同表 1.

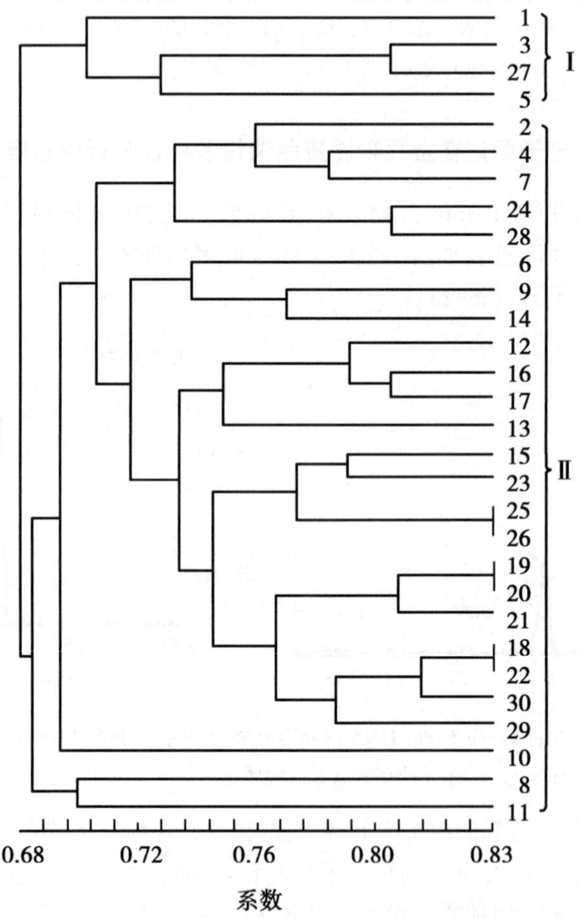

图 3　30 份蚕豆种质的 UPGMA 聚类分析树状图

3 讨论

本研究充分利用 NCBI 数据库中豌豆的 EST 信息，设计了 163 对豌豆 EST-SSR 引物对蚕豆种质资源进行转移扩增，发现 99 对（60.74%）豌豆 EST-SSR 引物可以获得与预期片段大小相近、条带清晰的扩增产物。可见，豌豆 EST-SSR 标记在蚕豆上的通用性不仅明显高于豆科模式植物蒺藜苜蓿基因组 SSR 标记在蚕豆、鹰嘴豆、豌豆上的通用性（21% ~24%），而且也高于蒺藜苜蓿 EST-SSR 标记在蚕豆、鹰嘴豆、豌豆上的通用性（39% ~43%）[10]。最近，Gupta 和 Prasa[12]报道紫花苜蓿 EST-SSR 在豆科和非豆科上的通用性分别为53% ~71%，33% ~44%；而在 6 个苜蓿属植物中的通用性为 89%[18]。鹰嘴豆的 EST-SSR 标记在 6 个 1 年生野生型鹰嘴豆品种间的通用性高达 68.3% ~96.6%，在豌豆、栽培大豆等 7 个豆科植物中的通用性为 29.4% ~61.7%[11]，而在栽培木豆和野生木豆品种上的通用性分别为 38% ~39%，26% ~40%[13]。可见，豆科植物 SSR 标记的通用性在一定程度上也反映了所检测物种在序列上的保守性[10]，豌豆 EST-SSR 标记在蚕豆上的高通用性，可能是因为蚕豆和豌豆同属豆科蚕豆族植物，具有较近的亲缘性，使得基于豌豆开发的 EST-SSR 侧翼序列在蚕豆中有很好的保守性，这为进一步开发具有通用性的分子标记提供了基础。

多态性高低是评价分子标记的关键指标之一[9]。通过对 30 份供试蚕豆种质材料进行 PCR 扩增，笔者发现所筛选的 99 对豌豆 EST-SSR 通用性引物中有 36 对表现出多态性，多态性比例达 36.4%，明显低于蚕豆基因组 SSR 的多态性比例（54.6%）[6]，这与以往报道 EST-SSR 来源于较保守的基因组编码区域，因而其多态性低于基因组 SSR 的报道一致[18~20]。但正是由于其来源于基因组编码区域，使得 EST-SSR 标记与基因功能直接相关，是有关基因功能的“真质”标记，其多态性直接反映了基因的多样性。因此本研究所获得的这些具有多态性的 EST-SSR 标记不仅将大大丰富可用于蚕豆种质资源遗传多样性研究的分子标记的数量，而且这些通用的 EST-SSR 标记将为进一步比较蚕豆与豌豆的基因组结构特征以及相互之间的演化关系提供新的科学依据。

本实验首次把豌豆 EST-SSR 标记用于蚕豆种质遗传多样性研究，结果证明这些新开发的标记对蚕豆资源分析是有效的。例如，4 份小粒型种质材料的遗传距离较近，在主成分分析与聚类分析时可聚为 1 类（图2、图3）；各材料间的聚类关系与其地域来源间无明显关联（表2），这可能是由于不断引种驯化和人工选育使种质资源间不断异交而呈现出较近的亲缘关系[21]。同时笔者还发现，我国的 26 份种质材料间的遗传相似性为 0.543 ~ 0.834，平均遗传相似性达 0.728。这说明我国蚕豆种质资源的遗传基础比较狭窄，从而造成了育成品种遗传多样性的下降，间接增加了品种受到特定病虫害侵袭时易遭受大规模毁灭的危险性[22~23]；因此，积极引入具有优良抗病虫、抗逆基因的外来种质材料，通过杂交、回交等手段导入优异基因对目前蚕豆育种是必要的。

综上可知，基于豌豆 EST 开发的部分 SSR 标记可成功作为蚕豆遗传标记，弥补了蚕豆因 EST 数据缺乏而造成的 EST-SSR 开发不足的现状，拓宽了蚕豆 EST-SSR 标记数量。本研究开发的 36 对新标记无疑为今后蚕豆遗传多样性研究、种质资源保存、比较作图和分子标记辅助选择育种提供了实用有效的分子标记，将有效地促进蚕豆育种进程。

参考文献

[1] Varshney R K, Graner A, Sorrells M E. Genicmicrosatellite markers in plants: features and applications [J]. Trends in Biotechnology, 2005, 23 (1): 48 -55.

[2] Yu J K, La Rota M, Kantety R V, *et al.* EST-derived SSR markers for comparative mapping in wheat and rice [J]. Molecular Genetics and Genomics, 2004, 271: 742 -751.

[3] Varshney R K, Sigmund R, Borner A, *et al.* Interspecific transferability and comparative mapping ofbarley EST-SSR markers in wheat, rye and rice [J]. Plant Science, 2005, 168: 195 -202.

[4] Pozarkova D, Koblizkova A, Roman B, *et al.* Development and characterization of microsatellite markers from chromosome 1-specific DNA libraries of *Vicia faba* [J]. Biologia Plantarum, 2002, 45: 337 -345.

[5] Terzopoulos P J, Bebeli P J. Genetic diversity analysis of Mediterranean faba bean (*Vicia faba L.*) with ISSR markers [J]. Field Crops Research, 2008, 108 (1): 39 -44.

[6] Zeid M, Mitchell S, Link W, *et al.* Simple sequence repeats (SSRs) in faba bean: new loci from Orobanche resistant cultivar Giza 402 [J]. Plant Breeding, 2009, 128 (2): 149 -155.

[7] Zong X X, Liu X J, Guan J P, *et al.* Molecular variation among Chinese and global winter faba bean germplasm [J]. Theoretical and Applied Genetics, 2009, 118: 871 -978.

[8] Gong Y M, Xu S C, Mao W H, *et al.* Generation and characterization of 11 novel EST derived microsatellites from *Vicia faba* (Fabaceae) [J]. American Journal of Botany, 2010, 97 (7): 69 -71.

[9] Eujayl I, Sledge M K, Wang L, *et al.* Medicago truncatula EST-SSRs reveal cross-species genetic markers for Medicago spp. [J]. Theoretical and Applied Genetics, 2004, 108: 414 -422.

[10] Gutierrez M V, Vaz Patto M C, Huguet T, *et al.* Crossspecies amplification of *Medicago truncatula* microsatellites across three major pulse crops [J]. Theoretical and Applied Genetics, 2005, 110 (7): 1 210 -1 217.

[11] Choudhary S, Sethy N K, Shokeen B, *et al.* Development of chickpea EST-SSR markers and analysis of allelic variation across related species [J]. Theoretical and Applied Genetics, 2009, 118 (3): 591 -608.

[12] Gupta S, Prasad M. Development and characterization of genie SSR markers in *Medicago truncatula* and their transferability in leguminous and non-leguminous species [J]. Genome, 2009, 52 (9): 761 -771.

[13] Datta S, Kaashyap M, Kumar S. Amplification of chickpea-specific SSR primers in *Cajanus* species and their validity in diversity analysis [J]. Plant Breeding, 2010, 129 (3): 334 -340.

[14] Gong Y M, Xu S C, Mao W H, *et al.* Developing new SSR markers from expressed sequence tags (EST) of pea (*Pisum sativum L.*) [J]. Journal of Zhejiang University: Science B, 2010 (11): 702 -707.

[15] GONG Ya-ming, HU Qi-zan, MAO Wei-hua, *et al.* (龚亚明，胡齐赞，毛伟华等). Application and evaluation of fluorescent EST-SSR markers detection technique with capillary electrophoresis in pea [J]. Acta Agriculturae Zhejiangensis (浙江农业学报) 2009, 21 (6): 540-543. (in Chinese)

[16] Anderson J A, Churchill G A, Autrique J E, *et al.* Optimizing parental selection for genetic linkage maps [J]. Genome, 1993, 36: 181-186.

[17] Yeh F C, Yang R C, Boyle T. POPGENE (Version 1.31): Microsoft Window-Bases FYeeware for Population Genetic Analysis [M]. University of Alberta and the Centre for international Forestry Research, 1999.

[18] Eujayl I, Sorrells M, Wolters P, *et al.* Assessment of genotypic variation among cultivated durum wheat based on EST-SSRs and genomic SSRs [J]. Euphytica, 2001, 119: 39-43.

[19] Harry D E, Temesgen B, Nealeb D B. Codominant PCR-based markers for *Pinus taeda* developed from mapped cDNA clones [J]. Theoretical and Applied Genetics, 1998, 97: 327-336.

[20] Cho Y G, Ishii T, Temnykh S, *et al.* Diversity of microsatellites derived from genomic libraries and GenBank sequences in rice (*Oryza sativa L.*) [J]. Theoretical and Applied Genetics, 2000, 100: 713-722.

[21] YAO Ming-zhe, CHEN Liang, WANG Xin-chao, *et al.* (姚明哲，陈亮，王新超等). Genetic diversity and relationship of clonal tea cultivars in China revealed by ISSR markers [J]. Acta Agronomica Sinica (作物学报) 2007, 33 (4): 598-604. (in Chinese)

[22] Martin M S. Crop strength through diversity [J]. Nature, 2000, 406: 681-682.

[23] Fu Y B. Applications of bullring in molecular characterization of plant germplasm: a critical review [J]. Plant Genetic Resources, 2003, 1: 161-167.

双绿5号蚕豆单花强制自交提纯技术研究*

戈加欣[1]　张　真[1,4]　张彭达[2]　应必鹏[3]　唐佳殉[3]

1. 勿忘农集团有限公司　浙江杭州　310020；
2. 浙江奉化市种子管理站　浙江奉化　315500；
3. 杭州富惠现代农业有限公司　浙江萧山　311203；
4. 浙江省磐安县农业局　浙江磐安　322300

摘　要：为了探索蚕豆品种新的提纯技术，开展了透明胶带套袋法和夹花法2种单花强制自交方法的技术研究。研究结果表明，蚕豆单花强制自交采用透明

* 本文发表于《种子生产》，2012，31 (4)：119-120.

胶带套袋法和夹花法，品种提纯保纯的质量稳定，精准度高，能有效缩短提纯年限，提高工效。

关键词： 蚕豆；双绿5号；强制自交；提纯技术

蚕豆强制自交是品种提纯的重要技术，传统的网室片选、网罩株选等蚕豆品种提纯措施虽然行之有效，但因遗传纯化年限长、工本大，而未能在生产上继续广泛应用。为探索蚕豆品种新的提纯技术，提高工效，缩短提纯年限，降低成本，实现准确、方便、快速提高品种纯度的目的，在以往实践的基础上，对双绿5号蚕豆品种进行了单花强制自交的技术研究，取得了较好的效果。

1 材料和方法

1.1 试验材料

试验材料为杭州富惠现代农业有限公司自留的双绿5号蚕豆种子。

1.2 试验设计

1.2.1 透明套袋法

用1.2cm宽的薄型透明胶带作单花强制自交套袋材料。用透明胶带环绕花苞3圈黏合成袋桶，套住花苞，不让花瓣开散，让其在花内自交。

1.2.2 夹花法

用重量为每只0.7g的微型园艺夹，作为单花强制自交夹花器具材料。在花朵开放前1d，将园艺夹夹住目标花苞的3/5处，以花瓣作阻隔外来花粉的屏障，强制自交，3d后取下夹子。

1.2.3 自然结荚法

选择田间长势与透明套袋法和夹花法所在区块生长一致的植株作对照。

试验在浙江国家级原种场选种圃8m大棚内进行，土壤为沙壤土，土层深厚，pH值为7.0~7.5，有机质18.0g/kg，地下水位1.3m。10月下旬出苗，管理水平中上，无病虫害，长势健壮。试验期从初花中期开始，鼓粒期结束。

1.3 试验方法

在长势均匀、无边际优势的株畦，选取相邻的6分枝/株作为试材，先摘除所有单株上非目标节位的花蕾，使各处理间的花苞数量一致，再在目标节位（第5或6节位）上2对花朵开放的前1d进行试验处理。处理时间为4月15~20日，每20个单株的处理为1个重复，4个重复共计480个花苞1 920朵花。本试验操作均由一名技术员完成，每次试验操作时间从07：00开始，09：00结束；3d后统计落花情况，10d后统计落荚情况。

强制自交后代的品种纯度采用室内鉴定和田间鉴定2种复验办法。室内纯度鉴定：种子收获后进行籽粒种脐颜色情况调查，以确定强制自交纯合质量。田间纯度鉴定：种子收获后当年10月下旬播种，翌年4月中旬调查开花颜色情况，以进一步确定自交纯度质量。

2　结果与分析

2.1　不同处理方式对成花率的影响

试验结果表明，在去除无效花序和非目标花蕾后，套袋法和夹花法的成花率2年后平均分别为89.5%、90.9%，与自然授粉的成花率93%比较，有一定的差异，经2年结果统计分析，这一差异达到显著水平，说明本试验采取的2种强制自交方法，在强制阻隔串花异交的同时，也会伤及花器，影响试验株的成花率，而2种方法之间的成花率也存在差异，但未达到显著水平（表1）。

表1　蚕豆强制自交法和自然结荚法对成花率的影响　（%）

年份	重复	强制自交法		自然结荚法（CK）
		套袋法	荚花法	
2008	Ⅰ	89.1	91.6	95.1
	Ⅱ	90.0	88.3	92.6
	Ⅲ	90.9	91.9	92.4
	Ⅳ	93.0	93.5	92.9
	平均	90.8	91.3	93.3
	标准偏差	1.7	2.2	1.3
2009	Ⅰ	90.4	90.2	92.9
	Ⅱ	89.2	93.9	95.1
	Ⅲ	87.3	89.8	92.3
	Ⅳ	88.7	87.9	91.0
	平均	88.9	90.5	92.8
	标准偏差	1.3	2.5	1.7
2年平均		89.5（1.9a）	90.9（2.2a）	93.0（1.4b）

2.2　不同处理方式对结荚率的影响

试验结果进一步表明，套袋法和夹花法均对花器有一定损伤，结荚率分别为85.6%、86.5%，这一损伤与自然授粉的结荚率比较，存在差异，经2年的结果统计分析，这一差异达到显著水平。2种强制自交方法之间的结荚率也存在差异，但未达到显著水平（表2）。

表2　蚕豆强制自交套袋法和自然结荚法对结荚率的影响　（%）

年份	重复	强制自交法		自然结荚法（CK）
		套袋法	荚花法	
2008	Ⅰ	85.6	88.1	89.3
	Ⅱ	89.1	85.5	92.1
	Ⅲ	85.0	86.4	88.4
	Ⅳ	84.4	86.9	89.0
	平均	86.0	86.7	89.7
	标准偏差	2.1	1.1	1.6

（续表）

年份	重复	强制自交法		自然结荚法（CK）
		套袋法	荚花法	
2009	Ⅰ	83.7	87.9	88.7
	Ⅱ	85.4	85.2	90.2
	Ⅲ	88.2	85.7	86.3
	Ⅳ	83.1	86.4	91.3
	平均	85.1	86.3	89.1
	标准偏差	2.3	1.2	2.2
2年平均		85.6（2.1a）	86.5（1.1a）	89.4（1.8b）

2.3 不同处理方式对纯度的影响

由于双绿5号的种脐与种皮均为淡绿色、花为紫颜色，而浙江省目前主栽品种白花大粒的种脐为黑色、种皮为褐色、花为白色；这2个品种播种在附近定会产生生物学混杂，这从后代的种脐、种皮、花色上来看就比较容易鉴别，从而给本研究带来了“纯度鉴定”有参照物的方便。从强制自交种籽粒检和花检的表现型情况数据分析，这2种强制自交方法保纯效果均明显高于对照（CK），套袋法和夹花法的种子纯度经2009年和2010年两年鉴定结果分别达到99.97%和99.95%，均达到国家标准（GB-4401.2—1996）原种纯度不低于99.9%的要求（表3）。

这2种强制自交方法对蚕豆品种提纯保纯效果是明显的，可能是花瓣被迫包裹隔离外来花粉的传入作用比较充分，以及因为透明胶带和园艺夹本身是塑料体，蜂虫反感，不乐意访问有异味的花朵，从而起到一定的驱阻虫媒作用。

表3 强制自交的后代粒检花检品种纯度比较 （%）

年份	套袋法		夹花法		自然结荚法（CK）	
	粒检	花检	粒检	花检	粒检	花检
2009	100	100	99.9	99.9	98.0	98.5
2010	99.9	100	100	100	97.5	96.5
2年平均	99.95	100	99.95	99.95	97.75	97.5
	99.97		99.95		97.62	

3 小结与讨论

本研究结合多年摸索与实践，认为蚕豆单花强制自交采用透明胶带套袋法和夹花法，虽成花率和结荚率稍低于自然结荚法，但品种提纯保纯的质量稳定，精准度高；较以往的网室片选、网罩株选提纯法，可减少虫媒和栽培风险，有效缩短提纯年限，提高工效。在套袋、夹花操作必须注意用力要均匀、不宜过猛，以减轻对花器的伤害程度；操作套、夹的点位必须做到所要求的程度，只要熟练规范操作，这2种提纯方法都能事半功倍；花荚期的棚间温湿度过高可能会影响套袋荚和夹花荚的结实率。在套袋、夹花前1天晚上，宜稍微提高棚湿、降低棚温，以促进花器挺韧，有利减少落花脱荚。套袋、夹花之后，宜降低棚湿、提高棚温，以促进花瓣老化回缩，使袋、夹顺利自然脱落，幼荚舒展生长，结实率提高。

参考文献

[1] 文振祥．蚕豆落花落荚原因分析及标准化栽培技术［J］．吉林蔬菜，2010（2）：59－60.

[2] 马镜娣，庞邦传，王学军等．蚕豆自然异交率的测定研究和利用［J］．江苏农业科学，1999（4）：18－19.

[3] 余兆海．蚕豆单交后代杂种优势的一些观察［J］．杂粮作物，1984（2）：27－28.

紫云英奉化大桥的特征特性及留种技术*

张彭达　周亚娣　何国平　夏剑树　汪贤刚

浙江省奉化市种子公司　浙江奉化　315500

摘　要：紫云英奉化大桥种具有开花迟、茎粗叶大，鲜草产量高、作肥料肥效好等特点，是浙江省两大紫云英名种之一。奉化市因此成为浙江省紫云英种子繁育基地。本文介绍了紫云英奉化大桥的特征特性，并总结出其高产留种技术。

关键词：紫云英；特征特性；奉化大桥；留种技术

紫云英是我国南方稻区主要的冬季绿肥作物之一。对提高水稻产量和培肥地力，发展畜牧业等方面有着重要作用。近年来，随着设施栽培普及和化肥的大量应用，土壤出现板结、恶化等现象，种植紫云英可有效地改善土壤的团粒结构，提高土壤的肥力，是农业部门正在推行的沃土工程的重要措施之一。紫云英奉化大桥具有开花迟、茎粗叶大、鲜草产量高、培肥效果好等优点，是浙江省两大紫云英名种之一。奉化农民在长期的紫云英种植中积累了丰富的实践经验，生产的紫云英种质量好、产量高，因此从1986年以来奉化市一直被列为浙江省紫云英种繁育基地，紫云英奉化大桥种远销全省乃至全国各地。20年来累计繁育紫云英种子100多万kg，为农民带来近1 000万元的经济收入。据统计2003年紫云英种植面积650hm^2，作为绿肥的鲜草产量平均为50t/hm^2，紫云英种子平均产量600kg/hm^2。奉化市常年紫云英种田面积保持在350～450hm^2。现将奉化大桥的特征特性及其高产留种技术总结报道如下。

---

* 本文发表于《浙江农业科学》，2006（2）：162－163.

1 特征特性

1.1 生物学特征

紫云英奉化大桥种植株丛生直立，叶色浓绿，茎圆柱形，中空，柔嫩多汁，茎长达70～120cm，茎粗0.3～0.9cm，近地表茎基部有3～5个分枝，也有二次分枝发生。花呈蓝紫色，由7～13朵小花簇生的伞形花序，种子荚果细长，种子肾脏形，初收时为黄绿色，贮存后转为棕褐色。

1.2 品质

该品种开花迟（比安徽紫云英种迟开花20～30d，营养生长时间长）茎粗叶大，鲜草产量高，培肥肥效好。茎叶中含有较多养分，除有机质外，鲜草一般含氮0.34%，含磷（P_2O_5）0.08%，含钾（K_2O）0.21%。每吨鲜草中所含氮、磷、钾养分相当于8.5kg硫酸铵，2.5kg过磷酸钙和2kg硫酸钾。

1.3 生育期

该品种生育期要根据生产用途来分。一般在9月中旬到10月初播种。用作绿肥的4月20日前后，当紫云英花开30%以后，即可起畈翻耕，这时紫云英鲜嫩，入土后腐解快，可防早稻发僵。作为留种田要等到5月中下旬紫云英终花时收割。

1.4 抗性与适应性

该品种对紫云英菌核病、白粉病和斑点病都有较强抗性；适应性强，不仅可在浙江省各地广泛种植，而且也可在南方主要稻区种植。

1.5 产量

该品种用作绿肥时，应高密度种植，一般鲜草产量可达45～60t/hm^2。种子田应合理稀播，产量一般在700kg/hm^2。

2 高产留种技术

2.1 留种田选择

选择适宜留种田是夺取紫云英种高产的基础。留种田宜选择在排水良好、灌溉方便的田块；选向阳、肥力中等的田块；选远离村庄的田块；选去年冬作是春粮的田块。不选排灌不便、易涝易旱的田块；不选土壤肥力高、易使植株生长过旺的田块；不选靠近村庄，易受家禽家畜糟蹋的田块；不选易长“留生苗”和杂草的老留种田。留种田要做到连片种植，便于管理。

2.2 播种

奉化大桥一般在9月中旬至10月初播种，最迟不要超过10月10日。播种过早，稻、肥共生期过长，幼苗瘦弱；播种过迟，则易受冻害，越冬苗不足。若在生长旺盛的杂交晚稻田播种，选在晚稻收割前20～25d播种，这样既利于水稻成熟，又有利于紫云英出苗和生长。据对奉化市高产奉化大桥田的多年、多次调查结果，种子产量750kg/hm^{2}以上留种田的群体结构大体是基本苗330万～390万hm^2，总茎数450万～495万/hm^2，每株有效荚35～40个，每荚4粒以上，千粒重3g以上。所以与作为绿肥的紫云英种植不同，种子田应在保证一定量的基本苗同时，要充分发挥其个体优势，做到合理稀播，播种量应控制在15.0～18.8kg/hm^2。播种前应进行晒种、浸种处理，然后再拌根瘤菌和钙镁磷肥。

2.3　开沟、施肥

"若要草子生长好，田土常保三分燥"。紫云英怕渍水，特别是苗期和花期，苗期渍水影响全苗，花期渍水造成落花落荚。根据土质，每2.5～3.5m挖一条排水沟，中间挖腰沟，四周挖边沟。播种前清沟，以利排水。晚稻收割后增加沟的深度，直沟23～26cm，横沟、腰沟和边沟都要作相应的加深，把挖出泥块敲碎，撒在畦上，可起到压根防冻保暖的作用。

2.4　施肥

在肥料施用上，晚稻肥料要早施、重施，一般施过磷酸钙300～375kg/hm^2。晚稻收割后施用草木灰1 500～2 250kg/hm^2，年内施好肥。增施磷钾肥是培育"壮枝老秆"，获得紫云英种子高产的关键之一。对生长偏旺的留种田，可喷矮壮素或多效唑等植物生长抑制剂加以控制，以达到壮秆防倒伏的目的。

奉化大桥开花至结荚的时间延续近2个月，在这段时间里，营养生长与生殖生长同时进行，养分供求矛盾十分突出。为了协调营养生长和生殖生长的矛盾，减少落花落荚，在现蕾期及始盛花期进行根外追肥，喷施硼、磷、钾、钼等营养元素，对提高种子产量作用很大。

根外追肥可用0.1%～0.2%硼砂溶液；0.02%～0.1%钼酸铵溶液，0.1%～0.2%磷酸二氢钾溶液，可单独喷施，也可配合喷施。

2.5　放蜂、清沟排涝

紫云英是异花授粉作物，它的授粉主要通过昆虫进行。放蜂是不增加面积，不增加投资的增产措施。通过放蜂可提高紫云英授粉结实率，尤其是基部花的结实率。放蜂使花有充分的授粉机会，减少落花落荚。根据生产实践，适宜放蜂密度为7.5～15箱/hm^2。

春季雨水多，沟壁经冬季风化，沟泥崩塌，易使水沟淤塞。紫云英植株不断伸长，伸入沟中也易造成阻塞。要继续清沟，割除伸入沟中的紫云英植株，做到沟沟相通，雨停水干。

2.6　防治病虫

紫云英开花结荚期间有蚜虫、蓟马、潜叶蝇等虫害和菌核病、白粉病等病害发生。以有利开花结荚、减少落花落荚为出发点，采取预防为主防治策略，应用针对性农药进行防治，确保荚多粒饱。喷药要避开花时，傍晚用药为好。

2.7 收获

奉化大桥花期长，荚果成熟不一致，成熟期往往遇上春雨，对收获带来困难。做到适期收割，及时脱粒，可提高种子的产量和质量。紫云英植株中部荚果黑是适期收获标准。为了减少收获时落荚落粒的损失，应抢晴天上午露水未干时收割。把收获的紫云英集中堆成小堆，经2~3d风干后，放在干净的地上敲打脱荚，再把荚果放在碾米机上轧出种子，扬去杂质即可装袋、贮藏。

浙南山区优质多花黑麦草引种试验*

刘 辉[1] 杨加付[2] 徐爱星[3]

1. 浙江省温州市农业科学研究院 浙江温州 325014;
2. 温州师范学院生命与环境科学学院 浙江温州 325027;
3. 浙江省泰顺县畜牧兽医站 浙江泰顺 325500

摘 要： 在浙南山区，引进4个优质多花黑麦草品种进行适应性和品比试验。结果表明，4个品种均能适应当地的气候环境条件，并且产量较高，草质柔嫩，适口性好，都可作为浙南山区今后大面积推广种植的牧草新品种。其中鲜草产量以特高为最高，干草产量以多美乐为最高。

关键词： 浙南山区；多花黑麦草；引种

多花黑麦草（*Lolium multiflorum*）别名一年生黑麦草、意大利黑麦草，是目前世界各国广泛栽培的优质禾本科牧草，其营养价值高、适口性好，奶牛、肉牛和羊、兔等各种牲畜均喜食[1]。近年来，随着浙江省南部山区畜牧业的发展，多花黑麦草的种植面积也在不断扩大，但农民种植的一般为自己留种的本地品种。为了提高当地的多花黑麦草生产水平，解决饲草短缺等问题，我们特引进4个优质多花黑麦草品种进行试种，以选出更加适宜的品种。

1 材料与方法

1.1 试验地概况

试验地位于泰顺县岭北乡，119°37′~120°15′E，27°17′~27°50′N，年均温度16.0℃，极端低温-10.5℃，极端高温39.2℃，1月平均气温5.7℃，年降水量2 008.8mm，主要降雨期在7~9月。年日照时数1 716.0h，年蒸发量1 107.4mm。>10.0℃的年活动积温

* 本文发表于《浙江农业科学》，2006，(1)：87-88.

4 999.1℃。试验地的海拔高度为620m，土壤为山地黄泥土，有机质含量38.9g/kg，全氮含量8.21g/kg，速效磷含量51.0mg/kg，速效钾含量282mg/kg，pH 值为5.60。

1.2 供试品种

本次试验共有5个多花黑麦草品种，分别为：特高、多美乐、旺饲、俄勒冈和本地种，其中以本地种为对照（CK）。

1.3 试验方法与测定项目

小区设置及播种：随机区组排列，每小区 $20m^2$，3次重复，各小区留出一部分作为物候期的观察。播种量为每小区50g，撒播，播种时间为2003年10月15日。

田间管理：播种前15d 用除草剂草甘膦除杂草1次，在苗期人工除杂草1次。施肥采用底肥和追肥相结合，在播前每小区施50kg的腐熟羊栏及1kg复合肥作底肥，以后每刈割1次每小区追施尿素300g。在生长期内，视天气情况适时浇水，同时注意病虫防治。

观测项目及方法：分别记载播种期、出苗期、分蘖期、拔节期、抽穗期。

每小区每次按留茬高度5cm 刈割样框（0.5m×0.5m）中的多花黑麦草，将茎（包括花序）、叶（包括叶鞘）分别称重，计算茎叶比。且每小区每次刈割后，先称鲜重，然后随机称500g鲜草置烘箱中烘干，称烘干重后计算出每小区每次刈割多花黑麦草的干重。

2 结果与分析

2.1 物候期表现

通过物候期观测（表1）可看出，各供试品种出苗期均相同，都是播后第5d。但分蘖期、拔节期、抽穗期有所差异。引进的4个品种分蘖期均比对照早，其中特高最早，比对照早8d，俄勒冈比对照早5d，多美乐与旺饲比对照早2d。拔节期也以特高为最早，比对照早2d，多美乐、俄勒冈与对照相同，旺饲最迟，比对照晚7d。引进的4个品种抽穗期均比对照晚，特高与多美乐相同，比对照晚2d，俄勒冈比对照晚5d，旺饲最退比对照晚10d。

表1 各品种的物候期 （月-日）

品种	出苗期	分蘖期	拔节期	抽穗期
特高	10-20	11-12	03-24	05-02
多美乐	10-20	11-18	03-26	05-02
旺饲	10-20	11-18	04-02	05-10
俄勒冈	10-20	11-15	03-26	05-05
本地种（CK）	10-20	11-20	03-26	04-30

注：播种期均为10月15日

2.2 茎叶比比较

茎叶比是评定牧草、饲料作物品质好坏的标准[2]。由表2可知，每一茬，引进的4个品种茎叶比均比对照低，说明其叶量都比对照丰富。各供试品种随着刈割次数增加，茎叶比均逐渐增大，表现为茎量增长，叶重下降。前3茬，各供试品种的茎叶比都较低，为1：（2.12~4.10），这是因为尚未拔节，此时的黑麦草茎短叶多，草质柔嫩，适口性好。

表2　各品种的每茬茎叶比比值

品种	第1茬	第2茬	第3茬	第4茬	第5茬
特高	1：3.70	1：3.63	1：2.66	1：1.32	1：0.97
多美乐	1：4.10	1：3.97	1：2.37	1：1.58	1：1.03
旺饲	1：3.92	1：3.43	1：2.72	1：1.61	1：1.06
俄勒冈	1：3.68	1：3.56	1：2.25	1：1.02	1：0.89
本地种（CK）	1：3.46	1：3.31	1：2.12	1：0.94	1：0.80

2.3 产量表现

由表3可见，在整个生育期内，各供试品种均刈割了5次，引进的4个品种鲜草及干草的产量均显著地高于对照。其中667m² 鲜草产量以特高为最高，达6 409.3kg，比对照增产14.63%，特高和多美乐的鲜草产量还均显著地高于旺饲和俄勒冈。667m² 干草产量以多美乐为最高，达815.7kg，比对照增产11.07%，多美乐和特高的干草产量也均显著地高于俄勒冈。

表3　各品种的产量表现　(kg)

品种	第1茬		第2茬		第3茬		第4茬		第5茬		合计	
	鲜草	干草	鲜草	干草	鲜草	干草	鲜草	干草	鲜草	干草	鲜草	干草
特高	701.2	84.2	1 653.4	191.8	1 600.5	176.1	1733.4	242.7	720.8	103.9	6 409.3a	798.7a
多美乐	672.0	82.8	1 380.1	171.5	1 646.7	181.8	1 686.6	212.3	920.2	167.3	6 305.6a	815.7a
旺饲	605.2	72.6	1 333.4	168.0	1 480.1	178.3	1 580.1	224.4	833.9	137.6	5 832.7b	780.9ab
俄勒冈	626.7	69.1	1 733.4	201.3	1 533.4	170.9	1 380.1	198.1	820.6	126.7	6 094.2b	766.1b
本地种	595.9	63.7	1 291.5	193.5	1 442.7	165.7	1 479.6	192.6	781.4	118.9	5 991.5c	734.4c

3 小结与讨论

引进的4个优质多花黑麦草品种均能适应当地的气候环境条件，且鲜草及干草的产量均显著地高于本地种（CK），今后都可作为浙南山区大面积推广种植的牧草新品种。其中鲜草产量以特高为最高，干草产量以多美乐为最高。

由于2003年山区夏季干旱，本次试验的播种期较迟（10月15日），如能将播种期提前到9月上中旬，将能增加多花黑麦草的刈割次数，从而有望提高产量。

引种试验中看出，多花黑麦草进入拔节期后，随着温度的升高，生长速度明显加快，故可适当增加刈割的次数，以延长营养生长期。一旦进入生殖生长阶段将会叶少茎多，草质下降，适口性变差，降低鲜草的利用价值。

参考文献

[1] 张新跃，李元华，何丕阳等．多花黑麦草的品种比较与生产性能［J］．四川畜牧兽医，2003，30（增刊）：30－32.

[2] 张新全，杨春华．多花黑麦草新品系产量及农艺性状研究初探［J］．四川草原，2004（3）：23－26.

种坯处理、不同激素浓度在暗培养条件下对多年生黑麦草愈伤组织诱导的影响*

徐定炎　何阳鹏

浙江省衢州市衢江区林业局　浙江衢州　324022

摘　要：以多年生黑麦草种子为外植体，研究了在暗培养条件下，不同浓度2,4-D、BA及种胚处理对愈伤组织诱导的影响，试验表明：①切胚处理对多年生黑麦草愈伤组织诱导起到很大的促进作用；②种胚愈伤组织的诱导宜采用MS＋2,4-D 5mg/L的培养基；③种子愈伤组织的诱导与种子发芽率无关。

关键词：多年生黑麦草；愈伤组织；种子

多年生黑麦草（*Lolium perenne*）属禾本科黑麦草属植物。原产于欧洲西南部、北非及亚洲西南部。栽培历史悠久，是世界温带地区最重要的禾本科牧草。此草丛生，根系发达，茎直立，叶片深绿色，叶脉明显，叶舌小而钝。喜温暖湿润气候，通常在27℃气温、1 000mm降水量条件下生长最适。耐寒、抗霜，耐湿，但不耐瘠薄，不耐低修剪，耐阴性差。通常用于混播，建立混播草坪，在公园、庭院及小型绿地上，与草地早熟禾、紫羊茅等草种混合栽培。其营养丰富，适口性好，可作为牲畜、鱼等的饲料。

随着黑麦草种植而积的扩大，应用范围越来越广，人们对黑麦草的品质提出了更高的要求，迫切要求选育出绿色期较长、耐热性较强、耐瘠薄、高产优质的系列黑麦草优良新品种。人们已开始采用高新技术来进行种质资源的选育研究，其中一项，便是应用组织培养技术进行新品种培育。早在20世纪30年代就有人进行了黑麦草和苇状羊茅属间杂交及杂种的细胞学研究（Peto，1933）。据报道，国外已经育成了四倍体黑麦草新品种，并在生产上得

* 本文发表于《浙江林业科技》，2003，23（2）：16－19.

到应用。然而，原生质体培养和体细胞杂交的研究一直落后于双子叶植物。但近年来，黑麦草原生质体培养和植株再生的研究进展很快，Dalton（1988）和 Crecmers-Molcnaar 等（1989）以及陈文品等（1989）分别从多花黑麦草（*L. multiflorum*）和多年生黑麦草获得了原生质体再生白化苗和植株，为牧草的基因工程和细胞融合的研究打下了基础。

本试验以多年生黑麦草的成熟种子为外植体，研究不同浓度的2,4-D（2,4-二硝基苯酚）、BA（6-苄基腺嘌呤）及种胚处理对其愈伤组织诱导的影响，旨在建立以多年生黑麦草种子成熟胚为外植体的愈伤组织诱导植株再生体系，为黑麦草原生质体培养和体细胞杂交及转基因的前期工作打下基础。

1 材料与方法

1.1 材料

多年生黑麦草成熟种子，品种名超人（Divine），购于武汉现代生态科技开发有限公司。

1.2 方法

1.2.1 材料处理

取多年生黑麦草成熟种子若干，在4℃的清水中浸泡4h左右，再用流水冲洗掉漂浮的种子，留下下层饱满的种子备用。

1.2.2 培养基配制

1.2.2.1 诱导培养基配制 以MS为基本培养基，依据各种组合附加不同浓度的激素，其中2,4-D的浓度分别为1ml/L、3ml/L、5ml/L、7ml/L；BA的浓度为0、0.1mg/L、1mg/L。其中种子切胚的12个组合的培养基成分如表1所示，另外12个不切胚的培养基成分与表1相同。

表1 黑麦草种子愈伤组织诱导所用的MS培养基

组合代号	(1)	(2)	(3)	(4)	(5)	(6)	(7)	(8)	(9)	(10)	(11)	(12)
2,4-D浓度（ml/l）	1	3	5	7	1	3	5	7	1	3	5	7
BA浓度（ml/l）	0	0	0	0	0.1	0.1	0.1	0.1	1	1	1	1

1.2.2.2 分化培养基配制 分化培养基成分如下：I MS+3mg/L BA+0.5mg/L NAA；II MS+3mg/L BA+0.5mg/L 2,4-D。

上述培养基配制好后，调节pH值至5.8，然后高压灭菌（1.1×10^5Pa，121℃）20min，移至接种室备用。

1.2.3 接种

1.2.3.1 种子消毒 将处理好的种子以70%酒精表面消毒1min，再用0.1%升汞溶液进一步消毒8min，期间不停振荡，以便消毒完全，最后用无菌水冲洗3次。

1.2.3.2 接种 在无菌条件下，每个培养瓶中接种50粒多年生黑麦草种子，每个组合均设10个重复。

1.2.3.3　切胚处理　在无菌操作下，将种子进行切胚处理，切除胚芽鞘，留剩下部分，每个培养瓶中无菌接种 10 粒，每种组合均设 10 次重复。

1.2.4　愈伤组织诱导

1.2.4.1　培养条件　将培养瓶置于暗箱内培养，室温保持在 25℃。

1.2.4.2　形态观察、数据记载　每隔一周记录发芽种子数、愈伤组织的数目、形态特征、大小、颜色变化及生长速度等。在记录发芽种子数和愈伤组织数过程中遵循下列原则：愈伤组织以长至黍米大小为标准；种子一开始萌动，在种胚轴向外侧开始出现白色芽点，即记录为发芽种子；18d 后记录出芽数和愈伤组织数。

1.2.5　分化培养

3 周后，将生长到一定体积的愈伤组织在无菌操作下切成 3～4mm 的小块，转移至 MS + BA 3mg/LBA + NAA 0.5mg/L 的分化培养基中，在 25℃的培养室暗培养。

1.2.6　数据统计与分析

通过统计愈伤组织出现数，计算愈伤组织产生的百分率（x），将数据作反正弦转换（$y=\sin^{-1}\sqrt{x}$）后，进行分析和多重比较。

2　结果与分析

2.1　愈伤组织的诱导

在试验过程中，一些种子在含有激素的培养基中培养 5～6d 后，在叶鞘与发芽种子连接处或根部会形成一种不透明、质地致密、具有褶皱的颗粒状愈伤组织，此种愈伤组织生长较慢，易产生瘤状突起物。

2.2　发芽率与愈伤组织诱导率关系

种子接种后 5d 左右，即可发芽，20d 后统计种子发芽率及愈伤组织诱导率如表 2 所示。以愈伤组织诱导率较高的切胚种子的处理组合为例进行研究。

表 2　发芽率与愈伤组织诱导率关系

组合代号	(1)	(2)	(3)	(4)	(5)	(6)	(7)	(8)	(9)	(10)	(11)	(12)
出芽率（%）	90	89	88	89	89	90	89	90	88	89	89	88
愈伤组织诱导率（%）	58	59	78	46	31	41	56	35	5	39	58	61

这 12 种组合发芽率基本相同，但愈伤组织诱导率却有很大不同，这说明本试验发芽率与愈伤组织诱导率关系不大，造成愈伤组织诱导率不同的是其他因素。试验还观察到愈伤组织的形成晚于芽的产生，能产生愈伤组织的种子，一般芽的伸长生长慢于未产生愈伤组织的种子。

2.3　种胚处理、2,4-D、BA 对黑麦草愈伤组织诱导的影响

通过统计不同培养基中愈伤组织出现数，计算出愈伤组织产生的百分率，数据经转换后进行方差分析和多重比较，结果表明，种胚处理间、2,4-D 间、BA 间三者的差异都达

到了极显著水平。

BA 间的显著性测验表明，BA 的 3 种浓度间都达到了极显著水平。以 BA 浓度为 0 时，愈伤组织诱导率最高，它极显著地高于 BA 浓度为 0.1mg/L、1mg/L 时的诱导率。

2,4-D 间的显著性测验表明，4 个浓度间都达到了极显著水平，以浓度为 5mg/L 时，愈伤组织诱导率最高。

3 讨论与总结

每种外植体都有其不同的生理特性，所以，要寻求各种外植体的愈伤组织的最佳诱导培养基，就得采用不同的培养基、激素、外植体处理方式以及培养条件对外植体进行愈伤组织诱导试验。

通过方差分析表明，本试验切胚处理对愈伤组织诱导率有显著促进作用，这可能是因为种子为完整的有机整体，各部分相互制约，且有种皮包被，在一定程度上阻碍了对激素的吸收，不易分化形成愈伤组织，而切胚后破坏了这种作用，使胚芽受损，愈伤组织形成增多。2,4-D 对愈伤组织诱导有显著的促进作用，其最佳浓度为 5mg/L。愈伤组织诱导率随着 2,4-D 浓度的增加开始升高，但到一定程度后，又呈下降趋势，这一结果与张俊莲（1995 的报导基本吻合。BA 对愈伤组织诱导起阻碍作用，随着 BA 浓度的增加，这种阻碍作用越明显。

组合为（3）的培养基即切胚、2,4-D 浓度为 5mg/L、BA 浓度 0mg/L 为诱导多年生黑麦草愈伤组织的最佳组合。

综上所述，对多年生黑麦草愈伤组织诱导率有促进作用的因素主要有两个：①切胚处理；②2,4-D 浓度，且在 2,4-D 浓度为 5mg/L 的 MS 培养基中诱导最佳，这与前人在草坪草种中得出的诱导愈伤组织的 2,4-D 浓度一般在 2～3mg/L 有所不同。这可能与草种的品种有关，在离体培养时，由于不同种类的植物内部生理环境和内源激素水平的不同，外植体对外源激素的需要便也产生了差别。再者，也可能与培养方式有关。

参考文献

[1] 张新全，陈华兵．草坪用黑麦草与高羊茅属间杂种细胞学研究［J］．中国草地，1998（3）：47－49.

[2] 周泽敏，谢国强．不同倍性黑麦草品种研究初报［J］．牧草与饲料，1990（1）：49－50.

[3] 陈文品，吴琴生，刘大钧．黑麦草原生质体培养条件的初步研究［J］．南京农业大学学报，1992，15（2）：59－60.

[4] 孙吉雄．草坪学［M］．北京：中国农业出版社，1995：64－70.

[5] 张志豪．激素对兰引 1 号草坪型狗牙根愈伤组织及器官形成的影响［J］．草业科学，1996，13（2）：45－46.

[6] Karen W. Lwe and B. V. Conger. Root and shoot formation from callus cultures of tall fescue［J］．Crop. Sci. 1979（19）：397－400.

[7] Ahloowalia B S. Regeneration of ryegrass plants in tissue culture［J］．Crop. Sci.，1975，（15）：449－452.

[8] 余沛涛，王新农，林拥军．水稻愈伤组织诱导分化的研究简报［J］．江西农业大学学报，1989，11（2）：91－92.
[9] 张俊莲，米受恩．当归愈伤组织产生的影响因素分析［J］．甘肃农业科技，1995（11）：8－10.
[10] 高天舜．羊草根茎外植体愈伤组织的诱导植株再生［J］．植物学报，1982，24（2）：182－185.

SPAD 及 FT-NIR 光谱法快速筛选白三叶种质蛋白质性状*

张　贤[1,2]　晏　荣[2]　曹文娟[2]　舒　彬[2]　张英俊[2]
1. 浙江省农业科学院环境资源与土壤肥料研究所　浙江杭州　310021；
2. 中国农业大学动物科技学院　北京　100193

摘　要：白三叶营养丰富，蛋白质含量高，是最重要的牧草之一。文章对SPAD 及 FT-NIR 光谱法筛选白三叶种质蛋白质性状进行了探讨。采用 Chlorophyll Meter SPAD-502，测定白三叶叶片 SPAD 值，从而评估其蛋白质含量。在营养生长期内，叶片蛋白质含量与 SPAD 值呈正相关（$y = 0.422x + 4.984$，$R^2 = 0.737$）；在开花期内，两者之间呈负相关（$y = -0.345x + 37.50$，$R^2 = 0.711$）。应用傅里叶变换近红外（FT-NIR）光谱技术，用偏最小二乘法建立了白三叶蛋白质的预测模型，并对模型进行了交叉验证和外部验证。结果表明，用 NIRS 法得到的预测值与用凯氏定氮法得到的测定值间的交叉验证决定系数 R^2_{cv} 为 0.904，交叉检验标准误差 RMSECV 为 0.988（% DM），外部验证的相关系数为 0.987。所建立的近红外模型具有良好的准确性和预测能力。FT-NIR 法较 SPAD 法能更准确的评估白三叶蛋白质状况。NIRS 作为一种白三叶粗蛋白质快速分析的技术是可行的，在白三叶蛋白质品质育种中，可快速进行种质资源筛选，提高育种效率。

关键词：SPAD；傅里叶变换近红外；白三叶；蛋白质

白三叶分布和应用十分广泛，世界每个洲均有白三叶的分布。白三叶可以做绿肥改良农田土壤肥力，也可用作草坪和点缀性地被植物，同时还是一种优质蜜源植物。更为重要的是白三叶具有很高的饲用价值，其茎叶柔软细嫩，适口性好，营养丰富，是温带地区最重要的豆科牧草。

白三叶的广泛栽培与利用，主要是因为蛋白质含量高，营养丰富。关于白三叶蛋白质

* 本文发表于《光谱学与光谱分析》，2009，29（9）：2 388－2 391.

含量的研究备受关注。蛋白质含量是决定其饲用价值的重要因素，品质优良的白三叶种质资源是蛋白品质育种的物质基础，实现对育种材料蛋白含量的检测，筛选蛋白质含量高或低的育种材料，对大量的育种材料进行选优汰劣，制定合理的育种计划，具有十分重要的意义。测定蛋白质含量的常规方法主要是凯氏定氮法，它是一个烦琐耗时费力的破坏性分析法。不能满足对大量白三叶种质资源进行蛋白质品质性状的鉴定筛选的需要。因此，建立无污染、快速简便的粗蛋白质鉴定方法，对白三叶种质资源的充分利用具有重要的现实意义。

Chlorophyll Meter SPAD-502 由发光二极管（Light emitting diodes）发射红光（峰值波长大约 650nm）和近红外光（峰值大约在 940nm）透过样本叶的发射光到达接收器，将透射光转换成为电信号，经过放大器的放大，然后通过 A/D 转换器转换为数字信号，微处理器利用这些数字信号计算 SPAD（specialty products agricultural division）。叶片的叶绿素含量与叶片含氮量有极强的相关性，因此可以通过叶片叶绿素测定值间接地掌握植物叶片蛋白质状况。大量试验证明了 SPAD 在农作物及树木氮素检测中的有效性。近红外光谱分析技术（Near infrared reflectance spectroscopy，NIRS）是一种利用有机化学物质在近红外谱区内的光学特性快速测定物质化学组分含量的现代光谱技术，最早于 20 世纪 70 年代由美国的 Norris 等提出[1]，目前，已广泛应用于谷物[2]、食品[3]和油料[4]等的成分分析，具有快速、准确、无破坏性的优点，是一种农产品高效分析法，有常规分析法难以比拟的许多优越性。在牧草分析方而已有不少应用，大量试验证明了近红外技术在牧草、草产品及饲料[5~10]品质预测中的有效性。目前，国内还未见有用近红外光谱分析技术对白三叶研究的报道。

本文分别对 FT-NIRS 及 SPAD 筛选白三叶种质蛋白质性状进行了探讨和比较。

1 材料与方法

1.1 实验材料

所用白三叶种质来自中国农业科学院草原所种质资源库、农业部畜牧兽医总站种质资源库，种植于中国农业大学上庄试验站。共 63 个白三叶种质，其中，我国野生白三叶 18 个，采集自新疆维吾尔自治区、吉林、云南、贵州、四川、湖北等省（区）；我国地方品种 2 个，国外商业品种 43 个。实验材料具备了显著的地理差异和品种差异，能够很好地代表白三叶种质。

1.2 样品准备与粗蛋白质含量的测定

白三叶鲜草样品于同一生育期收获，60℃烘箱内连续干燥 48h，采用 FZ102 型植物粉碎机（河北振兴电器厂）和 Cyclotec™ 1093 型旋风磨（FOSS 公司）进行二次粉碎，以获取均一样品，装入自封袋，保存备用。样品粗蛋白质（CP）含量采用凯氏定氮法测定，每份样品重复测定两次，取其平均值。

1.3 SPAD 法

1.3.1 样品测定

在 63 个白三叶种质中选取 10 个具有代表性的营养生长期内（4 月 1 ~ 15 日）及开花

期内（5 月 15 ~ 30 日），每隔 3 天进行一次取样，具体方法为在每天早上 9 ~ 11 时，每个种质用 SPAD 仪随机夹取 10 片白三叶植株中上部完全展开的具有三片小叶的无病害、无生理病斑、无机械损伤的完整叶片，测定叶片的 SPAD，每个叶片测定 3 次（叶片的底部，中部和顶部），取平均值。

1.3.2　SPAD 值计算

SPAD-502 有 2 个发射光源，分别发射 660nm 的红色光和 940nm 的红外光，叶绿素吸收波长为 660nm 的红光，但不吸收波长为 940nm 的红外光，940nm 波长的红外光的发射和接收主要是为了消除叶片厚度等方而对测量结果的影响。红光到达叶片后，一部分被叶片的叶绿素所吸收，剩下透过叶片被接收器转换成为电信号。

$$\text{SPA D} = K\log I_0\ [\ (I_{R1}/I_{R0})\ /\ (R_1/R_0)\ ]$$

其中，K 为常数；I_{R1} 为接收到的 940nm 红外线强度；I_{R0} 为发射红外光强度；R_1 为接收到的 660nm 红光强度；R_0 为发射红光强度。

1.4　近红外光谱法

1.4.1　仪器与样品光谱测定方法

仪器采用 Thermo Electron（美国）的傅里叶变换近红外光谱仪（Antaris），附带应用软件 TQ Analyst v6，RESULT-Integration，RESULT-Operation。谱区为 4 000 ~ 10 000cm^{-1}；扫描次数 64 次，分辨率 8cm^{-1}。

仪器开机预热 2h 后，进行样品扫描取适量粉碎好的样品装入旋转样品杯中，上机扫描。每个样品重复装样 3 次，计算其平均光谱，存入计算机中以消除样品均一性等因素对光谱的影响。63 个白三叶样品的近红外漫反射光谱如图 1 所示。

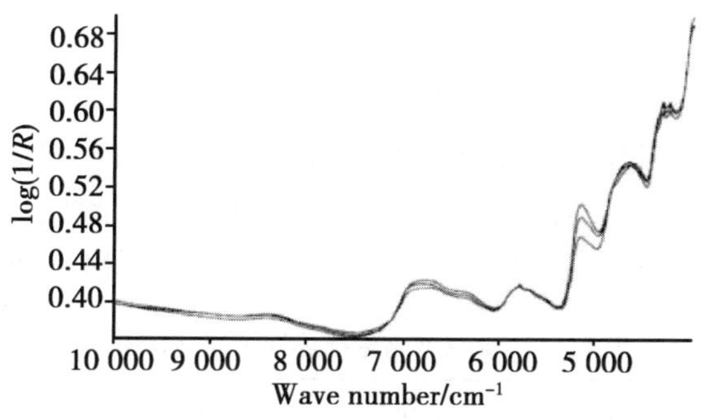

图 1　63 个白三叶样品光谱

1.4.2　建立 NIRS 数学模型的方法

将样品分为校正集和验证集。用校正集样品建立校正模型，再用交互验证法检验模型。最后根据预测标准误差（RMSEP）和交互验证决定系数（R^2_{CV}）、交互验证标准误差（RMSECV）等指标确定最优校正模型采用基于偏最小二乘法的 TQ Analyst v6 软件完成以上分析。

2　结果与分析

2.1　SPAD 法

虽然叶片蛋白质含量与 SPAD 值之间的相关性随着品种的不同而不同，但对所有不同来源、品种及生育期的白三叶，在白三叶种内，其叶片蛋白质含量与 SPAD 值之间仍存在显著的相关性（营养生长期内，正相关；开花期内，负相关）在营养生长期内，叶片蛋白质含量与 SPA D 值之间存在着正相关（$y = 0.422x + 4.984$，$R^2 = 0.737$）（图 2）；在开花期内，随着生育时间的推进，SPAD 值不断增加，而叶片蛋白质含量却是不断降低的，两者之间呈负相关（$y = -0.345x + 37.50$，$R^2 = 0.711$）（图 2）在营养生长期及开花期内均可以通过叶片的 SPAD 值来估测白三叶叶片蛋白质含量的水平。

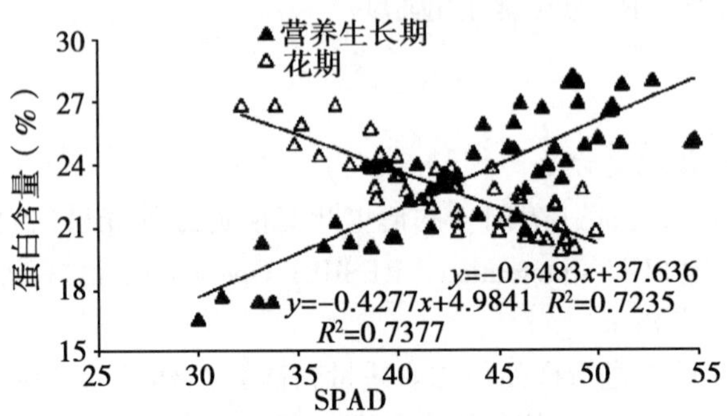

图 2　SPAD 值与白三叶叶片蛋白含量相关系数

2.2　近红外光谱法

2.2.1　样品的选择及粗蛋白质分析结果

选取了 63 个白三叶种质，包含野生种质，国内培育品种，澳洲、美洲及欧洲各国的商业品种，样品具有代表性。样品的蛋白质含量范围较广（表 1），基本上覆盖了白三叶蛋白质含量常态分布，能够用于建立白三叶蛋白质含量近红外校正模型。

表 1　白三叶 CP 含量描述性统计（DM%）

	No.	Min	Max	Mean	S. D
China	20	13. 28	22. 54	17. 3605	2. 65351
Australia	16	12. 92	20. 52	16. 8269	2. 09572
Europe	19	14. 12	21. 86	17. 1211	2. 32985
America and others	8	15. 24	22. 46	18. 2888	2. 57840
Total	63	12. 92	22. 54	17. 2813	2. 38691

2.2.2　模型的建立与优化

从 63 份白三叶样品中选出 48 个粗蛋白质含量不同的样品建立标样集。采用偏最小二乘算法建立预测方程。采用 TQ 光谱定量分析软件对获取的光谱进行预处理，选择谱区范围，及每种数据平滑方式相应的最佳参数组合，并确定主因子数。最佳光谱处理方法、谱区范围及验证效果见表2。粗蛋白质含量的最佳谱区为4 616.75～9 491.91cm^{-1}，由此建立的模型的决定系数最大，标准误差最小。NIR法粗蛋白质预测值与用凯氏定氮法得到的测定值之间交叉检验决定系数 $R^2_{CV}=0.904$，交叉检验标准误 RMSECV =0.988（%DM），结果基本达到定量水平。说明所建模型已满足白三叶种质蛋白质含量筛选对精度的要求。

表2　主要参数和优化结果校准

主要参数		优化结果校准	
Proceeding methods	MSC + 1st Deriv + Norris	RMSEP	0.453
Spectrum range/cm^{-1}	4 616.75～9 491.91	R^2_{CV}	0.904
Parameters	3，2	RMSECV（%DM）	0.988

2.2.3　白三叶蛋白质含量校正模型预测效果分析

校正模型建立后，采用外部验证的方法，对所建模型的实际预测效果准确性进行评价检验。用该模型对15个未知样品CP含量进行预测。预测值和化学分析值进行成对数据双尾 t 测验和相关分析结果见表3，通过 $\alpha=0.01$ 的检测值与常规分析值成对数据的双尾 t 测验可以看出，预测值与化学分析值之间显著性统计Sig. 值为0.668（>0.01）差异不显著。

表3　15个未知样品的方差分析与t－检验结果

Correlations analysis		Paired samples *t*-test	
NO.	15	$t_{0.01}$	0.438
Correlation	0.987	df	14
Sig.	0.001	Sig.（2-tailed）	0.668

预测值与化学分析值之间的相关系数为0.987，二者存在较强的相关性。图3是白三叶蛋白质含量近红外模型外部验证的相关图。表明预测值与化学分析值接近，本试验所建的FT-N IR模型具有较高的预测准确度，可以用来对未知白三叶种质进行蛋白质含量检测。

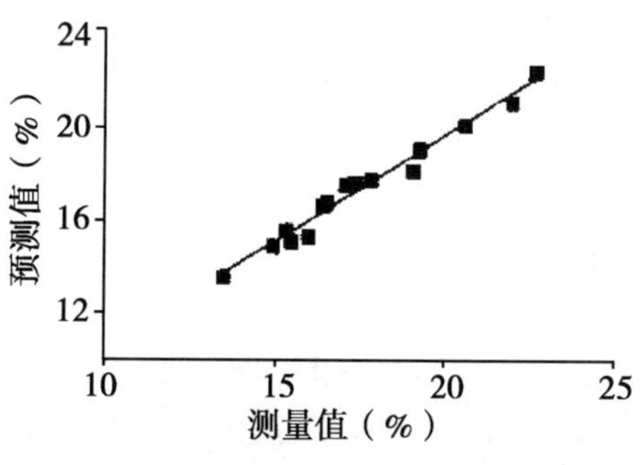

图3　测量值与预测值相关性

3 讨论

SPAD 法对植物蛋白质状况监测是一个较常用的方法，但 SPAD 值随着植物品种和生育期的不同而变化。本实验中，叶片蛋白质含量与 SPAD 值之间存在正相关关系（营养生长期内）及负相关关系（开花期内）。

SPAD 法根据叶片叶绿素对光的吸收特性，通过测量一定波长的发射光强和透过叶片后的光强进行叶片叶绿素含量的测定，从而反映叶片的氮含量。仪器体积小、重量轻、测定方法简单，能够在原位测定白三叶蛋白质含量，但只能测量叶片上某个点的值，难以准确反映整个植株或冠层的氮素水平。

本实验所建立的 NIRS 测定白三叶种质蛋白质含量的校正模型，交叉检验决定系数 R^2_{CV} 为 0. 904，交叉检验标准误差 RM SECV 为 0. 988（% DM），外部验证的相关系数为 0. 987 与 Berar do[11] 的研究结果相似。这样的测定精度可以满足对于不同白三叶种质资源的粗蛋白质品质性状的鉴定筛选。

SPAD 法被广泛应用于同一作物[12] 及水果[13] 品种叶片氮素状况的监测，但 SPAD 值随着植物品种不同与叶片蛋白质含量的相关性差异较大。对于大量不同品种白三叶种质蛋白质性状筛选，采用 NIRS 法，准确性高于 SPAD 法，不受生育期、检测部位、品种等因素影响。可满足大量种质资源的筛选要求，并显著提高其选育效率。

参考文献

[1] Norris K H，Barnes R F. Animal Science，1976，43（4）：897.

[2] Campbell M R，Mannis S R，Port H A，et al. Cereal Chem.，1999，76（4）：552.

[3] Laporte M F，Paquin P. Agric. food Chem.，1999，47：2 600.

[4] Velasco L，Becker H C. Euphytica，1998，101：221.

[5] ZHAO Huan-huan，HU Yao-gao，ZHAO Qi-bo，et al（赵环环，胡跃高，赵其波等）. Acta Zoonutrimenta Sinice（动物营养学报），2001，13（4）：40.

[6] CHEN Peng-fei，RONG Yu-ping，WU Jian-guan（陈鹏飞，戎郁萍，吴建冠）. China Feed（中国饲料），2006（9）：33.

[7] DONG Su-xiao，LIU Xian，HAN Lu-jia（董苏晓，刘贤，韩鲁佳）. Journal of China Agricultural University（中国农业大学学报），2007，12（6）：85.

[8] Garcia-Criado 且 Garcia-Ciudad A. J. Sci. Food Agric.，1990，50：479.

[9] Villamarin B，Fernandez E，Mendez J. Journal of AOAC International，2002，85（3）：541.

[10] WU Jian-guo，SHI Chun-hai（吴建国，石春海）. Journal of Plant Genetic Resources（植物遗传资源学报），2003，4（1）：68.

[11] Berardo N. Grass and Forage Science，1997，52：27.

[12] WANG Kang，SHEN Rong-kai，TANG You-sheng（王康，沈荣开，唐友生）. Irrigation and Drainage（灌溉排水），2002，4：1.

[13] LEI Ze-xiang，AI Tian-cheng，LI Fang-min，et al（雷泽湘，艾天成，李方敏等）. Journal of Hubei Agricultural College（湖北农学院学报），2001，21（2）：138.

山核桃林下优良绿肥品种的筛选研究*

钱孝炎[1]　郑惠君[2]　赵伟明[2]　俞　遴[2]　宋科佳[3]　王梦薇[3]　钱亚来[3]

1. 浙江省嵊州市南山水库管理局　312400；

2. 浙江省临安市林业局　311300；

3. 浙江省嵊州市景观园林绿化有限公司　312400

摘　要：对白三叶等四种冷季型绿肥品种，在山核桃林下进行对比种植试验，通过生物量测定和植物地上部分有效养分分析，筛选出了白三叶和大巢菜二个优良冷季型绿肥品种。该绿肥品种具有适生性好、培肥效率高、水土保持能力强等优点，并能有效提高林地土壤有机质含量和改善山核桃林分冬季景观。

关键词：冷季型绿肥；白三叶；大巢菜；山核桃

在山核桃林分经营中，大量使用化学肥料和化学除草剂是造成山核桃林生态功能退化、山核桃品质下降的根本原因，因此，对山核桃林分实施生态经营是当前山核桃产业面临的关键问题。绿肥不仅具有有机培肥的功能，还能通过提高山核桃林地地表的植被覆盖度，起到降低林分地表温度、提高土壤有机质和持水能力等生态调控的作用，同时通过地被植物对土壤养分循环的促进作用起到养分调控的功能。山核桃林下种植绿肥是实现山核桃生态化经营的有效途径和根本手段。

1　供试绿肥品种的选择

将培肥能力、对山核桃林分和立地环境的适生性以及冬季景观作为绿肥品种选择的主要指标，通过查阅绿肥生产的相关研究资料，选择了大巢菜、白三叶、黑麦草、油菜为供试品种，并与自然生长植被作对照，进行对比试验和品种筛选。

2　试验地设置与栽培管理

试验点设在湍口镇湍口村。试验期二年，于 2006 年 4 月至 2008 年 4 月进行白三叶、大巢菜、黑麦草、油菜、对照五种植被对比试验。每个品种，种植面积不小于 $100m^2$，试验地立地条件基本相同，采取相同的施肥等管理措施。白三叶于 2006 年 4 月上旬条播，条带宽平均 30cm 左右，大巢菜、黑麦草、油菜于 2006 年 9 月下旬至 10 月上旬撒播。

试验前在各试验区取土样作空白对照。2008 年 4 月 30 日对不同绿肥进行生物产量测定，并取 0～10cm 土样测定土壤中有机质含量。测试材料均送浙江省农业科学研究院环境资源与土壤肥料研究所测定。

* 本文发表于《华东森林经理》，2010，24（3）：24－25.

3 试验结果

3.1 不同绿肥的生物产量比较

经测定，不同绿肥品种产量情况见表 1。

表 1 不同绿肥品种产量特性

品种名称	鲜草产量（kg/hm²）	干物质含量（%）	干草产量（kg/hm²）	植株含水量（%）
白三叶	22 451	12.7	2 851	87.3
油菜	6 350	30.9	1 962	69.1
对照	5 100	20.7	1 056	79.3
大巢菜	18 250	13.9	2 538	86.1
黑麦草	14 500	14.5	2 103	85.5

注：白三叶为种植后第二年产量，其他绿肥均为当年产量

由表 1 可知：几种绿肥对比试验中，鲜草产量依次为：白三叶 > 大巢菜 > 黑麦草 > 油菜 > 对照。干草产量表现出同样的规律。干物质含量依次为：油菜 > 对照 > 黑麦草 > 大巢菜 > 白三叶。由表 1 中数据可知，植株积累有机物的能力依次为：白三叶 > 大巢菜 > 黑麦草 > 油菜 > 对照。因此，白三叶、大巢菜、黑麦草是山核桃林下植被积累有机物能力较强的作物，而油菜、对照的能力则相对较小。

3.2 不同绿肥积累氮、磷、钾养分的能力

根据已有资料显示，不同绿肥地上部分植株的养分平均含量见表 2。根据表 2 及表 1 的数据，可知每公顷绿肥地上部分植株可向土壤提供的养分见表 3。

表 2 不同绿肥地上部分植株的养分含量

品种名称	鲜株含 N（%）	鲜株含 P_2O_5（%）	鲜株含 K_2O（%）
白三叶	0.62	0.05	0.40
油菜	0.43	0.26	0.44
对照	0.63	0.13	0.50
大巢菜	0.49	0.10	0.44
黑麦草	0.25	0.08	0.52

表 3 不同绿肥每公顷地上部分植株的有效养累积量

品种名称	N（kg）	P_2O_5（kg）	K_2O（kg）
白三叶	139.19	11.22	89.80
油菜	27.30	16.51	27.94
对照	32.13	6.63	25.50
大巢菜	89.42	18.25	80.30
黑麦草	36.25	11.60	75.40

由表3可知：本次试验的绿肥品种中，绿肥地上部分植株对N的积累量依次是：白三叶 > 大巢菜 > 黑麦草 > 对照 > 油菜；对P的积累量依次是：大巢菜 > 油菜 > 黑麦草 > 白三叶 > 对照；对K的积累量依次是：白三叶 > 大巢菜 > 黑麦草 > 油菜 > 对照。综合各绿肥的养分积累能力看，白三叶、大巢菜、黑麦草的养分积累能力较强，而油菜、对照的养分积累能力相对较弱。

3.3　不同绿肥对土壤养分性状的影响

本次试验还观测了白三叶、大巢菜种植一年后对土壤有机质的影响，结果见表4。

由表4可知：山核桃林下种植白三叶和大巢菜后，土壤有机质都有明显增加，年增加量在1%以上。

表4　白三叶、大巢菜种植一年后对土壤有机质的影响

品种	处理	土壤有机质（%）
白三叶	试验	2.66
	空白	1.63
大巢菜	试验	4.93
	空白	3.35

4　各种植被与山核桃之间年生长周期的对比关系

根据表5年生长过程，可清晰地看到，冷季型绿肥能较好地与山核桃生长期错开，从而较好地避开相互争肥问题。

表5　各种植被与山核桃之间年生长周期的对比关系

类型＼时间	9～10月	11～12月	1～2月	3～4月	5～6月	7～8月
山核桃	收获转恢复生长期	落叶休眠期	休眠期	萌动展叶期	挂果期	生长结实期
白三叶	开始生长	生长旺盛期转冬眠	冬眠低生长期	生长旺期	旺盛期转夏眠	夏眠
大巢菜	萌动	低生长期	冬眠低生长期	快速生长期	结实死亡	–
对照	生长期	夏草死亡冬草生长	冬眠低生长期	生长期	快速生长期	生长期
油菜	萌动	生长期	冬眠低生长期	开花结实	死亡	–
黑麦草	萌动	低生长期	冬眠低生长期	生长期	生长期	死亡

5　结论

（1）本次试验选择的几个山核桃林下绿肥品种中，白三叶、大巢菜、黑麦草的产量较高，油菜和自然生长的对照产量较低。相应的，白三叶、大巢菜、黑麦草积累养分的能力也比较强，而油菜、对照较差。

(2) 山核桃林下种植白三叶、大巢菜后对土壤养分有一定影响，总体看有利于土壤有机质的积累。

(3) 冷季型绿肥具有和与山核桃生长重叠期短，争肥现象较低的特点，从而大大提高了有机培肥的功能，同时由于秋、冬季节保持弱生长特性，具有一定的改良景观的作用。

第三篇　绿肥作物高产栽培技术

绍兴县紫云英不同播种期试验研究*

张岳德[1]　金茂义[2]
1. 浙江省绍兴县漓渚镇人民政府　浙江绍兴　312039；
2. 绍兴县福全镇人民政府　浙江绍兴　312039

摘　要：为探索宁波大桥种紫云英在绍兴县的生长特性和栽培技术，开展了9月25日、10月2日、10月9日、10月16日共4个不同播种期试验。结果表明：以9月底至10月初播种较为适宜，适当早播可以提早成熟，增加分枝数、茎粗、株高，鲜草产量以10月2日播种最高。

关键词：紫云英；播种期；生育期；生长性状；鲜草产量

紫云英又名红花草、草子等，是绍兴县主要越冬主栽作物之一，一般在秋季套播于晚稻田中，作早稻或单季稻的基肥，可改良土壤，提高作物产量和品质，改善生态环境[1~4]。为促进绿肥恢复性生产，提升耕地地力，绍兴县在土壤有机质提升项目区开展绿肥不同播种期试验，旨在摸清其生长特性和栽培技术，为更好地发展绿肥生产提供技术支撑。

1　材料与方法

1.1　试验概况

试验设在绍兴县土壤有机质提升工程示范区，海拔5m，年平均气温16.5℃，年日照时数1 996.4h，年降水总量1 446.5mm，年平均相对湿度81%，全年无霜期237d。试验地前茬为水稻，土种为泥炭心青紫泥田，质地黏，供试土壤养分含量情况：有机质39.0g/kg，pH值为5.47，全氮2.4g/kg，有效磷2.23mg/kg，速效钾79.9mg/kg。供试材料为紫云英，品种为宁波大桥种，当地主栽迟熟。

1.2　试验设计

试验共设4个不同播期处理，分别为：9月25日、10月2日、10月9日、10月16日。3次重复，随机区组排列，各处理小区长20m，宽3.3m，小区间间隔30cm。

1.3　试验实施

播种量30kg/hm^2，播种前用5%盐水选种，按种子量加2倍细沙擦种，用清水浸种

* 本文发表于《现代农业科技》，2012（5）：291.

24h，根瘤菌拌种。施肥2次，分别于2010年1月2日施钙镁磷肥375kg/hm^2，2月20日施尿素37.5kg/hm^2。观察不同播期处理对紫云英生育期、生长性状及鲜草产量的影响。

2 结果与分析

2.1 不同播种期对紫云英生育期的影响

紫云英的生育期受播种期影响，提前播种对出苗、初花、成熟等均有提早作用。由表1可知，9月25日播种的紫云英盛花期分别比10月2日、10月9日、10月16日播种的提早2d、5d、7d。如果采取实行紫云英还田并种早稻的田块建议提早播种，以争取季节主动。

表1 不同播种期紫云英生育期比较 （月-日）

播种期	出苗期	分枝期	伸长期	现蕾期	初花期	盛花期	成熟期
09-25	09-30	10-22	12-10	03-07	03-24	04-11	05-10
10-02	10-07	10-26	12-13	03-09	03-25	04-13	05-12
10-09	10-14	10-30	12-15	03-13	03-26	04-16	05-14
10-16	10-21	11-03	12-20	03-15	03-28	04-18	05-15

2.2 不同播种期对紫云英生长性状的影响

由表2可知，不同播种期对紫云英分枝数、茎粗、株高均有影响，分枝数以10月2日播种的最多，分别比9月25日、10月9日、10月16日播种的多0.10个、0.04个、0.44个；茎粗以9月25日播种的最大，分别比10月2日、10月9日、10月16日播种的粗0.14cm、0.14cm、0.30cm；株高以10月2日播种的最高，分别比9月25日、10月9日、10月16日播种的高2.6cm、5.1cm、7.8cm。试验结果表明，适当提前播种（9月末至10月初）有利于增加分枝数、茎粗、株高，但太早（9月25日）播种效果不是最好，可能由于绿肥与水稻共生期长存在营养竞争或是荫蔽度高影响所致。

表2 不同播种期紫云英生长性状比较

播种期	分枝数（个）	茎粗（cm）	株高（cm）	鲜草产量（kg/hm^2）
09-25	6.32	2.82	82.1	29 265
10-02	6.42	2.68	84.7	32 809
10-09	6.38	2.68	79.6	30 652
10-16	5.98	2.52	76.9	26 934

2.3 不同播种期对紫云英鲜草产量影响

由表2可知，以10月2日播种的鲜草产量最高，达到32 809.5kg/hm^2，分别比9月25日、10月9日、10月16日播种的增加3 544.5kg/hm^2、2 157.0kg/hm^2、

5 875.5kg/hm²；10 月 16 日播种的鲜草最低，9 月 25 日、10 月 2 日、10 月 9 日播种的分别比 10 月 16 日播种的高 8.7%、21.8%、13.8%，太晚播种可能是由于越冬苗少，分枝数、茎粗、株高等生长特性差，紫云英春发不利等因素影响鲜草产量的增加。

3　结论与讨论

宁波大桥种是绍兴县紫云英主栽品种，参照常规播种量 30kg/hm²，以 9 月底至 10 月初播种较为适宜，适当早播使紫云英生育期提前，分枝数、茎粗、株高增加，提高鲜草产量，但太早播种会与水稻共生期长，竞争养分、光照等，太晚播种则抗寒能力弱，越冬苗数少，不利鲜草产量增加。

参考文献

[1] 陈安磊，王凯荣，谢小立等．不同施肥模式下稻田土壤微生物生物量磷对土壤有机碳和磷素变化的响应［J］．应用生态学报，2007，18（12）：2 733－2 738.

[2] 陈礼智，王隽英．绿肥对土壤有机质影响的研究［J］．土壤通报，1987，18（6）：270－273.

[3] 吴萍，胡南河，叶爱青等．种植紫云英的效益及其对土壤肥力的影响［J］．安徽农业科学，2006，34（11）：2 466－2 468.

[4] 李继明，黄庆海，袁天佑等．长期施用绿肥对红壤稻田水稻产量和土壤养分的影响［J］．植物营养与肥料学报，2011，17（3）：563－570.

紫云英根瘤菌菌剂应用效果初报*

单英杰　汪玉磊

浙江省土肥站　浙江杭州　310020

摘　要：通过在紫云英上开展根瘤菌菌剂应用效果试验，结果表明，使用根瘤菌菌剂能增加紫云英根瘤菌数量，提高紫云英的产量，根瘤菌剂的用量为每亩 200～300g，增加根瘤菌剂的用量能相应增加紫云英的产量。

关键词：紫云英；根瘤菌菌剂；根瘤菌数量；产量

根瘤菌剂是指以根瘤菌为生产菌种制成的微生物制剂产品，它能够固定空气中的氮元素，为宿主植物提供大量氮肥，从而达到增产的目的，为了验证紫云英根瘤菌菌剂对紫云英生长的影响，我们于 2009 年在紫云英上进行应用效果试验，为进一步推广提供科学依据。

---

* 本文发表于《中国农技推广》，2011，增刊：164－165.

1　试验材料与方法

1.1　供试材料

试验用紫云英根瘤菌菌剂为“利乐资生”有机紫云英根瘤菌菌剂，由北京利乐生物技术有限公司提供，供试作物为紫云英。

1.2　试验田基本情况和试验方案

试验分别在浙江省龙泉市和富阳市进行。龙泉市试验地点在查田镇下堡畈，供试作物为宁波大桥种和江西余江种紫云英，亩播种量均为2kg，供试土壤背景值pH值为5.6，有机质30.6g/kg，有效磷3.49mg/kg，速效钾31.49mg/kg；设4个处理，处理1：宁波大桥种紫云英，不用根瘤菌剂，处理2：宁波大桥种紫云英，亩用根瘤菌剂200g，处理3：江西余江种紫云英，不用根瘤菌剂，处理4：江西余江种紫云英，亩用根瘤菌剂200g；根瘤菌剂掺土稀释，均匀相拌粘在所有种子表面，拌完后马上播种；小区面积40m^2，重复3次，随机区组排列，各处理其他管理措施一致，亩用钙镁磷肥3kg拌种，11月1日亩施钙镁磷肥25kg。4月12日测产。

富阳市试验地点在新登镇上山村，供试作物为宁波大桥种紫云英，亩播种量均为2kg，供试土壤背景pH值为5.8，有机质23.4g/kg，有效磷4.49mg/kg，速效钾31.8mg/kg；设3个处理，处理1：不用根瘤菌剂，处理2：亩用根瘤菌剂200g，处理3：亩用根瘤菌剂300g；根瘤菌剂掺土稀释，均匀相拌粘在所有种子表面，拌完后马上播种；小区面积33m^2，重复3次，随机区组排列，各处理其他管理措施一致。底肥亩用25kg钙镁磷肥，追肥亩用尿素4.5kg。4月26日测产。

2　结果与分析

2.1　根瘤菌菌剂对紫云英产量的影响

从2个试验点的结果分析（表1），使用根瘤菌菌剂拌种和未使用根瘤菌菌剂相比能增加紫云英的产量，增产率15.5%～29.4%。从不同紫云英品种比较，根瘤菌菌剂对余江种的增产效果为28.3%，比大桥种的18.9%好。从根瘤菌菌剂不同用量分析，亩用根瘤菌剂300g增产效果为29.4%比亩用根瘤菌剂200g的增产效果15.5%要明显。

表1　根瘤菌菌剂对紫云英产量的影响

试验点	处理	亩产量（鲜重，kg/亩）	增产
龙泉市	1	2 654	—
	2	3 157	与未拌种比增18.9%
	3	1 004	—
	4	1 288	与未拌种比增28.3%
富阳市	1	2 233.4	—
	2	2 579.1	与处理1相比增15.5%
	3	2 890.3	与处理1相比增29.4%

2.2　使用根瘤菌菌剂对紫云英根瘤菌数量的影响

富阳试验点于紫云英结荚初期，对不同处理的紫云英根部进行采样观察，并统计每株紫云英的根瘤数量，从结果分析（表2），使用根瘤菌菌剂拌种每株紫云英根瘤数量为64.3～67.7个，比对照未使用根瘤菌菌剂的每株紫云英根瘤数量51.0个明显增加。处理2亩用200g根瘤菌要比对照处理每株增加根瘤数量13.3个，增幅为26.09%；处理3亩用300g根瘤菌要比对照处理每株增加根瘤数量16.7个，增幅为32.75%。龙泉试验点也有相同的效果，在10月中旬生长初期观察，使用根瘤菌菌剂拌种的紫云英已经有根瘤菌生长，而对照的还没有长根瘤菌（图1，图2）

表2　富阳市不同根瘤菌剂用量对紫云英根瘤菌数量的影响

项目	处理1	处理2	处理3
每株根瘤数（个）	56	63	65
	52	62	68
	45	68	70
平均增减%	51	64.3	67.7
	—	与处理1相比增26.09%	与处理1相比增32.75%

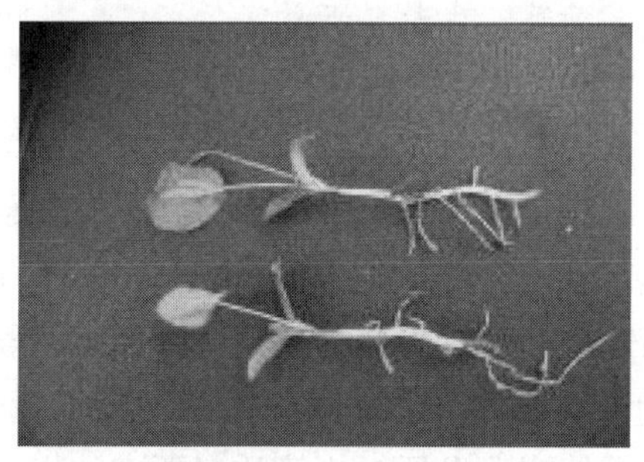

图1　未用根瘤菌的紫云英生长情况

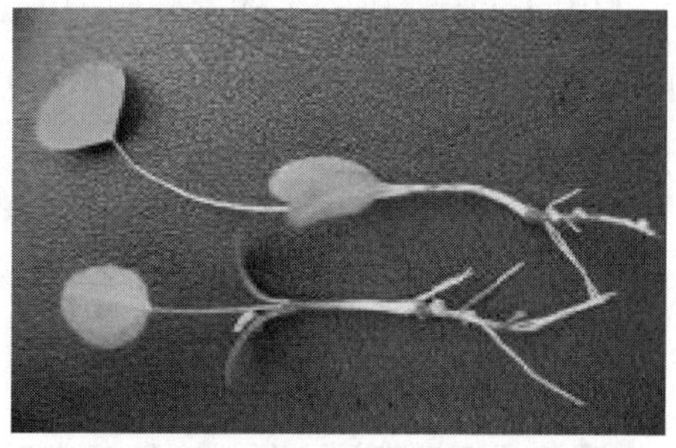

图2　用根瘤菌的紫云英生长情况

3　结论

（1）使用根瘤菌菌剂能增加紫云英的产量15.5%～29.4%，根瘤菌剂的用量为每亩

200～300g，增加根瘤菌菌剂的用量能相应增加紫云英的产量。

（2）使用根瘤菌菌剂后，能明显增加紫云英根瘤菌数量。对土壤肥力的影响有待进一步试验研究。

磷钾肥配施对紫云英生长和产量的影响*

刘新华[1]　曹春信[1]　吕建飞[2]　袁名安[1]

1. 浙江省金华市农业科学研究院　浙江金华　321017；

2. 浙江省武义县土肥站　浙江武义　321200

摘　要：通过田间试验，研究了不同配比的磷、钾肥对紫云英生长和产量的影响。研究结果表明：紫云英鲜草产量随着磷肥施用量的增加而增加，随着钾肥施用量的增加先增加后下降。随着磷钾肥施用量的增加，株高变化不明显，分枝数下降，但差异不显著，花期随着磷肥施用量的增加而延迟。

关键词：磷钾肥；紫云英；生长；产量

紫云英是我国稻田最主要的冬季绿肥作物，因养分含量和饲料价值较高，我国南方曾普遍将其作为稻田冬季绿肥栽种[1]。翻压还田后具有增加土壤有机质含量、改良土壤物理性状、增加作物产量和提高农产品品质的作用[2～4]。20世纪80年代以后，由于化肥用量迅速增加、农作物复种指数提高、紫云英种质退化等原因，导致紫云英种植面积和产量都大幅度下降[5]。当前，随着农业生产中化肥用量的增加和投入成本的持续增长导致的环境及经济压力的加大，且持续农业发展对土壤质量要求的提高，合理种植和利用绿肥的呼声越来越高[6～10]。因此，有必要针对目前生产的现状和需求，开展对绿肥施肥的研究。本试验以紫云英为材料，通过田间试验，研究了磷、钾肥配施对紫云英生长和产量的影响，以期确定紫云英磷钾肥的最佳配施量，为紫云英的合理种植提供一定的理论依据和技术支持。

1　材料与方法

1.1　试验材料

大田试验在浙江武义县桃溪镇项湾村开展，供试土壤为水稻土。土壤肥力状况：有机质18.9g/kg，碱解氮106.6mg/kg，有效磷8.4mg/kg，速效钾106.1mg/kg。紫云英品种为“宁波大桥”。

---

* 本文发表于《江西农业学报》2011，23（8）：22－23.

1.2 实验设计

试验采用肥料2因素3水平的实验方案，各处理分别为P_0K_0、P_0K_1、P_0K_2、P_1K_0、P_1K_1、P_1K_2、P_2K_0、P_2K_1、P_2K_2。P_0、P_1、P_2分别表示磷肥（P）用量为0、60kg/hm^2、120kg/hm^2，K_0、K_1、K_2分别表示钾肥（K）用量为0、45kg/hm^2、90kg/hm^2。试验采用随机区组排列，每小区面积30m^2，3次重复，共27个小区。氮肥采用尿素（含N 46%），磷肥采用过磷酸钙（含P_2O_5 12%），钾肥采用氯化钾（含K_2O 60%）。

1.3 测定项目与方法

记载生育期，成熟期测定产量、株高和分枝数。

1.4 数据处理

采用Excel 2003软件处理试验数据，采用DPS软件的LSD法对试验数据进行差异显著性分析。

2 结果与分析

2.1 磷钾肥对紫云英产量的影响

由表1可知，紫云英鲜草产量随着磷肥施用量的增加而增加，随着钾肥施用量的增加先增加后下降，不施肥处理P_0K_0的鲜草产量为32.2t/hm^2，而其他8个施肥处理的平均产量为45.3t/hm^2，较P_0K_0处理平均增产13.1t/hm^2，平均增产率达40.7%，增产最低的P_0K_1处理产量为34.6t/hm^2，较P_0K_0处理增产2.4t/hm^2，增产率7.5%，增产最高的P_2K_1处理产量为55.8t/hm^2，较P_0K_0处理增产23.6t/hm^2，增产率73.3%，其他6个处理产量较P_0K_0处理均有所增加，说明磷、钾肥的平衡施用对紫云英具有明显的增产效应。

表1 磷钾肥配施对紫云英产量的影响

处理	鲜草产量（t/hm^2）	增产量（t/hm^2）	增产率（%）
P_0K_0	32.2c	0	0
P_0K_1	34.6c	2.4	7.5
P_0K_2	35.8c	3.6	11.2
P_1K_0	39.1bc	6.9	21.4
P_1K_1	47.4ab	15.2	47.2
P_1K_2	46.5ab	14.3	44.4
P_2K_0	49.5a	17.3	53.7
P_2K_1	58.5a	23.6	73.3
P_2K_2	53.9a	21.7	67.4

注：同列数字后小写字母不同表下$P=0.05$水平下差异显著性，下同。

2.2 各养分施用效果

2.2.1 磷肥效果

选取P_0K_1、P_1K_1、P_2K_1处理进行紫云英磷肥肥效分析（表2），结果表明，紫云英鲜草产量随着施磷水平的增加而增加，P_2K_1 处理产量最高，比不施磷增产 21.2t/hm^2，增产率达 61.3%，但产量与 P_1K_1 处理无显著差异。从不同施磷处理的磷肥效率看，高磷水平（P_2K_1）产量最高。

表 2　紫云英施磷效果

处理	鲜草产量（t/hm^2）	增产量（t/hm^2）	增产率（%）
P_0K_1	34.6c	0	0
P_1K_1	47.4ab	12.8	37.0
P_2K_1	58.5a	21.2	61.3

2.2.2　钾肥效果

选取 P_1K_0、P_1K_1、P_1K_2 处理进行紫云英钾肥肥效分析（表 3），结果表明，紫云英鲜草产量随着施钾水平的增加先上升后下降，P_1K_1 处理产量最高，比不施钾增产 8.3t/hm^2，增产率达 21.2%，但产量与 P_1K_2 处理无显著差异。从不同施钾处理的钾肥效率看，中钾水平（P_1K_1）产量最高。

表 3　紫云英施钾效果

处理	鲜草产量（t/hm^2）	增产量（t/hm^2）	增产率（%）
P_1K_0	39.1b	0	0
P_1K_1	47.4a	8.3	21.2
P_1K_2	46.5a	7.4	18.9

2.3　磷钾肥对紫云英株高、分枝数的影响

由表 4 可知，不施肥处理 P_0K_0 的紫云英株高为 95.0cm，而其他 8 个施肥处理的平均株高为 97.1cm，与 P_0K_0 处理相比增加不明显，且各处理间差异不显著；P_0K_0 处理的分枝数为 5.1 个/株，而其他 8 个施肥处理的平均分枝数为 3.9 个/株，与 P_0K_0 处理相比减少了 1.2 个/株，但各处理间差异并不明显，这可能是由于磷钾肥的施用促进了主干的生长，从而导致分枝数下降。

表 4　磷钾肥配施对紫云英株高、分枝数的影响

处理	株高（cm）	分枝数（个/枝）
P_0K_0	95.0a	5.1a
P_0K_1	97.6a	4.2a
P_0K_2	92.1a	4.4a
P_1K_0	97.4a	3.9a
P_1K_1	93.1a	3.8a
P_1K_2	94.7a	4.2a
P_2K_0	98.3a	3.7a
P_2K_1	99.1a	3.4a
P_2K_2	104.8a	3.7a

2.4 磷钾肥对紫云英生育期的影响

由表5可看出，紫云英花期随着磷肥使用量的增加而延后，说明磷肥延缓了紫云英的开花时间，使紫云英的营养生长时期延长，从而产量增加。

表5 磷钾肥配施对紫云英生育期的影响　　月-日

处理	播种期	出苗期	花期	收割期
P_0K_0	11-8	11-13	4-21	5-10
P_0K_1	11-8	11-13	4-21	5-10
P_0K_2	11-8	11-13	4-21	5-10
P_1K_0	11-8	11-13	4-22	5-10
P_1K_1	11-8	11-13	4-22	5-10
P_1K_2	11-8	11-13	4-22	5-10
P_2K_0	11-8	11-13	4-23	5-10
P_2K_1	11-8	11-13	4-23	5-10
P_2K_2	11-8	11-13	4-23	5-10

3 结论与讨论

本研究结果表明，施肥对紫云英有明显的增产作用。不施肥处理的鲜草产量为32.2t/hm^2，其他8个施肥处理的平均鲜草产量（45.3t/hm^2）是不施肥处理的1.41倍，施肥处理中最高产量是不施肥处理的1.73倍。对磷、钾肥肥效探讨表明，随着肥料用量的增加，紫云英产量显著上升。施用磷肥的增产效果最好，产量最大增幅为61.5%，钾肥最大增幅为21.1%。在本试验条件下，高量水平的磷肥和中量水平的钾肥增产效率最高。

参考文献

[1] 刘威，鲁剑巍，苏伟等．氮磷钾肥对紫云英产量及养分积累的影响田［J］．中国土壤与肥料，2009（5）：49－51.

[2] 胡学玉，曾希柏，叶志华．中国生物肥料资源构成及开发利用［J］．湖北农业科学，2000（6）：36－39.

[3] 焦彬．中国绿肥［M］．北京：中国农业出版社，1986.

[4] 黄鸿翔，李书田，李向林等．我国有机肥的现状与发展前景分析田［J］．土壤肥料，2006（1）：3－8.

[5] 李庆逵，朱兆良，于天仁．中国农业持续发展中的肥料问题［M］．南昌：江西科学技术出版社，1998.

[6] 胡学玉，曾希柏，叶志华．中国生物肥料资源构成及开发利用［J］．湖北农业科学，2000（6）：36－39.

[7] 张丽霞，潘兹亮，鲁鑫等．紫云英与化肥配施对水稻植株生长及产量的影响［J］．安徽农业科学，2010（25）：13 767－13 769.

[8] 王杨才，戴波．紫云英还田对水稻氮肥用量及其产量的影响［J］．现代农业科技，2010（13）：54，58.

[9] 张哲，黄璜，刘洋．跨季节种植紫云英适宜播期的选择［J］．现代农业科技，2010（4）：303－304，306.

[10] 吴海洋，梁继旺，祝金虹．谈武夷山市紫云英的发展［J］．现代农业科技，2009（16）：236.

紫云英宁波大桥种磷钾肥肥效试验*

项玉英[1,2]　王伯诚[1]　陈银龙[1]　赖小芳[1]　陈　剑[1]

1. 浙江省台州市农业科学研究院　浙江临海　317000；

2. 浙江农林大学 农业与食品加工学院　浙江临安　311300

摘　要：在浙江中部水田土壤上进行的紫云英宁波大桥种磷钾肥试验表明，磷肥的增产作用较大，钾肥次之。与不施肥相比，667m^2 施磷肥 4kg、8kg 可增产 70.5%、79.8%，而施钾肥 3kg、6kg 可增产 5.8%、21.2%。获得高产以施磷肥 8kg 与钾肥 3kg 较好，作有机肥利用的以施磷肥 4kg 与钾肥 3kg 较好。

关键词：紫云英；磷肥；钾肥

紫云英（*Astragalus sinicus L.*），又名红花草、草子等，是豆科黄芪属越年生草本植物，它既是我国长江流域及南方的传统优质有机肥源和饲料，又是重要的蜜源植物和观赏植物，1 000多年来对我国培肥改土促进农牧业生产起了重要作用。但近年来，由于多种原因，紫云英生产出现种植面积减少、产量下降的现象，影响了地力建设和粮畜兴旺。为探索提高紫云英鲜草和种子产量，在台州地区进行磷钾肥肥效试验，以期为大面积生产中合理施用肥料提供科学依据。

1　材料与方法

1.1　材料

试验在仙居县朱溪镇后塘村的缓坡梯田上进行，土壤为红壤类紫粉泥土土属，pH 值为 5.62，有机质 19.9g/kg，碱解氮 117mg/kg，有效磷 11.6mg/kg，速效钾 90mg/kg。

氮肥用尿素（含 N 46%），磷肥用过磷酸钙（含 P_2O_5 14%），钾肥用氯化钾（含 K_2O 60%）。供试紫云英品种为当年收获的宁波大桥种。

* 本文发表于《浙江农业科学》，2013（1）：91－92.

1.2　处理设计

试验设磷、钾2个因素，各3个水平，共9个处理。磷为P_0，P_1，P_2各施P_2O_5 0kg、4kg、8kg（667m^2用量，下同）；钾为K_0，K_1，K_2各施K_2O 0，3，6kg。采用裂区设计，磷肥用量为主区，钾肥用量为副区，小区面积30m^2，重复3次。

氮肥根据当地习惯用量施用。磷钾肥50%作基肥，50%在翌年3月中旬施入。防病治虫，除草等田间管理各小区均一致。

1.3　考查项目

生育期调查。记载每小区基本种植情况、生育期、分枝动态，株高，茎数，植株地上部生物产量。

取样及常规分析。取原始土及收获后土样（各小区土样约1kg），分析、测试土壤pH值、有机质、碱解氮、有效磷、速效钾。在收获期分别取各小区植株样品50株（鲜样重约1kg）测定植株生物产量，植株氮、磷、钾含量。鲜样剪碎，烘干，磨成细粉（过100目），硫酸双氧水消煮后扩散法分析氮含量，钒钼黄比色法分析磷含量，火焰光度法分析钾含量。

2　结果与分析

2.1　鲜草产量

从产量结果看，施磷肥的增产作用比施钾肥的大。与不施磷钾肥相比，667m^2施磷肥4，8kg，产量就可增产70.5%，79.8%；而施钾肥3，6kg，产量只增加5.8%，21.2%；处理P_2K_1，P_2K_2增产率为104.5%，105.8%（表1）。

表1　紫云英施不同用量磷钾肥的效果

处理	667m^2鲜草产量/kg	地上部植株养分含量（%）			试验后土壤养分及酸碱度				
		氮	磷	钾	有机质（g/kg）	碱解氮（mg/kg）	有效磷（mg/kg）	有效钾（mg/kg）	pH值
P_0K_0	692	2.47	0.509	2.28	22.5	126	7.25	103	5.69
P_0K_1	733	2.23	0.387	2.40	22.9	129	7.06	103	5.62
P_0K_2	839	2.37	0.386	2.58	22.4	127	9.01	107	5.60
P_1K_0	1 181	2.71	0.517	2.27	23.4	132	7.46	93	5.69
P_1K_1	1 247	2.60	0.506	2.48	22.4	119	7.32	97	5.74
P_1K_2	1 377	2.94	0.524	2.78	23.3	116	7.73	103	5.81
P_2K_0	1 247	2.70	0.547	2.17	21.2	128	12.30	90	5.18
P_2K_1	1 418	2.78	0.530	2.47	22.3	123	9.17	90	5.70
P_2K_2	1 426	2.94	0.591	2.70	24.9	139	11.10	100	5.54

注：紫云英是去年水稻移栽前（2009年5月25日）全面结荚翻耕，单季稻收割后自然出苗的。鲜草收获时密度约160株/m^2，基本没有分枝。紫云英生长期间，天气阴冷，雨水过多，产量普遍偏低

2.2 植株氮磷钾含量

从表 1 可知，处理 P_1（667m^2 施磷肥 4kg）的紫云英植株氮磷含量比处理 P_0 高，处理 P_2（667m^2 施磷肥 8kg）的紫云英植株氮磷含量比处理 P_1 高。处理 K_1（667m^2 施钾肥 3kg）的紫云英植株钾含量比处理 K_0 高，处理 K_2（667m^2 施磷肥 6kg）的紫云英植株钾含量比处理 K_1 高。施用磷钾肥，可使紫云英植株氮磷钾含量明显增加。

2.3 土壤理化性状

紫云英施用磷钾肥试验后小区土壤的理化性状，与原始土相比，pH 值略有升高，有机质，碱解氮有不同程度增加，有效磷有所下降，速效钾变化不大（表 1）。

3 小结与讨论

磷肥能增加紫云英有效根瘤数量，钾肥能提高紫云英植株对磷的吸收，所以施用磷钾肥能明显促进紫云英植株的生长，提高鲜草产量。考虑到成本等因素，获得紫云英高产 667m^2 应施磷肥 8kg、钾肥 3kg，能增产 104.5%；作有机肥利用的以施磷肥 4kg、钾肥 3kg 较好，可增产 79.8%。

参考文献

[1] 陈丽君，顾海峰，何永娥等．播期及施肥量对紫云英产量的影响［J］．上海农业科技，2006（3）：125－126.
[2] 丁坦连，朱贵平．绿肥结荚翻耕技术［J］．现代农业科技，2008（18）：200.
[3] 王伯诚，赖小芳，陈银龙等．紫云英带籽翻耕的稻田生态培肥效应研究［J］．农业科技通讯，2011（9）：74.

微量元素硼钼肥对紫云英产量的影响*

项玉英　王伯诚　陈　剑
浙江省台州市农业科学研究院　浙江临海　317000

摘　要：在丘陵山区梯田的水稻土上种植绿肥紫云英，可培肥地力、提高耕地质量。在施用磷、钾肥的基础上，喷施微量元素硼铝肥后，紫云英鲜草产量有不同程度增加，喷施硼肥可增产 4.0%，喷施钼肥可增产 7.0%，同时喷施硼肥和钼肥可增产 8.1%。

* 本文发表于《上海农业科技》，2011（5）：111－112.

关键词：微量元素；硼肥；钼肥；紫云英；鲜草产量

紫云英是一种重要的有机肥源，含有丰富的氮素养分，是我国广泛利用的高产稻田冬季绿肥。据测算，每 667m^2 翻埋紫云英鲜草 1 500kg 可为后茬作物提供约尿素 13kg、过磷酸钙 25kg 和氯化钾 6kg，如种植水稻可节约肥料成本约 2/3，因此紫云英是培肥地力、提高耕地质量的最好有机肥料。同时紫云英又可作为青饲料饲喂畜禽，是生产绿色畜禽产品的优质饲料。但近年来紫云英生产上出现种植面积减少、产量下降的“双减”现象，影响了地力建设和粮畜兴旺，所以，研究紫云英高产栽培技术有重要意义。本试验在紫云英施用磷、钾肥试验的基础上，研究了微量元素硼、钼肥对紫云英产量的影响，以期为农户栽培好紫云英绿肥提供有益启示。

1　材料和方法

1.1　试验地点

试验设在仙居县朱溪镇后塘村的缓坡梯田上，土壤为红壤类紫粉泥土，pH 值为 5.72，有机质含量 21.3g/kg，碱解氮 120mg/kg，有效磷 13.2mg/kg，速效钾 120mg/kg。

1.2　试验设计

设 5 个处理（表 1）：①对照（不施肥）；②纯化肥；③纯化肥配施硼肥；④纯化肥配施钼肥；⑤纯化肥配施硼肥和钼肥。小区面积 30m^2，3 次重复，随机区组排列。供试紫云英品种为当年收获的宁波大桥种。

表 1　紫云英微肥试验设计

编号	处理	肥料用量（kg/667m^2）			
		P_2O_5	K_2O	硼砂	钼酸铵
1	CK（不施肥）	0	0	0	0
2	P+K	4	3	—	—
3	P+K+B	4	3	0.5	—
4	P+K+M_0	4	3	—	0.5
5	P+K+B+M_0	4	3	0.5	0.5

1.3　试验方法

氮肥用尿素（含 N 46%），根据当地习惯用量施用。磷肥用过磷酸钙（含 P_2O_5 14%），钾肥用氯化钾（含 K_2O 60%），磷、钾肥 50% 作基肥，50% 在翌年 3 月中旬施入。微量元素肥料用硼砂和钼酸铵，在开花期叶面喷施，施用量均为 0.5kg/667m^2，分别在 3 月 26 日、31 日、4 月 7 日喷施 3 次，喷施浓度为 1g/L。防病治虫、除草等田间管理各小区均一致。

1.4 考察项目

1.4.1 生育期调查

按当地习惯管理方法，记载每小区基本种植情况、生育期、分枝动态、株高、茎数、植株地上部生物产量。

1.4.2 植株取样及常规分析

在收获期分别取各小区植株样品50株（鲜样约1kg），剪碎、烘干，磨成细粉，经硫酸双氧水消煮后用扩散法分析氮含量，用钒钼黄比色法分析磷含量，用火焰光度法分析钾含量。

2 结果与分析

2.1 施用硼钼肥对紫云英鲜草产量的影响

试验结果表明，喷施硼、钼肥，对提高紫云英鲜草产量有明显效果。在施磷、钾肥的基础上，喷施硼肥可增4.0%，喷施钼肥可增产7.0%，同时喷施硼肥和钼肥可增产8.1%。而增施磷钾肥可比空白对照增产32.3%（表2）。

表2 紫云英微肥试验地上部分鲜草产量分析

编号	处理	小区产量（kg/30m²）				比CK增产（%）	比处理（2）增产（%）
		Ⅰ	Ⅱ	Ⅲ	平均		
1	CK（不施肥）	55.0	38.5	49.5	47.7	—	—
2	P+K	66.0	63.8	59.4	63.1	32.3	—
3	P+K+B	57.2	63.8	75.9	65.6	37.7	4.0
4	P+K+M_0	67.1	66.0	69.3	67.5	41.5	7.0
5	P+K+B+M_0	67.1	62.7	74.8	68.2	43.1	8.1

2.2 施用硼钼肥后紫云英植株氮磷钾含量分析

从表3可知，处理（2）、（3）、（4）、（5）紫云英植株的氮、磷、钾含量都比处理（1）（CK）要高。施用磷、钾肥，可使紫云英植株氮、磷、钾含量明显增加。处理（2）、（3）、（4）、（5）之间钾含量变化不大。处理（3）、（4）、（5）全氮含量和磷含量都比处理（2）略低。

表3 紫云英微肥试验植株全氮磷钾含量分析

编号	处理	N（%）				P_2O_5（%）				K_2O（%）			
		Ⅰ	Ⅱ	Ⅲ	平均	Ⅰ	Ⅱ	Ⅲ	平均	Ⅰ	Ⅱ	Ⅲ	平均
1	CK（不施肥）	1.75	2.45	2.69	2.30	1.01	1.29	0.95	1.08	2.62	2.86	3.15	2.88
2	P+K	2.85	3.14	2.87	2.95	1.59	1.47	1.51	1.52	2.94	3.49	3.28	3.24
3	P+K+B	1.96	2.85	2.71	2.51	1.52	1.34	1.14	1.33	3.41	2.95	3.39	3.25
4	P+K+M_0	2.59	2.63	2.84	2.69	1.44	1.37	1.11	1.31	2.92	3.49	3.23	3.21
5	P+K+B+M_0	2.33	2.84	2.98	2.72	1.44	1.36	1.16	1.32	2.91	3.24	3.39	3.18

3　小结

磷肥能增加紫云英有效根瘤数量，钾肥能提高紫云英植株对磷的吸收，所以施用磷、钾肥能明显促进紫云英植株的生长，提高鲜草产量。在施用磷、钾肥的基础上施用微量元素硼肥，紫云英鲜草产量可增4.0%，喷施钼肥可增产7.0%，同时喷硼肥和钼肥可增产8.1%。但施用硼、钼肥后，紫云英植株氮磷含量较单施用磷、钾肥有所下降，钾含量变化不大，是否喷施了微量元素硼钼肥后影响了紫云英植株的氮、磷吸收，具体原因还不是很明确，有待在以后试验中进一步研究。

参考文献

[1] 陈丽君，顾海峰，何永娥等．播期及施肥量对紫云英产量的影响［J］．上海农业科技，2006（3）：125－126.

[2] 丁坦连，朱贵平．绿肥结荚翻耕技术［J］．现代农业科技，2008（18）：200.

硼钼肥对紫云英产量及养分积累的影响*

徐建祥[1]　俞巧钢[2]　叶　静[2]　王建红[2]

1. 浙江省衢州市农业科学研究所　浙江衢州　324000；

2. 浙江省农业科学院环境资源与土壤肥料研究所　浙江杭州　310021

摘　要：通过田间试验，探讨了硼钼肥对紫云英生长、产量及养分积累的影响，结果表明：氮磷钾肥可提高紫云英干、鲜产量，而在开花前配合喷施硼钼肥可有效增加紫云英干、鲜产量；喷施硼钼肥处理的干草产量比不施肥的增加54.7%和56.2%，地上部的氮、磷、钾积累量分别增加56.2%、167.8%和60.9%。

关键词：紫云英；硼肥；钼肥；产量；养分积累

紫云英，又名红花草、草子等，是豆科黄芪属越年生草本植物。南方稻区曾普遍种植，是土壤有机质和养分的主要来源之一[1]。20世纪80年代以后，由于农作物复种指数提高、化肥施用量大幅度增加、紫云英种质退化和缺乏管理等原因，导致紫云英种植面积和产量都大幅度下降[2]。衢州市紫云英生产在20世纪70年代高峰期曾达6.1万hm^2，占耕地总面积的60%～65%，八九十年代一直维持在2万hm^2左右，进入21世纪后紫云英种植面积不断下降，最低年份不足6 700hm^2。近年来，由于化肥不合理施用，导致耕地质量大幅下降，土壤结构破坏，化肥大量流失引发环境污染等问题日益加剧[3～5]。因此，

* 本文发表于《福建农业科技》，2011（6）：75－77.

如何根据不同生态区的特点将紫云英纳入种植制度，解决紫云英与主作物的合理搭配，提高紫云英的产量和综合利用效益，从而促进土壤肥力的可持续利用，维持粮食稳产和高产，是当前紫云英绿肥大面积推广利用的重要研究内容之一。因此，研究氮磷钾基础上配施硼钼肥对紫云英生长、产量、养分积累及土壤肥力的影响，为紫云英的合理生产和推广提供科学依据。

1 材料与方法

1.1 供试土壤

试验设在衢江区高家镇段家村，供试土壤为河流冲积物发育的水稻土，土壤的基本理化性质：pH 值为 4. 90，有机质 51. 2g/kg，碱解氮 292. 4mg/kg，速效磷 103. 9mg/kg，速效钾 94. 1mg/kg。

1.2 试验设计

试验设 5 个处理：①不施肥（CK）；② NPK；③ NPK + B；④NPK + Mo；⑤ NPK + B + M_0。其中氮肥（N）、磷肥（P_2O_5）、钾肥（K_2O）、硼肥（B）和钼肥（Mo）每 667m^2 用量分别为 5kg、4kg、3kg、0. 5kg、0. 5kg；氮肥用尿素、磷肥用过磷酸钙、钾肥用氯化钾、硼肥用硼砂、钼肥用钼酸铵；氮磷钾肥在紫云英生长前期施下，硼钼肥在紫云英开花前分 3 次叶面喷施。试验小区面积 30m^2，3 次重复，随机区组排列，试验田四周设置隔离畦和水沟，与周围农田分开，以防止肥水串流。

紫云英于 2009 年 10 月 9 日播种，品种是宁波大桥种，每 667m^2 用种量 2. 5kg。防病、治虫、除草等田间管理各小区均一致。生长期间对每小区记载基本种植情况、生育期、分枝动态，收获时实割测定每小区植株地上部生物量；2010 年 4 月 15 日分别取各小区植株样品 50 株（1kg），随后杀青晒干；播前取原始土样 1 份（1kg），2010 年 4 月 16 日收获时每小区各取土样 1 份（1kg）。

1.3 试验分析

紫云英生长过程中进行性状分析，收获后测定土壤 pH 值、有机质、碱解氮、速效磷和速效钾，植株氮、磷、钾含量等。

2 结果与分析

2.1 不同施肥处理对紫云英主要性状的影响

由表 1 可见，施肥能明显改善紫云英生长性状。同 CK 相比，各施肥处理的单位面积茎数和株高均明显增加，达极显著差异，其中，氮磷钾配施硼钼肥的处理效果最好。NPK + B + Mo 处理的单位面积茎数和株高均极显著高于其他各处理；其中单位面积上的茎数分别比 CK、NPK、NPK + B、NPK + Mo 等处理增加 135. 6%、13. 4%、12. 6%、13. 6%，株高分别增高 22. 8%、8. 6%、10. 2%、5. 3%。施肥对紫云英的茎粗影响不显著。

表1　各处理对紫云英生长性状的影响

处理	茎数（个/m^2）	株高（cm）	茎基部直径（cm）
CK	205dD	62.7dC	0.26aA
NPK	426cC	70.9bcB	0.30aA
NPK + B	429bB	69.9cB	0.31aA
NPK + M_0	425cC	73.1bB	0.30aA
NPK + B + M_0	483aA	77.0aA	0.30aA

2.2　不同施肥处理对紫云英鲜草产量的影响

从表2可以看出，所有施肥处理都比CK明显增产，以NPK + B + Mo的处理产量最高，平均每667m^2（下同）产量3 300kg，比CK增产53.0%，达到极显著差异；同时与其他处理相比均达到极显著差异。其次是NPK + Mo处理，平均产量3 176kg，同NPK，NPK + B两处理相比达到显著差异；同CK相比达到极显著差异。NPK + B + Mo、NPK + Mo、NPK + B处理分别比NPK处理增产7.61%、3.54%、0.85%。由此可见，施用氮磷钾肥可提高紫云英产量，再配施硼钼肥又可显著增产。

表2　各处理对紫云英鲜草产量的影响

处理	实割产量（kg）	较CK（%）	较NPK（%）
CK	2 157dC	—	—
NPK	3 067cB	42.2	—
NPK + B	3 093cB	43.4	0.85
NPK + M_0	3 176bB	47.2	3.54
NPK + B + M_0	3 300aA	53.0	7.61

注：表中单位面积为667m^2，表4同

2.3　不同施肥处理对紫云英地上部氮磷钾含量的影响

表3表明，NPK + Mo处理植株全氮含量最低，平均2.40%，与CK和NPK + B + Mo处理相比达到显著差异；NPK + Mo处理植株全磷含量最低，平均只有0.16%，与NPK + B + Mo处理相比差异显著；各处理间植株全钾含量没有差异。由此可知，开花前单独喷施钼肥会影响植株对氮磷的吸收。

表3　各处理对紫云英地上部氮磷钾含量的影响　（%）

处理	氮	磷	钾
CK	2.78aA	0.22abA	1.44aA
NPK	2.75abA	0.27abA	1.69aA
NPK + B	2.60abA	0.29abA	1.70aA
NPK + M_0	2.40bA	0.16bA	1.69aA
NPK + B + M_0	2.81aA	0.38aA	1.51aA

2.4 不同施肥处理对紫云英地上部氮磷钾积累量的影响

表4结果表明，施肥能极显著地提高紫云英的干草产量和地上部氮钾养分积累量。其中，NPK + B + Mo处理的紫云英干草产量极显著高于其他施肥处理；地上部氮积累显著高于NPK + B、NPK + Mo两处理；地上部磷养分积累与CK相比有显著差异。NPK + B + Mo处理的干草产量和地上部的氮、磷、钾养分积累量分别比CK高出54.7%、56.2%、167.8%、60.9%。

表4 各处理对紫云英干草产量及氮磷钾积累量的影响 (kg)

处理	干草产量	氮	磷	钾
CK	181.4dC	5.04cC	0.39bA	2.61bB
NPK	261.3cB	7.17abAB	0.71abA	4.43aA
NPK + B	261.3cB	6.79bAB	0.75abA	4.44aA
NPK + M_0	270.1bB	6.49bB	0.43abA	4.55aA
NPK + B + M_0	280.6aA	7.87aA	1.05aA	4.19aA

2.5 不同施肥处理对土壤养分含量的影响

表5结果表明，各施肥处理对土壤的pH值、碱解氮、速效磷、速效钾的影响差异不显著，但能极显著提高土壤有机质含量。从表5还可以得出，施肥后土壤有机质的含量随着地上部的产量增加而降低；但NPK、NPK + B、NPK + Mo三处理的土壤有机质含量都高于原始土壤，而CK低于原始土壤。

表5 各处理对土壤养分的影响

处理	pH值	碱解氮 (mg/kg)	速效磷 (mg/kg)	速效钾 (mg/kg)	有机质 (g/kg)
CK	4.99aA	261.01aA	107.22aA	41.05aA	44.9bB
NPK	4.96aA	274.89aA	169.16aA	55.33aA	52.8aA
NPK + B	4.99aA	272.11aA	107.89aA	57.17aA	51.8aA
NPK + M_0	4.96aA	277.94aA	95.24aA	57.94aA	51.3aA
NPK + B + M_0	4.96aA	285.44aA	156.51aA	48.50aA	49.7aA

3 结论与讨论

研究表明，施肥能明显改善紫云英生长性状，能显著提高紫云英的干鲜草产量、地上部氮磷钾积累量和土壤有机质含量，且氮磷钾肥是提高紫云英干、鲜产量的关键肥料，在开花前喷施硼钼肥又可显著增产，NPK + B + Mo处理的干草产量和地上部的氮、磷、钾养分积累量分别比CK高出54.7%、56.2%、167.8%、60.9%。但开花前单独喷施钼肥可能会影响植株对氮和磷的吸收。

本试验的土壤有机质高且土壤结构良好，在施用氮磷钾肥基础上配施硼钼肥仍取得显著效应。如果紫云英在中、低产田中种植，再配施氮磷钾肥和硼钼肥，可能取得的效应会更显著，对改良土壤和提高肥力会起到更重要的作用。

紫云英是农业生产应用中的重要绿肥资源之一，如何提高紫云英产量和种植效益，对恢复和推广种植紫云英有着十分重要的作用。紫云英高产后全部还田不合理，但如何把紫云英作为饲料、蔬菜、中药等深层次综合开发利用的研究亟待加强。

参考文献

[1] 林多胡，顾荣申．中国紫云英［M］．福州：福建科学技术出版社，2000.

[2] 李庆逵，朱兆良，于天仁．中国农业持续发展中肥料问题［M］．南昌：江西科学出版社，1998.

[3] 兰忠明，杨秉业，张辉等．长汀县紫云英高产栽培与培肥利用技术研究［J］．湖南农业科学，2010（11）：55－57.

[4] 刘威，鲁剑巍，苏伟等．氮磷钾肥对紫云英产量及养分积累的影响［J］．中国土壤与肥料，2009（5）：49－52.

[5] 谢志坚，徐昌旭，许政良等．翻压等量紫云英条件下不同化肥用量对土壤养分有效性及水稻产量的影响［J］．中国土壤与肥料，2011（4）：79－82.

鲜食蚕豆新品种高效栽培技术探究*

徐锡虎

浙江省嘉善县农业经济局推广站　浙江嘉善　314100

近年来，随效益农业的迅猛发展，蚕豆作为我县冬季主要农作物，种植面积不断扩大，种植效益不断提高，不仅增加了农户的经济收入，提高了农作物绿色过冬率，而且满足了广大消费者对无公害农产品的渴求。但目前各地蚕豆地方品种较多，口感好、市场适销的优质品种较少，且有关高效栽培技术研究方面报道较少。笔者通过引进优质新品种“慈溪大粒 1 号”，开展了高产高效试验研究。

1　材料与方法

供试田块属杭嘉湖平原水稻土，土种为青塥黄斑田，据 2004 年土样测定，pH 值为 6. 38，有机质含量 39. 3g/kg，全氮含量 2. 02g/kg，有效磷含量 9. 9mg/kg（中等），速效钾 159mg/kg，水溶性硼含量 0. 78mg/kg（中等）。试验采用 L_9（3^4）正交设计，对播种期（A）、种植密度（B）、磷肥用量（C）3 因子 3 水平进行正交试验。播种期（A）设 10 月 20 日（A_1）、10 月 30 日（A_2）、11 月 9 日（A_3）；密度（B）设每亩

* 本文发表于《上海农业科技》，2006（4）：91－92.

2 000（B_1）、2 500（B_2）、3 000（B_3）；磷肥（P_2O_5）用量（C）设每亩 3（C_1）、6（C_2）、9kg（C_3）；共 9 个处理，分别为 $A_1B_1C_1$、$A_1B_2C_2$、$A_1B_3C_3$、$A_2B_1C_3$、$A_2B_2C_1$、$A_2B_3C_2$、$A_3B_1C_2$、A3 B_2C_3、$A_3B_3C_1$。小区面积 20m^2，3 次重复，随机排列。品种为“慈溪大粒 1 号”，前茬为晚稻，翻耕播种，每穴播种 1 粒，播种深度 4cm。各处理亩施纯氮 10kg、K_2O 5kg，钾肥和磷肥（14% 过磷酸钙）作基肥施用，氮肥 40% 作基肥，60% 在初花期施用。于 2005 年 5 月下旬 ~6 月上旬分批采摘鲜豆荚，每小区随机取 10 株进行考种，最后收获产量。

2 结果与分析

从各处理生育期进程看，第一批（10 月 20 日）播种全生育期为 206d，比第二批（10 月 30 日）、第三批（11 月 9 日）播种，分别长 8d、19d。由于去冬以来，我县出现了较多的低温天气（小于 -4℃），极端最低温度为 -5.2℃，以致蚕豆苗期出现一定程度的冻害现象，表现出叶片落黄，生长恢复缓慢。

2.1 不同处理的植株形态特征表现

“慈溪大粒 1 号”分枝形态为半直立型，茎秆粗壮，植株较大。株高和茎粗随播种期的推迟相应减少，第一批播种的平均分别为 86.10cm、0.92cm，比第二批播种的高 0.80cm、0.02cm，比第三批播种的高 8.80cm、0.10cm；单株有效分枝数、茎节数、节间长度、地上部和地下部鲜重等性状也随播种期的推迟呈相应减少，以处理 $A_1B_2C_2$ 株高、茎粗性状最理想，以处理 $A_2B_1C_3$ 地上部和地下部鲜重最重。

2.2 不同处理的鲜豆荚、鲜豆粒外观形态表现

“慈溪大粒 1 号”鲜豆荚呈绿色，鲜豆粒呈青白色，荚大粒大，外观品质较好。其中，处理 $A_1B_2C_2$、$A_2B_1C_3$ 的鲜豆荚综合表现较好，以处理 $A_2B_1C_3$ 最佳，鲜豆荚长、宽、厚分别为 3.2cm、2.3cm、1.1cm，百粒鲜重最高，为 469.1g；百荚鲜重也以处理 $A_2B_1C_3$ 最重，达 2 198.3g，其次为处理 $A_1B_2C_3$，达 2176.2g，以处理 $A_3B_3C_1$ 最轻，为 2051.4g。经考查发现，嘉善县 10 月 31 日后播种的，无论是鲜豆荚、鲜豆粒外观特征还是百荚鲜重、百粒鲜重都呈减少之势。

2.3 不同处理对鲜食蚕豆经济性状与产量的影响

2.3.1 不同播种期的影响

从表 1 可知，第一批（10 月 20 日）播种的每丛有效分枝数、单株实粒数平均为 9.06 株、6.97 粒，比第二批（10 月 30 日）播种的平均为 8.53 株、6.73 粒，增加 0.53 株、0.24 粒，增 6.21%、3.57%；比第三批（11 月 9 日）播种的平均增加 0.89 株、0.47 粒，增 10.89%、7.23%。二粒以上荚比例 A_1 平均为 59.40%，分别比 A_2、A_3 平均 57.20%、57.00% 增加 2.20%、2.40%。从产量看：A_1 平均亩产 672.6kg，分别比 A_2、A_3 平均增产 3.11%、10.50%。试验表明，播种期对鲜食蚕豆的经济性状与产量影响较明显，适时早播，有利于增产增收，但考虑到我县大部分地区前茬为晚稻，因此，适宜播期为 10 月 20 ~ 30 日，最迟不宜超过 11 月 3 日。

表1　鲜食蚕豆不同播种期的经济性状与产量比较

播种期	每丛有效分枝数	单枝实荚数	单枝实粒数	每荚粒数	二粒以上荚比例（%）	亩产量（kg）
A_1	9.06	2.56	6.97	2.80	59.4	673
A_2	8.53	2.43	6.73	2.77	57.2	652
A_3	8.17	2.47	6.50	2.63	57.0	609

2.3.2　不同种植密度的影响

从表2看，B_1平均每丛有效分枝数、单枝实粒数及二粒以上荚比例分别比B_2增加7.80%、11.61%和3.40%，比B_3增加1.76%、19.94%和7.80%。但亩产量以B_3最高达661.6kg，比B_2、B_1分别高1.60%、6.56%。从经济性状分析，种植密度越小表现越佳，故从稳产高产出发，种植密度应适当增加，以每亩2 500～3 000株最佳。

表2　鲜食蚕豆不同种植密度的经济性状与产量比较

播种期	每丛有效分枝数	单枝实荚数	单枝实粒数	每荚粒数	二粒以上荚比例（%）	亩产量（kg）
B_1	9.13	2.67	7.40	2.77	61.6	621
B_2	8.47	2.43	6.63	2.77	58.2	651
B_3	8.17	2.33	6.17	6.67	53.8	662

2.3.3　不同磷肥施用水平的影响

从表3分析，每丛有效分枝数、单枝实荚数、每荚粒数随磷肥用量递增，增幅不明显。二粒以上荚比例C_3为62.0%，比C_2、C_1分别增加3.70%、8.60%。鲜荚亩产以C_2 652.47kg最高，比C_3、C_1分别增加0.44%、3.32%。因此，施用磷肥，主要可提高多粒荚比例与鲜荚产量，并以亩施磷肥（P_2O_5）6kg左右为宜。

表3　鲜食蚕豆不同磷肥用量的经济性状与产量比较

播种期	每丛有效分枝数	单枝实荚数	单枝实粒数	每荚粒数	二粒以上荚比例（%）	亩产量（kg）
C_1	8.57	2.47	6.73	2.73	53.4	632
C_2	8.57	2.43	6.70	2.73	58.3	652
C_3	8.63	2.53	6.77	2.70	62.0	650

3　小结与讨论

（1）试验表明，“慈溪大粒1号”在嘉善县适宜播种期（因考虑前茬为单季晚稻田）在10月25日左右，播种密度每亩宜为2 500～3 000株，磷肥（P_2O_5）用量每亩为6kg左右，从鲜荚收获产量看，以处理$A_1B_3C_3$最高，为697.4kg/亩，其次是处理$A_1B_2C_2$，为692.7kg/亩，但两者差异不显著，从形态特征、经济性状及鲜豆荚产量水平综合考虑，以

处理 $A_1B_2C_2$ 最为理想。

（2）“慈溪大粒1号”在苗期注意防治蚜虫为害，中后期主要防治赤斑病与锈病危害，选用对口杀虫、杀菌剂防治2次左右。

慈溪大粒1号蚕豆大棚标准化生产技术研究*

耿玉华[1] 孙志栋[2] 余乾儿[3] 范丁岳[4]

1. 浙江省慈溪市种子公司 浙江慈溪 315300；

2. 宁波市农业科学研究院 浙江宁波 315040；

3. 浙江省慈溪市桥头镇人民政府 浙江慈溪 315300；

4. 浙江省慈溪市范市镇人民政府 浙江慈溪 315300

摘　要：菜用蚕豆既是城乡居民的佳肴，又是出口创汇的主要种类。由于受季节影响，鲜蚕豆供应期主要集中在5月份。根据多年的试验和实践，总结了一套菜用蚕豆慈溪大粒1号品种大棚促成栽培标准化生产技术。采用大棚促成栽培，鲜豆上市可提早20～30d；鲜豆产量达到22 500kg/hm²，比露地栽培提高40%；病虫害减轻，商品性更好，一般大棚促成栽培经济效益比露地栽培可提高8倍左右。大棚促成栽培，宜选用健壮无病大粒蚕豆播种，播种期可适当提早，一般比露地栽培蚕豆可提早10～20d播种，以促进主茎多分枝，适宜密度为37 500株/m²，当50%植株形成第一鹰爪荚，且植株复叶出现第7小叶后，择晴天中午打顶。要提早进行蚜虫的防治，加强肥水管理。在蚕豆开花结荚期放蜂授粉，可提高蚕豆的结实率。

关键词：蚕豆；慈溪大粒1号；大棚；标准化生产技术

菜用蚕豆是慈溪市的主要创汇蔬菜之一。浙江省共有蚕豆种植面积2.67万hm² 以上，其中慈溪市种植面积在0.67万hm² 以上，品种主要以大粒型蚕豆为主，产品以鲜荚上市或鲜豆粒、荚加工出口为主。因此，蚕豆在慈溪乃至浙江省部分地区是农民致富的重要作物之一[1,2]。

随着人民生活水平的日益提高，人们对蔬菜品质的要求提高，对新鲜蔬菜的需要量也日益增加，反季蔬菜已日益受到城乡居民的青睐。菜用蚕豆品种慈溪大粒1号的大棚栽培，正是顺应这一形势需要而创新发展起来的。

慈溪大粒1号蚕豆品种，原名白花大粒蚕豆20-1，是浙江省慈溪市种子公司从“白花大粒蚕豆”群体中精选的自然变异株经系统选育而成的大粒型菜用蚕豆新品种。2003年4月通过了宁波市科技局组织的专家鉴定并重新进行命名。

* 本文发表于《中国农学通报》，200，20（5）：178－179.

该品种株高 85cm，单株分枝 8～10 个；播种至鲜荚收获期 200d 左右，全生育期 230d。花瓣白色，花托粉红色；单株结荚 15～20 个，平均每荚 2.5 粒，其中，3 粒荚以上比例占 60%以上。种皮浅绿色，豆粒特大且均匀，鲜荚保鲜率高（符合保鲜标准的高达 70%以上），鲜豆速冻成品率高（鲜豆粒长 3cm，宽 2.5cm 以上的豆粒达 80%以上），鲜豆百粒重 450g，鲜荚产量 15 000～18 750kg/hm^2，是非常适宜于出口创汇的鲜食大粒品种。该品种株高适中，茎秆粗壮，抗倒伏，较抗赤斑病、褐斑病，不仅适于露地栽培，也适于大棚促成栽培。慈溪市种子公司蚕豆课题组于 2000—2003 年开展了蚕豆大棚栽培技术研究，现把多年的试验和实践总结如下，为标准化大棚生产菜用蚕豆提供科学依据。

1　生育期提前，产量提高

2000—2003 年多年试验结果表明，慈溪大粒 1 号蚕豆品种采用大棚促成栽培，鲜豆上市可提早 20～30d。由于大棚覆盖栽培，不仅能明显改善蚕豆生长的小气候环境，有效发挥温室效应，提高有效积温，增加土壤有效成分，而且抗外界不利环境能力和抗病虫害能力增强，蚕豆经促成栽培后，鲜豆产量和干豆产量均比露地栽培明显增加，四年平均鲜豆产量达到 22 500kg/hm^2，比露地栽培提高 40%，四年平均干豆产量 2 625kg/hm^2，比露地栽培增产 20%以上。

2　商品性好，经济效益提高

慈溪大粒 1 号蚕豆品种采用大棚促成栽培，不仅产量高，而且由于单荚粒数增多和粒增大、病虫害轻，商品性更好。鲜蚕豆出售价格的高低，除了与蚕豆品种的种性品质有关外，上市时间也是影响价格的主要因素。正常季节生产的鲜蚕豆由于种植面积大，供应量大，价格较低，而大棚生产鲜蚕豆，提早上市不仅可丰富市民菜篮子，而且鲜蚕豆货源少，价格贵，其经济效益更加显著，一般大棚促成栽培经济效益比露地栽培可提高 8 倍左右。

3　栽培技术要点

3.1　选用适宜品种，选择健康籽粒

选用慈溪大粒 1 号蚕豆新品种。该品种株高适中，茎秆粗壮，耐肥抗病，分枝性强，结荚部位集中，荚大粒多，极适于大棚栽培。且该品种鲜蚕豆种皮薄，豆肉厚，营养丰富，香糯可口，口感品质不受冷冻贮运的影响，颇受城乡居民的青睐。

选择无病斑、无破损、无虫伤，种皮浅绿色，色泽光亮，百粒重在 190g 以上，发芽率 85%以上的优质大粒蚕豆种子。

3.2　合理搭建拱棚，合理密植

拱棚的长和宽，要因地因材料而异，一般棚宽 6～8m，高 2.5m 左右，以利于田间操作。膜以白色为好，在增加有效积温的同时增加透光性；棚边采用裙膜便于通风透气。

蚕豆产量是由蚕豆分枝、荚数、粒重三要素构成的，蚕豆喜温暖湿润气候，不耐高温，对光照较为敏感，在栽培过程中我们发现，蚕豆花朝强光方向开放，一般朝南方向种

植的蚕豆结荚数要比朝北方向的多。因此，在栽培过程中如密度过大，会造成相互遮阴、光照不足而引起病虫害加重，结荚率降低。大棚内种植 5～6 行，株距 30cm，密度比露地栽培的最适密度 45 000株/hm^2 要适当稀植，控制在 37 500株/hm^2 左右，以最大限度地发挥生物学效应和提高经济系数。

3.3　适时播种，及时搭棚

棚栽蚕豆的播种期可适当提早，一般比露地栽培蚕豆可提早 10～20d 播种，以促进主茎多分枝，每孔留 8～10 个健枝及时整去老枝（主茎），并引导分枝朝两侧分开生长，以利于通风透光。

当蚕豆植株安全通过春化阶段后日平均气温低于 10℃以下时，应及时上膜，促使蚕豆生长发育。上膜后要注意棚内的温度，最高不要超过 25℃，并要注意经常换气通风防止徒长。棚内备温度计，便于观察，灵活开闭通风口。开花结荚期适温为 16～20℃，10℃开花甚少，晴好天气中午棚内温度不得超过 30℃，否则将造成花粉败育只开花而不结荚。1998—1999 年江苏建湖 20hm^2 大棚蚕豆，由于花期棚内超温，透气性差，造成蚕豆花粉败育颗粒无收。同年，同样是大棚蚕豆，慈溪市种子公司在示范园区种植的大棚蚕豆获得成功，鲜豆于 4 月中旬上市，比露地的提早 25d，产鲜豆 22 500kg/hm^2 以上。

3.4　适时打顶，调控株型

慈溪大粒 1 号蚕豆结荚部位一般都集中在茎秆的中部，而下部和上部的花都为无效花或不孕花。因此，适时打顶，有利于调节植株体内的养分供应，提高中部花的结荚率。当 50%植株形成第一鹰爪荚，且植株复叶出现第 7 小叶后，择晴天中午打顶。据试验，通过打顶可调节株型，打顶比不打顶的株高平均降低 20cm 左右，株与株之间可减少相互遮阴，增加通风透光率，提高结荚率，使之粒多粒大。通过打顶可增加鲜荚 1 500～2 250kg/hm^2，增产 15%左右。

3.5　适时防治病虫害

大棚蚕豆的害虫主要以蚜虫为主。由于大棚内蚕豆生长较旺盛植株较嫩，有利于蚜虫的为害和繁殖，故大棚栽培要比露地栽培提早进行防治；而蚕豆病害主要是病毒病，其发病原因，主要是由蚜虫传媒而引发的。因此，防治蚜虫一定要及时到位，做到病、虫兼治效果，一般可在苗期采用辟蚜雾 50%可湿性粉剂 2 000～3 000倍药液喷杀蚜虫，隔 7～10d 再喷药 1 次，以防病毒病传播。蚕豆赤斑病、锈病等应以农业防治为主，如避免连作，降低田间湿度、增施磷钾肥，适时整枝打顶；药剂防治，应抓住发病初期，用 1：1：200的波尔多液或 50%多菌灵可湿性粉剂 1 000倍液喷雾。一旦发现病株，应及时拔除病株带出棚外灭株，并对周边植株进行药剂防治。

3.6　加强肥水管理

大棚蚕豆由于生长势旺，分枝多养分消耗大。因此，大棚栽培除了施足基肥，在开花结荚期特别要重施花荚肥，以减少落花落荚，提高结荚粒和蚕豆商品率。一般可施三元复合肥 600kg/hm^2 加腐熟人畜粪 7 500kg/hm^2 左右，挖孔深施，孔距豆根 15cm 以上，防止挖伤根系。大棚栽培施肥次数和施肥量，一般都要比露地种植的多。

大棚栽培蚕豆由于生长势旺需水量也比露地栽培的要大。棚内温度高水分蒸发量大，加之棚膜隔绝天然雨水的进入，容易造成蚕豆失水过快，植株萎蔫。因此，大棚蚕豆田间的湿度必须满足蚕豆各生育期特别是开花结荚期对水分的需求。苗期田间持水量保持在70%左右，开花结荚期保持在80%左右，若达不到这一要求，应及时灌水。灌水方法应采用沟灌暗渗，并结合施肥，切莫满灌。

3.7　放蜂促进授粉

蚕豆是常异花授粉作物，在露地自然栽培条件下，主要是靠风及昆虫授粉。而用大棚栽培蚕豆相对封闭，风和昆虫进不去，如果不采用一些辅助授粉，将会影响产量，因此，采用大棚栽培时，在蚕豆开花结荚期最好是放蜂进棚，用蜜蜂来传播花粉，以提高蚕豆的结实率。

3.8　适时采收

蚕豆收摘时期应根据采摘用途而定。鲜食蚕豆的适宜采摘期一般在蚕豆开花后40d左右，从外观上看豆荚浓绿，荚略微朝下倾斜，是摘鲜豆的最佳期。当豆荚完全朝下而种脐变色时种子完全成熟。慈溪大粒1号蚕豆由于粒多、粒大，采摘鲜蚕豆一般应掌握在开花后50d左右，从植株外观看，下部叶子开始由绿变黄，豆荚生长呈水平偏下时采摘为宜。若鲜豆收摘过早，豆粒饱满度差，商品性差。当然，为了赶时鲜上市，获得最大利润，也可适当提前采收。种豆的采摘期，当植株大部分叶子转为枯黄，豆荚呈黑褐色时为宜。

采用大棚栽培蚕豆方法，在我国目前尚属首例。1997年耿玉华等首次采用大棚促成栽培鲜食玉米取得了显著的经济效益[3]，现在这一技术已在许多其他地区进行推广[4,5]。蚕豆大棚促成栽培技术的创新发展[6]以及慈溪大粒1号蚕豆品种的选育成功，为慈溪市乃至周边地区农业增收、农民致富提供了一条新途径。实施本栽培技术不仅适用于蚕豆的反季栽培和提早上市，也适用于蚕豆的良种繁育，以保证蚕豆的制种纯度和提高制种产量。这在环境恶劣的年份和地区效果更加明显。

参考文献

[1] 杨和祥，耿玉华，张建人等．大粒鲜食蚕的栽培．长江蔬菜，1996（5）：11.

[2] 鲍维巨，陆文武．“白花大粒”蚕豆高产栽培技术．上海农业科技，2000（4）：46.

[3] 耿玉华，张建人，钱长裕．棚栽鲜食玉米适宜密度与施氮量探讨．耕作与栽培，1998（1）：25－26.

[4] 项多银．超甜玉米大棚早熟栽培技术．安徽农业，2002，12：20.

[5] 李建刚，韩战敏，杨水红等．甜糯玉米品种筛选及栽培技术．河南农业科学，2002，12：13－14.

[6] 许映君，耿玉华，施满法等．豆类优质高产栽培技术．北京：经济日报出版社，2003.

密度与群体配置对蚕豆产量的影响*

何贤彪　周　翠　杨祥田
浙江省台州市农业科学研究院　浙江临海　317000

摘　要：试验结果表明，在迟播（11 月 17 日播种）情况下，蚕豆播种以 3.75 万～4.50 万穴/hm^2，每穴播种 2 粒为好，鲜荚产量可达 9t/hm^2。

关键词：蚕豆；密度；群体配置；每穴播种粒数

晚稻收获后如果冬季闲置，不仅造成土地和温光水资源的浪费，而且田间易产生灰飞虱寄生的禾本科杂草，对防控水稻条纹叶枯病、黑条矮缩病带来不利影响。

蚕豆是粮食、蔬菜、饲料和绿肥兼用作物，也是浙江省重要的冬季豆类作物，常年栽培面积近 5.3 万 hm^2。近年来，随着蚕豆鲜销市场的拓展，市场需求量的增加，鲜食蚕豆生产得到了较快发展，种植面积已占蚕豆总面积的 70% 左右，种植效益也日渐显现。为充分利用当地的自然条件，挖掘生产潜力，提高经济效益，进行了密度和群体配置对蚕豆产量影响的研究。

1　材料与方法

1.1　材料

试验在台州市农业科学院内 11 号试验田进行。供试品种为日本早熟大蚕豆（又名初姬，由江苏南通五峰种业有限公司提供）。

1.2　方法

试验设密度（A）与每穴播种粒数（B）2 个因素。A 设 A_1：1.50 万穴/hm^2；A_2：2.25 万穴/hm^2；A_3：3.00 万穴/hm^2；A_4：3.75 万穴/hm^2；A_5：4.50 万穴/hm^2；共 5 个水平。B 设 B_1：1 粒，B_2：2 粒 2 个水平。共 10 个处理组合。小区面积 20m^2，3 次重复，随机区组排列。

2008 年 11 月 17 日播种，12 月 15 日出苗，12 月 31 日开始分枝，2009 年 3 月 1 日现蕾，3 月 14 日开花，4 月 5 日结荚，5 月 12 日采摘，全生育期 148d。基肥施复合肥 450kg/hm^2，花荚肥施复合肥 90kg/hm^2。

* 本文发表于《浙江农业科学》，2010（4）：721－723.

2　结果与分析

2.1　对蚕豆产量的影响

从表1可以看出，不同密度对产量的影响表现为产量随着种植密度的增大而增加，A_5产量极显著高于A_1和A_2，显著高于A_3，与A_4没有显著差异。A_4产量极显著高于A_1和A_2，与A_3没有显著差异。A_3产量极显著高于A_1和A_2，A_2显著高于A_1。

表1　密度对蚕豆产量的影响

A	小区产量（kg）	差异显著性	
		5%	1%
A_5	18.48	a	A
A_4	17.31	ab	A
A_3	15.82	b	A
A_2	12.42	c	B
A_1	9.68	d	B

从表2可以看出，每穴播种2粒的产量，极显著高于每穴播1粒的。播种密度和每穴播种粒数对产量的影响，都表现为高水平的产量高，这可能与本试验播种迟有关。生产上一般在10月中下旬播种，本试验由于天气原因，试验田块翻耕整地推迟，导致播种期推迟。播种后又遇干旱，出苗推迟。结果蚕豆生长缓慢，群体长势不及生产上早播的蚕豆，即使在高密度和每穴播种2粒的情况下，群体生长量仍显不足。

表2　每穴播种粒数对蚕豆产量的影响

B	小区产量	差异显著性	
		5%	1%
B_2	16.30	a	A
B_1	13.18	b	B

从表3可以看出，在密度与每穴播种粒数两因素的综合作用下，产量以A_4B_2最高，其次是A_5B_2，第三是A_5B_1。

表3　不同处理组合对蚕豆产量的影响

处理组合	产量（kg/hm^2）	差异显著性	
		5%	1%
A_1B_1	4 156	d	E
A_1B_2	5 528	cd	DE
A_2B_1	5 695	cd	DE

（续表）

处理组合	产量（kg/hm²）	差异显著性	
		5%	1%
A_2B_2	6 728	c	CD
A_3B_1	7 113	bc	BCD
A_3B_2	8 720	ab	ABC
A_4B_1	6 966	bc	BCD
A_4B_2	10 351	a	A
A_5B_1	9 047	a	ABC
A_5B_2	9 442	a	AB

2.2 对植株形态的影响

从各处理组合的植株长势看，由于群体生物量不大，因此株高和茎粗的变化趋势不明显（表4）。但随着密度的增大，单株有效分枝数和单株地上鲜重有明显的降低趋势，说明低密度下，有利于个体的生长，密度提高后，群体发展较快，但个体生长受到一定的抑制。

表4 不同处理组合对蚕豆植株性状的影响

处理组合	分枝形态	株高（cm）	茎粗（cm）	有效分枝数	始荚节位	节间长（cm）	单株地上部鲜重（g）
A_1B_1	匍匐	68.5	0.80	6.1	3.0	4.79	522
A_1B_2	匍匐	68.6	0.70	4.1	4.0	4.15	354
A_2B_1	匍匐	69.1	0.67	5.3	3.0	4.06	421
A_2B_2	半直立	67.5	0.70	3.7	3.5	4.08	326
A_3B_1	匍匐	65.7	0.65	5.0	4.0	4.14	373
A_3B_2	直立	67.5	0.63	3.3	4.0	4.76	312
A_4B_1	匍匐	70.1	0.65	5.1	3.0	5.23	275
A_4B_2	直立	69.9	0.62	3.3	4.2	4.56	217
A_5B_1	匍匐	69.6	0.70	5.0	3.0	4.54	320
A_5B_2	直立	75.1	0.70	3.2	4.7	4.65	214

2.3 对植株结荚性状的影响

从蚕豆结荚性状（表5）看，单枝结荚数和单枝实粒数随着播种密度增大而降低，随着每穴播种粒数的增加而有所减少，说明播种密度增大，群体变大，对单枝结荚有不利的影响。每荚粒数和2粒荚以上荚所占比例会随着播种粒数的增加而有所降低，但受播种密度的影响不太明显。

从表6看，密度对蚕豆鲜荚和籽粒大小影响不太明显。但和重量呈现负相关，并达到显著或极显著水平。

表5　不同处理组合对蚕豆结荚性状的影响

处理组合	单枝实荚数	单枝实粒数	每荚粒数	2粒以上荚比例（%）
A_1B_1	2.8	6.3	2.3	83.8
A_1B_2	2.8	5.6	2.1	75.8
A_2B_1	2.3	5.0	2.1	74.1
A_2B_2	2.0	4.5	2.2	89.5
A_3B_1	2.1	4.6	2.4	86.2
A_3B_2	2.0	3.8	2.1	65.1
A_4B_1	2.0	4.6	2.2	79.3
A_4B_2	2.0	3.9	2.3	67.3
A_5B_1	1.8	4.2	2.3	96.7
A_5B_2	1.7	3.8	2.2	76.7

表6　不同处理组合对蚕豆鲜荚和籽粒大小的影响

处理组合	鲜荚长（cm）	鲜荚宽（cm）	鲜荚厚（cm）	百荚鲜重（g）	鲜豆粒长（cm）	鲜豆粒宽（cm）	鲜豆粒厚（cm）	百粒鲜重（g）
A_1B_1	10.71	2.40	1.66	1 764	2.81	1.61	0.48	385
A_1B_2	11.17	2.44	1.75	1 870	2.91	1.72	0.57	384
A_2B_1	9.72	2.34	1.62	1 909	2.91	1.71	0.59	382
A_2B_2	10.86	2.41	1.71	1 971	2.80	1.69	0.55	383
A_3B_1	11.03	2.48	1.73	1 858	2.82	1.66	0.58	377
A_3B_2	10.72	2.31	1.71	1 672	2.80	1.68	0.54	383
A_4B_1	10.99	2.38	1.61	1 818	2.82	1.63	0.47	388
A_4B_2	10.40	2.39	1.63	1 893	2.83	1.69	0.60	385
A_5B_1	11.56	2.46	1.76	1 912	2.89	1.69	0.61	391
A_5B_2	10.92	2.42	1.66	1 896	2.84	1.68	0.60	380

2.4　相关性分析

从表7可见，密度与单株结荚、单株实粒数不呈正相关也就是说密度增加不利于植株生长和结荚；从单位面积的产量来看，密度增加，有利于提高群体生物量和经济产量。每穴播种粒数与有效分枝数呈极显著负相关，即播种粒数多，有效分枝数减少；与始荚节位呈正相关，并达到显著水平，即在每穴播种粒数较多时，始荚节位要高。

从上述分析可知，播种密度低和每穴播种粒数少，虽然有利于形成较多的分枝数和单株结荚数量，但群体长量不足，需要通过增加密度来提高群体的生物量和增加产量。

表 7　产量主要构成因子间的相关系数

因子	密度	每穴播种粒数	单株有效分枝数	始荚节位	单株结荚数	单株鲜荚重	单株实粒数	单株实粒重	产量
密度	1								
每穴播种粒数	0	1							
单株有效分枝数	-0.198	-0.868**	1						
始荚节位	0.257	0.746*	-0.843**	1					
单株结荚数	-0.720	-0.493	0.670*	-0.604	1				
单株鲜荚重	-0.694*	-0.572	0.777**	-0.614	0.906**	1			
单株实粒数	-0.770**	-0.506	0.726*	-0.596	0.943**	0.983**	1		
单株实粒重	-0.701*	-0.587	0.774**	-0.662	0.944**	0.991**	0.981**	1	
产量	0.885**	0.417	-0.565	0.537	-0.834**	-0.858**	-0.891**	-0.865**	1

3　小结

生产上蚕豆一般于 10 月中下旬播种，本试验由于天气原因，试验田块翻耕整地推迟，导致播种期推迟。从本试验分析结果可知，蚕豆在迟播（11 月 17 日播种）情况下，播种密度以 3.75 万 ~4.50 万穴/hm^2，每穴播种粒数以 2 粒为好，鲜荚产量可达 9t/hm^2。

蚕豆双绿 5 号的种植表现及栽培技术*

张　真[1,4]　张彭达[2]　应必鹏[3]　唐佳珣[3]

1. 勿忘农集团有限公司　浙江杭州　310020；
2. 浙江省奉化市种子管理站　浙江奉化　315500；
3. 杭州富惠现代农业有限公司　浙江杭州　310020；
4. 磐安县农业局　浙江磐安　322300

摘　要：双绿 5 号系浙江勿忘农种业集团科研中心选育的专用大粒型鲜食蚕豆品种。该品种食味品质优良，成熟集中性好，鲜食采摘期长，籽粒老化转色慢，豆色美观。鲜豆荚和鲜豆粒的综合商品性均符合出口标准。2006 年通过浙江省非主要农作物认定委员会认定。根据种子高产示范方的生产实践，总结出适期播种、免耕栽培、合理密植、控苗促发、看苗施肥、病虫草防控、种子收晒、入库贮藏等优质高产技术措施。

关键词：双绿 5 号；蚕豆；栽培

* 本文发表于《浙江农业科学》，2010（5）：944－945.

双绿5号系浙江勿忘农种业集团科研中心选育的专用大粒型鲜食蚕豆品种。双绿5号是近年来浙江省冬季生产上推广应用的特大粒早熟优质鲜食蚕豆品种。该品种粒型特大，鲜豆百粒重400～450g；鲜豆种脐种皮绿色，外观亮丽，豆仁酥糯，口感鲜美，深受消费者欢迎。2006年通过浙江省非主要农作物认定委员会认定，目前年种植面积已占全省蚕豆种植面积的10%以上。2009—2010年连续两年我们在杭州丰收粮油专业合作社建立了百亩双绿5号优质高产示范方，进行双绿5号良种繁育，取得了较好的效果。现将双绿5号的种植表现及栽培技术总结如下。

1　种植表现

示范方位于杭州市萧山区义桥镇黄天贩，地势平坦，排灌方便，土壤质地为砂壤土，肥力中等。前作为蔬菜茄子。

示范方种植的原种种子由杭州富惠现代农业有限公司提供。示范方全程栽培管理均按照双绿5号种子生产技术规程操作。10月11日播种，经田间检查，10月26日种子发芽，11月4日子叶露出畦面，3月18日始花。如果作鲜豆荚采收，可在5月20日左右上市，鲜豆荚从出苗到采摘197d。5月31日青秆褐熟，6月11开始分批采老荚收获，老豆荚从出苗到成熟全生育期219d。经实地测产验收，行株距75cm×28.5cm，种植密度为4.65万株/hm^2，株高94.5cm，单株分枝6.6个，单株荚数12.5个，荚粒数2.4粒，百粒重206.2g，实地验收干豆种产量2 692kg/hm^2，产值37 695元/hm^2，扣除物化成本8 946元/hm^2（种子1 680元/hm^2，肥料930元/hm^2，农药336元/hm^2，人工6 750元/hm^2），净收益27 999元/hm^2。

2　栽培技术

2.1　适期播种

蚕豆在日均气温约15℃时播种比较有利。播种过早，冬前植株偏大、叶片嫩绿容易遭受蚜虫为害及低温寒潮霜冻危害；播种过迟，出苗慢，长势弱，翌年始花迟，成熟晚，后期易未老先衰，豆粒变小，产量低。但在适期内适当早播，有利于蚕豆冬发壮苗夺高产。示范方10月11日开始播种，10月20日播种结束。播种时选用大小适中、无病害、健壮完好的豆粒作种子，播前进行半天晒种。

2.2　免耕栽培

我们因地制宜将前作茄子收获后，先清理田园，清除前作遗留的枯枝落叶，减少病菌来源。然后结合基肥的施用耙平畦面，对排水沟进行修整，直接在原有的畦面上播种，既利用了原有良好的土壤团粒结构，又降低了生产工本，还提高了播种速度，有利于抢季节。播后4～5d使用除草剂封面，控制田间杂草生长。播种时，田间土壤含水量适当，过干或过湿都不利于蚕豆生长。最好在雨后抢晴播种，有利于减少病害提早出苗。

2.3　合理密植

根据双绿5号的生长特性，种植密度一般要求在4.20万～4.65万株/hm^2。示范方利用了前作原有的畦面，畦宽120cm，沟宽30cm，株距28cm，双行种植，种植密度4.65万株/hm^2。选择发芽率在90%左右的种子批作种子，种子干籽落土。播种时穴深2~3cm，每穴单粒，播种后覆土。大田用种量每105kg/hm^2左右。播种结束后，在邻近空地或行间播上适量的预备苗，供出苗后查苗补缺时用。

2.4 控苗促发

3叶期，雨后转晴及时查苗补缺，带土移栽补缺保证全苗。由于前作为蔬菜，肥力较足，蚕豆苗期长势较旺，在分枝出现时及时摘除主茎生长点，解除顶端优势，促进分枝生长。但在遭遇霜雪严重，主茎受到冻害的情况下就无需摘顶去势。蚕豆的豆荚着生以中下部为主，中上部的花多数为无效花，所以，适时适量打顶有利于调节体内养分平衡，以促进养分向花荚集中，提高中部的结荚率和豆荚商品质量，使豆荚饱满，成熟一致。初荚后5~6d根据不同田块长势，及时打顶5~10cm（1~2个叶节）。

2.5 看苗施肥

播种前施用三元（氮、磷、钾含量均为15%）复合肥75kg/hm^2。蚕豆出苗后，及时施好追肥，翌年1月1日施用复合肥225kg/hm^2，3月19日施用复合肥112.5kg/hm^2。3月20日和4月23日分别结合病虫害防治根外喷施0.5%磷酸二氢钾溶液750kg/hm^2。

2.6 防控病虫草

蚕豆冬前生长较为缓慢，杂草是蚕豆正常生长的最大障碍，因此，田间控草是蚕豆种子优质高产十分重要的生产环节。示范方于9月26日用41%草甘腾4.5L/hm^2对水750kg/hm^2，均匀喷洒畦面封除杂草；10月16日用50%丁草胺1.5L/hm^2对水750kg/hm^2喷雾。

蚕豆苗期防治对象主要是蚜虫，蚜虫不仅直接吸食叶内液汁，影响蚕豆生长，更严重的是它传染病毒病，使叶片皱缩，褪色，植株变矮，影响蚕豆生长发育，产量下降，甚至死亡。1月15日用10%吡虫啉0.45kg/hm^2对水750kg/hm^2，进行防治。4月23日再用10%吡虫啉0.45kg/hm^2加50%多菌灵1.5kg/hm^2对水750kg/hm^2进行防治，并预防蚕豆锈病等病害。

蚕豆象为害对蚕豆的品质和发芽率有较大的影响，大田控制是有效途径之一。蚕豆象一般在开花时成虫飞到蚕豆上采食花粉、花蜜，到结荚时，在幼荚上产卵，卵孵化后幼虫钻入豆荚危害豆粒，随着豆粒长大，幼虫在豆粒内也长大。示范方于3月20日用5%阿维菌素·甲维盐0.225kg/hm^2加70%托布津1.5kg/hm^2对水570kg/hm^2，预防蚕豆象和蚕豆锈病等病害。

3 种子收晒

为了提高种子发芽率，当豆荚转黑后抢晴天采收。采收时摘下豆荚，带荚充分翻晒，晒干后，用人工或机械脱粒，脱粒后趁晴热再适当补晒。蚕豆种子不得连续暴晒，特大粒种子久晒易造成种皮颜色泛红，并影响田间发芽。种子脱荚后要及时扬净，精心挑选大小一致，百粒重≥180g，无虫口、无病斑、无破损的优良种子，包装后存放阴凉干燥处，预防种子吸湿回潮。

4　入库贮藏

蚕豆是大粒种子，种子进入仓库贮藏前含水量应达到一定的标准。一般蚕豆种子贮藏，含水量应达到≤12%，并在贮藏期间适时检查，保持干燥。如果是专业的种业公司利用适宜的冷库（≤10℃，本生产季），则双绿5号蚕豆种子贮藏的含水量可提高到14%左右，这样可使蚕豆种子保持更好的活力，有利于提高田间发芽率。

参考文献

[1] 戈加欣，戴成满，梅全志等．鲜食用优质白花大粒蚕豆栽培及采收技术［J］．中国蔬菜，2000（1）：38－39.

[2] 徐秀银．蚕豆营养生长期缺钾形态诊断初报［J］．浙江农业科学，2010（1）：260－267.

丽水市莲都区碧湖平原冬季蚕豆施肥时间及施肥量试验*

刘庭付　张官杨　章根儿　李汉美　丁潮洪

浙江省丽水市农业科学研究院　浙江丽水　323000

摘　要：以通蚕6号为试材，研究不同施肥时间及施肥量对丽水市莲都区碧湖平原冬季蚕豆主要经济性状及产量的影响，探讨在丽水河谷平原适用的冬季蚕豆配套施肥技术。结果表明：每667m^{2}基施碳酸氢铵50kg、生物有机肥80kg、三元复合肥40kg、钙镁磷肥25kg，立春后追施三元复合肥20kg，蚕豆始花期和盛花期叶面喷施硼砂、钼肥和磷酸二氢钾各100g的施肥模式较为合理。

关键词：蚕豆；施肥时间；施肥量；产量

丽水市地处浙江省西南部，四面环山，瓯江水系贯穿丽水市全境。河水冲刷形成了多个盆地河谷冲积平原，造就了丽水河谷冲积平原独特的气候条件，该地区常年平均气温17～18℃，1月平均气温5～8℃，气温大于10℃初日在3月初，稳定通过10℃初日比浙中的金华提早1周左右，比温州提早1～9d，比浙北的杭州、嘉兴提早12～14d。春季回暖早，给冬季蚕豆早成熟、早上市提供了很好的气候条件。因此，冬季蚕豆成为丽水河谷冲积平原的主要经济作物，鲜食嫩荚供应上海等周边城市的市场，具有很强的竞争优势。

由于丽水河谷平原独特的地理环境和气候条件，蚕豆的施肥技术与其他沿海、平原地区有所不同，但长期以来并没有一套与之相适应的蚕豆配套施肥技术，这不仅增加了农业

* 本文发表于《蔬菜》，2012（2）：55－57.

投资成本，还导致年与年之间、农户与农户之间种植蚕豆的产量和品质极不稳定，严重影响了农民的经济收入。为此，笔者于 2010 年进行了冬季蚕豆施肥时间及施肥量的试验，以期为丽水市河谷平原冬季蚕豆施肥技术提供理论依据。

1　材料和方法

1.1　供试品种

供试蚕豆品种为通蚕 6 号，种子由江苏沿江地区农科所提供。

1.2　试验方法

试验地设在丽水市莲都区碧湖平原，土壤肥力中等，前作为水稻。于 2010 年 11 月 10 日播种，翌年 5 月 2 日采收完毕，行穴距 75cm×33cm，沟宽 30cm，每穴播种 1 粒。

试验分为两部分，不同施肥时间的试验设 4 个处理（表 1），不同施肥量的试验设 4 个处理（表 2），3 次重复，小区面积 $20m^2$，随机区组排列。试验区四周设立保护行。

基肥施用方法为：碳酸氢铵在田块翻耕时撒入土壤并充分混匀；生物有机肥沟施后覆土；三元复合肥穴施，与种子间距 5cm；钙镁磷肥穴施作种肥。追肥施用方法：含有碳酸氢铵的肥料组合沟施后覆土，其他肥料撒施作面肥。

2　结果与分析

2.1　不同施肥时间对蚕豆主要经济性状的影响

从表 3 可以看出，各处理间蚕豆百粒鲜质量的差异较大，以处理 1 为最大（415g），处理 4 为最小（355g），二者相差 60g；单株鲜粒总质量以处理 3（147g）为最大，其次是处理 2（130g），处理 4（98g）最小；单株鲜荚总质量各处理间差异明显，最大的处理 3（382g）与最小的处理 4（275g）之间相差 107g；在蚕豆鲜荚中，3～4 粒籽荚占总有效荚比例的多少是衡量蚕豆商品等级的一个极为重要的指标，该指标以处理 2（40.0%）为最高，处理 3（35.3%）次之，处理 1（23.1%）最低；单株总荚数以处理 3（21 个）为最多，第二是处理 4（18 个），处理 2（11 个）最少；单株有效荚数以处理 3（17 个）为最多，其次是处理 4（16 个），处理 2（10 个）为最少；处理 4 和处理 3 的分枝数分别为 11 个和 10 个，处理 1 和处理 2 同为 7 个；各处理间株高、荚长、荚宽的差异不明显。

表 1　蚕豆不同施肥时间的试验设计　（kg）

处理	基肥	追肥：蚕豆二叶期	追肥：蚕豆三叶期	追肥：蚕豆四叶期	追肥：立春	追肥：蚕豆现蕾期	追肥：植株打顶期
1	碳酸氢铵 50 + 三元复合肥 40 + 钙镁磷肥 25	—	—	—	三元复合肥 20	生物有机肥 80 + 碳酸氢铵 50 + 氯化钾 10 + 硫酸镁 10 + 硼砂 3	尿素 7.5

（续表）

处理	基肥	追肥					
		蚕豆二叶期	蚕豆三叶期	蚕豆四叶期	立春	蚕豆现蕾期	植株打顶期
2	碳酸氢铵50＋生物有机肥80＋钙镁磷肥25	—	—	碳酸氢铵50＋氯化钾10＋硫酸镁10＋硼砂3	三元复合肥20	三元复合肥40	尿素7.5
3	碳酸氢铵50＋钙镁磷肥25	三元复合肥40＋氯化钾10＋硫酸镁10	—	—	三元复合肥20＋生物有机肥80	碳酸氢铵50＋硼砂3	尿素7.5
4	碳酸氢铵50＋钙镁磷肥25	—	三元复合肥40＋生物有机肥80	—	三元复合肥20＋氯化钾10＋硫酸镁10＋硼砂3	碳酸氢铵50	尿素7.5

注：表中数据为每667m^{2}肥料的施用量，“—”为不施用。各处理肥料施用总量控制在每667m^{2}碳酸氢铵100kg、三元复合肥60kg、生物有机肥80kg、钙镁磷肥25kg、氯化钾10kg、硫酸镁10kg、硼砂3kg、尿素7.5kg

表2　蚕豆不同施肥量的试验设计

处理	基肥和追肥/kg								叶面喷施肥/g			667m^{2}经济投入/元
	碳酸氢铵	生物有机肥	三元复合肥	钙镁磷肥	氯化钾	尿素	硼砂	磷酸二氢钾	硼砂	钼肥	磷酸二氢钾	
Ⅰ	50	80	40	25	10	7.5	—	—	100	100	100	317
Ⅱ	50	80	50	25	—	7.5	—	—	100	100	100	282
Ⅲ	50	80	60	25	—	—	—	—	100	100	100	297
Ⅳ	100	40	40	25	10	7.5	3	1.5	—	—	—	342

注：表中数据为每667m^{2}肥料的施用量，“—”为不施用。叶面肥在始花期喷施1次，盛花期再喷施1次

2.2　不同施肥时间对蚕豆产量的影响

从表3可以看出，在不同施肥时间的处理中，以处理3产量最高，每667m^{2}产量为1 067.2kg；其次是处理1，每667m^{2}产量为1 057.6kg；第三是处理2，每667m^{2}产量为1 047.2kg；处理4产量最低，每667m^{2}产量仅为931.0kg。通过方差分析得出，处理1、处理2和处理3的产量之间没有显著差异，而处理4与其他处理间有显著差异。

2.3　不同施肥量对蚕豆主要经济性状的影响

从表4可以看出，各处理间蚕豆百粒鲜质量的差异较大，以处理Ⅲ为最大（435g），处理Ⅰ最小（355g），二者相差80g，处理Ⅳ（425g）居第二位，处理Ⅱ（395g）居第三位；单株鲜粒总质量以处理Ⅳ（145g）为最大，其次是处理Ⅱ（132g），处理Ⅰ（74g）最小；单株鲜荚总质量各处理间差异明显，最大的处理Ⅲ（427g）与最小的处理Ⅰ

(255g)之间相差172g；3～4粒籽荚占有效荚的比例以处理Ⅳ(41.2%)为最高，处理Ⅲ(30.8%)次之，处理Ⅰ(18.0%)最低；单株总荚数以处理Ⅳ(19个)为最多，其次是处理Ⅱ(17个)，处理Ⅰ(12个)最少；单株有效荚数的排序依次是处理Ⅳ(17个)、处理Ⅱ(16个)、处理Ⅲ(13个)和处理Ⅰ(11个)；处理Ⅲ和处理Ⅳ的分枝数分别为11个和9个，处理Ⅰ和处理Ⅱ同为7个；各处理间株高、荚长、荚宽的差异不明显。

表3 不同施肥时间对蚕豆主要经济性状及产量的影响

处理	株高(cm)	分枝(数/个)	有效荚(数/个)	总荚(数/个)	3粒籽荚(数/个)	4粒籽荚(数/个)	3～4粒籽荚占有效荚比例(%)	荚长(cm)	荚宽(cm)	单株鲜荚总质量(g)	单株鲜粒总质量(g)	百粒鲜质量(g)	667m²鲜荚产量(kg)
1	61	7	13	15	3	0	23.1	11.3	2.7	318	108	415	1 058a
2	59	7	10	11	4	0	40.0	11.7	2.5	295	130	375	1 047a
3	60	10	17	21	2	4	35.3	12.2	2.5	382	147	375	1 067a
4	59	11	16	18	2	2	25.0	11.8	2.8	275	98	355	931b

注：每荚3～4粒籽的蚕豆鲜荚是优级商品荚

2.4 不同施肥量对蚕豆产量的影响

从表4可以看出，在不同的施肥量的处理中，以处理Ⅲ产量最高，每667m^{2}产量为1 956.5kg；其次是处理Ⅳ，每667m^{2}产量为1 778.7kg；处理Ⅰ和处理Ⅱ每667m^{2}产量均为1 482.2kg，并列第三。通过方差分析发现，处理Ⅲ产量极显著高于其他处理，处理Ⅳ产量极显著高于处理Ⅰ和处理Ⅱ。

表4 不同施肥量对蚕豆主要经济性状及产量的影响

处理	株高(cm)	分枝数(个)	有效荚数(个)	总荚数(个)	3粒籽荚数(个)	4粒籽荚数(个)	3～4粒籽荚占有效荚比例(%)	荚长(cm)	荚宽(cm)	单株鲜荚总质量(g)	单株鲜粒总质量(g)	百粒鲜质量(g)	667m²鲜荚产量(kg)
Ⅰ	64	7	11	12	2	0	18.0	11.7	2.6	255	74	355	1 482aA
Ⅱ	67	7	16	17	3	0	18.8	11.8	2.7	285	132	395	1 482aA
Ⅲ	60	11	13	13	3	1	30.8	11.7	2.6	427	102	435	1 957cC
Ⅳ	70	9	17	19	3	4	41.2	13.3	2.4	402	145	425	1 779bB

2.5 不同施肥量每667m^{2}经济投入

从表2可以看出，每667m^{2}经济投入最高的处理Ⅳ(342元)与最低的处理Ⅱ(282元)之间相差60元，处理Ⅰ每667m^{2}经济投入317元，居第二，处理Ⅲ每667m^{2}经济投入297元，居第三。

3　小结

试验结果表明，不同施肥时间试验以处理3为最佳，其667m^2鲜荚产量最高，单株总荚数、4粒籽荚数最多，商品性最好；不同施肥量试验以处理Ⅲ为最好，其667m^2鲜荚产量显著高于其他处理，单株3～4粒籽荚数较多，每667m^2肥料投入成本最小。从产量、豆荚商品性、田间经济投入等方面综合分析后得出，莲都区碧湖平原冬季蚕豆（前作为水稻）最为理想的施肥技术为：重施基肥，施好开春肥，后期进行微量元素叶面追肥。具体肥料施用量可控制在：每667m^2基施碳酸氢铵50kg、生物有机肥80kg、三元复合肥40kg，钙镁磷肥25kg，立春后追施三元复合肥20kg，蚕豆始花期和盛花期叶面喷施硼砂、钼肥、磷酸二氢钾各100g。

施肥对鲜食蚕豆鲜荚和地上部产量的影响*

华金渭　吉庆勇　梁　朔　朱　波
浙江省丽水市农业科学研究院　浙江丽水　323000

摘　要：采用裂区设计研究磷钾肥不同用量和花期喷施硼钼肥对鲜食蚕豆鲜荚产量和地上部生长量的影响。结果表明，适量施用磷钾肥时，能增加鲜荚产量，667m^2施磷肥（P_2O_5）4kg，钾肥（K_2O）3kg产量最高，但对地上部秸秆影响不显著；硼钼肥喷施，硼+钼鲜荚产量最高，喷施钼肥地上部分产量最高。

关键词：磷钾肥；硼钼肥；蚕豆；生长；产量

鲜食蚕豆是浙江丽水地区重要的冬季豆类作物，也是很好的绿肥，对改良土壤、增加土壤肥力，减少化肥施用有良好效果。丽水市年种植面积4 000hm^2。由于当地春季气温回升快，豆荚收获时间比省内其他地方早20d左右，鲜荚价格可达2～4元/kg，产值可达4.5万元/hm^2。由于鲜食蚕豆利用冬闲季节生产，管理方便、采摘集中，投入少，农民种植积极性高。但在种植过程中，农民为追求高产，使用大量化学肥料及偏施氮肥，造成土壤酸化、板结，土传病害发生重，而蚕豆产量提高不明显。蚕豆施肥研究在青海较多[1~3]，浙江的研究较少，仅见曹伟琴等[4]试验有机无机复合专用肥比进口复合肥增产8.8%，为此进行磷钾肥和硼钼肥配施效果研究，以期为鲜食蚕豆栽培中科学施肥提供依据。

1　材料与方法

1.1　材料

试验蚕豆品种为日本大白蚕。

* 本文发表于《浙江农业科学》，2012（3）：330－332.

1.2 方法

1.2.1 磷钾肥用量试验

采用裂区设计，磷肥为主区，钾肥为副区，分别设667m^2 施磷（P_2O_5）0、4kg、8kg和钾（K_2O）0、3kg、6kg各3个水平，重复3次，随机排列，小区面积20m^2。氮肥按农民习惯施用。试验田四周设置隔离畦和水沟，与周围农田分开，以防肥水串流。

试验田前作水稻，2010年11月10日翻耕整畦，667m^2 施基肥氮5kg，磷钾肥按各处理设计施用，12日播种。次年2月20日追尿素7.5kg，3月18日追施尿素15kg。3月23日调查各小区分枝数，4月26日第1次采摘测产，5月3日第2次测产，5月5日地上部齐泥收割称重。

1.2.2 硼钼肥试验

试验：①施硼肥；②施钼肥；③施硼肥+钼肥；④不施硼钼肥作对照。硼钼肥在开花期进行叶面喷施，共3次，需施肥的处理667m^2 硼砂和钼酸铵总施用量均为0.5kg，喷施浓度为1g/L。小区面积30m^2，重复3次，随机排列。试验田四周设置隔离畦和水沟，与周围农田分开，防止肥水串流。

前作水稻，2009年11月10日播种，667m^2 基肥施碳酸氢铵100kg，复合肥（氮、磷、钾养分含量各15%）50kg，硫酸镁25kg；追肥共2次，每次复合肥30kg。微肥喷施时间为2010年3月10日、3月20日和3月30日。4月30日和5月5日采摘鲜荚测产，5月5日地上部收割称重。

2 结果与分析

2.1 磷钾肥对鲜食蚕豆生长的影响

不同用量的磷钾肥处理蚕豆平均每株分枝6.20~7.47个（表1），以P_2K_1，和P_2K_2处理最高，在7个以上，主处理间和副处理间都无显著差异。但在主处理P_2中不同的钾肥处理有显著差异，即K_1处理的分枝数显著多于K_0处理，但与K_2间差异不显著，说明适当增加磷钾肥的施用量，分枝数会较多。

表1 不同磷钾肥处理的蚕豆生长与667m^{2}鲜荚产量

P	K	单株分枝数（个）	鲜荚产量（kg）	地上部重量（不含荚）（kg）
P_0	K_0	6.27	592	488
	K_1	6.47	611	543
	K_2	6.27	651	561
P_1	K_0	6.73	683	579
	K_1	6.33	727	602
	K_2	6.60	654	564
P_2	K_0	6.20	679	603
	K_1	7.47	687	648
	K_2	7.27	665	611

地上部 $667m^2$ 生长量 487.5～648.6kg，经统计分析，主处理间、副处理间及互作间差异不显著。其产量以 P_2K_2 最高，P_1K_1、P_2K_0 和 P_2K_2 处理的地上部产量都超过 600kg。地上部产量高，秸秆还田具有较好的改土培肥效果。

2.2　磷钾对鲜食蚕豆鲜荚产量的影响

由表 1 可知，对照（P_0K_0）$667m^2$ 鲜食蚕豆鲜荚产量最低，为 592kg，其他各处理鲜荚产量比 P_0K_0 均有不同幅度增产，最高的处理为 P_1K_1 的 727kg，增产 22.75%；经 DPS 软件分析，主处理间产量差异不显著，但 P_1 处理 > P_2 处理 > P_0 处理，副处理间差异也不显著，但 K_1 处理 > K_2 处理 > K_0 处理（表 2）。虽然差异不显著，但也说明在适量施用磷钾肥时，能增加鲜荚产量，不施或施用太多，产量较低。

表 2　磷钾肥试验蚕豆主副处理的 $667m^2$ 鲜荚产量

P	产量（kg）	K	产量（kg）
P_1	688a	K_1	675a
P_2	677a	K_1	657a
P_0	618a	K_0	651a

注：同列数据后无相同大、小写字母的表示差异达极显著、显著水平，下同

磷钾肥的互作对蚕豆产量效应显著。在主处理 P_0 中，处理 K_2 鲜荚产量与处理 K_1 有显著差异，与处理 K_0 有极显著差异；在主处理 P_1 中，处理 K_1 鲜荚产量与处理 K_2 有极显著差异，与处理 K_0 差异不显著，K_0 与 K_2 间差异不显著（表 3）。说明不施磷肥的情况下，钾肥越多、鲜荚产量越高，并达显著水平；在施磷肥的情况下，并非钾肥施得越多，产量越高，钾肥在 3kg 时，产量最高。在生产中，考虑生产成本和豆荚效益，$667m^2$ 以施磷肥 4kg 和钾肥 3kg 较好。

表 3　同一施磷水平施用不同量钾肥的蚕豆 $667m^2$ 鲜荚产量

P_0 处理中 K	产量（kg）	P_1 处理中 K	产量（kg）	P_2 处理中 K	产量（kg）
K_2	651	K_1	727	K_1	687
K_1	611	K_0	683	K_0	679
K_0	592	K_2	655	K_2	666

2.3　硼钼肥对鲜食蚕豆生长的影响

喷施硼肥和钼肥，地上部秸秆 $667m^2$ 产量以喷施钼肥最高，达 1 128kg，比不施硼钼肥的对照增加 12.99%，喷施硼肥和硼 + 钼肥比对照高 10.91% 和 7.01%，3 个处理都显著高于对照，但处理间差异不显著（表 4）。田间观察显示：在花期喷施微量元素硼和钼，能显著促进蚕豆的后期生长，不易早衰，豆荚采完后，植株还能保持较长时间的正常生长，植株绿色，而对照则在采摘后期显现叶片变黄，部分枯萎，说明硼钼肥能延缓蚕豆早衰，保持功能叶片的正常功能，因而产量较高。

表4　微量元素不同处理对 $667m^2$ 蚕豆生长与产量的影响

处理	鲜荚产量（kg）	地上部产量（不含荚）（kg）
硼肥	883aA	1 108aA
钼肥	861abA	1 128aA
硼+钼	900aA	1 069aAB
CK	826bA	999bB

2.4　硼钼肥对鲜食蚕豆鲜荚产量的影响

3个施微肥处理蚕豆鲜荚产量均比对照组高，最高的是硼+钼处理，$667m^2$ 达900kg，比对照高8.91%，喷施硼肥的为883kg，比对照高6.87%，喷施钼肥产量略低，为861kg，对照最低，为826.08kg，硼+钼及硼肥处理豆荚产量显著高于对照，各施微肥处理间差异不显著，钼处理与对照差异不显著。说明鲜食蚕豆在花期喷施硼+钼和硼肥能显著提高豆荚产量，并以硼+钼联合处理增产明显。

3　小结

施磷钾肥对蚕豆地上部生长量的影响不显著。蚕豆鲜荚产量虽然主副处理间差异不显著，但 P_1 处理 > P_2 处理 > P_0 处理，K_1 处理 > K_2 处理 > K_0 处理，说明适量施用磷钾肥，能增加鲜荚产量，不施或施用太多，产量较低；施肥以 P_1K_1 方案最佳，即 $667m^2$ 施磷肥（P_2O_5）4kg，钾肥（K_2O）3kg，产量最高。

硼钼肥对蚕豆生长与鲜荚产量有显著影响，喷施硼+钼蚕豆鲜荚产量最高，喷施钼地上部分产量最高，但处理间无显著差异，可能种植地土壤缺硼缺钼，因此在生产中推广喷施硼钼肥对蚕豆增产增效有实际意义。

参考文献

[1] 张荣，孙小凤，李松龄．有机肥化肥配施对蚕豆的增产效应以及长期施用对土壤养分的影响［J］．青海农林科技，2002（2）：5－6.

[2] 姜秀清．专用肥在蚕豆上的应用效果初报［J］．现代农业科技，2007（24）：120－122.

[3] 李月梅．施肥对青海蚕豆产量及土壤养分的影响［J］．湖北农业科学，2011（4）：684－687.

[4] 曹伟勤，陈士平，潘丽铭等．复合肥在蚕豆上的应用效果［J］．浙江农业科学，2003（3）：130－131.

施用硼、钼对蚕豆生长发育及产量的影响*

董玉明[1]　张建明[2]
1. 浙江省舟山市定海区农林局　浙江舟山　316000；
2. 浙丰化肥微量元素有限公司

摘　要：采用田间小区试验，研究了单施及混施硼、钼对蚕豆的生长发育及产量的影响。结果表明：硼、钼混施效果最好，比对照增产 10.8%，差异达显著水平。

关键词：硼；钼；蚕豆；生长；产量

根据豆科作物对硼、钼元素数量的要求，结合土壤中硼、钼的含量，研究了硼、钼肥，尤其是硼、钼混施对蚕豆生长发育及产量的效应，为蚕豆合理施用微肥提供科学依据。

1　材料与方法

1.1　供试材料

供试蚕豆为白花大粒蚕豆，由浙江省种子公司提供。供试土壤为石灰岩水稻土，土壤的基本理化性状：pH 值为 7.2，有机质 15.6g/kg，全氮 1.12g/kg，碱解氮 98.3mg/kg，全磷（P_2O_5）1.36g/kg，速效磷 20.2mg/kg，全钾（K_2O）21.3g/kg，速效钾 19.7mg/kg，有效硼 0.22mg/kg，有效钼 0.126mg/kg。

1.2　试验设计

试验于 2001 年 10 月至 2002 年 7 月在杭州中泰种苗试验场进行，蚕豆播种期为 11 月 25 日。试验共设 4 个处理：①CK 对照，不施硼、钼；②施硼肥，以硼砂作基肥施入，施用量为 12kg/hm^2；③钼拌种，采用钼酸铵拌种，1kg 蚕豆种子拌 1.2g 钼酸铵，用钼酸铵拌种时，先配成浓度 1.5% 的钼酸铵溶液，然后均匀地喷洒在蚕豆种子上，边喷边搅拌，晾干后播种；④施硼、钼，即用硼砂作基肥，钼酸铵溶液拌种，用量同处理②、③。其他营养元素的施用量各处理相同，分别施尿素 70kg/hm^2，过磷酸钙 50kg/hm^2，氯化钾 60kg/hm^2，氮钾肥 50% 作基肥，50% 作追肥，在开花前全部施入，磷肥全部作基肥。栽培过程中适时中耕除草培土，防止肥料流失，保持田间清洁。小区面积 20m^2，3 次重复，随机区组排列。采用人工点播，密度 4.5 万株/hm^2，每小区 90 株。在试验过程中，对各

* 本文发表于《安徽农业科学》，2003，31（1）：151.

处理在不同时期的生物学性状及产量进行观察记载。

2 结果与分析

2.1 施用硼、钼对蚕豆生物学性状及产量的影响

表1表明，单施及混施硼、钼均能不同程度地提高蚕豆的株高、单株荚数、荚长×宽、单株粒重、百粒重和产量。处理②、③、④单株粒重分别比对照增加6.6g、5.5g、11.4g；百粒重分别增加12g、8g、17g；产量分别提高6.27%，5.28%，10.89%。对产量进行方差分析得出，硼、钼混施处理与对照差异达显著水平。研究结果表明，对蚕豆生物学产量及经济产量的作用为：硼+钼>硼>钼。植株生长在直观上表现为：施硼、钼后叶色浓绿，植株生长旺盛，这说明硼、钼元素在蚕豆的生长发育过程中有较大的作用，能有效地促进养分在蚕豆中的分配，提高光合效率，且硼、钼存在相互促进作用。

表1 硼、钼对蚕豆生物学性状及产量（鲜豆粒）的影响

处理	株高（cm）	单株荚数（个）	荚长×宽（cm×cm）	有效分枝（个）	单株粒重（g）	百粒重（g）	折合产量（kg/hm^2）	比对照增产（%）
CK	85.6	10.1	14.2×3.3	5.2	105.0	401	4 725b	—
B	89.3	10.4	14.8×3.6	5.1	111.6	413	5 021ab	6.27
M_0	88.2	10.4	14.7×3.5	5.3	110.5	409	4 974ab	5.28
B+M_0	91.7	10.7	15.1×3.8	5.3	116.4	418	5 239a	10.89

2.2 蚕豆生物学性状与产量之间的相关性

蚕豆的某些生物学性状，如荚的大小、单株荚数、单株粒重、百粒重等是构成蚕豆产量的重要因子。表2列出了蚕豆生物学性状和产量之间的相互关系。表2显示，蚕豆的产量和单株粒重、百粒重之间呈极显著正相关，与荚长×宽呈显著正相关，与株高、单株荚数有一定的正相关，与有效分枝数呈正相关，但相关系数不大。通常认为施肥能提高作物的生物学产量，增加干物质的积累从而促进经济产量的提高。该试验研究表明：硼、钼（尤其是混施）对蚕豆生物学产量增加的促进作用比对蚕豆产量提高的促进作用更大。通过施硼、钼增加了蚕豆的生物学产量，尤其是促进了豆荚和豆粒的增大，从而提高了产量。相关分析的结果和表1的结果相一致。

表2 蚕豆生物学性状与产量（鲜豆粒）之间的相关性

项目	株高（x_1）	单株荚数（x_2）	荚长×宽（x_3）	有效分枝（x_4）	单株粒重（x_5）	百粒重（x_6）
X_2	0.237					
X_3	0.316	-0.339				
X_4	0.246	0.502	-0.175			
X_5	0.423	0.476	0.722*	0.223		

（续表）

项目	株高 (x_1)	单株荚数 (x_2)	荚长×宽 (x_3)	有效分枝 (x_4)	单株粒重 (x_5)	百粒重 (x_6)
X_6	0.327	-0.213	0.903**	0.132	0.651**	
$Y_{产量}$	0.376	0.448	0.613*	0.052	0.910**	0.872**

注：显著（$P<0.05$）；极显著（$P<0.01$）

3　讨论

（1）蚕豆施硼、钼促进了植株对氮磷钾等大量元素的吸收，从而促进植株干物质积累、生长量增加，产量提高。有研究指出：硼不直接参与植株的代谢[1]，但硼可以通过增强植株根系活力和营养物质的运输，间接地促进植株对营养物质的吸收和利用；钼能提高根瘤固氮酶的活性，促进其固氮和对氮的利用[2]。也就是说，硼、钼对蚕豆产量的影响和硼、钼对蚕豆营养代谢的促进作用有关，该试验研究中表现出的植株生长势和叶色变化可以说明这一点。

（2）硼、钼的施用量要根据土壤肥力情况和土壤中硼、钼的含量来定。有试验表明：硼、钥过量会导致植株中毒，具体表现为叶片失水变成褐色[3]。该试验研究中的硼、钼用量是根据土壤中硼、钼量及其他研究报道而大致确定的。气候、肥水等因素可能也会影响硼、钥对蚕豆生长发育的作用，从而影响硼、钼施用的最佳剂量。

参考文献

[1] 刘鹏，杨玉爱．钼、硼对大豆氮代谢的影响［J］．植物营养与肥料学报，1999，5（4）：347－351.

[2] 杜应琼，廖新荣，黄志尧等．硼、钼对花生氮代谢的影响［J］，作物学报，2001，27（5）：612－616.

[3] 刘铮．微量元素的农业化学［M］．北京：农业出版社，1991：108－170.

[4] 崔喜安．硼、钼配合施用对大豆产量的影响［J］．土壤肥料，1998（3）：39－40.

[5] 张焕裕．蚕豆主要经济性状对产量的效应分析［J］．作物研究，1989，3（2）：41－43.

[6] 戈加欣，戴成满，梅全志等．鲜食用优质白花大粒蚕豆栽培及采收技术［J］．中国蔬菜，2000（1）：38－39.

“钱仓早蚕豆”花荚期施肥效果试验*

付福全[1]　雷慧芳[1]　俞法明[2]

1. 浙江省平阳县农业局农技指导站　浙江平阳　325400；

2. 浙江省农业科学院作物研究所　浙江杭州　310021

“钱仓早蚕豆”是我县栽培的中粒型、白皮秋播蚕豆品种，最初产于我县钱仓镇，栽培历史悠久，常年种植面积200hm^{2}左右。该品种成熟早、品质优、产量高、风味独特，在全国享有盛名。但近年来由于栽培技术滞后、产量不高、经济效益低，严重影响“钱仓早蚕豆”生产的发展。为提高单产及品质，我们就花荚期进行不同施肥方式的运用，总结出一条最佳的适于“钱仓早蚕豆”栽培的合理施肥方式。

1　材料与方法

1.1　试验地点与播种

试验分别设在鳌江镇丰山村、钱仓镇前进村、麻步镇欣雅村等地6.5×35m^{2}钢管大棚内。播种期为9月30日，密度为60 000穴/hm^2，每穴3粒。试验地一律不施有机肥。

1.2　花荚期不同施肥量试验

试验设（每公顷施肥）：①尿素75kg，过磷酸钙150kg，钾肥75kg；②尿素75kg，过磷酸钙225kg，钾肥105kg；③尿素75kg，过磷酸钙300kg，钾肥150kg。重复三次，随机排列。小区面积6m^2。

1.3　盛花期和鼓粒期根外追肥试验

试验设：①0.3%磷酸二氢钾；②0.3%磷酸二氢钾和0.1%硼酸；③0.3%磷酸二氢钾、0.1%硼酸和0.5%钼酸铵。在花荚期进行两次，对水750kg/hm^2，喷施，重复三次，小区面积6m^2，随机排列，以没喷施为对照。

2　结果与分析

2.1　花荚期不同施肥量试验

花荚期是蚕豆一生对氮、磷、钾三要素吸收量最大的时期，约占总吸收量的50%左右。此时植株高度及叶面积指数迅速上升。营养生长迅猛，同时花荚大量出现，整个植株

* 本文发表于《上海农业科技》，2003（2）：83.

代谢旺盛，养分急剧消耗。在花荚期对“钱仓早蚕豆”追磷钾肥，随施肥量的增大，生育期延长，株高增加，单株结荚数增多，百粒重增大（表1）。产量方差分析显示追肥较多的处理（2）、（3）与追肥较少的处理（1）产量差异在 a＝0.01 水平上显著，而处理（2）、（3）间差异不显著。表明“钱仓早蚕豆”在花荚期普施适量的花荚肥，可延长叶片功能，减少花荚脱落，提高结实率，增加粒重。

表1 花荚期不同施肥量对经济性状和产量的影响

处理	全生育期（d）	株高（cm）	单株分枝数（个）	单株荚数（个）	单荚粒数（粒）	百粒重（g）	产量（kg/hm^2）
（3）	162	118	3.61	14.3	2.48	95.2	5 610aA
（2）	160	115	3.62	14.2	2.48	94.8	5 520aA
（1）	154	105	3.60	13.5	2.48	92.6	4 680bB

注：同列小写字母不同表示（$P<0.05$）水平下差异显著性，大写字母不同表示（$P<0.01$）水平下差异显著性。下同

2.2 盛花期和鼓粒期根外追肥试验

在盛花期进行根外追肥，对增加百粒重、单荚粒数、单株分枝数和单株荚数，都有明显作用，且产量差异性均在 $a=0.01$ 水平上显著（表2）。可见，在盛花期和鼓粒期进行根外追肥对“钱仓早蚕豆”成荚率的提高和百粒重的增加都有意义。

表2 盛花期和鼓粒期根外追肥对经济性状和产量的影响

处理	单株荚数（个）	单株分枝数（个）	单荚粒数（粒）	百粒重（g）	产量（kg/hm^2）
（2）	14.8	3.54	2.53	96.6	5 850aA
（3）	14.7	3.53	2.52	96.6	5 760aA
（1）	14.6	3.53	2.52	96.5	5 730aA
CK	12.5	3.46	2.41	93.6	4 575bB

3 小结与讨论

根据试验，施肥技术要求基肥以腐熟有机肥结合磷钾肥，追肥主要重施花荚肥，一般每公顷施尿素 75kg 左右，过磷酸钙 225～300kg，钾肥 105～150kg，长势差的适当早施，反之少施或不施。在现蕾至开花期，也可叶面喷施，每公顷用磷酸二氢钾 2 250g、硼 1 500g、钼酸铵 375g，对水 750kg 喷施，以促进植株干物质的积累和运转。

蚕豆—水稻高产栽培技术*

叶涌金　朱翠香　蔡荣友
浙江省丽水市莲都区碧湖农技站　浙江丽水　323006

摘　要：蚕豆是粮、菜兼用型作物，也是近年来种植业结构调整中的新型经济作物之一，其栽培面积逐年增加。但由于传统的栽培技术滞后，严重影响着蚕豆的品质要求和产量水平。为了尽快提高效益，建立“蚕豆—水稻”高产栽培技术示范，采取水旱轮作的种植方式，不仅解决了蚕豆土传病害，而且提高了种植经济效益。

关键词：蚕豆；水稻；水旱轮作；高产栽培

“蚕豆—水稻”高产栽培新模式采用水旱轮作的种植模式，不仅解决了蚕豆土传病害，而且提高了种植经济效益，现将“蚕豆—水稻”高产栽培技术介绍如下。

1　蚕豆栽培

1.1　选用优良品种

蚕豆选用优质、高产的“日本大白蚕”作栽培品种。

1.2　精细做畦

选择肥力中等、排灌条件好的田块，做畦前机耕畦宽 1.4m，种植双行，行株距 0.70m×0.35m，做畦时施生石灰调节土壤的酸碱度。

1.3　适时播种

因蚕豆喜温凉湿润的气候，对温度较敏感，最适播种期是立冬前后。蚕豆发芽的最低温度为 3～4℃，最适为 16℃左右，最高为 30～50℃。温度过高过低都会使发芽缓慢，遇高温则植株矮小，分枝少，且易提前开花，温度过低不能正常授粉，结荚少。因此，选择适时播种是提高产量最佳方法。一般用种量为 75～90kg/hm^2，选用钼肥 5g 加 1kg 水浸种 5h 后，加拌多菌灵 10g/kg，现拌现播，播 3.0×10^4～3.9×10^4 穴/hm^2，每穴播 1 粒。

1.4　科学施肥

1.4.1　基肥

宜用厩肥等有机肥，一般施用 7 500～11 250kg/hm^2。在基肥中加入钙镁磷肥、草木

---

* 本文发表于《现代农业科技》，2007（2）：69，72.

灰等增产效果明显。

1.4.2　苗肥

在蚕豆幼苗期用小量速效氮肥，用尿素 75kg/hm^2 加水 1 125kg/hm^{2}灌根，可促进幼苗生长健壮和根瘤形成，同时促进早发枝。

1.4.3　花、荚肥

开化结荚期需肥较大，在始花和结荚期分 2 次施追肥，一般用三元复合肥 750kg/hm^2，同时增施磷钾肥，有壮秆抗倒、抗病、促进根瘤的固氮作用，满足蚕豆盛花期的生长发育的需要。另外，还要加喷叶面肥，所用微量元素有硼、钼、镁肥等，以促进植株干物质的积累和运转。

1.5　田间管理

1.5.1　查苗补苗和中耕除草

出苗后应立即查苗，及早补种或补苗保齐苗。蚕豆生长期间，需进行中耕除草，结合培土，年前培土有保温防冻的作用，春后开花前开中沟，株行间培土，可防止倒伏。

1.5.2　做好清沟排水

播种前开沟作畦，做到沟沟相通，生育期间及时清沟排水。

1.5.3　打顶摘心、株枝

苗长 5 叶时，及时摘去主茎心叶，保留下 4 叶，促进早、齐分蘖。每丛保留 5 个有效枝，摘去多余分枝。适时整枝打顶是蚕豆增产提高产商品性和产量的重要措施之一。可改善田间群体和个体，起到通风通气，减轻病虫害的发生，调整植株身内的养分合理分配，提高结荚和提早整齐成熟期。初花期打顶标准是：第 4 朵花开时，摘去有效分枝的顶端中心点，控制植株高度，使养分集中到幼果点，促进坐果主攻大荚大粒，使本株熟期集中，有利于早上市，提高产量和品质。在花期碰到冷空气的时期不可打顶。

1.6　防治病虫草害

蚕豆病害有赤斑病、褐斑病、轮纹病、锈病、立枯病、枯萎病等，控制病害以综合防治为主，药剂防治为辅。主要措施为：选用抗病品种、轮作、合理施肥，清沟排水降低田间湿度，发病初期选用对口农药防治；虫害主要有蚜虫、斑潜蝇等，选用农药吡虫灵、乐斯本等残留低和低毒的农药；防治草害主要是选用绿享 1 号、乙草胺等，采取播后芽前除草。

1.7　及时采收上市

蚕豆从开花至收获采鲜荚需 1 个月左右，看荚果外观子粒饱满、无茸毛、荚外壳绿色，是适时采收程度，我区一般年份在 4 月下旬至 5 月上中旬上市。

2　水稻栽培

2.1　品种选择

水稻选用中科院育成籼稻超级稻优良品种“中浙优 1 号”。该组合优势主要表现为穗大、粒多、结实率高、千粒重重。平均每穗总粒数可达148粒左右，结实率达到83.5%以上，千粒重28g。且具有株型紧凑、熟相好、根系发达、耐肥性中等、生育期适中（作连晚栽培155d左右）、米质优、抗逆性强等优点，是一个豆—稻搭配的理想杂交组合。

2.2 适时播种

“中浙优1号”是一个光温反应较敏感的迟熟晚稻类型的杂交组合。碧湖平原地区海拔60m左右，作为晚稻播种，若过早，由于在高温条件下抽穗，会造成结实偏低，影响米质，考虑到前后兼顾，应在6月上旬播种为宜。

2.3 培育壮秧

“中浙优1号”分蘖中等，在育秧上应注重培育壮秧。一般用种量7.5kg/hm^2，并在播种出苗后1.5~2叶期用15%多效唑500倍喷施，促进秧苗早分蘖，多分蘖，控制秧苗徒长。同时用秧草净450g/hm^2，加水750kg/hm^{2}喷施，防止秧田杂草危害。在二叶一心期做好移密补疏工作。在整个秧田期采用足肥足水，培育好多分蘖半秧。

2.4 合理密植，插足基本苗

“中浙优1号”杂交优势强，但分蘖中等，在大田栽插时应注意适当密植，一般采用25cm×20cm，插苗18.75万丛/hm^2，增插落田苗，有效穗270万~300万穗/hm^2。

2.5 科学施肥，促前控中稳后

“中浙优1号”主要靠分蘖成穗为主。因此，在大田上应重视早发、早分蘖。在大田施肥上应采用“基肥足、面肥速、早施蘖肥、巧施穗肥、看苗补施肥”的原则，以达到足穗、增粒、增重、高产的目的。由于前作蚕豆采鲜销售，肥料留在土壤中，加采鲜蚕豆植株全部根卷叶返耕还田，田间有机质含量高、肥料充足，一般后熟施标准肥150kg/hm^{2}为宜。该组合后期长势旺，叶龄和茎秆青秀，应酌情施肥，一般在灌浆期喷磷酸二氢钾1~2次，以提高叶片光合功能，增加粒重提高产量。

2.6 科学灌水，及时搁田

大田用水应强调插后寸水护苗，返青后薄水浅灌，促进分蘖；中期在发足预定苗数后应及时进行轻搁田，控制无效分蘖，促进有效分蘖；复水后以露田为主，抽穗灌浆后干干湿湿到老，不宜断水过早。

2.7 做好病虫害防治，确保丰产、丰收

“中浙优1号”组合对病虫害有较强的抗性，但仍应做好防治。在播种前应做好种子晒种，浸种时用强氯精消毒；播种后到秧苗二叶一心期用叶青双喷施，以防细菌性条斑病；移栽大田后，应注意螟虫、飞虱和穗颈瘟、纹枯病、稻曲病的防治、确保丰产丰收。

氮肥不同用量用法对黑麦草鲜草产量的影响*

舒巧云
浙江省宁波市农业科学研究院　农业新品种引进中心　浙江宁波　315040

黑麦草因其单位面积营养产量高、易于栽培和转化，加上我地属亚热带季风气候，冬季温和湿润，水热条件良好，故黑麦草种植面积逐年扩大。当前生产上农民习惯在黑麦草刈割后2～3天追施氮肥。为提高肥效，特进行黑麦草氮肥用量用法试验。

1　材料和方法

试验在鄞县丘隘镇丘一村一农户田中进行。土壤为青紫泥，肥力中等。在每施2 000～3 000kg有机肥作基肥的条件下，苗肥和追肥设（A_1）亩施尿施10kg、（A_2）12.5kg、（A_3）15kg三个水平，每次留茬收割后，追肥同样用上述水平；追肥施用方法设割草后隔天一次施用（B_1）、割草前7天一次施用（B_2）、割草后隔天与割草前7天2∶1施用（B_3）三种方式。小区面积9m²，随机排列，重复三次，前茬为水稻。2001年9月25日播种，10月3日出苗。10月10日各处理根据各自施肥水平施苗肥（尿素），每次刈割后各处理根据试验设计施用尿素。

2　试验结果

试验于2001年11月13日第一次割草，2002年4月19日最后一次割草（不是全生育期产量，因农户田另有他用，试验无奈终止），共割草4次，各处理鲜草总产量（表1）。将各区组的小区产量进行统计分析，结果见（表2、表3、表4）。

表1　氮肥不同用量、用法对黑麦草产量的影响　　（单位：kg）

重复	处理								
	A_1B_1	A_1B_2	A_1B_3	A_2B_1	A_2B_2	A_2B_3	A_3B_1	A_3B_2	A_3B_3
Ⅰ	93.5	97.5	97.8	99.3	100	99.5	99.0	106	109
Ⅱ	92.5	96.3	97.5	98.0	99.0	97.5	98.5	103	107
Ⅲ	94.0	98.8	94.8	99.0	101	101	102	103	105
T_{AB}	280	293	290	296	300	298	299	312	320
同肥量小区总产		863			894			931	
增产		—			3.6%			7.88%（与A_1比） 4.11%（与A_2比）	

* 本文发表于《上海农业科技》，2004，（5）：106－107.

表 2　黑麦草氮肥用量与用法二因素试验的方差分析

	DF	SS	MS	F	$F_{0.05}$	$F_{0.01}$
区组	2	8.23	4.12	2.23	3.63	6.23
处理	8	361.4	45.18	24.42	2.59	3.89
肥料用量	2	257.45	128.73	69.58	3.63	6.23
肥料用法	2	69.8	34.9	18.86	3.63	6.23
用量×用法	4	34.15	8.53	4.61	3.01	4.77
误差	16	29.56	1.85	—	—	—
总变异	26	399.19	—	—	—	—

表 3　肥料不同用量及施肥方法小区平均产量的新复极差测验

处理	处理代号	平均产量（$kg/9m^2$）	差异显著性	
			5%	1%
15.0kg/亩尿素	A_3	103	a	A
12.5kg/亩尿素	A_2	99.0	b	B
10.0kg/亩尿素	A_1	95.8	c	C
割草后隔 1 天：割草前 7 天 =2：1	B_3	101	a	A
割草前 7 天全施	B_2	100	a	A
割草后隔 1 天全施	B_1	97.4	b	B

表 4　各肥料水平在不同施用方法时的小区平均产量及差异显著性

A_1			A_2			A_3		
施肥法	产量	5%	施肥法	产量	5%	施肥法	产量	5%
B_2	97.5	a	B_2	99.8	a	B_2	107	a
B_3	96.7	a	B_3	99.3	a	B_3	104	b
B_1	93.3	b	B_1	98.8	a	B_1	100	c

3　结语

（1）黑麦草鲜草产量随肥料用量增加而增加，A_3 比 A_1 增产 7.88%，比 A_2 增产 4.11%，A_2 比 A_1 增产 3.6%，且各肥料水平间产量差异达到极显著水平（表 1、表 2）。农户可根据经济及鲜草需要量，每次追施 12.5～15kg/亩尿素。特别在 3～5 月，牧草生长旺盛，可增加氮肥施用量，以提高产量。

（2）割草前 1 周施尿素与割草后施尿素黑麦草鲜草产量差异极显著。说明割草前追施氮肥效果比割草后施要好。随肥料用量增加（亩施尿素 15kg 及以上），建议采取第三种（B_3）施肥方法，即割草后隔天与割草前 7 天 2：1 施用，这样可达到最高的鲜草产量（表 3、表 4）。

花木地主要绿肥品种特征及栽培技术要点*

张岳德[1]　王　炜[2]　郦尧生[3]
1. 浙江省绍兴县漓诸镇人民政府　浙江绍兴　312039；
2. 浙江省绍兴县兰亭镇人民政府　浙江绍兴　312044；
3. 浙江省绍兴县马鞍镇人民政府　浙江绍兴　312072

摘　要：介绍了绍兴县花木主栽区3个主栽绿肥品种紫云英、肥田萝卜和肥用油菜品种特性，并对其栽培技术进行了阐述，可为实际生产提供参考。

关键词：花木地；绿肥；品种；栽培技术

浙江省绍兴县漓诸、兰亭等镇因种植花木闻名，但常年种植花木在一定程度上造成了土壤理化性状日益变差，且目前劳动力紧张、肥料价格高、有机肥源供应不足的现象日趋严重，许多农民开始在苗木地种植绿肥。绿肥是有机肥的重要来源，发展绿肥既可改良培肥土壤结果、提高土壤肥力、提高作物产量和品质，又营养花木，还涵养水源节约灌水，并且可发展多种经济[1~3]。该文通过漓诸镇生产实际调查与试验，总结了主要绿肥品种栽培技术要点，旨在为指导实际生产提供参考依据。

1　紫云英

紫云英又名红花草，草籽等，是豆科黄芪属植物，抗寒能力强，在我国已有1 000多年的栽培史。紫云英是一种无污染有机肥料，主要作用是固氮，其有机质可改善土壤团粒结构，使土壤水肥气热相协调。同时其鲜草是很好的动物饲料，也是绍兴地区常见的大田越冬作物。紫云英主要栽培技术如下。

1.1　品种选择

漓诸镇主要栽培品种有宁波大桥种、江西余江种等，前者迟熟，产量较高，后者相对早熟，产量较低。

1.2　种子处理

播种前要晒种和风选，包括擦种、选种、浸种3个环节。由于草籽种皮硬，不易吸水发芽，所以播前要擦种，如种子量少，可用细砂和种子混合搓擦。为提高出苗率，最好播前浸种24h。有条件的还要拌菌拌磷，一般先用紫云英根瘤菌剂拌种，再拌磷肥，这样可使根瘤菌易沾在种子上。如用过磷酸钙，要先用少量草木灰中和磷肥中的游离酸结合才能

---

* 本文发表于《园艺与种苗》，2012（4）：18－19，22.

拌种，否则影响发芽率。

1.3 适时适量播种

适时播种是保苗和提高鲜草量的重要措施，依苗木密度而定，高苗木可以参考冬闲田22.5～30.0kg/hm^{2}的用量，小的花木应当减半，以免影响苗木生长。播种期以9～11月上旬均可，太晚影响越冬苗数。

1.4 施肥技术

结合土壤含磷状况及苗木需肥规律应早施苗肥，越冬施375～450kg/hm^{2}磷肥，可使紫云英幼苗根系发达，促进根瘤形成，增强根瘤的固氮能力防止紫云英僵苗，以利壮苗越冬。春暖后紫云英茎叶生长快，如长势不太好要及时追施30～45kg/hm^{2}尿素以促进生长，并在3月中下旬初花期喷150～300kg/hm^{2}钼肥等微量元素，以提高产量。

1.5 管理技术

视具体情况防虫除草，加强水分管理，冬季结合苗木需水灌水但不渍水，春季雨停水排。

1.6 适时适量翻压

绿肥过早翻压产量低，植株过分幼嫩，压青后分解过快，肥效短；翻压过迟，绿肥植株老化，养分多转移到种子，茎叶养分含量较低，且茎叶碳氮比大，在土壤中不易分解，降低肥效。作绿肥的紫云英可在盛花期收割。

2 肥田萝卜

肥田萝卜，又称满园花，是十字花科萝卜属，一年生或越年生双子叶草本植物。由于其具有耐寒、耐旱、耐酸、耐瘠、适应性、冬发性和容易栽培等特点，在漓渚镇绿肥种植中占有较大比例。肥田萝卜种子发芽的最适温度为15℃左右，生长的最适温度为15～20℃。对土壤要求不严，除渍水地和盐碱地外，各地一般都能种植。对土壤的酸碱度的适应范围为pH值为4.8～7.5。由于它耐酸、耐瘠、生育期短，是改良红黄壤低产田的重要先锋作物。肥田萝卜与紫云英相比，氮、钾含量虽低，但磷素含量却较高，可隔年或几年与紫云英轮作，对改良土壤理化性状，防止土壤潜育化，进一步提高绿肥产量和促进粮食增产，都具有积极的现实意义。花木地主要栽培技术如下。

2.1 适时适量播种

肥田萝卜生长喜干忌湿，生育过程需干爽疏松土壤环境，播种前做到干耕干耙干整地，并打碎土块。播种期以10月下旬至11月中旬为宜，播种过早，发芽出苗不齐，病虫害较多，抽薹开花早，易遭冻害，播种过迟，幼苗生长慢，冬前蹲苗差。可单独作花木地绿肥，也可与其他绿肥等混作或间作，当地研究试验表明，混播的鲜草产量和品质较好均好于单独的。单播的播种量7.50～11.25kg/hm^2，混播的应相应减少种子用量。

2.2　施肥技术

肥田萝卜虽耐贫瘠，为使鲜草高产，仍需施好基肥和追肥。基肥一般在播种前施猪牛粪，草木灰拌土盖籽，以利幼苗出土。播种时最好以施钙镁磷肥375kg/hm^{2}作基肥，如用过磷酸钙，必须与有机肥混用，不能与根系直接接触。

2.3　管理技术

肥田萝卜在生长过程中应及时除草培土，可具有明显增产效果，主要确定合理的间作方式，一般中耕2次，最好在大苗木、稀苗木中进行，保证萝卜压青和确保花木正常生长。由于肥田萝卜耐旱怕渍水，一般不需灌水，特别是幼苗期，容易导致根系长，不能深扎。春季应经常排渍，保持田土干爽，同时要防虫病。

2.4　翻压技术

肥田萝卜肥效高低取决于翻压是否适时。翻耕过早，鲜草产量低且肥劲不足，翻压过迟，茎秆木质化，难以腐烂，养分下降。用作绿肥用应当根据植株成熟情况而定，太嫩产量低，太老植株纤维多、碳氮比高不易腐烂。适时翻压可使鲜草产量高且肥效大。

3　肥用油菜

油菜是十字花科1年生草本植物，其落叶、茎秆以及残留在土壤中的根条，养分含量丰富，全氮量达4.2%，全磷（P_2O_5）0.52%，全钾（K_2O）2.58%，有很好的肥田效果，所以在生产上除了作油料作物栽培外，常把它作绿肥作物栽培，常单作绿肥，或发展“菜肥两用油菜”，即在10月前后播种，待2月初抽蔓时连续采摘菜薹，菜薹收后，将残余部分做绿肥翻耕肥田作肥料。花木地主要栽培技术如下。

3.1　品种选择

一般都可用，菜肥两用可选用浙双72、浙油18号、浙油32号，因为这些品种菜薹品质好，抽薹早，产量较高。

3.2　适期播种，适时采摘

采用直播，于10~11月播种，播种量4.5~7.5kg/hm^2，迟播可适当增加用种量。发展“菜肥两用油菜”的可在油菜主苔高度达到30cm，于早晨采摘带花蕾的主薹10~12cm，视市场需求连续采摘，采后残余部分翻耕入土。

3.3　施肥技术

做到施足基肥、早施苗肥，采摘菜薹后补施速效氮肥，结合苗木需肥状况适量施用氮肥、磷肥即可，如果苗木地肥力状况好，可以不施。

3.4　适时翻耕

同肥田萝卜一样，翻耕过早，鲜草产量低且肥劲不足；翻压过迟，茎秆木质化，难以腐烂，养分下降。用作绿肥用应当根据植株成熟情况而定，太嫩产量低，太老植株纤维多、碳氮比高不易腐烂。适时翻压可使鲜草产量高且肥效大，常选在 3 月底 4 月初翻耕腐熟。

4 小结

花木地种植绿肥既可充分利用光、热、水、气，还可就地培肥改良土壤，解决有机肥源不足及搬运困难，为花木生长提供各种养分，建议针对不同土壤肥力状况、花木类型合理选择绿肥品种，适时播种，科学施肥，适时利用。

参考文献

[1] 焦彬，顾荣申，张学上. 中国绿肥 [M]. 北京：农业出版社，1986.

[2] 杨帆，高祥照. 土壤有机质提升技术模式 [M]. 北京：中国农业出版社，2008.

[3] 许冬梅. 扩种绿肥的重要性及发展对策 [J]. 安徽农学通报，2008，14（3）：54－55.

[4] 方兴龙. 紫云英及其发展分析 [J]. 农技服务，2007，24（4）：37，62.

[5] 吴萍，湖南和，叶爱青等. 种植紫云英的效益及其对土壤肥力的影响 [J]. 安徽农业科学，2006，34（11）：2 466，2 468.

[6] 潘福，鲁剑巍，刘威等. 不同种类绿肥翻压对土壤肥力的影响比 [J]. 植物营养与肥料学报，2011，17（6）：1 359－1 364.

[7] 毛盛河，石训文，祝剑真等. 肥田萝卜的应用特点及其栽培技术 [J]. 江西农业科技，2011（5）：26－27.

第四篇　绿肥与土壤培肥及主作物产量关系

稻田冬季作物秸秆还田的养分含量分析*

张叶大[1]　陈炎忠[1]　朱德峰[2]　陈惠哲[2]　张玉屏[2]　向　镜[2]
1. 浙江省富阳市农业局　浙江富阳　311400；
2. 中国水稻研究所水稻生物学国家重点实验室　杭州　310006

摘　要：冬闲稻田种植紫云英、油菜、小麦和马铃薯等作物，研究比较了不同作物秸秆还田的氮素含量。结果表明，紫云英作绿肥还田的氮素含量最高，可达 187.11kg/hm²，其次是成熟期油菜秸秆，可达 136.20kg/hm²；成熟期马铃薯茎叶、小麦秸秆和冬闲杂草翻耕还田的氮素含量在 40.37～64.25kg/hm²；不同时期冬闲田单位面积内杂草还田的总氮量差异较小；不同生长时期的紫云英植株含氮百分比随着时间延长呈现下降趋势，而单位面积总氮量在盛花期达到最高，盛花期及花后 10d 内还田的总氮量相对较高，此期间对紫云英进行翻耕还田对土壤养分改善的效果较好。

关键词：稻田；冬季作物；秸秆；养分含量

随着社会经济的发展，改善农业生态环境、发展绿色稻米生产，对促进农业可持续生产和保障稻米安全具有重要意义和广阔前景。绿色稻米在种植过程中限量使用限定的化学合成生产资料，主要依靠种植绿肥、油菜和系统内生态养殖等方法来获得养分；利用抗病虫品种、培育健壮群体及种养结合、生物防治等方法来控制病虫草害。长期以来，我国水稻生产大量施用化肥，对粮食增产虽然起了重要作用，但也导致农田土质变差，肥料利用率降低，且污染环境[1~2]。同时大量施用化肥，也不利于水稻产量提高及稻米安全生产。在冬闲田通过种植紫云英等绿肥，来培育土壤、改善环境、提高产量和品质、减少化肥投入，可解决水稻生产中有机肥源不足的瓶颈，促进绿色稻米产业发展。研究表明，紫云英等绿肥作物翻耕还田，可达到水稻增产和提高土壤有机质含量的效果。本试验通过稻田冬季种植不同作物秸秆翻耕还田的营养特性分析，明确不同作物不同时期生长量和含氮量的相互关系，为探索作物秸秆翻耕还田技术及合理施肥提供支持。

1　材料与方法

1.1　试验材料

在中国水稻研究所试验基地冬闲田分别种植紫云英、油菜、小麦和马铃薯等作物。其中，紫云英为宁波大桥种，种子由浙江省仙居县种子公司提供；油菜种子为

* 本文发表于《中国稻米》，2013，19（5）：57－59.

浙油50，由浙江省农业科学院提供；小麦品种浙丰2号和马铃薯品种中薯3号均由市场采购。

1.2 试验方法

试验于2011年10月至2012年6月在中国水稻研究所试验基地进行。试验田肥力中等，为黏性水稻土。前茬作物为单季杂交稻。水稻收获后按当地传统方法种植紫云英、油菜、小麦和马铃薯等，以冬闲田为对照。其中，紫云英、油菜和小麦采用直播撒种种植，紫云英播种量22.5kg/hm^2、油菜播种量5.0kg/hm^2、小麦播种量225.0kg/hm^2；马铃薯于2012年1月采用免耕稻草覆盖种植，密度9万丛/hm^2。按当地常规方法施肥和管理，试验田生长均衡。

1.3 记载项目及方法

记载不同作物的生长过程。2012年4月15日对紫云英和冬闲对照田选择60cm×80cm代表性区域面积地上部植株进行收割取样，至5月25日每隔10d取样1次；油菜、小麦和马铃薯分别于成熟期取样，选择60cm×80cm代表性区域面积内地上部植株，其中油菜和小麦取地上部植株秸秆，马铃薯取地上部茎叶。每个处理3次重复。取样植株称鲜质量，并于105℃杀青，80℃烘干至恒重后称干质量。各处理样本取样烘干（60℃烘干，烘6h）磨成糊，用凯氏法测各植株的含氮量。

1.4 数据分析

单位面积内总含氮量计算公式：总氮量=植株干物质量×含氮量（%）。

数据分析采用中国水稻信息网（http：//www.chinariceinfo.com）下载的ExcelStat实用统计分析工具进行统计分析。

2 结果与分析

2.1 紫云英不同时期总氮量比较

比较冬闲田不同时期紫云英的生长量，结果表明，4月15日紫云英的鲜质量是29 583.3kg/hm^2，干质量达2 233.0kg/hm^2，随着生长时间延长，单位面积的鲜质量呈现先增加后下降的趋势，主要原因是植株含水量呈逐步下降趋势，至5月25日植株含水量已由4月15日的92.42%下降至77.56%，单位面积紫云英鲜质量在盛花期5月5日达最大，而干质量则在5月15日达最大，为6 827.5kg/hm^2；通过测定植株含氮量发现，紫云英的含氮量呈现下降趋势（表1），从4月15日的4.46%下降至5月25日的2.15%。单位面积总含氮量5月5日最高，达187.11kg/hm^2；其次为5月15日，达180.70kg/hm^2。表明5月5~15日翻耕对土壤养分改善的效果最好。

表 1　紫云英不同时期生长量及总氮量

日期（月-日）	鲜质量（kg/hm^2）	含水量（%）	干质量（kg/hm^2）	含氮量（%）	总氮量（kg/hm^2）
04-15	29 583. 3	92. 42	2 233. 0	4. 46	99. 70
04-25	31 786. 7	90. 46	3 039. 3	3. 32	102. 08
05-05	56 534. 7	88. 84	6 202. 8	3. 05	187. 11
05-15	34 055. 6	79. 94	6 827. 5	2. 62	180. 70
05-25	24 930. 6	77. 56	5 594. 4	2. 15	120. 27

2. 2　冬闲田杂草不同时期含氮量比较

参试田块中，冬闲田主要杂草以稗草、双穗雀稗、看麦娘、千金子等为主，冬闲田杂草除含水量呈现下降趋势外（从 78. 28% 下降为 65. 02%），其单位面积内杂草的鲜质量、干质量、含氮量变化没有规律，总氮量不同时期间差异也不大，在 38. 31 ~ 55. 66kg/hm^2（表 2），表明冬闲田不同时期翻耕对土壤营养改善效果不明显。

表 2　冬闲田杂草不同时期生长量及含氮量

日期（月-日）	鲜质量（kg/hm^2）	含水量（%）	干质量（kg/hm^2）	含氮量（%）	总氮量（kg/hm^2）
04-15	12 291. 7	78. 28	2 639. 5	1. 50	39. 85
04-25	13 743. 1	73. 17	3 639. 0	1. 35	49. 68
05-05	9 233. 3	70. 63	2 711. 8	1. 41	38. 31
05-15	8 493. 1	65. 47	2 935. 2	1. 90	55. 54
05-25	10 104. 2	65. 02	3 523. 7	1. 67	55. 66

2. 3　稻田不同作物秸秆还田总氮量比较

比较不同作物地上部秸秆总氮量，结果表明，成熟期油菜地上部秸秆鲜质量为 27 986. 1kg/hm^2，含水量在 77. 56%，干物质量为 6 290. 7 kg/hm^2，地上部含氮量达 2. 15%，单位面积内总氮量达 136. 2kg/hm^2；成熟期马铃薯地上部茎叶鲜质量为 15 048. 6kg/hm^2，含水量在 88. 65%，干物质量为 1 698. 8kg/hm^2，地上部茎叶的含氮量为 3. 81%，单位面积内总氮量达 64. 25kg/hm^2；成熟期小麦秸秆鲜质量 11 555. 8kg/hm^2，含水量在 37. 21%，干物质量 7 270. 6kg/hm^2，小麦秸秆含氮量为 0. 56%，单位面积内总氮量达 40. 37kg/hm^2，3 种作物中地上部秸秆还田的总氮量油菜最高，马铃薯次之，小麦最低，但与紫云英相比，这 3 种作物地上部翻耕还田的总氮量均较低。

3　小结与讨论

近年来，随着农业生态环境保护及绿色稻米产业的发展，合理利用冬季稻田，提高土地资源利用率日益受到重视。特别是绿色稻米在种植过程中限量使用限定的化学肥料，主要依靠种植绿肥、油菜和系统内生态养殖等方法来获得养分。研究表明，在冬闲田通过种植紫云英、油菜等作物翻耕，能够有效培肥土壤、减少化肥投入，以及缓解有机肥源不足。通过对不同作物秸秆生物量及含氮量比较研究表明，紫云英翻耕还田的总氮量较高，特别是盛花期（5月5日）紫云英翻耕还田效果最高，此时紫云英秸秆还田总氮量可达到187.11kg/hm^2，其次是成熟期油菜秸秆还田，其总氮量也达到136.20kg/hm^2；马铃薯地上部茎叶还田的总氮量为64.25kg/hm^2；小麦秸秆还田和冬闲田杂草翻耕的效果相对差一些。

参考文献

[1] 吕殿青，周延安，孙本华．氮肥施用对环境污染影响的研究［J］．植物营养与肥料学报，1998，4（D1）：8－15.

[2] Ncmcth T. Follett R F. Wicrcnga P J. Nitrogen in Huangafian soils nitrogen management relation to groundwater protection［J］．J Contnm Hydrol，1995，20（34）：185－208.

绿肥对土壤肥力和水稻生长的影响*

张　硕　缪绥石　庞欣欣　秦方锦

浙江省宁波市农业技术推广总站　浙江宁波　315012

摘　要：2009—2010年进行的绿肥紫云英种植翻耕对土壤肥力和水稻生长影响的试验结果表明，早稻收获后，翻耕绿肥各处理的土壤有机质、易氧化有机质和碱解氮含量都比对照和种植前有极显著增加，有效磷含量与对照相比也有显著增加；早稻产量比对照也有显著的增产。其中以667m^{2}翻耕绿肥1.5t的处理对土壤肥力提升、增产效果和经济效益最好。

关键词：紫云英；土壤肥力；水稻

2008年宁波市标准农田地力调查结果表明，全市耕地有机质含量比20世纪80年代初进行的第2次土壤普查降低10%左右。种植翻耕绿肥是提升地力，特别是提升有机质含量的重要措施之一。但近20年来，由于种植结构调整、种植绿肥经济效益低下等原因，宁波市绿肥种植面积大为减少，传统的绿肥种植和养地技术已很少应用而渐渐淡忘。为了探索在新的耕作制度下，绿肥对土壤改良和水稻生长及产量的影响，于2009—2010年进行了绿肥种植翻耕对土壤肥力和水稻生长影响的试验，现将有关结果报道如下。

* 本文发表于《浙江农业科学》，2011（6）：1 318－1 320.

1　材料与方法

1.1　供试材料

试验在宁波市鄞州区姜山镇励江岸村刘自厚农户承包的土地上进行，土壤类型按文献[1]标准为脱潜水稻土亚类黄斑青紫泥田土属黄斑青紫泥田土种。供试绿肥为紫云英，品种（鄞州）姜山种；供试水稻品种早稻为甬籼69号，晚稻为宁81。

1.2　处理设计

试验设4个处理，重复3次，小区面积48m^2，随机区组排列。处理1为对照（CK），不种绿肥为冬闲田；处理2~4，均种植绿肥紫云英，种植早稻前667m^{2}翻耕压青紫云英分别为1.5t，2.5t（紫云英实际产量），3.5t。均种植早稻和晚稻。

紫云英播种时间为2009年10月15日（晚稻收割前20~30d），667m^{2}播种量为2.5kg。在2010年4月13日紫云英初花期（早稻种植前15~20d）翻耕。绿肥翻耕时667m^{2}施石灰15kg，翻耕后泡田沤熟。

试验田667m^{2}冬前各处理撒施过磷酸钙10kg；早稻种植前施基肥碳酸氢铵15kg，追肥无绿肥田（处理1）施尿素6.5kg，绿肥田（处理2、处理3和处理4）施4kg；晚稻种植前各处理均施碳酸氢铵30kg，追肥施尿素6.5kg，氯化钾9.4kg。其余栽培管理措施一致。

1.3　土壤化学分析及数据处理

土壤有机质采用重铬酸钾法[2]；易氧化有机质采用袁可能的方法[3~4]；腐殖质组成采用焦磷酸钠提取——重铬酸钾法[2]；碱解氮采用碱解扩散法；有效磷采用碳酸氢钠提取——钼锑抗比色法；速效钾采用乙酸按提取火焰光度法[2]。

数据经Excel处理，用Duncan复全距测验进行多重比较，检验各处理平均数差异的显著性。

2　结果与分析

2.1　土壤肥力

土壤化学分析结果（表1）表明，早稻收获后，翻耕绿肥各处理的土壤有机质、易氧化有机质和碱解氮含量都比对照和种植前有极显著增加；有效磷含量与对照相比也有显著增加；处理2和3的腐殖酸、胡敏酸含量比对照有显著增加；但速效钾含量各处理间无显著差异。

表1　施用绿肥对土壤肥力的影响

时间	处理	有机质 (g/kg)	易氧化有机质 (g/kg)	腐殖质 (g/kg)	胡敏酸 (g/kg)	碱解氮 (mg/kg)	有效磷 (mg/kg)	速效钾 (mg/kg)
早稻收后	种绿肥前	33.1B	9.5B	4.1bc	1.8ab	137B	21bc	115a
	1（CK）	33.6B	11.0B	3.1c	1.1b	138B	7c	91a
	2	44.5A	14.8A	5.6a	2.3a	195A	41a	188a
	3	43.0A	13.3A	4.7ab	2.6a	179A	32ab	123a
	4	43.6A	13.5A	3.9bc	1.9ab	185A	37ab	193a
晚稻收后	种绿肥前	33.1e	9.5d	4.1a	1.8a	137B	21b	115a
	1（CK）	35.3d	11.6c	3.0ab	0.9b	130B	18b	112a
	2	46.1a	14.2a	2.7ab	1.2b	181A	55a	113a
	3	41.5c	13.1b	2.2b	0.7b	166A	33ab	124a
	4	45.0b	14.7a	1.6b	0.8b	181A	24b	105a

注：早稻收后和晚稻收后同列数据后无相同大、小写字母分别表示差异极显著和显著。下同

晚稻收获后，翻耕绿肥各处理的土壤有机质、易氧化有机质都比对照高，达显著水平；碱解氮达极显著水平。但腐殖酸含量处理2与对照和种植前相比无显著差异，而处理3和4反而有显著减少；胡敏酸含量各处理间无显著差异，而且与种植前相比有显著减少；速效钾含量，与早稻收获后一样，各处理间无显著差异。

2.2　水稻生长和产量

2.2.1　早稻

表2数据表明，虽然株高、千粒重和每穗实粒数各处理间无显著差异，但种植翻耕紫云英后能极显著地提高早稻有效穗数量，从而提高早稻的产量。早稻产量以667m^{2}翻耕绿肥1.5t的处理2为最高，比对照增产31.8%，达极显著水平；处理3和处理4分别增产22.4%和22.2%，达显著水平。

2.2.2　晚稻

种植翻耕紫云英后各处理的晚稻的有效穗、每穗实粒数和千粒重与处理1（对照）比，差异不显著，各处理间晚稻产量差异也不显著。

表2　施用绿肥对水稻生长和产量的影响

季别	处理	株高 (cm)	有效穗 (万/667m^2)	每穗实粒数	千粒重 (g)	产量 (kg/667m^2)
早稻	1	84.7a	24.75B	79.3a	22.97a	459bB
	2	86.1a	28.71A	80.8a	23.72a	605aA
	3	83.9a	28.89A	78.7a	22.51a	562aAB
	4	83.7a	30.06A	77.6a	23.01a	561aAB
晚稻	1	—	27.88a	86.3a	24.51a	533a
	2	—	28.68a	90.2a	23.70a	522a
	3	—	30.21a	91.5a	23.33a	515a
	4	—	30.88a	92.5a	24.31a	520a

2.3 经济效益

种植绿肥的田块 667m^2 增加绿肥种子费用 25 元，石灰、播种和开沟劳力费用 100 元。按照 2010 年早稻收购价 2.36 元/kg，晚稻收购价 2.92 元/kg 计算，处理 2 比处理 1 早稻增收 344 元，除去 125 元成本，增加经济效益 219 元，处理 3 增加 118 元，处理 4 增加 120 元；晚稻减少收入分别为 32 元、52 元、38 元，早晚稻总经济效益分别增收 187 元、66 元和 82 元。

3 小结与讨论

绿肥种植翻耕试验结果表明，以 667m^2 翻耕 1.5～3.5t 不同数量的绿肥，都能显著提高早稻的产量，尤以 1.5t 的早稻产量最高，经济效益最好，但晚稻增产效果不明显。此现象可用 20 世纪 60 年代著名土壤学家朱祖祥院士提出的绿肥的“起爆效应”理论来说明[5]。

绿肥的肥效除大家所已知的提供养料，改善土壤结构性和耕性，提高土壤保肥、保水、保温、保气的能力，并协调它们和供水、供肥、导温、通气之间的关系，增强微生物活度，直接刺激作物生长或加强某一方面的生理活动外，根据近代利用含有 ^{13}C、^{14}C 及 N^{15} 等同位素的有机质进行试验的结果，证明加入绿肥及其他新鲜有机质而引起土壤原来难分解有机质和腐殖质的突然分解（矿化），特称之为起爆效应。该理论认为：在绿肥中能产生起爆效应的有效成分主要是那些比较简单的有机化合物，而其不易分解的醇溶成分（主要为脂腊类）不利于起爆效应的发挥；新鲜多汁的有机质的起爆效应比干枯的要大，青嫩的又比黄老的要大。至于起爆效应的时效，即新鲜有机质对土壤有机质的起爆作用主要表现在它加入后的分解初期阶段，到了后期，由于有机质在初期的大量消耗，起爆效应缓慢地受到抑制。起爆效应的结果，一方面使土壤中养料的供应量超过了绿肥本身在其矿化过程中所能释放出来的有效养料量，另一方面加速了土壤原含腐殖质的损耗。为了既能提高作物产量，又能维持或提高土壤中腐殖质含量，浙江大部地区绿肥用量较大，667m^2 常在 1～2t。

国外试验资料表明，起爆效应在一定范围内是随绿肥施用的频度而增加的，它和每次施用量关系较小。即绿肥用量少而年年施，每年都可能产生一次起爆效应，而使土壤中原有腐殖质加速分解。因此，可以隔年或隔 2 年种植绿肥，把水稻、绿肥及水稻、春花 2 种耕作制正确结合起来，其效果会比把绿肥种在固定土壤上而年年少量匀施为好。

除起爆效应外，近代研究表明绿肥的肥效机制还表现在它对土壤的氧化还原电位的影响上，对土壤中养料的螯合效应上，以及对矿质土粒的变质复合效应上[6]。

参考文献

[1] GB/T 17296—2009，中国土壤分类与代码［S］.

[2] 中国科学院南京土壤研究所．土壤理化分析［M］. 上海：上海科学技术出版社，1978.

[3] 袁可能，张友金．土壤腐殖质氧化稳定性研究［J］. 浙江农业科学，1964（7）：345－349.

[4] 袁可能. 土壤有机矿质复合体中腐殖质氧化稳定性的初步研究 [J]. 土壤学报, 1963 (3): 286-293.
[5] 朱祖祥. 从绿肥的起爆效应探讨它的肥效机制及其在施用上的若干问题 [J]. 浙江农业科学, 1963 (3): 104-109.
[6] 朱祖祥. 再论绿肥的肥效机制及其在施用上的若干问题 [J]. 浙江农业科学, 1964 (1): 1-6.

南方水网平原区绿肥还田效果研究*

石其伟
绍兴县农技推广中心　浙江绍兴　312000

摘　要: 为研究南方水网平原稻区绿肥还田效果, 本研究组于2010—2011年连续设以紫云英为绿肥进行还田效果试验, 结果表明: 等肥料用量情况下, 以1 000kg/667m^{2}的绿肥代替部分化学养分时, 比单用化肥增产29.1~35.5kg/667m^2, 增幅6.0%~7.3%, 增收64.08元/667m^2, 同时提高耕层土壤有机质含量3.1%。

关键词: 南方水网平原区; 绿肥; 水稻; 效果

绍兴县地处长江三角洲南翼, 系典型南方水网平原区, 该区经济相对发达, 以往农业生产长期喜好化肥, 已经带来了一系列负面效应。许多研究结果表明, 绿肥还田对改良土壤, 提高水稻产量与品质, 减少化肥肥料用量具有重要意义[1~4]。鉴于此, 本研究连续2年设立紫云英还田与全化肥对比试验, 探索紫云英还田对土壤肥力、水稻产量及经济效益的影响, 旨在为大规模推广绿肥种植, 提高肥料利用率, 减少农业面源污染, 保障耕地质量和农业可持续发展提供理论依据。

1　材料与方法

1.1　试验地概况

试验设在绍兴县粮食功能区, 该地属亚热带季风气候区, 全年温和湿润, 四季分明, 年平均气温16.5℃, 年日照时数1 996.4h, 年降水总量1 446.5mm, 年平均相对湿度81%, 全年无霜期237d。

1.2　供试品种

作物种植采用紫云英—单季晚稻轮作模式, 紫云英在晚稻齐穗勾头后播种, 品种选用

* 本文发表于《安徽农学通报》, 2012, 18 (05): 78-79.

宁波大桥种，播种量为 2.0kg/667m^2，盛花期翻压还田，还田量 1 000kg/667m^2，翻压深度 15～20cm，单季晚稻选用“秀水 09”。

1.3　试验设计

设紫云英还田、全化肥 2 个处理，重复 3 次，每个处理面积 35m^2（5m×7m）。小区间用泥墙隔开，防肥水串灌。全化肥区肥料用量根据项目区多年开展测土配方施肥技术推广后的调查数据求算平均值，紫云英还田区在全化肥区基础上按紫云英鲜草含 N 0.3%、含 P_2O_5 0.1%、含 K_2O 0.3%，矿化率 50% 的平均水平扣除相应养分，其余部分用化肥补足。氮肥用尿素（N 46%），磷肥用钙镁磷肥（P_2O_5 12%），钾肥用氯化钾（K_2O 60%）。各处理具体施肥情况详见表 1。其他栽培与病虫防治措施参照当地实际情况 2 个处理保持一致。

表 1　试验处理及肥料用量

处理	N（kg/667m^2）	P_2O_5（kg/667m^2）	K_2O（kg/667m^2）
绿肥还田	12.5	2.0	3.0
全化肥	14.0	2.5	4.5

注：氮肥，基肥：分蘖肥：孕穗肥 =2：1：1，磷钾肥全部基施

1.4　数据采集分析

试验前和每年水稻收获后取 0～20cm 耕层基础土样，用常规方法测定土壤有机质含量[5]。水稻以小区实打实收记产。数据统计分析在 Excel 中进行。

2　结果与分析

2.1　节肥节本情况比较

由表 2 可以看出，紫云英还田区肥料总用量为 17.5kg/667m^2（纯量），比全化肥区总用量 21.0kg/667m^2 节省 3.5kg/667m^2，节省 16.7%。考虑肥料价格变化，2010 年紫云英还田区肥料总成本为 81.51 元/667m^2，比全化肥区总成本 98.70 元/667m^2 节省 17.19 元/667m^2，2011 年紫云英还田区肥料总成本为 89.62 元/667m^2，比全化肥区总成本 108.37 元/667m^2 节省 18.75 元/667m^2。

表 2　各处理节肥节本情况比较

处理	2010 年							2011 年						
	肥料用量（kg/667m^2）	节肥（%）	N（元/667m^2）	P_2O_5（元/667m^2）	K_2O（元/667m^2）	总成本（元/667m^2）	节本（%）	肥料用量（kg/667m^2）	节肥（%）	N（元/667m^2）	P_2O_5（元/667m^2）	K_2O（元/667m^2）	总成本（元/667m^2）	节本（%）
绿肥还田	17.5	16.7	54.35	11.67	15.50	81.51	17.19	17.5	16.7	59.78	13.33	16.50	89.62	18.75

（续表）

处理	2010年							2011年						
	肥料用量（kg/667m²）	节肥（%）	N（元/667m²）	P_2O_5（元/667m²）	K_2O（元/667m²）	总成本（元/667m²）	节本（%）	肥料用量（kg/667m²）	节肥（%）	N（元/667m²）	P_2O_5（元/667m²）	K_2O（元/667m²）	总成本（元/667m²）	节本（%）
全化肥	21.0	—	60.87	14.58	23.25	98.70	—	21.0	—	66.96	16.67	24.75	108.37	—

注：肥料价格根据当年实际调查计算2010年尿素到户价2.0元/kg，钙镁磷肥到户价0.7元/kg，氯化钾到户价3.1元/kg；2011年尿素到户价2.2元/kg，钙镁磷肥到户价0.8元/kg，氯化钾到户价3.3元/kg

2.2 对土壤有机质含量的影响

由表3可以看出，紫云英还田后土壤有机质有增加的趋势，而全化肥区有机质呈略减趋势。还田1次（2010年）后，土壤有机质含量从试验前的基础值33.1g/kg提高到34.9g/kg，提高了1.8g/kg，而全化肥区基本与原来持平；还田2次（2011年）后由试验前的基础值33.1g/kg增加到35.8g/kg，增加了2.7g/kg，同比全化肥区增加3.1g/kg。

表3 对土壤有机质含量的影响 （g/kg）

实施地点	实施前（2009年）	全化肥（2010年）	绿肥还田（2010年）	全化肥（2011年）	绿肥还田（2011年）	比实施前增加	同比全化肥区增加
陶堰亭山村	32.1	32.5	33.2	31.9	34.2	2.1	2.3
陶堰茅洋村	32.3	32.0	34.7	31.8	35.4	3.1	3.6
稽东大桥村	38.2	37.8	40.7	38.3	41.5	3.3	3.2
平水新横溪村	33.5	33.8	35.3	33.1	36.1	2.6	3.0
孙端樊浦村	29.3	29.2	30.5	28.4	31.8	2.5	3.4
平均	33.1	33.1	34.9	32.7	35.8	2.7	3.1

2.3 对水稻产量的影响

由表4可以看出，紫云英还田对后茬作物水稻有增产作用，2010年各点的增幅在22.3~33.9kg/667m²，平均增产29.1kg/667m²，平均增产率6.0%；2011年各点的增幅在32.5~40.6kg/667m²，平均增产35.5kg/667m²，平均增产率7.3%。2011年的增产效果好于2010年，可能是由于紫云英还田生长及还田对提高土壤养分与活化均起到了积极的作用。

表4 对水稻产量的影响

实施地点	2010年				2011年			
	绿肥还田（kg/667m²）	全化肥（kg/667m²）	增产（kg/667m²）	增产比（%）	绿肥还田（kg/667m²）	全化肥（kg/667m²）	增产（kg/667m²）	增产比（%）
陶堰亭山村	509.3	487.0	22.3	4.6	522.3	489.8	32.5	6.6

（续表）

实施地点	2010 年				2011 年			
	绿肥还田（kg/667m²）	全化肥（kg/667m²）	增产（kg/667m²）	增产比（%）	绿肥还田（kg/667m²）	全化肥（kg/667m²）	增产（kg/667m²）	增产比（%）
陶堰茅洋村	504.2	473.3	30.9	6.5	516.6	481.5	35.1	7.3
稽东大桥村	487.4	453.5	33.9	7.5	495.7	455.1	40.6	8.9
平水新横溪村	518.4	486.8	31.6	6.5	505.9	470.2	35.7	7.6
孙端樊浦村	541.0	514.3	26.7	5.2	559.9	526.5	33.4	6.3
平均	512.1	483.0	29.1	6.0	520.1	484.6	35.5	7.3

2.4　经济效益

由表5 可以看出，2a 的平均效益为 64.22 元/667m²，虽然由于紫云英还田成本增加，2011 年效益 67.85 元/667m²，比 2010 年的效益 60.31 元/667m² 还是高出 7.54 元/667m²，可能是由于连续两年种植紫云英后，土壤有机质的增加及各种养分的活化对作物增产的效果逐渐显现的缘故。

表 5　经济效益分析

时间	省肥（kg/667m²）	节本增效（元/667m²）	增产（kg/667m²）	增收（元/667m²）	种子成本（元/667m²）	肥料成本（元/667m²）	用工费用（元/667m²）	经济效益（元/667m²）
2010 年	3.5	17.19	29.1	86.72	13.60	6.00	24.00	60.31
2011 年	3.5	18.75	35.5	106.50	20.40	7.00	30.00	67.85
平均	3.5	17.97	32.3	96.61	17.00	6.50	27.00	64.08

注：晚谷 2010 年以实际收购价 2.98 元/kg，2011 年以 3.00 元/kg 测算；种子价格 2010 年 8 元/kg，2010 年 12 元/kg 计算；钙镁磷肥价格 2009 年 0.6 元/kg，2010 年 0.7 元/kg 计算，工价 2009 年 80 元/工，2010 年 100 元/工。种子及肥料用量参照鲜草产量 1 000kg/667m² 的水平的调查数据，种子平均用量 1.7kg/667m²，肥料平均用量 10kg/667m²，每 667m² 平均用 0.3 个工估算。经济效益 = 节本增收 + 增产增收 − 种子成本 − 肥料成本 − 用工费用

3　小结

通过连续 2a 的紫云英还田种植及效果试验得出，紫云英种植及还田可以提高土壤有机质，本试验条件下由试验前基础值 33.1g/kg 增加到 35.8g/kg，增加了 2.7g/kg，比全化肥区增加 3.1g/kg；可以减少肥料用量，在减少肥料的同时，还可以增加后茬作物的产量，本试验条件下平均增加 29.1 ~ 35.5kg/667m²，增产幅度 6.0% ~ 7.3%；扣除紫云英还田种子、肥料及人工成本 2a 平均净增加效益在 64.08 元/667m²。试验结果还表明，紫

云英还田种植及还田的效果随着紫云英还田种植年限的增加有累积作用，表明紫云英还田不但可以表现在当年作物上，更重要的是可以发挥有机肥的长远效应，并同时减少肥料浪费，减少农业面源污染。

参考文献

[1] 陈礼智，王隽英．绿肥对土壤有机质影响的研究［J］．土壤通报，1987，18（6）：270－273.

[2] 焦彬，顾荣申，张学士．中国绿肥［M］．北京：农业出版社，1986.

[3] 李继明，黄庆海，袁天佑等．长期施用绿肥对红壤稻田水稻产量和土壤养分的影响［J］．植物营养与肥料学报，2011，17（3）：563－570.

[4] 袁嫚嫚，刘勤，张少磊等．太湖地区稻田绿肥固氮量及绿肥还田对水稻产量和稻田土壤氮素特征的影响［J］．土壤学报，2011，48（4）：797－803.

[5] 鲍士旦．土壤农化分析［M］．北京：中国农业出版社，1999.

不同绿肥养分积累特点及地力培肥效果研究*

姜新有　周江明

浙江省江山市农技推广中心　浙江江山　324100

摘　要：不同绿肥品种大田种植示范及试验结果表明，优良品种大桥种紫云英对大田地力培肥效果最佳，667m^2 氮、磷、钾积累量分别达 8.97kg、0.49kg 和 4.66kg；在果园套种，箭舌豌豆积累的养分量明显高于大桥种紫云英，更有利于改善果园土壤的理化性状和提高养分水平。

关键词：绿肥；养分积累；地力培肥

随着我国工业化、城镇化及公路建设等占用优良耕地数量的不断上升，耕地面积和质量均呈现下降之势，对我国粮食安全直接构成了威胁。提高耕地质量，确保耕地粮食高产出率是当前农业生产中的突出问题。大田种植绿肥既能提高粮食产量[1~2]，更有显著的地力培肥效果[3~6]，并有修复土壤重金属污染的特殊作用[7]。为此，研究了不同绿肥品种养分积累特点及地力培肥效果，旨在为绿肥生产提供基础数据，推动面上绿肥生产。

1　材料与方法

1.1　材料

2008 年试验地点位于江山市四都镇双溪村、凤林镇茅坂村，2009 年试验点位于峡口

* 本文发表于《浙江农业科学》，2012（1）：45－47.

镇王村村。试验田均为有代表性的田块，具有田面平整、肥力均匀、排灌方便、种植水平与当地生产水平相当等条件。

2 年供试的绿肥品种共 5 个，大桥种紫云英、江西种紫云英、油菜、箭舌豌豆和中豌 4 号，供试肥料为钙镁磷肥。

1.2　方法

1.2.1　绿肥套种

2008 年 9 月 30 日在四都镇橘园套种箭舌豌豆和大桥种紫云英，面积分别为 $2hm^2$ 和 $3.33hm^2$；$667m^2$ 播种量，箭舌豌豆 4kg，紫云英 1.5kg，用钙镁磷肥 15kg 拌种开沟条播，2009 年 5 月 4 日（开花结荚期）验收产量。

1.2.2　大区对比试验

2008 年于凤林镇做直播油菜和大桥种紫云英大区对比试验，大区面积为 0.13 ~ $0.2hm^2$，重复 3 次。9 月 25 日播种，$667m^2$ 播种量紫云英 2.5kg，直播油菜 0.3kg，用钙镁磷肥 3kg 拌种（其中油菜加施基肥 2.5kg），10 月 27 日施钙镁磷肥 20kg，2009 年 2 月 20 日用精禾草克 1 瓶（90ml）除草，2 月 25 日施 15kg 碳酸氢铵，4 月 8 日盛花期测产。

1.2.3　小区品种比较试验

2009 年在峡口镇进行小区品种比较试验，供试品种有大桥种紫云英、江西种紫云英、油菜和中豌 4 号 4 个。重复 3 次，随机区组排列。小区长 10m、宽 5m，面积 $50m^2$，小区间间隔 30cm。试验田前茬为单季晚稻，9 月 28 日播种，$667m^2$ 播种量紫云英 2.5kg，直播油菜 0.6kg，中豌 4 号 8kg；紫云英、油菜均用钙镁磷肥 3kg 拌种，11 月 3 日施钙镁磷肥 20kg，2010 年 2 月 22 日用精禾草克 1 瓶（90ml）除草，4 月 5 日测产。

清沟排水等其他管理措施与当地习惯相同。

1.3　调查项目

调查统计绿肥鲜产、拆干率、植株氮磷钾含量、生产成本等。

2　结果与分析

2.1　产量与养分

2.1.1　套种试验

选择 3 个有代表性的区域实割测产，紫云英（大桥种）$667m^2$ 平均鲜重为 1 507.8kg，箭舌豌豆平均为 2 248.3kg（表 1），比紫云英增 740.5kg 这可能与绿肥种植密度有关，套种的紫云英覆盖面差不多仅占地面的一半，而箭舌豌豆因有近 2m 的茎，覆盖面广，产量较高。从养分含量来看，2 种绿肥植株体内的氮、磷、钾含量十分接近，全氮含量为 24.54g/kg 和 24.80g/kg，全磷含量均为 1.23g/kg，全钾含量 25.73g/kg 和 23.05g/kg。由于产量差异大而养分差异不大，故箭舌豌豆积累的养分量明显高于紫云英，其中，箭舌豌豆 $667m^2$ 氮积累量 6.40kg，比紫云英 4.25kg 增 50.6%；磷积累量 0.32kg，增 52.4%；钾积累量 5.99kg，增 34.6%。表明在果园套种上，蔓延性的绿肥品种较为适宜，具有产量高、积累养分多的优势，有利于改善果园土壤理化性状和提高养分水平。

表 1　套种绿肥产量及养分积累情况

品种	验收点	面积（m^2）	667m^2 产量（kg）	折干率（%）	养分含量（g/kg）			667m^2 养分积累量（kg）		
					N	P	K	N	P	K
大桥种紫云英	1	5.1	1 372.5	11.4	26.15	1.08	24.45	4.09	0.17	3.83
	2	4.8	1 611.1	13.1	24.71	1.25	26.04	5.22	0.26	5.50
	3	4.2	1 539.7	9.8	22.76	1.37	26.69	3.43	0.21	4.03
	平均	4.7	1 507.8	11.4	24.54	1.23	25.73	4.25	0.21	4.45
箭舌豌豆	1	9.5	2 091.2	10.5	24.72	1.25	24.03	5.43	0.27	5.28
	2	12.8	2 239.6	11.6	26.58	1.28	18.76	6.93	0.33	4.88
	3	10.3	2 414.2	12.3	23.09	1.16	26.36	6.83	0.34	7.83
	平均	10.9	2 248.3	11.5	24.80	1.23	23.05	6.40	0.32	5.99

2.1.2　大区对比

油菜直播作绿肥和紫云英大桥种的产量和养分积累情况见表 2，667m^2 紫云英产量 2 676.7kg，比油菜 2 067.8kg高 29.4%；各种养分积累量也均是紫云英高，紫云英与油菜植株积累氮、磷、钾量分别为 7.52kg 和 3.87kg，0.35kg 和 0.23kg，5.42kg 和 4.78kg。表明传统的绿肥品种紫云英在大田地力培肥上比油菜有优势。

表 2　大区对比绿肥产量及养分积累情况

品种	验收点	面积（m^2）	667m^2 产量（kg）	折干率（%）	养分含量（g/kg）			667m^2 养分积累量（kg）		
					N	P	K	N	P	K
大桥种紫云英	1	4.6	2 840.6	8.0	30.39	1.21	25.06	6.91	0.27	5.69
	2	4.0	2 666.7	10.5	28.49	1.47	19.19	7.98	0.41	5.37
	3	5.1	2 522.9	10.1	30.13	1.37	20.37	7.68	0.35	5.19
	平均	4.6	2 676.7	9.5	29.67	1.35	21.54	7.52	0.34	5.42
油菜	1	5.5	1 951.5	8.5	25.33	1.15	27.55	4.20	0.19	4.57
	2	5.8	2 172.4	9.2	22.76	1.37	26.69	4.55	0.27	5.33
	3	4.2	2 079.4	7.6	18.18	1.51	28.03	2.87	0.24	4.43
	平均	5.2	2 067.8	8.4	22.09	1.34	27.42	3.87	0.23	4.78

2.1.3　小区试验

测定结果表明，4 个绿肥品种中，产量差异较大，从高到低依次是大桥种紫云英 > 中豌 4 号 > 油菜 > 江西种紫云英，667m^2 大桥种紫云英产量为 2 856.9kg，是江西种紫云英 1 079.6kg 的 2.6 倍。植株养分含量中，中豌 4 号氮含量 39.38g/kg，为最高，油菜最低，为 22.80g/kg；磷含量为 1.33 ~ 1.83g/kg，以大桥种紫云英最高；钾含量中豌 4 号和油菜相近，分别为 20.30g/kg 和 20.34g/kg，大桥种紫云英和江西种紫云英分别为 17.80g/kg和 16.35g/kg。这可能与绿肥特性相关，油菜是以秸秆为主的作物，需钾量较多，中豌 4 号叶片较多，含氮量偏高。大桥种紫云英产量的优势使其养分积累量显著高于其他品种，其 667m^2 氮、磷、钾积累量分别达 8.97kg、0.49kg 和 4.66kg；其次是中豌 4 号分别为

6. 26kg、0. 24kg 和 3. 30kg；以江西种紫云英最差，仅为 3. 42kg、0. 14kg 和 1. 71kg。

上述结果表明，地力培肥以大桥种紫云英效果最佳，在土壤养分并没有严重缺乏的条件下，选择中豌 4 号作绿肥也有很好的培肥效果。

2.2　生产成本

在实际生产中，由于地力培肥并不能产生直接的经济效益，生产成本的高低则会直接影响到推广应用，因此，对各种绿肥生产成本进行了测算。绿肥种子价格以 2009 年招投标购买价格计，人工费以 60 元/工计，肥料及除草剂以当前市场价计。按当地习惯，紫云英撒播，中豌 4 号和箭舌豌豆条播，油菜开沟做畦播种。从表 3 看出，由于中豌 4 号和箭舌豌豆种子价格高、用量大，造成生产成本最高，667m^2 分别为 188. 9 元和 194. 3 元，比紫云英和油菜高 47. 5% ~59. 1%，推广难度较大。从生产成本上看，油菜最底，667m^2 生产成本 122. 1 元，紫云英稍高于油菜，它们比较易于被广大农户接受，具有推广优势。

表 3　不同绿肥 667m^2 生产成本概算

品种	生产成本（元）						
	种子	播种	磷肥	氮肥	开沟误工	除草	合计
紫云英（大桥种）	33. 8	10	8. 3	10	60	6	128. 1
紫云英（江西种）	29. 5	10	8. 3	10	60	6	123. 8
中豌 4 号	69. 6	30	8. 3	15	60	6	188. 9
油菜	2. 8	90	8. 3	15	0	6	122. 1
箭舌豌豆	80. 0	30	8. 3	10	60	6	194. 3

3　小结

对不同绿肥品种大田种植示范及试验结果表明，优良品种大桥种紫云英对大田地力培肥效果最佳，667m^2 氮、磷、钾积累量分别达 8. 97kg、0. 49kg 和 4. 66kg；在果园套种，箭舌豌豆积累的养分量明显高于大桥种紫云英，更有利于改善果园土壤的理化性状和提高养分水平。

参考文献

[1] 卢萍，单玉华，杨林章等．绿肥轮作还田对稻田土壤溶液氮素变化及水稻产量的影响 [J]．土壤，2006（3）：40 －45.

[2] 刘英，王允青，张祥明等．种植紫云英对土壤肥力和水稻产量的影响 [J]．安徽农学通报，2007（1）：102 －103，193.

[3] 潘福霞，鲁剑巍，刘威等．三种小同绿肥的腐解和养分释放特征研究 [J]．植物营养与肥料学报，2011（1）：216 －223.

[4] 卢萍，杨林章，单玉华等．绿肥和秸秆还田对稻田土壤供氮能力及产量的影响 [J]．土壤通报，2007（1）：41 －44.

[5] 刘国顺，罗贞宝，王岩等．绿肥翻压对烟田土壤理化性状及土壤微生物量的影响

[J]. 水土保持学报，2006 (1)：97－100.
[6] 王建红，曹凯，姜丽娜等. 浙江省绿肥发展历史、现状与对策 [J]. 浙江农业学报，2009，21 (6)：946－953.
[7] 龙安华，倪才英，曹永琳等. 土壤重金属污染植物修复的紫云英调控研究 [J]. 土壤，2007 (4)：51－56.

肥稻模式下紫云英带籽翻耕的生态效应*

王伯诚[1]　赖小芳[1]　陈银龙[1]　吴增琪[2]　林海忠[3]　项玉英[1]　陈　剑[1]
1. 浙江省台州市农业科学研究院　浙江临海　317000；
2. 浙江省仙居县农业局　浙江仙居　317300；
3. 浙江省台州市黄岩区农业技术推广中心　浙江台州　318020

摘　要：与传统紫云英4月压绿相比，紫云英带籽翻耕则是在单季稻秧苗移栽前的6月初紫云英黄枯种子完全成熟时用旋耕机一并翻入稻田。结果表明，稻田翻耕带籽紫云英可以使水稻产量提高，迅速改善土壤理化性质。带籽紫云英施用量为11 250～45 000kg/hm^2（干草率21.7%）时，当年稻田土壤有机质含量平均增加5.9%，水稻产量增加10.1%～14.1%；且当年水稻收割后紫云英自然出苗，第2年又会有带籽紫云英27 000～31 500kg/hm^2（干草率23.1%）翻入稻田，到第3年有机质含量增加9.8%，水稻产量增加12.4%～17.2%；并使土壤全氮、碱解氮含量增加，使有效磷、速效钾相对释放增加。稻田翻耕带籽紫云英收到了一次播种、多年受益的功效，起到了生态培肥连年增产的效果。

关键词：肥稻模式；紫云英；带籽翻耕；生态培肥；土壤团聚体；水稻产量

绿肥是我国传统的有机肥源，大力发展绿肥需要有一套科学的种植和利用方法，同时还要与当前的市场经济相适应。针对目前稻田大部分种植单季稻及农村劳动力资源匮乏和成本提高的农业生产实际，笔者提出并实施了紫云英带籽翻耕的稻田生态培肥增产相关技术，在仙居、黄岩累计推广面积约12 000hm^2。与常规压绿相比，通过紫云英荚果成熟期带种子翻耕与单季稻茬口相衔接，可减少1次机耕费用，且便于农民集中用工。紫云英带籽翻耕时落到田里的种子作为下一次播种用的种子，在单季稻收割期会自行发芽出苗，免去种子成本和播种用工，可谓一举两得，并能年复一年循环利用，达到一年播种、多年受益的目的，既培肥了土壤，又省工省种节约成本，农户乐于接受，有利于面上推广。这对推进有机农业、农田可持续发展以及新垦农田的快速培肥等都大有裨益。笔者2009年开始对该项技术进行试验和推广[3]，现将连续3年的定位试验和面上生产情况介绍如下。

* 本文发表于《江苏农业科学》2013，41 (3)：300－303.

1　材料与方法

1.1　试验材料

试验于2009—2011年在浙江省仙居县朱溪镇后塘村缓坡梯田（28（42′N、120（45′E，海拔210m）进行，供试土壤为红壤类紫粉泥土土属。土壤基本理化性质为pH值为6.63，有机质含量25.5g/kg、全氮含量1.77g/kg、碱解氮含量170mg/kg、有效磷含量12.8mg/kg、速效钾含量130mg/kg。

前茬作物紫云英品种为宁波大桥，后茬作物单季稻品种3年依次为天丝香（早熟优质香米，价高、生育期短、产量偏低）、嘉优99、钱优100。氮磷钾化肥为尿素（含N 46%）、过磷酸钙（含 P_2O_5 12%）、氯化钾（含 K_2O 60%）。

1.2　试验方法

1.2.1　试验设计

2009年，设5个处理，处理1为CK（对照，没有紫云英，仅有稻茬，不使其生草），处理2、处理3、处理4、处理5紫云英带籽翻耕时地上部分当时的草秆实物重量分别为11 250kg/hm²、22 500kg/hm²、33 750kg/hm²、45 000kg/hm²（试验带籽紫云英干草率为21.7%当时生产上一般稻田的带籽紫云英产量为15 180～25 200kg/hm²）。试验设3个重复，小区面积20m²随机区组排列。2010—2011年，延续上一年5个处理试验带来的结果，每年水稻移栽前将各小区田面自然长出的带籽紫云英地上部测产后翻耕。紫云英翻耕时间在水稻移栽前10～12d，在每年6月初。水稻移栽密度、肥水等各小区一致，按当地常规操作进行。

1.2.2　测定项目及方法

水稻收割前于田间考察有效穗数，取植株样品，分析植株性状，水稻收获后各小区分别晾晒测产。收割水稻的同时，分别取田间各小区耕作层0～20cm，土壤样品于实验室分析测定，采用常规分析方法[2]，分析土壤团粒结构、pH值、有机质含量、全氮含量、速效养分含量等理化性质。

带籽紫云英翻耕入土后，其草秆为有机肥，其种子在稻田表层经过水稻本田生长阶段并休眠越夏，在水稻生育后期田面落干后自然出苗。观测紫云英生长情况，每年考察和记载紫云英带籽翻耕草秆量、种子量和出苗情况。

1.3　数据处理与统计检验

试验结果通过SPSS 18.0进行相关分析，多重比较采用Duncan's极差法。供试土壤各级别团聚体的质量百分含量计算公式为：各级别团聚体质量百分含量（干重）=该级别团聚体质量/土壤样品总质量×100%。

土壤团聚体的几何平均直径计算公式[3]如下：

$$\text{团聚体几何平均直径（GMD）}=\exp\left(\sum_{i=1}^{n} Wi\ \ln d_i / \sum_{i=1}^{n} Wi\right)$$

式中：lnd为 i 级团聚体平均直径的自然对数；Wi 为 i 级团聚体组分的干重。

2 结果与分析

2.1 紫云英带籽翻耕时的播种量与生长群体关系

2009 年，插秧前进行 5 个处理的翻耕时约有种子量 118.5 ~ 478.5kg/hm^2 与草秆一起翻耕播下，当年水稻收割后 12 月初考察，紫云英田间植株密度为 288 ~ 954 株/m^2，株高 4.0 ~ 11.5cm，有 6 ~ 10 个复叶。2010 年，翻耕期田间植株密度为 144 ~ 189 株/m^2，各处理草秆量为 27 000 ~ 31 500kg/hm^2（干草率 23.1%），种子量为 249.0 ~ 334.5kg/hm^2。2011 年，各处理前期田间植株密度很高，1 月初田间植株密度为 801 ~ 963 株/m^2，翻耕期田间植株密度为 144 ~ 180 株/m^2，各处理草秆量为 12 450 ~ 15 000 kg/hm^2（干草率 50.0%），种子量为 279.0 ~ 307.5kg/hm^2。总体表现为上一年翻压数量多的，初期群体密度高，但结荚期各翻耕处理的草秆量和种子量差异逐渐减少，趋向一致性（表 1），可能是因为苗长高后，被挤在下面的苗遮阴后枯萎。这说明紫云英的田间群体密度在生长过程中会自我调节。当然，紫云英带籽翻耕后，大部分种子深埋在耕作层中下层很难出苗，只有在表层中的那些种子有机会成功出苗。尽管如此，因为播种量大，仅表层中的那些种子也已远远超过本田紫云英生产的需要，本试验只需 118.5kg/hm^2 就够了，但为了省工省时，也就未再加以处理，好在这些多余的种子也变成了有机肥料的一部分。

表 1　紫云英带籽翻耕试验生态还田的草秆量及种子量　　(kg/hm^2)

处理	2009 年		2010 年		2011 年		3 年草秆干物质总量
	草秆量	种子量	草秆量	种子量	草秆量	种子量	
CK	—	—	—	—	—	—	—
2	11 250	118.5	28 500	249.0	12 450	307.5	15 250
3	22 500	240.0	27 000	273.0	14 400	285.0	18 320
4	33 750	358.5	27 750	334.5	15 000	279.0	21 234
5	45 000	478.5	31 500	315.0	14 550	282.0	24 317

注：草秆量为翻耕时实物重，种子为干重，2009 年、2010 年、2011 年草秆干草率依次为 21.7%、23.1%、50.0%

2.2 紫云英带籽翻耕对水稻产量和经济性状的影响

水稻产量验收结果（表 2）表明，与对照相比，施用带籽紫云英处理均有极显著增产作用，且增产作用有逐年递增的趋势，第 1 年增产 10.1% ~ 14.1%，第 2 年增产 9.7% ~ 14.9%，第 3 年增产 12.4% ~ 17.2%。2009 年，处理 4 产量最高，继续增加翻耕量（处理 5），产量并没有再提高，反而有所下降。实际上，从田间表现看，处理 5 的 3 个小区插秧后秧苗有落黄和发僵情况出现，初期田间不断有气泡冒出现象，且与对照相比，处理 4、处理 5 水稻生育期均要延长 2 ~ 3d，而对照最早黄熟。很明显，这是因为紫云英带籽翻耕以后，田间处于淹水嫌气还原条件，产生还原性气体，短时间不容易消解。绿肥当季肥效较慢，而后劲十足，这对生育期较长的水稻品种十分有利。第 2 年和第 3 年水稻小区产量表现正常，这与稻田自然产草量没有超过第 1 年处理 4 的翻入量有关。因此，在肥稻模式下进行绿肥生产时，本田生产本田消化的要控制绿肥产量水平，应减少化肥的投入，少施或不施化肥。

表 2　紫云英带籽翻耕试验水稻小区产量情况

处理	2009 年		2010 年		2011 年	
	小区产量（kg）	增产（%）	小区产量（kg）	增产（%）	小区产量（kg）	增产（%）
CK	10. 2bB	—	13. 4bB	—	14. 5dC	—
2	11. 2aA	10. 1	14. 7aA	9. 7	16. 3cB	12. 4
3	11. 5aA	12. 9	14. 8aA	10. 4	16. 7bA	15. 2
4	11. 6aA	14. 1	15. 3aA	14. 2	16. 9aA	16. 6
5	11. 4aA	12. 3	15. 4aA	14. 9	17. 0aA	17. 2

注：同列数据后不同大、小写字母者分别表示差异极显著（$P<0.01$）、显著（$P<0.05$）

从 3 年的水稻经济性状考察结果（表 3）看，与对照相比，紫云英带籽翻耕处理的有效穗数增加尤为突出，这是构成产量增加的一个直接主导因素，而实粒数和千粒重的差异很小；天丝香早熟品种株高略有增加，而嘉优 99 和钱优 100（生育期较长品种）则略有降低；另有穗长、总粒数略有参差。因此，增产的原因可能是紫云英带籽翻耕处理的水稻有效穗数显著增加，从而使水稻的群体优势被发挥出来。

表 3　紫云英带籽翻耕试验水稻植株经济性状（2011 年 10 月 26 日）

处理	株高（cm）	穗长（cm）	总粒数（粒/穗）	实粒数（粒/穗）	结实率（%）	千粒重（g）	有效穗数（万穗/hm^2）	理论产量（kg/hm^2）
CK	122. 0	23. 8	189. 3	154. 1	81. 4	25. 7	175. 3	6 937
2	122. 1	24. 7	189. 1	154. 9	81. 9	25. 5	188. 8	7 443
3	120. 3	24. 7	194. 3	159. 2	81. 9	25. 5	196. 7	7 976
4	120. 7	24. 5	197. 7	159. 3	80. 6	25. 7	195. 6	7 999
5	120. 7	24. 8	197. 3	159. 1	80. 6	25. 4	194. 5	7 869

2. 3　紫云英带籽翻耕对稻田土壤基本理化性质的影响

2009 年水稻收获后的土壤分析结果（表 4）表明，与对照相比，紫云英带籽翻耕处理有机质含量增加 2. 0% ~8. 6%，平均增加 5. 9%；碱解氮含量、速效钾含量增加，pH 值降低；有效磷含量平均值增加，但翻耕量高的处理有效磷含量减少，这可能与水稻产量提高后谷草带走的养分多有关。

表 4　紫云英带籽翻耕试验土壤基本理化性质（2009 年 10 月 10 日）

处理	pH 值	有机质（g/kg）	全氮（g/kg）	碱解氮（mg/kg）	有效磷（mg/kg）	速效钾（mg/kg）
CK	6. 63	25. 5	1. 77	170	12. 8	130
2	6. 28	26. 0	1. 70	179	16. 9	130
3	6. 01	27. 7	1. 60	187	15. 1	130
4	6. 10	27. 0	1. 78	182	11. 0	140
5	6. 02	27. 3	1. 49	186	8. 8	140

到2011年，与对照相比，紫云英带籽翻耕处理有机质含量增加6.4%～13.2%，平均增加9.8%；全氮、碱解氮、有效磷的含量均有所增加；pH值与速效钾含量变化不大，但总体降低（表5）。速效钾含量变化进一步说明增产带走了一部分养分；而如果pH值降低多了则要采取措施，用一些碱性肥料。

表5　紫云英带籽翻耕试验土壤基本理化性质（2011年11月10日）

处理	pH值	有机质(g/kg)	全氮(g/kg)	碱解氮(mg/kg)	有效磷(mg/kg)	速效钾(mg/kg)
CK	5.66	26.5	1.79	133	13.2	110
2	5.63	28.9	1.88	143	14.7	100
3	5.69	29.1	1.92	137	13.6	110
4	5.64	28.2	1.86	141	15.1	100
5	5.62	30.0	1.98	139	13.7	80

2.4　紫云英带籽翻耕对稻田土壤团粒结构的影响

紫云英连续带籽翻耕3年后测定耕层土壤水稳性团聚体含量，结果见表6。总体来看土壤团聚体含量随着耕层级别的减小逐渐增多，d≤0.106mm级别团聚体含量最多（占30.02%），d>2mm级别团聚体含量最少（仅占4.17%）；以0.25mm为界，d>0.25mm级别团聚体（通常称为大团聚体）与d≤0.25mm级别团聚体（通常称为微团聚体）[4]约各占一半，前者略大于后者。紫云英带籽翻耕处理中0.5mm≥d≥0.25mm和0.25mm≥d≥0.106mm级别团聚体含量均明显高于对照，而d>2mm（处理5例外）、2mm≥d>1mm和d≤0.106mm级别团聚体含量则要低于对照，说明紫云英带籽翻耕处理过的土壤有由大团聚体和微团聚体向中微团聚体（0.5mm≥d>0.106mm）富集的现象。

表6　耕层土壤各级水稳性团聚体的含量（2011年11月10日）

处理	耕层土壤各级水稳性团聚体的含量（%）					
	d≥2mm	2mm≥d>1mm	1mm≥d≥0.5mm	0.5mm≥d>0.25mm	0.25mm≥d>0.106mm	d≤0.106mm
CK	4.48	8.71	15.34	21.50	17.22	32.74
2	4.16	6.87	15.36	26.13	20.02	27.45
3	3.78	5.54	12.03	26.92	21.17	30.56
4	2.58	4.52	14.89	29.57	17.67	30.77
5	5.84	4.85	13.65	27.03	20.07	28.56
平均	4.17	6.10	14.25	26.23	19.23	30.02

土壤团聚体的几何平均直径（GMD）是反映土壤团聚体稳定性的重要指标。大量研究表明，GMD能更好地反映土壤团聚体和水稳性团聚体的分布和稳定特征[5]。图1结果

显示，处理2（0.248mm）、处理5（0.239mm）GMD明显高于对照（0.235mm），而处理3（0.220mm）、处理4（0.222mm）则低于对照。由此可见，在较短试验期内（3年），紫云英带籽翻耕对稻田土壤团聚体的分布有影响，但对团聚体稳定性的影响还没有达到一致的显著水平。

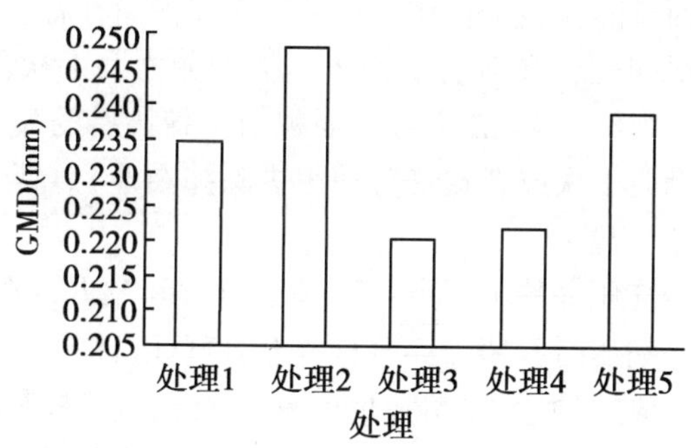

图1　紫云英带籽翻耕对团聚体几何平均直径的影响

3　讨论

紫云英在稻田的生产能利用固氮微生物将大气中的 CO_2 和氮素固定在紫云英上，紫云英同时也吸收土壤养分，再返还土壤，因此土壤中有机碳和氮素营养含量提高了，本试验所得数据证明了这一点；通过翻耕和微生物的作用，土壤中的磷、钾等养分得到了有效释放困，并且新鲜的有机物质能促进土壤中原有机质的分解[7]，水稻根系伸展又得到了更多得养分，增产也就是很自然的事了。

与传统盛花期压绿相比，带籽翻耕时紫云英已老熟枯萎，氮素有一定损失[8]，但紫云英老熟后干物质增加了，且种子熟透会使出苗率提高[9]。这里翻耕的种子很多，对留种田有帮助。

3.1　紫云英带籽翻耕的生态培肥作用

土壤有机质不仅影响土壤的物理性质，还影响土壤的保肥供肥能力，在衡量培肥效果时，有机质提高量是一个十分重要的指标[10]。从本试验结果看，紫云英带籽翻耕一般用量27 000～31 500kg/hm^2（干草率23.1%）就能使当年土壤有机质含量平均增加5.9%，第3年增加9.8%。

3.2　紫云英带籽翻耕对水稻的增产作用

紫云英带籽翻耕量11 250～45 000kg/hm^2（干草率21.7%）能提高当季水稻产量10.1%～14.1%。翻耕自然生草培肥后，增产最高能达17.2%。紫云英翻入土中，改善了土壤疏松条件，对水稻根系的生长十分有利，使分蘖力提高、有效穗数增加，从而促进增产。本试验结果表明，紫云英带籽翻耕量超过33 750kg/hm^{2}对当季水稻生长会有不利影响。这是面上生产要引起注意的地方。

3.3 紫云英带籽翻耕技术特点

本试验所在地区单季稻大田移栽期一般为 6 月 10 日前后，而紫云英带籽翻耕目的是图个方便，也就是在水稻移栽前翻压，这个时期绿肥结荚成熟，一次性翻耕入土，伴随着旋耕机的转动，种子全面撒落在整个耕作层，秋季无需再播种就会自然长出苗来。这既解决了水稻所需的有机肥源问题，又节省了种子、播种劳力及 1 次翻耕绿肥的费用（如果是传统的 4 月中旬压绿，则经过 1 ~2 个月到插秧前，翻耕后的大田田面又会长出各种杂草，且田土沉实，又得翻耕 1 次或者花费劳动力去除掉杂草）。紫云英带籽翻耕可谓一举多得，能一次播种、多年受益。

紫云英带籽翻耕与传统压绿的不同点：一是翻压时间推迟，在插秧前 12d 左右进行，便于农民集中操作。二是翻压时，紫云英草籽成熟，草秆黄枯，操作方便。三是翻压时种子入土量大。传统压绿一般用种量 22.5kg/hm^2 左右[11]，而带籽翻耕把全部种子都翻入土中。据试验和生产实际，带籽翻耕落田种子有 118.5kg/hm^2 就够了，所以，需要时也可以适时到田里采种 1/2 ~2/3。四是播种期提前，在插秧前种子随紫云英草秆翻压进入土壤，这利用了草籽淹水越夏不出苗这一特点。

采用带籽翻耕技术，生产中局部地方杂草有所加重，特别是连续带籽翻耕几年以后，看麦娘等杂草尤为多发，可进行年内重点除草，或在结籽前灭除，必要时提前翻耕。

4 结语

在肥稻模式下，采用紫云英带籽翻耕是一项提高土壤肥力方便快捷的技术，随季节而为，在单季稻移栽（6 月上中旬）前 12d 左右就地翻耕，这时紫云英已黄枯老熟而倾斜倒伏田面，灌水即可旋耕作业，使土壤耕作层充满了带籽紫云英有机物质，改善了微生物的生长条件，整个土体充满了活力。该方法在土壤物理性状方面，使土壤结构改善，影响土壤水稳性团聚体向中微团聚体富集，有利于作物根系的伸展和养分吸收；在土壤养分方面，能提高有机质、速效养分的含量，从而培肥土壤；在产量和经济效益方面，省工省种节约成本，增加了稻谷产量，建议在劳动力紧张的地方采用。

参考文献

[1] 王伯诚，赖小芳，陈银龙等．紫云英带籽翻耕的稻田生态培肥效应研究［J］．农业科技通讯，2011（9）：74 –76.

[2] 鲁如坤．土壤农业化学分析方法［M］．北京：中国农业科学技术出版社，2000.

[3] 周虎，吕贻忠，杨志臣等．保护性耕作对华北平原土壤团聚体特征的影响［J］．中国农业科学，2007，40（9）：1 973 –1 979.

[4] 黄小娟，郝庆菊，袁雪．耕作方式对紫色水稻土微团聚体分形特征影响的研究［J］．中国农学通报，2012，28（6）：97 –102.

[5] 孙汉印，姬强，王勇等．不同秸秆还田模式下水稳性团聚体有机碳的分布及其氧化稳定性研究［J］．农业环境科学学报，2012，31（2）：369 –376.

[6] 何念祖，孟赐福．植物营养原理［M］．上海：上海科学技术出版社，1987：378 –384.

[7] 陆欣．土壤肥料学［M］．北京：中国农业大学出版社，2002：284－302.
[8] 吴增琪，朱贵平，张惠琴等．紫云英结荚翻耕还田对土壤肥力及水稻产量的影响［J］．中国农学通报，2010，26（15）：270－273.
[9] 沈生元，莫美英，穆利明等．单季稻田紫云英一次播种多年自繁利用技术研究［J］．江苏农业科学，2010，（6）：151－153.
[10] 杨志臣，吕贻忠，张凤荣等．秸秆还田和腐熟有机肥对水稻土培肥效果对比分析［J］．农业工程学报，2008，24（3）：214－218.
[11] 陈文华，沈连法，沈生元等．太湖地区紫云英最佳播种期和播种量研究［J］．江苏农业科学，2010（6）：154－155.

紫云英带籽翻耕的氮肥促腐效应*

王伯诚　赖小芳　陈银龙　项玉英　陈　剑
浙江省台州市农业科学研究院　浙江临海　317000

摘　要：本研究旨在解决紫云英带籽翻耕时草秆不易腐烂问题，同时研究与统传紫云英翻耕相比较对土壤培肥水稻增产的效果。以不施肥、施纯化肥为对照，对传统压绿（紫云英盛花期翻压45 000kg/hm^2）、带籽紫云英翻耕（草秆22 500kg/hm^2 翻耕，15d 后加氮肥移栽）、带籽紫云英加氮肥混合翻耕（草秆22 500kg/hm^2 加氮肥翻耕，15d 后移栽）利用方式进行试验在施入总养分量相同的情况下，紫云英3种翻耕处理方式均可提高土壤有机质、速效养分含量，改善土壤生物学性质，提高土壤肥力水平，当年单季稻增产显著。与传统压绿相比，紫云英带籽翻耕增效1 350元/hm^2。3种利用方式都起到培肥增产的作用，而将作基肥用的氮肥全部与带籽紫云英混在一起翻耕更能起到促腐培肥增产的功效。

关键词：紫云英；带籽翻耕；氮肥促腐；土壤养分；生物学性质；水稻产量

紫云英带籽翻耕是近年来在浙江台州兴起的肥稻模式下绿肥的一种利用方式[1]，目前推广面积约12 000hm^2。其技术特点是：与传统压绿相比，通过紫云英成熟期带种子翻耕刚好与单季稻茬口相衔接，可减少1次机耕费用，便于农民集中用工；翻耕时落到田间的种子，可作为下一次播种用的种子，在单季稻黄熟期会自行发芽出苗，免去种子成本和播种用工，可谓一举两得，并能循环利用，达到一年播种、多年受益的目的。这既培肥了土壤，又省工、省种、节本，农户乐于接受，有利于面上绿肥的推广。在市场经济农村劳动力紧张的今天，这对于推进低产田地的培肥、农田可持续发展是大有裨益的。紫云英带

* 本文发表于《安徽农业科学》2012，40（34）：16 610－16 612.

籽翻耕时草秆老化枯萎，离插秧期时间短，特别是翻压数量多时在田里发酵起泡，对秧苗返青分蘖有一定的影响。对农作物秸秆小麦、水稻、玉米等粗硬秸秆还田，一般采用在调节秸秆 C/N 比的前提下配施生物促腐剂[2~3]，而绿肥上施用报道很少。有学者用石灰、碳铵、石灰氮作为绿肥压青配伍促腐剂做了有益的工作[4]。为了解决紫云英带籽翻耕时草秆不易腐烂问题，笔者兼顾与压绿统传相比对土壤培肥水稻增产的效果，特开展氮肥促腐试验。

1　材料与方法

1.1　试验地概况

试验于 2010 年 4 ~ 11 月在浙江省仙居县朱溪镇田垟村河谷小平原进行，地理坐标为 28°43′N、120°49′E，海拔 75m。供试土壤为河流冲积发育的培泥沙田，pH 值为 5.28，有机质 24.0g/kg，碱解氮 142mg/kg，有效磷 13.8mg/kg，速效钾 34.0mg/kg。供试水稻品种为扬两优 6 号。前作紫云英品种为宁波大桥种。

1.2　试验设计

设 5 个处理：①空白，不施肥；②纯化肥；③传统压绿，紫云英盛花期翻压 45 000kg/hm^2，水稻移栽时又一次翻耕（由于水田土壤沉实和有杂草）；④带籽 + 15d N，带籽紫云英翻压 22 500kg/hm^2，15d 后水稻移栽时氮肥与其他基肥一起施入；⑤带籽 N + 15d，带籽紫云英 22 500kg/hm^2 加氮肥混合翻耕，15d 后水稻移栽时施其他基肥。3 次重复，随机区组排列，小区面积 20m^2。各处理 N、P、K 用量相同，为 N 225kg/hm^2，P_2O_5 75kg/hm^2，K_2O 150kg/hm^2。绿肥中 N、P、K 养分量分析后，在总量中扣除，不足的以化肥施入，化肥为尿素（含 N 46%）、过磷酸钙（含 P_2O_5 14%）、氯化钾（含 K_2O 60%）。紫云英压绿时鲜物含 N 0.3%，P_2O_5 0.1%，K_2O 0.3%；带籽紫云英翻压时的干草率为 41.5%，干物含 N 1.92%，P_2O_5 0.98%，K_2O 2.50%；紫云英当年矿化速率按 50% 计算。试验的绿肥、磷肥、钾肥全部作基肥，70% 氮肥作为基肥，30% 氮肥在水稻移栽后 7d 施下。3 月 15 日取基础土样，4 月 20 日传统压绿，5 月 24 日带籽翻耕，6 月 8 日传统压绿再翻耕，6 月 9 日早晨施化肥基肥、傍晚水稻移栽（秧龄 35d），6 月 16 日追肥，9 月 27 日水稻收割，11 月 10 日取土。田间管理按当地常规操作。

1.3　土壤样品的采集和测产

试验前取基础土样；水稻收获后取每个处理土壤样品，为耕层 0 ~ 20cm，测定土壤有机质、土壤养分、生物学性质等。水稻收获时每个小区取样考种，调查有效穗数、实粒数、结实率和千粒重等。每个小区稻谷单打单收计产。

1.4　测定项目与方法

土壤有机质含量的测定采用重铬酸钾容量法；全氮含量的测定采用重铬酸钾—硫酸消化法；碱解氮含量的测定采用碱解扩散法；有效磷含量的测定采用盐酸—氟化铵提取，铂锑抗比色法；速效钾含量的测定采用乙酸铵浸提，火焰光度法；土壤 pH 值的测定采用电位法[5]。土壤水溶性有机碳的测定采用重铬酸钾外加热法（鲜土）；微生物量碳的测定采用氯仿熏蒸浸提法（鲜土）[6]；酸性磷酸酶的测定采用对硝基苯磷酸二纳法（干土）；蔗糖酶的测定采用3，5二硝基水杨酸比色法（干土）；过氧化氢酶的测定采用高锰酸钾滴定法（干土）[7]。

2　结果与分析

2.1　绿肥翻耕不同处理对土壤养分含量的影响

2.1.1　绿肥翻耕不同处理对土壤有机质含量的影响

土壤有机质是土壤的重要组成部分，是土壤肥力的物质基础，也是评价土壤肥力的重要指标之一。它含有各种营养元素，而且是土壤微生物生命活动的能源；在土壤物理调节作用中，它对土壤结构、耕性有重要的影响，对土壤水肥气热等各种因素也起着重要的调节作用。从表1可以看出，相对于纯化肥处理，处理③、④、⑤土壤有机质含量都有所增加，其中处理④土壤有机质含量增加最大，与处理⑤接近。而处理①由于没有有机物质的投入，也没有其他肥料，只有消耗而下降了。

表1　绿肥翻耕不同处理土壤养分

处理	pH值	有机质(g/kg)	碱解氮(mg/kg)	有效磷(mg/kg)	速效钾(mg/kg)
①	5.46	23.5	136	13.1	30.0
②	5.56	24.6	144	19.7	57.0
③	5.40	25.5	145	14.6	40.0
④	5.36	26.5	164	20.4	60.0
⑤	5.29	26.4	156	34.1	57.0

2.1.2　绿肥翻耕不同处理对土壤碱解氮、有效磷、速效钾含量的影响

土壤养分是土壤的重要组成部分。各种营养元素成为土壤微生物生命活动的能源，为土壤微生物提供丰富的营养物质，激活土壤酶活性，从而促进土壤各种养分的有效转化。碱解氮、有效磷、速效钾含量直接影响作物对养分的吸收、利用，进而影响作物的产量和品质。从表1可以看出，紫云英各处理对土壤碱解氮、有效磷、速效钾养分含量均有一定的影响，处理④、⑤的土壤碱解氮、有效磷含量比处理③、②有明显的提高，且处理⑤为最高。速效钾含量比处理③高而与处理②持平，这可能与紫云英结荚黄枯后翻耕到土壤中又吸水有利于提高草秆矿化速率有关。处理①各养分质量分数均低于其他处理，没有投入而要产出，自然是养分被消耗。紫云英处理的土壤有酸化的趋势，产生上一定程度后须进行酸碱调节。

2.2　绿肥翻耕不同处理对土壤生物学性质的影响

2.2.1　绿肥翻耕不同处理对土壤酶活性的影响

从表2可以看出，绿肥翻耕后，各处理土壤磷酸酶、蔗糖酶和过氧化氢酶的活性均明

显高于处理②，而处理②又高于处理①；各绿肥处理中，土壤磷酸酶、蔗糖酶带籽翻耕的高于传统压绿；带籽翻耕中，处理⑤高于处理④，而蔗糖酶则相反。过氧化氢酶以处理③最高。这说明绿肥翻耕进入土壤在总体上增强了土壤酶活性；而在绿肥翻耕时，氮肥的及时介入对于促进土壤酶活性是有好处的。

表 2　绿肥翻耕不同处理的土壤酶活性

处理	磷酸酶（μg/L）	蔗糖酶（mg）	过氧化氢酶（μg/ml）
①	201. 17	1. 963	0. 094
②	263. 39	2. 399	0. 112
③	266. 84	2. 738	0. 146
④	281. 82	4. 671	0. 132
⑤	285. 28	2. 765	0. 134

2.2.2　绿肥翻耕不同处理对土壤活性有机碳含量的影响

从表 3 可以看出，绿肥翻耕后，土壤水溶性有机碳和微生物量碳含量均明显增加，表明绿肥可显著增加土壤水溶性有机碳和微生物量碳。其中，微生物量碳含量以处理⑤为最高，占总有机碳比例高；土壤水溶性有机碳含量以处理③最高，占总有机碳的比例也高。这同样说明氮肥的及时介入可以使土壤微生物量碳增加。而土壤微生物量碳是土壤中活的有机质组分，虽然只占土壤总有机碳的很少部分，但微生物量碳是衡量土壤肥力、质量变化的重要指标[8]。另外，土壤水溶性有机碳含量一般不超过 200mg/kg[9]，而处理①、②低于这个数值，有绿肥翻耕处理的则远高于这个数值。这是因为绿肥翻耕压埋后，随着植物体草秆的腐烂，许多可溶性有机化合物产生，土壤水溶性有机碳含量增加。

表 3　绿肥翻耕不同处理的土壤活性有机碳含量

处理	水溶性有机碳（mg/kg）	微生物量碳（mg/kg）	水溶性有机碳：总有机碳（%）	微生物量碳：总有机碳（%）
①	168	741	1. 23	5. 44
②	157	983	1. 10	6. 89
③	396	1 070	2. 68	7. 23
④	293	852	1. 91	5. 54
⑤	309	1 207	2. 02	7. 88

2.3　绿肥翻耕不同处理对水稻产量及经济效益的影响

2.3.1　绿肥翻耕不同处理对水稻产量的影响

从表 4 可以看出，处理⑤产量最高，其次处理③，处理④第 3，它们之间差异都达 0. 05 显著水平，而处理⑤与④间差异达 0. 01 显著水平。三者都在 0. 01 水平显著高于处理②。这说明绿肥翻耕后潜在的肥力以及可持续的养分供应能力有助于水稻的生长发育。

表4　绿肥翻耕不同处理的水稻产量

处理	小区产量（kg）				增减（%）	差异显著性	
	I	II	III	平均		0.05	0.01
①	11.6	11.1	11.7	11.5	-12.9	e	D
②	12.8	13.8	12.9	13.2	—	d	C
③	15.4	15.9	15.0	15.4	16.7	b	AB
④	14.1	15.3	14.0	14.5	9.8	c	B
⑤	16.2	17.1	16.2	16.5	25.0	a	A

2.3.2　绿肥不同处理对水稻植株经济性状的影响

试验小区产量是实收，植株经济性状是抽样考查。从表5可以看出，植株考查所得理论产量与实收产量有点偏差，但还是可以看出一些趋势。绿肥处理的有效穗明显高于纯化肥处理。这应该是绿肥翻耕进入土壤后，土壤疏松而又增加了养分，有利于水稻根系的伸展和吸收，而使水稻分蘖力增强。在其他产量构成因素中，每穗实粒数与千粒重相差不大，故绿肥翻耕使水稻增产的直接原因主要是单位面积的有效穗数增加。

表5　绿肥翻耕不同处理的水稻植株经济性状

处理	有效穗数（万穗/hm^2）	株高（cm）	穗长（cm）	实粒数（粒/穗）	结实率（%）	千粒重（g）	理论产量（kg/hm^2）
①	128.8	113.5	25.4	182.3	91.8	31.90	7 490.2
②	139.6	109.3	25.6	185.9	90.1	30.84	8 003.5
③	164.5	107.9	25.1	165.3	84.0	30.90	8 402.3
④	163.4	102.6	25.2	181.7	88.2	30.55	9 070.2
⑤	168.8	113.4	24.5	179.1	85.4	29.78	9 003.1

2.3.3　紫云英带籽翻耕与传统压绿效益

传统压绿比较，带籽翻耕减少一次机耕和绿肥种子播种，可减少成本1 350元/hm^2；而处理⑤比处理④极明显地增加土壤养分、地力及产量的各方面优势。与纯化肥相比，绿肥处理能达到化肥减量增产的效果，带籽翻耕分别减量N、P_2O_5、K_2O 40%、62%、77%，传统压绿分别减量N、P_2O_5、K_2O 30%、30%、45%，所以化肥投入大为减少。这对于促进绿色、有机稻米生产是大有帮助的。

3　结论与讨论

紫云英带籽翻耕这种利用方式本着省工节本实用为目的，在总量不变的情况下提前施氮肥以降低紫云英草秆中的C/N比，加速草秆中养分在短时间内分解转化，减少秧苗期田间有害气体等还原性物质的产生，有利于前期秧苗生长和分蘖。研究表明，带籽紫云英本身C/N比约为25.4：1.0，符合微生物分解有机物质条件[10]。但由于草干枯后纤维素多而失水变硬，在翻耕时再吸水分解要有一个过程。提前将氮肥与带籽紫云英混合翻耕，可以进一步降低C/N，该试验约为16.6：1.0，更有利于土壤微生物的活动。从试验和生产实际情况看，移栽后田间气泡、秧苗发黄、水稻收割后土层0~20cm内留存草秆等情况减少了；从土壤养分质量分数和水稻产量上看，提前加氮促腐的效果是好的。

紫云英带籽翻耕的氮肥促腐技术特点是将作基肥用的氮肥与紫云英混在一道翻入土中。其技术优势在于：改善土壤养分，提高土壤有机质，增加氮磷钾等速效养分而使得肥效持续；改善土壤微生物环境，增强土壤酶活性，改善土壤生物学性质，能起到促腐、化肥减量、培肥、增产的效果。所以，在紫云英带籽翻耕时，建议首选氮肥促腐技术。

参考文献

[1] 王伯诚，赖小芳，陈银龙等．紫云英带籽翻耕的稻田生态培肥效应研究［J］．农业科技通讯，2011（9）：74－76.

[2] 张电学，韩志卿，刘微等．不同促腐条件下秸秆直接还田对土壤养分时空动态变化的影响［J］．土壤通报，2005，36（3）：360－364.

[3] 马超，周静，郑学博等．秸秆促腐还田对土壤养分和小麦产量的影响［J］．土壤，2012，44（1）：30－35.

[4] 解开治，徐培智，陈建生等．绿肥压青配伍不同促腐剂对稻田土壤肥力及其水稻产量的影响［J］．中国农学通报，2010，26（21）：177－181.

[5] 鲁如坤．土壤农业化学分析方法［M］．北京：中国农业科学技术出版社，2000.

[6] 中国科学院南京土壤研究所土壤物理室．土壤物理性质测定法［M］．北京：科学出版社，1978.

[7] 关松荫．土壤酶及其研究法［M］．北京：农业出版社，1986.

[8] 梁尧，韩晓增，宋春等．不同有机物料还田对东北黑土活性有机碳的影响［J］．中国农业科学，2011，44（17）：3 565－3 574.

[9] 郭锐，汪景宽，李双异．长期地膜覆盖及不同施肥处理对棕壤水溶性有机碳的影响［J］．安徽农业科学，2007，35（9）：2 672－2 673.

[10] 陆欣．土壤肥料学［M］．北京：中国农业大学出版社，2002：36－57.

[11] 宁东峰，马卫萍，孙文彦等．华北地区棉田翻压冬绿肥腐解及养分释放规律研究［J］．华北农学报，2011（6）：164－167.

[12] ZENG Y H，WU J F，HE H，*et al.* Soil carbon pool management index under different straw retention regimes［J］．Agricultural Science & Technology，2012，13（4）：818－822.

[13] 郭建英，钟建明，马琼媛等．磷矿粉与猪粪堆腐有机肥在紫色土中施用效应的初步研究［J］．畜牧与饲料科学，2010，31（5）：103－104.

[14] LU Y H，LIAO Y L，NIE J，*et a*1. Effect of continuous application of controlled release nitrogen fertilizer in various types of soil in Dong-Ting Lake Region under double rice cropping system［J］．Agricultural Science &'Technology，2012，13（2）：351－356，379.

[15] 夏永梅．海原县压砂瓜腐殖酸肥施用量试验初报［J］．宁夏农林科技，2010，51（2）：29－30.

紫云英带籽翻耕的稻田生态培肥效应研究*

王伯诚[1]　赖小芳[1]　陈银龙[1]　吴增琪[2]
1. 浙江省台州市农业科学院　临海　317000；
2. 浙江省仙居县农业局　仙居　317300

摘　要：稻田种植紫云英一般在开花初期产量最高时压绿，而紫云英带籽翻耕则要到水稻秧苗移栽前的6月初前后紫云英种子成熟时用旋耕机一并翻入。试验表明，带籽紫云英施用量1 875kg/亩，当年可使水稻产量增加10.1%～14.1%，有机质平均增5.90%，碱解氮、速效钾增加。而且当年水稻收割后紫云英自然出苗，第二年又会有带籽紫云英1 800～2 100kg/亩、草籽16.6～22.3kg/亩通过翻耕进入土壤，对土壤来说起到了生态培肥的作用。

关键词：紫云英；带籽翻耕；生态培肥；水稻产量

针对当前稻田大部分种植单季稻及劳动力成本提高的农业生产实际，我们提出并实施了紫云英带籽翻耕的稻田生态培肥效应及相关技术，并在仙居、黄岩累计推广面积约10 000hm^2。该项技术特点是：通过紫云英结荚成熟后带种子翻耕，与单季稻茬口相衔接，可减少1次机耕费用；紫云英带籽翻耕时落到田里的种子，作为下一次播种用的种子，在单季稻收割时会自行发芽出苗，免去种子成本和播种用工，可谓一举两得，并能年复一年，循环利用，达到一年播种，多年受益的目的。这样，既培肥了土壤，又省工省种节本，农户乐于接受，有利于面上推广。这对于推进有机农业、农田可持续发展以及新垦农保田的快速培肥等都是大有裨益的。现把2009年开始的试验和生产情况介绍如下。

1　材料和方法

试验地点在仙居县朱溪镇后塘村的缓坡梯田上，土壤为红壤类紫粉泥土土属。供试紫云英品种为当年收获的宁波大桥种，单季稻为优质香米。设5个处理：① CK（不施紫云英）；② 750；③ 1 500；④ 2 250；⑤ 3 000（单位为kg/亩，为紫云英结荚带籽翻耕时的实物重量，试验带籽紫云英干草率为21.65%。其时一般稻田生产上的结荚紫云英产量为1 012～1 680kg/亩），3次重复，小区面积20m^2，随机区组排列。各小区紫云英翻耕后12d水稻移栽。时间安排：2009年5月28日紫云英带籽翻耕，6月9日水稻秧苗移栽，秧龄28d，9月10日水稻收获。其他管理各小区一致，与大田生产一样。

水稻收割前田间考查有效穗，取植株样品，分析植株性状，水稻收获后各小区分别晾晒秤产，田间各小区分别取耕层土壤样品，实验室分析测定。

* 本文发表于《农业科技通讯》2011. 9：74－76.

带籽紫云英翻耕入土后，经过水稻本田生长阶段，在水稻生育后期田面落干自然出苗，考察紫云英出苗情况和结荚带籽翻耕时的产量。

2 结果分析

2.1 紫云英带籽翻耕对稻田土壤性质的影响

水稻收获后的土壤分析结果表明，与对照相比，施带籽紫云英的有机质增加 2.0% ~ 8.6%、平均增幅为 5.9%，碱解氮、速效钾随施用量增加而增加，pH 值随施用量增加而略有降低，有效磷施带籽紫云英各小区平均数增加，但从数据看施高量的即减少，这可能与水稻产量提高后谷草带走的养分多有关（表 1）。

表 1　紫云英带籽翻耕生态培肥试验土壤养分状况（后塘 2009.10.10）

处理	pH 值	有机质（g/kg）	碱解氮（mg/kg）	有效磷（mg/kg）	速效钾（mg/kg）
①	6.63	25.5	170	12.8	130
②	6.28	26.0	179	16.9	130
③	6.01	27.7	187	15.1	130
④	6.10	27.0	182	11.0	140
⑤	6.02	27.3	186	8.8	140

2.2 紫云英带籽翻耕对水稻产量的影响

水稻产量验收结果表明，施用带籽紫云英比对照增产 10.1% ~14.1%，且比对照极显著地增产，而施用带籽紫云英各处理间没有显著差异。但结果数字显示，处理④当施用量在 2 250kg/亩时，产量达到最高，而当施用量在 3 000kg/亩时，产量并没有再提高，而有所向下（表 2）。实际上，从田间表现看，处理⑤施用量 3 000kg/亩小区，插秧后秧苗有落黄和发僵情况出现，田间也有气泡现象，且水稻生育期处理④和处理⑤与对照相比，均要延长 2 ~3d，而对照区最早黄熟。很明显，带籽紫云英施用量多了以后，田间发酵正在进行，发挥出来的肥效慢一些，后劲足，这对于生育期长一些的水稻品种是有利的。

表 2　稻田生态培肥效应试验水稻小区产量分析（2009.9.10）

处理	小区产量（kg/20m²）				增产（%）	差异显著性	
	Ⅰ	Ⅱ	Ⅲ	平均		0.01	0.05
①	9.62	10.20	10.63	10.15	–	B	b
②	11.72	10.67	11.14	11.18	10.1	A	a
③	11.50	11.16	11.71	11.46	12.9	A	a
④	11.70	11.28	11.76	11.58	14.1	A	a
⑤	11.46	10.92	11.83	11.40	12.3	A	A

2.3　紫云英带籽翻耕对水稻经济性状的影响

水稻经济性状考查表明（表3），与对照相比，有效穗显著增加，株高、穗长、总粒和实粒有增加趋势，千粒重略有降低。这可能与生育期不一致而收割同期有关，还有就是增施带籽紫云英，水稻有效穗显著增加，水稻的群体优势就发挥出来了。

表3　稻田生态培肥效应试验水稻经济性状分析（2009.9.9）

处理	株高（cm）	穗长（cm）	总粒（粒）	实粒（粒）	结实率（%）	千粒重（g）	有效穗（穗/丛）	理论产量（g/亩）
①	120.8	24.5	131.7	103.8	78.8	26.65	10.3	376.1
②	121.4	24.5	131.8	106.9	81.1	26.55	11.5	430.8
③	122.7	25.3	129.3	101.1	78.2	26.59	11.7	415.2
④	123.3	25.4	134.4	104.0	77.4	26.70	11.5	421.5
⑤	124.2	25.7	145.2	107.5	74.0	26.49	11.0	413.5

2.4　紫云英播种量与生长群体关系

2009年插秧前进行5个处理（① CK；② 750kg/亩；③ 1 500kg/亩；④ 2 250kg/亩；⑤ 3 000kg/亩，3次重复），翻耕时约有种子6.25～20.0kg/亩播下，水稻收割后观察自然出苗情况。2009年12月初考查，紫云英植株田间密度288～954株/m^2，株高4.0～11.5cm，6～10个复叶。翌年即2010年翻耕期各小区产草量在1 800～2 100kg/亩（干草率23.1%）；草籽考查，16.6～22.3kg/亩。表现为去年翻压数量多的，初期群体密度高，但结荚期各翻压处理趋于一致，植株密度144～189株/m^2。这说明紫云英的田间群体密度会自我调节。当然，带籽紫云英翻耕后，大部分种子深埋在耕作层中下层很难出苗，只有在表层中的那些种子有机会出苗成功，因为播量比较大，已足够本田紫云英用种量，这也是带籽翻耕越夏后自然出苗的一个特点。

3　小结与讨论

3.1　紫云英带籽翻耕具有生态培肥作用

增施紫云英带籽翻耕用量在750～3 000kg/亩（干草率21.65%），在提高单季稻产量的同时，能增加稻田土壤有机质2.0%～8.6%（基础土壤有机质25.5g/kg），平均带籽紫云英施用量1 875kg/亩（折干物质406kg/亩），有机质平均增5.9%，碱解氮、速效钾随施用量增加而增加。再加上当年水稻收割后紫云英又自然出苗，第二年又会有带籽紫云英1 800～2 100kg/亩（干草率23.1%），草籽16.6～22.3kg/亩通过翻耕进入土壤。所以对土壤来说起到了生态培肥的作用。

3.2　紫云英带籽翻耕对当季水稻增产效果显著

增施紫云英带籽翻耕用量在750～3 000kg/亩（干草率21.65%），能使有效穗显著增加，提高当季水稻产量10.1% ~14.1%。紫云英翻入土中，改善了土壤疏松条件，这对于水稻根系的生长是十分有利的，因而分蘖力提高，有效穗增加。试验指出，超过3 000 kg/亩对水稻生长会有不利影响，开始时会使落田秧苗发黄发僵。

3.3　紫云英带籽翻耕技术特点

在本地，单季稻大田移栽期一般在6月初前后，而紫云英带籽翻耕目的是图个方便，也就是在水稻移栽前翻压，这个时期绿肥结荚成熟，一次性翻耕入土。伴随着旋耕机的转动，种子全面撒落在整个耕作层，秋季无需再播种就会自然长出苗来。这既解决了水稻所需的有机肥源，又节省了种子、播种劳力及1次翻耕绿肥的费用。因为如果是传统的4月翻绿，则翻耕后的大田经过1~2个月到插秧前，田面又会长出各种杂草，则又得翻耕1次或者花费劳动力去除掉。

紫云英带籽翻耕与传统的压绿不同点：一是翻压时间推迟，在插秧前12d左右进行，便于农民集中操作。二是翻压时，紫云英草籽成熟，草秆黄枯，操作方便。三是翻压时种子入土量大。一般用种1.5kg/亩，而带籽翻耕把全部种子都翻入土中，但出苗后植株密度会自行调节。当然，需要时也可以适时采种1/2~2/3。四是播种期提前，在插秧前与绿肥翻压一起进行。利用水稻淹水越夏草子不出苗这一特点。

采用带籽翻耕技术，生产中，局部地方杂草有所加重，特别是连续带籽翻耕几年以后，看麦娘等杂草尤为多发，可进行年内重点除草，或在结籽前灭杀。这是大田生产要引起注意的地方。

紫云英不同时期翻耕氮素含量的变化及对后作水稻产量的影响*

朱贵平[1]　张惠琴[1]　吴增琪[1]　陈惠哲[2]

1. 浙江省仙居县农业局　浙江仙居　317300；

2. 中国水稻研究所水稻生物学国家重点实验室　浙江杭州　310006

摘　要：本研究组于2009—2010年利用田间小区试验研究了紫云英盛花后不同时期翻耕的干物质量和植株含氮量关系，及比较不同时期翻耕对稻田土壤肥力和水稻产量的影响。结果表明：从盛花期至结荚成熟期紫云英氮素含量逐渐降低，盛花期后鲜草产量也逐渐降低，而对应单位面积干物重在盛花期后则呈现上升趋势。采用盛花期翻耕是理想选择，对土壤培肥效果最好，可实现后作水稻优质高产；采用结荚成熟期翻耕，氮素虽比盛花期还田有一定损失，但与单季稻茬口衔接，可减少翻耕成本、节省播种种子及用工成本，同时也能提高稻田有机质

* 本文发表于《江西农业学报》，2011，23（2）：122－124.

含量，实现增产增效。

关键词：紫云英；不同时期；翻耕；氮素含量变化；土壤肥力；水稻产量

中国是稻米生产和消费大国，水稻生产对保障中国粮食安全具有重要意义。随着社会经济发展，发展绿色稻米生产，充分利用自然资源，改善农业生态环境，促进农业的可持续发展，才能实现水稻高产、安全、生态、高效的目标。长期以来，中国水稻生产中大量施用化肥，对粮食增产虽然起了重要作用，但长期大量使用化肥，导致农田土质变差，肥料利用率降低，并导致有些地区的地下水、地表水和土壤受到不同程度的污染[1]，造成严重的环境问题。研究表明，大量施用化肥，氮素利用率低，也不利于产量提高及稻米安全生产[2]。紫云英作为绿肥种植历史悠久，在有效培育土壤、改善环境、提高品质、减少化肥投入上起着重要作用[3~4]，也是突破水稻生产中有机肥源不足这个瓶颈的根本途径，是促进绿色稻米产业发展的重要保障措施[5~6]。通过试验研究明确紫云英不同时期翻耕生物量和氮素含量的变化，明确不同时期翻耕紫云英鲜重、干重、含氮量的相互关系，进一步探索不同时期翻耕对稻田土壤肥力、水稻生长和产量的影响，为绿色稻米生产（绿色稻米生产肥料使用执行 NY/T394—2000《绿色食品肥料使用准则》标准，施肥上要求有机肥中的氮素总量大于化肥的氮素使用总量，在栽培上注重多施有机肥少施化肥提供科学施肥依据。

1　材料与方法

1.1　紫云英不同时期翻耕氮素含量的变化

比较 2009—2010 年试验在仙居县横溪镇下陈村俞金则户进行，当地海拔 120m，属水稻主产区。试验田面积 700m^2，长方形，肥力均匀。试验田前茬作物为单季中稻。土壤为轻沙质壤土，综合肥力中上。水稻收割后（2009 年 10 月 20 日）取混合样，测定土壤基础养分：pH 值 5.3，有机质 39.4g/kg，水解氮 172.0mg/kg，有效磷 35.3mg/kg，速效钾 85.6mg/kg。参试品种为紫云英宁波大桥种，仙居县安岭乡农技站繁育，仙居县种子公司提供种子。水稻收获后撒种紫云英，试验田紫云英生长均衡，开花期一致。记载紫云英生长过程，设 4 个不同时期的翻耕处理和 1 个空白对照处理，分别为：T1 处理，紫云英按当地常规时间盛花期（2010 年 4 月 15 日）收割、取样、翻耕；T2 处理，紫云英盛花后期（4 月 25 日）收割、取样、翻耕；T3 处理，紫云英初荚期（5 月 5 日）收割、取样、翻耕；T4 处理，紫云英结荚成熟期（5 月 25 日）收割、取样、翻耕；T5 空白对照处理，不种植紫云英。上述各处理面积 30m^2（5m × 6m），随机排列，3 次重复，各区之间筑小田埂并覆盖薄膜，实行单独排灌，四周设保护行，采用人工收割翻耕覆土（泥土覆盖在紫云英上）。试验记载播种期、出苗期、始花期、盛花期以及施肥、喷药、排灌水等主要农事操作内容。

翻耕时对小区内的紫云英生物量和含氮量进行测定，通过实割称出鲜重，取样烘干（60℃烘干，烘 6h，磨成粉），算出烘干率，折算出干重，再根据植物全氮含量测定方法，测出含氮量。

6 月 4 日，水稻移栽前 3d，各处理重新取土样化验，采用“X”法随机采取试验田

0～15cm 耕层土壤样本。土壤样品经风干、充分混合后，四分法留取 1kg 土壤样本作分析。测定土壤有机质、水解氮、有效磷、速效钾等，跟基础样本作对照。

1.2 紫云英不同时期翻耕对后作水稻产量的影响比较

继紫云英不同时期翻耕氮素含量变化试验后，在相同田块的 5 个小区内接着进行水稻产量对比试验。水稻种植品种为当地主导品种“甬优 9 号”，播种期为 5 月 15 日，水稻育苗采用旱育秧，移栽期 6 月 7 日，移栽种植规格为 26cm×25cm，密度为 15.38 万丛/hm^2。各处理大田管理一致，每公顷施基肥碳铵 375kg；移栽后 7d 第 1 次追肥，每公顷施尿素 75kg；移栽后 25d 第 2 次追肥，每公顷施复合肥（15：15：15）225kg。水分管理采用浅水、湿润和干湿交替灌溉节水型管理。适时进行病虫和杂草等管理，保持水稻植株生长发育正常。

成熟期各处理调查有效穗，每小区查 30 丛，并计算每丛平均穗数，以平均穗数为标准，取代表性植株 3 丛，测定其每穗粒数、结实率和千粒重数据，并每小区实割测产，晒干换算成标准含水量后计算产量。

数据统计分析采用 Excel Stat 实用统计分析工具，对试验数据进行分析和显著性测验，表中数据为平均值。

2 结果与分析

2.1 紫云英不同时期翻耕含氮量及干物质量的变化

研究表明，从盛花期至结荚成熟期紫云英氮素含量逐渐降低。4 月 15 日盛花期紫云英植株干物质的含氮量为 3.83%，4 月 25 日盛花后期植株干物质的含氮量为 3.07%，5 月 5 日初荚期植株干物质的含氮量为 2.39%，而 5 月 25 日结荚成熟期植株干物质的含氮量已下降到 1.95%。

比较不同时期紫云英单位面积的鲜、干物质量（表 1），结果表明，盛花期（T_1）翻耕时的鲜产量最高，达 48 750.0kg/hm^2，紫云英从盛花期后鲜产量逐渐降低，到结荚成熟期（T_4）仅为 21 517.5kg/hm^2，减了 27 232.5kg/hm^2，减产 55.86%。但相对应的单位面积的干物重在盛花期后则呈现上升趋势，从 T_1 处理的 4 344.0kg/hm^2 到 T_4 处理的 5 617.5kg/hm^2，结荚成熟期收割的干物质量比盛花期收割上升了 29.32%。其主要原因是盛花期紫云英植株的含水量高，烘干率低，仅为 8.91%，而成熟期的含水量低，烘干率达到了 26.11%。

表 1 各处理产量结果及不同生产时期纯氮量

处理	鲜重（kg/hm^2）	干重（kg/hm^2）	烘干率（%）	纯氮量（kg/hm^2）
T_1	48 750.0	4 344.0	8.91	166.38
T_2	40 150.5	5 121.0	12.75	157.21
T_3	30 834.0	5 175.0	16.78	123.68
T_4	21 517.5	5 617.5	26.11	109.54

根据不同时期紫云英植株的含氮量及干物质量，盛花期后不同时期翻耕，T_1 至 T_4 时期依次单位面积翻耕入稻田的纯氮量分别为 166. 38kg/hm^2、157. 21kg/hm^2、123. 68kg/hm^2、109. 54kg/hm^2。表明采用紫云英结荚成熟期翻耕技术，氮素有一定损失，盛花期翻耕折纯氮量为 166. 38kg/hm^2，到结荚成熟期翻耕折每公顷纯氮量为 109. 54kg，减少了 56. 84kg，减幅 34. 16%。

2. 2　紫云英不同时期翻耕对稻田土壤的影响

紫云英翻耕后水稻移栽前取土壤化验分析，结果表明：紫云英翻耕能提高稻田有机质含量，对照土壤的有机质含量最低，为 40. 0g/kg，而不同时期翻耕处理的土壤有机质含量分别达到 42. 0g/kg、41. 2g/kg、40. 5g/kg、40. 7g/kg，比对照增幅为 1. 5% ~ 5. 0%、平均增幅为 3. 25%，比基础土样增幅为 3. 0% ~6. 6%、平均增幅为 4. 8%，盛花期翻耕土壤有机质含量增加最快，培肥效果最明显。水解氮含量也是盛花期翻耕高，比对照增 10. 0%，比基础土样增 13. 8%，随着翻耕时间的推迟，水碱氮含量不断降低（表 2）。

表 2　紫云英不同时期翻耕对稻田土壤的影响

处理	pH 值	有机质（g/kg）	水解氮（mg/kg）	有效磷（mg/kg）	速效钾（mg/kg）
T_1	5. 5	42. 0	195. 7	42. 0	109. 2
T_2	5. 5	41. 2	194. 1	48. 1	91. 7
T_3	5. 4	40. 6	191. 7	41. 0	118. 0
T_4	5. 5	40. 7	183. 8	41. 9	88. 0
T_5	5. 4	40. 0	177. 9	37. 9	83. 1
基础土样	5. 3	39. 4	172. 0	35. 3	85. 6

2. 3　紫云英不同时期翻耕对后作水稻产量的影响

比较紫云英不同时期翻耕处理对水稻产量的影响（表 3），结果表明，紫云英翻耕比对照均表现出极显著增产，各处理的增产幅度在 13. 0% ~23. 0%，产量最高的是盛花期翻耕处理，达 9 244. 5kg/hm^2，其次为盛花后期翻耕处理，为 9 022. 5kg/hm^2，随着翻耕时间的推迟，水稻产量不断降低，但不同翻耕处理之间没有显著差异。各处理水稻生育期与对照相比，均要延长 2 ~3d，以盛花期翻耕处理延长最明显，而对照区最早黄熟。比较不同处理的产量构成和植株生长情况，表明紫云英翻耕后能提高株高和穗长，并提高单位面积的有效穗，产量的提高主要通过有效穗的增加所致。

表 3　紫云英不同时期翻耕对后作水稻产量的影响

处理	株高（cm）	穗长（cm）	有效穗（万/hm^2）	总粒数（粒/穗）	实粒数（粒/穗）	结实率（%）	千粒重（g）	理论产量（kg/hm^2）	实际产量（kg/hm^2）	比 CK 增产（%）
T_1	128. 4	25. 1	241. 05	172. 95	155. 66	90. 0	26. 3	9 868. 5	9 244. 5A	23. 0
T_2	129. 1	24. 9	214. 50	181. 74	166. 29	91. 5	26. 5	9 453. 0	9 022. 5A	20. 1

（续表）

处理	株高（cm）	穗长（cm）	有效穗（万/hm^2）	总粒数（粒/穗）	实粒数（粒/穗）	结实率（%）	千粒重（g）	理论产量（kg/hm^2）	实际产量（kg/hm^2）	比 CK 增产（%）
T_3	126.7	24.9	199.95	181.44	164.93	90.9	26.4	8 706.0	8 694.0A	15.7
T_4	127.6	25.3	207.75	180.62	163.17	90.3	26.5	8 983.5	8 488.5A	13.0
T_5（CK）	124.2	24.7	183.75	187.66	172.27	91.8	26.6	8 419.5	7 515.0B	—

3 小结与讨论

通过对紫云英不同时期翻耕生物量和氮素含量变化研究，表明紫云英不同时期鲜、干重变化明显，以盛花期鲜产最高、纯氮量最高。从盛花期至结荚成熟期紫云英氮素含量逐渐降低，盛花期后鲜产量也逐渐降低，而对应单位面积干物重在盛花期后则呈现上升趋势。

根据试验结果，紫云英翻耕比对照均表现出极显著增产，各处理的增产幅度在13.0%～23.0%，产量最高的是盛花期翻耕处理，达 9 244.5kg/hm^2，增产原因主要是有效穗数增加；随着翻耕时间的推迟，水稻产量不断降低，但不同翻耕处理之间没有显著差异。采用盛花期翻耕是理想选择，土壤有机质含量增加快，比空白对照增 5.0%，水碱氮提高明显，比空白对照增 10.0%，对土壤培肥效果最好，可实现后作水稻优质高产。

采用结荚成熟期翻耕，氮素虽比盛花期翻耕还田有一定损失（纯氮损失率 34.16%），但与单季稻茬日衔接，可减少翻耕成本、节省播种种子及用工成本，同时也能提高稻田有机质含量，实现增产增效。浙江省紫云英盛花期一般在 4 月上中旬，而单季稻移栽在 6 月上中旬，时间相差 2 个月，单季稻移栽时，翻耕的绿肥田已杂草丛生，必须重新翻耕，这样就增加了一次机耕；另外，紫云英的种子价格不断上扬，2010 年零售价突破 20 元/kg，这也是以往许多农民不愿种植紫云英的原因。采用紫云英结荚成熟后翻耕，与单季稻茬日相衔接，可减少一次机耕费用；紫云英结荚成熟后落到田里的种子，在单季稻收割时会自行发芽出苗，且基本苗足长势旺盛，免去种子成本和播种用工，综合增效 1 275元/hm^2，且地力培肥效果明显[7]。该项技术能年复一年，往复循环[8]。

因此，紫云英盛花期翻耕和结荚成熟期翻耕各有长处，可因地制宜，灵活采用。盛花后期翻耕和结荚初期翻耕则不可取。

一般鲜紫云英产量 30 000kg/hm^2 左右，折纯氮约 120kg/hm^2。长期用紫云英做绿肥有利于提高水稻产量，尤其是生物产量[9]。紫云英作为绿肥解决绿色稻米生产中有机肥源不足具有重要意义，有利于促进绿色稻米产业发展。通过紫云英代替化肥施用[10]，为绿色稻米生产奠定基础，同时减少农业面源污染，实现农业可持续发展。因此，生产上需要采用适宜的翻耕技术，以提高紫云英的综合利用效率。

参考文献

[1] 吕殿青，周延安，孙本华．氮肥施用对环境污染影响的研究［J］．植物营养与肥料学报，998，4（1）：8－15.

[2] 凌启鸿，张洪程，戴其根等．水稻精确定量施氮研究［J］．中国农业科学，2005，38（12）：2 457－2 460.
[3] 刘英，王允青，张祥明等．种植紫云英对土壤肥力和水稻产量的影响［J］．安徽农学通报，2007，13（1）：98－99.
[4] 吴萍，胡南河，叶爱青等．种植紫云英的效益及其对土壤肥力的影响［J］．安徽农业科学，2006，34（11）：2 466－2 468.
[5] 蔡天军．紫云英的栽培与应用前景［J］．作物杂志，2005，（3）：57－58.
[6] 吴增琪，朱贵平，张惠琴．仙居县强力推进稻米品质提升的实践［J］．中国稻米，2010（3）：68－71.
[7] 丁坦连，朱贵平．绿肥结荚翻耕技术［J］．现代农业科技，2008（18）：200.
[8] 姜秀勇，林沧，李呈等．单季稻田紫云英一次播种多年繁殖利用研究［J］．植物营养与肥料学报，1998，4（3）：311－313.
[9] 高菊生，徐明岗，秦道珠．长期稻-稻-紫云英轮作对水稻生长发育及产量的影响［J］．湖南农业科学，2008（6）：25－27.
[10] 陈秀华，刘正余，金志刚．以紫云英为绿肥的水稻化学肥料减量效果初探［J］．上海农业科技，2005（5）：91.

紫云英和黑麦草与化肥配施对单季晚稻生长及产量的影响*

徐建祥[1]　叶　静[2]　王建红[2]　俞巧钢[3]
1. 浙江省衢州市农业科学研究所　浙江衢州　324000；
2. 浙江省农业科学院环境资源与土壤肥料研究所　浙江杭州　310021

摘　要：在浙江衢州地区进行紫云英和黑麦草与单季晚稻轮作，探讨紫云英和黑麦草还田对水稻生长及产量的影响。结果表明，采用紫云英和黑麦草总量的2/3还田，减少无机化肥用量，可以补充和提高土壤的有效养分，使水稻增产。种植单季晚稻，紫云英黑麦草混播的最佳还田量为37.5t/hm^2，单纯紫云英的还田量以30.0t/hm^{2}最佳。

关键词：紫云英；黑麦草；化肥；配施；单季晚稻

近年来，水稻生产依赖化肥忽视有机肥的现象相当严重[1~3]，而化肥的过量施用造成的土壤结构恶化和地表水富营养化的问题已引起社会各界的重视[4]。针对这一现象，设计了紫云英和黑麦草与单季晚稻轮作试验，旨在充分利用紫云英和黑麦草的肥效，适量减

* 本文发表于《浙江农业科学》，2012（2）：162－164.

少稻田的化肥用量，以减轻环境污染；在确保水稻高产优质的前提下，摸索紫云英和黑麦草与化肥配施的最佳配比，为绿肥和水稻生产及有机与无机肥料配施提供科学依据。

1 材料与方法

1.1 材料

试验在常山县新都园区中峰村进行，土壤为沙壤土，肥力中等。土壤的基本理化性质：pH 值 5.32，有机质 27.7g/kg，碱解氮 158.27mg/kg，速效钾 120.0mg/kg，有效磷 115.88mg/kg。单季晚稻品种为两优培九。

1.2 处理设计与方法

试验共设 8 个处理：无肥对照，不施紫云英、黑麦草和化肥；全化肥，不施紫云英和黑麦草，N、P_2O_5、K_2O 用量分别为 225kg/hm^2、75kg/hm^2 和 150kg/hm^2，氮肥按基肥 60%、追肥 40% 施用，磷、钾肥全部作基肥一次性施用；紫云英全部（45.0t/hm^2）还田 + 化肥；紫云英 2/3（30.0t/hm^2）还田 + 化肥；紫云英 1/3（15.0t/hm^2）还田 + 化肥；紫云英黑麦草混播全部（52.5t/hm^2）还田 + 化肥；紫云英黑麦草混播 2/3（37.5t/hm^2）还田 + 化肥；紫云英黑麦草混播 1/3 （22.5t/hm^2）还田 + 化肥。除对照外每个处理的氮、磷、钾总使用量相同。

紫云英和黑麦草的矿化速率按 50% 计算。小区面积 20m^2，重复 3 次，完全随机区组设计，各小区四周筑田埂，埂宽 30cm，埂高 20cm，并用薄膜覆盖，防止肥水相互渗漏。每个小区均能独立排灌。

绿肥于 2009 年 9 月 27 日播种，2010 年 4 月 25 日实割测产，并按试验设计数量施入相应小区，切碎后用人工挖翻沤烂。水稻于 2010 年 5 月 26 日播种，6 月 27 日移栽，6 月 25 日施基肥，7 月 5 日施追肥，10 月 19 日收割。水稻田间水浆管理和病虫防治同一般大田，收割后分小区晒干测产。

2 结果与分析

2.1 产量

从表 1 可知，使用肥料可以大幅度提高水稻产量，紫云英和黑麦草与化肥配施比纯施化肥有不同程度的增产。其中，紫云英黑麦草混播 2/3 还田 + 化肥的产量最高，平均为 6 300.0kg/hm^2，比对照的 4 210.5kg/hm^2 增产 49.63%，比全化肥的增产 20.21%；同其他处理相比均达到极显著差异。其次是紫云英 2/3 还田 + 化肥，平均产量 5 985.0kg/hm^2，比对照增产 42.14%，比全化肥增产 14.20%，同其他处理相比也达到极显著差异。

紫云英和黑麦草与化肥合理配施，既能利用化肥养分释放快的特性，提供水稻生长前期营养的需要，又可利用紫云英和黑麦草缓慢持久释放养分的特点，满足水稻生长后期养分的需求。这说明配施紫云英和黑麦草，可以补充和提高土壤的有效养分，即使适当减少化肥用量，仍能使水稻增产。

表1　各处理水稻产量的比较

处理	产量（kg/hm²）	差异显著性	
		0.05	0.01
无肥对照	4 210.5	f	E
常规化肥	5 241.0	e	D
紫云英全部	5 391.0	de	D
紫云英 2/3	5 985.0	b	B
紫云英 1/3	5 451.0	d	CD
紫云英黑麦草全部	5 710.5	c	C
紫云英黑麦草 2/3	6 300.0	A	A
紫云英黑麦草 1/3	5 400.0	de	D

注：同列数据后含不同大、小写字母，分别表示两者差异达极显著和显著水平。下同

2.2　经济性状

由表2可见，紫云英黑麦草混播2/3还田＋化肥的水稻有效穗最多，达178.50万/hm²，比对照高75.78%，比全施化肥的高24.35%，与紫云英2/3还田的相比没有差异，同其他处理相比达极显著差异；其次是紫云英2/3还田＋化肥，有效穗173.55万/hm²，比对照高70.90%，比全施化肥的高20.90%，与紫云英1/3还田＋化肥的相比达显著差异，同其余处理相比达极显著差异；对照的有效穗最低，只有101.55万/hm²，同其他处理相比均达极显著差异。

表2　各处理水稻经济性状的比较

处理	有效穗（万/hm²）	成穗率（%）	每穗总粒数	结实率（%）	经济系数
无肥对照	101.55dE	52.41bC	108.47eD	82.6bcB	0.44cC
常规化肥	143.55cD	54.95bC	110.63eD	82.0cB	0.44cC
紫云英全部	142.95cD	52.57bC	115.47deBCD	82.7bCB	0.45bcBC
紫云英 2/3	173.55aAB	66.52aA	146.47bA	83.3bAB	0.45bcBC
紫云英 1/3	162.00bBC	63.16aAB	123.83cB	82.4bcB	0.44cC
紫云英黑麦草全部	151.50bcCD	57.55bBC	116.37deBCD	82.6cB	0.45bcBC
紫云英黑麦草 2/3	178.50aA	67.60aA	154.57aA	84.7aA	0.47aA
紫云英黑麦草 1/3	144.45cD	57.00bBC	122.60cdBC	82.1cB	0.46abAB

成穗率最高的是紫云英黑麦草混播2/3还田＋化肥的处理，达67.60%，比对照提高15.19个百分点，同全施化肥的相比也提高12.65%，同紫云英2/3、1/3还田＋化肥的二处理相比没有差异，与其余处理相比达显著差异；其次是紫云英2/3还田＋化肥处理；成穗率最低的是对照。

每穗总粒数最高的是紫云英黑麦草混播2/3还田＋化肥的处理，达157.57粒，分别

比对照、全施化肥的增加 46.10 粒、43.94 粒，同紫云英 2/3 还田 + 化肥的处理相比达显著差异，与其余处理相比达极显著差异；第 2 位是紫云英 2/3 还田 + 配施化肥处理，与其余处理相比达极显著差异；最低的是对照，但与全施化肥、紫云英全部还田 + 化肥、紫云英黑麦草混播全部还田 + 化肥等处理之间没有差异。

结实率和经济系数最高的也是紫云英黑麦草混播 2/3 还田 + 化肥的处理，分别为 84.7%，0.47 与其他处理相比均达显著差异（经济系数中紫云英黑麦草混播 1/3 还田 + 化肥的处理除外）；其他处理之间的结实率和经济系数没有差异。

2.3 水稻生长期外观性状

从水稻整个大田生长过程来看，紫云英黑麦草混播 2/3 还田 + 化肥、紫云英 2/3 还田 + 化肥的 2 个处理，水稻发棵早而快，纹枯病发病轻，后期转色好；紫云英全部还田 + 化肥、紫云英黑麦草混播全部还田 + 化肥的 2 个处理，水稻发棵早，但纹枯病发病重，后期还出现倒伏；全化肥的处理前期发棵早而快，纹枯病发病轻，但后期脱肥早衰；对照发棵慢，后期又早衰。

3 结论

紫云英和黑麦草还田可以提高土壤肥力，促进水稻生长，提高水稻产量；紫云英和黑麦草合理配施化肥，既可以提供水稻前期对速效养分的需求，促进早发，又可以满足水稻中、后期对养分的需要。这与连续 12 年有机肥和化肥定位试验结果，以栏肥配施化肥的施肥方式对作物增产和改良土壤效果最好相符[5]。但是紫云英和黑麦草还田量不是越多越好，在绿肥高产的情况下，全部还田不仅不能增产，而且会加大田间病虫害，增加生产成本。

试验结果表明，紫云英黑麦草混播 2/3 还田的总体表现最好，成穗率、结实率、有效穗、每穗总粒数、产量都是最高；其次是紫云英 2/3 还田的总体表现也很好；紫云英黑麦草混播的最佳还田量是 37.5kg/hm^2，单纯紫云英的还田量 30.0kg/hm^2 最佳。

参考文献

[1] 林多胡，顾荣申．中国紫云英［M］．福州：福建科学技术出版，2000：220－225.

[2] 王建红，曹凯，张贤等．紫花苜蓿用作浙江稻田绿肥的可行性研究［J］．浙江农业科，2009（4）：736－738.

[3] 郑元红，潘国元，毛国军等．不同绿肥间套作方式对培肥地力的影响［J］．贵州农业科学，2009（1）：79－81.

[4] 王建红，曹凯，张贤等．绿肥还田对水稻生长期土壤有机质动态变化的影响［J］．浙江农业科学，2010（3）：614－615.

[5] 徐祖祥．长期定位施肥对水稻、小麦产量和土壤养分的影响［J］．浙江农业学报，2009，21（5）：485－489.

紫云英和黑麦草直接培肥对甬优9号水稻生长及产量的影响*

王玉祥[1]　曹春信[2]　袁名安[2]　王孔俭[2]　刘新华[2]
1. 衢州市农业信息与教育培训中心　浙江衢州　324000；
2. 金华市农业科学研究院　浙江金华　321017

摘　要：将紫云英和黑麦草直接翻压培肥土壤来种植水稻，以研究这两种绿肥对甬优9号生长和产量的影响。结果表明：紫云英、黑麦草直接培肥能显著提高甬优9号的分蘖数和有效穗数，增产效果明显；其中，以 T_7：处理（紫云英、黑麦草混播2/3还田）和 T_8：处理（紫云英、黑麦草混播1/3还田）的产量最高，分别为 9.204t/hm^2 和 9.199t/hm^2，分别比对照（不施肥处理）增加了23.48%和23.41%，分别比 T_2 处理（全施化肥）增加了3.63%和3.57%。这说明，绿肥还田可改良土壤团粒结构，提高土壤肥力，增强水稻分蘖能力，提高成穗率和产量，值得大力推广。

关键词：紫云英；黑麦草；甬优9号水稻；绿肥；产量

近年来，化肥的使用虽然在提高农作物产量上发挥了重要作用，但是随着化肥用量的逐年增加，一方面农产品生产的投入成本持续增长，增加了农民的负担；另一方面，在一定程度上破坏了土壤结构，给生态环境带来了威胁，从而不利于农业的可持续发展。因此，为了改善土壤结构、提高土壤质量，绿肥的合理利用受到广泛关注。

紫云英、黑麦草是我国稻田最主要的冬季绿肥作物，其翻压还田后，可以有效更新土壤腐殖质，促使土壤中有益生物大量繁殖，从而提高土壤有机质含量、改良土壤物理性状、增加作物产量，并提高农产品品质。试验通过大田种植紫云英和黑麦草，直接翻压培肥后，以甬优9号为供试品种，研究这两种绿肥对水稻生长和产量的影响，以期为绿肥直接培肥技术提供指导。

1　材料与方法

1.1　试验材料

试验于2011年在桃溪镇项湾村进行，供试水稻品种为甬优9号，紫云英品种为宁波大桥种，黑麦草品种为多花黑麦草——顶峰。土壤基础养分含量为：有机质18.9g/kg，碱解氮106.6mg/kg，有效磷8.4mg/kg，速效钾106.1mg/kg；土壤pH值为5.78。

---

* 本文发表于《湖南农业科学》，2013，04下半月推广刊：26－28.

1.2 试验设计

试验设8个施肥处理，分别为T_1（CK空白），T_2（全化肥），T_3（紫云英100%还田），T_4（紫云英2/3还田），T_5（紫云英1/3还田），T_6（紫云英+黑麦草混播100%还田），T_7（紫云英+黑麦草混播2/3还田），T_8（紫云英+黑麦草混播1/3还田），详情见表1；每个处理3次重复，共24个小区，每小区面积$30m^2$，采用随机区组排列。试验期间，记录各处理不同生长时期的水稻植株分蘖数，成熟后分别测定产量，并对各处理的产量构成因子进行比较分析，采用DPS软件对试验数据进行差异显著性分析。

2 结果与分析

2.1 紫云英、黑麦草直接培肥对水稻植株分蘖的影响

由表2可知，不同培肥处理对甬优9号水稻植株的分蘖有显著影响，尤其是在最高苗数上各处理有明显差异。对照处理最高苗数最少，各培肥处理的最高苗数均较对照明显增加。T_2 ~ T_8处理的最高苗数分别比对照增加了26.26%、35.35%、36.87%、42.93%、50.00%、17.68%和45.45%；其中，以T_5、T_6和T_8处理的分蘖较早、最高苗数较多。这说明紫云英、黑麦草直接培肥可在一定程度上增强水稻植株的分蘖能力，促进植株早分蘖。

表1 各处理的绿肥及N、P、K肥的施用量 （$kg/667m^2$）

处理	化肥N总量	基肥				追肥
		绿肥	P_2O_5	K_2O	N	N
T_1（CK）	0	0	0	0	0	0
T_2	15	0	5	10	9	6
T_3	10.5	3 000	3.5	5.5	9	1.5
T_4	12	2 000	4	7	9	3
T_5	13.5	1 000	4.5	8.5	9	4.5
T_6	9.75	3 500	3.25	3	9	0.75
T_7	11.25	2 500	3.75	5	9	2.25
T_8	12.75	1 500	4.25	7	9	3.75

表2 各处理在不同生长时期对甬优9号植株分蘖的影响 （个/穴）

处理	不同生长期（月-日）					
	06-28	07-05	07-12	07-19	07-26	08-02
T_1（CK）	3.7	4.0	5.9	12.1	19.2	19.8
T_2	4.2	4.8	7.2	15.1	23.6	25.0
T_3	3.6	4.1	6.8	14.6	23.2	26.8
T_4	4.1	4.9	7.9	15.0	24.7	27.1

（续表）

处理	不同生长期（月-日）					
	06-28	07-05	07-12	07-19	07-26	08-02
T_5	4.1	5.1	8.2	17.4	24.4	28.3
T_6	4.2	5.3	10.2	18.0	29.2	29.7
T_7	3.6	4.2	6.9	12.9	21.9	23.3
T_8	4.4	5.3	9.0	18.5	27.1	28.9

2.2　紫云英、黑麦草直接培肥对水稻产量及产量构成因子的影响

从表3中可以看出，紫云英、黑麦草直接培肥栽培的水稻在有效穗数、结实率、千粒重和产量等方面均比对照占优势。有效穗数以 T_6 处理最高，达到386.06万穗/hm^2，比对照增加了49.97%，比 T_2 处理增加了18.77%，与 T_5、T_7、T_8 处理间差异不显著。T_8 处理的结实率最高，为77.9%，比对照增加了3.32%，与 T_2、T_6 处理间的差异达显著水平，分别比 T_2、T_6 处理提高了9.41%、10.97%，与其他处理间差异不显著。T_8 处理的千粒重也最重，为26.08g，分别比对照和 T_2 处理增重了3.70%和5.33%，与 T_4、T_7 处理间差异不显著，与其他处理间差异达显著水平。每穗实粒数以 T_7 处理的最多，分别比对照、T_2 处理增加了8.64%和0.80%，与 T_2、T_3 处理间差异不显著，与其他处理间差异达显著水平。T_7 处理的产量最高，分别比对照、T_2 处理增加了23.48%和3.63%，与 T_1、T_5 处理间差异达显著水平，与其他处理间差异不显著。穗长和每穗总粒数均以 T_2 处理最高，与其他处理间差异达显著水平。综合产量和产量构成因子分析，T_7 和 T_8 处理的综合效益最高。这说明，紫云英、黑麦草混播还田，有利于提升土壤肥力，促进水稻结实，从而提高千粒重及产量。

表3　各处理间产量构成因子的比较

处理	穗长（cm）	有效穗（万穗/hm^2）	每穗总粒数	每穗实粒数	结实率（%）	千粒重（g）	产量（kg/hm^2）
T_1（CK）	22.7b	257.42d	168.8cd	127.3b	75.4ab	25.15bc	7 454c
T_2	23.6a	325.04c	192.6a	137.2a	71.2b	24.76c	8 882ab
T_3	22.9b	348.43b	181.0b	136.3a	75.3ab	24.83c	9 007ab
T_4	22.3c	352.32b	172.7bc	129.7b	75.2ab	25.65ab	8 491ab
T_5	22.2c	367.92ab	166.0cd	126.0b	76.1a	25.25bc	8 435b
T_6	22.1c	386.06a	158.3d	110.3c	70.2b	24.73c	8 648ab
T_7	21.8c	367.92ab	181.0b	138.3a	76.4a	25.91a	9 204a
T_8	21.0d	374.36a	165.3cd	128.7b	77.9a	26.08a	9 199a

3　结论

紫云英、黑麦草直接培肥能改良土壤团粒结构，提高土壤肥力，增强水稻分蘖能力，

提高成穗率和产量。试验结果表明，紫云英、黑麦草直接培肥使甬优 9 号分蘖能力明显增强，产量也显著增加。这与前人的研究结论一致。各培肥处理的最高苗数均较对照明显增加，其中，紫云英、黑麦草混播 100% 还田和紫云英、黑麦草混播 1/3 还田两个处理的效果最明显，分别比不施肥处理增加了 50.00% 和 45.45%，分别比全施化肥处理增加了 18.80% 和 15.20%。各培肥处理的产量均较对照显著增加，其中，紫云英、黑麦草混播 2/3 还田处理的产量最高，其次为紫云英、黑麦草混播 1/3 还田处理，这两个处理的产量分别比对照增加了 23.48% 和 23.41%，比全施化肥处理增加了 3.63% 和 3.57%。这可能是由于绿肥与化肥合理配施，既利用了化肥养分释放快的特性，供给水稻前期生长所需的营养，又利用了绿肥养分缓慢释放的特点，满足水稻后期生长对养分的需求。结实率、千粒重均以紫云英和黑麦草混播 1/3 还田处理最好，而每穗实粒数则以紫云英和黑麦草混播 2/3 还田处理最多。总体来讲，各培肥处理以紫云英、黑麦草混播 2/3 还田和紫云英、黑麦草混播 1/3 还田两个处理的效果最好。

绿肥作为肥料来源具有循环往复、取之不尽的特点，同时能保持土壤资源的持续利用，因此已成为现代农业发展中非常重要的肥料资源，具有化学肥料无法比拟的优点。绿肥系统的肥效及生态效应研究仍将是绿肥技术的主要研究方向。

参考文献

[1] 刘威，鲁剑巍，苏伟等. 氮磷钾肥对紫云英产量及养分积累的影响 [J]. 中国土壤与肥料，2009 (5)：49 - 51.

[2] 泮进明，邵志鹏，苗香雯等. 循环流水鱼草共生生态系统的鱼草配比试验研究 [J]. 生态学报，2004，24 (2)：389 - 392.

[3] Crush J R, Sararhchandra U, Donnison. Effect of plant growth on dehydration rates and microbial populations in sewage biosolids [J]. Bioresource Technology, 2006 (97): 2 447 - 2 452.

[4] 王琴，张丽霞，吕玉虎等. 紫云英与化肥配施对水稻生长和土壤养分含量的影响 [[J]. 天津农业科学，2012，18 (3)：54 - 58.

[5] 刘新华，曹春信，吕建飞等. 磷钾肥配施对紫云英生长和产量的影响 [J]. 江西农业学报，2011，23 (8)：22 - 23.

[6] 曾庆利，龚春华，徐永士等. 紫云英不同翻压量对水稻产量和产值的影响 [J]. 湖南农业科学，2009 (6)：76 - 77，88.

[7] 刘英，王允青，张祥明等. 紫云英与化肥配施对水稻生长及产量的影响 [J]. 安徽农业科学，2008，36 (36)：16 003 - 16 005.

紫云英和油菜不同时期翻压对土壤培肥效果的影响*

朱贵平　张惠琴　吴增琪　胡琴南　顾慧芬　叶　放

浙江省仙居县农业局　浙江仙居　317300

摘　要：本研究旨在探寻紫云英和油菜的最佳翻压时期，为提高紫云英、油菜的综合利用效率提供理论依据。2009—2010 年，按作物进行翻压的不同时期设 5 个处理（紫云英盛花期、紫云英结荚成熟期、油菜盛花期、油菜成熟期和空白对照），测定作物的鲜、干物质量，并探讨紫云英、油菜不同还田方式对土壤的培肥效果及经济效益。紫云英和油菜在盛花期后鲜产量逐渐降低，相应的干物质量呈上升趋势。不同翻压处理对土壤培肥效果影响不同，紫云英盛花期翻压土壤对土壤有机质含量影响最显著，相比基础土壤提高 6.6%。紫云英和油菜翻压对后作水稻均有极显著的增产效果，其中紫云英盛花期翻压处理水稻产量最高，达 9 244.5kg/hm^2。油菜成熟期翻压处理的利润（6 696元/hm^2）最高，产投比为 2.49∶1.00，其经济效益最优。土壤培肥效果和经济效益分别以紫云英盛花期翻压处理和油菜成熟翻压处理最优。

关键词：紫云英；油菜；翻压时期；培肥效果；综合效益

自 2007 年浙江省仙居县发展绿色有机稻米以来，种植面积不断扩大，至 2010 年达 3 300hm^2，绿色有机稻米产业初具规模（吴增琪等，2010）。绿色稻米生产以增施有机肥为基础，要求有机肥中的氮素总量大于化肥的氮素使用总量，而目前大部分农户通常将有限的厩肥栏肥等农家肥用在效益高的经济作物上，有机肥源不足成为绿色稻米产业发展的障碍，种植绿肥则能有效解决有机肥源不足的问题。目前，紫云英—水稻、油菜—水稻高产栽培模式已成为当地粮油生产主推技术。长期用紫云英、油菜做绿肥有利于提高水稻产量和品质。通过种植紫云英、油菜代替化肥施用，有利于减少农业面源污染，实现农业可持续发展，为绿色稻米生产奠定基础。因此，采用适宜的翻压技术，对提高紫云英、油菜的综合利用效率具有现实意义。李孝勇等（2003）通过长期定位试验，探讨不同秸秆还田对作物产量及土壤养分的影响，发现油菜秸秆还田配施化肥，在提高作物产量和土壤肥力方面优于单施化肥（油菜秆 > 麦秸草 > 单施化肥），且作物产量与土壤养分随着油菜秸秆用量的增加而增加。刘英等（2007）的研究结果表明，种植紫云英能起到培肥改土的作用，而配施适量的紫云英绿肥，比单施化学肥料更有利于水稻的营养积累和产量提高。王允青等（2009）研究油菜秸秆的不同用量与 N、P、K 肥料运筹对水稻产量及土壤肥力

* 本文发表于《南方农业学报》，2012，43（2）：205－208.

的影响，认为秸秆还田并增加氮肥施用量能使水稻增产3.7%，而且适当减少磷、钾肥用量不会使油菜秸秆还田水稻显著减产。李淑春等（2010）研究表明，油菜可使后作种植单季稻少施化肥。沈生元等（2010）探讨了紫云英一次播种多年自繁利用的技术及其对第2和第3年紫云英产量、氮素积累、耕地土壤质量的影响，发现不同耕翻还田处理对紫云英自繁利用效果及产量、氮素积累、土壤耕地质量的影响较大，认为5月10～20日耕翻还田对紫云英第2、第3年的产量、氮素积累和耕地土壤质量的效果比较好，且对下茬水稻有良好的增产增效作用。朱贵平等（2011）研究了紫云英盛花后不同时期翻压的干物质量和植株含氮量的关系，并比较结荚期不同翻耕量对稻田土壤和水稻产量的影响，结果表明，从盛花期至结荚成熟期紫云英氮素含量和鲜产量逐渐降低，而对应单位面积干物重在盛花期后则呈现上升趋势。浙江仙居县依托优越的生态条件，大力发展绿色有机稻米，急需种植紫云英和油菜作为有机肥源及掌握科学的培肥方式，但目前有关紫云英和油菜对土壤的培肥效果及不同时期翻压的经济效益尚未见系统研究。探讨紫云英、油菜翻压时期土壤的培肥效果及经济效益，为提高紫云英、油菜的综合利用效率提供理论依据。

1　材料与方法

1.1　试验材料

试验于2009—2010年在浙江仙居县横溪镇下陈村俞金则户的水稻田进行，当地海拔120m，属水稻主产区。试验田呈长方形，面积700m^2，肥力均匀。前茬作物为单季中稻。土壤为轻砂质壤土，综合肥力中上。水稻收割后（2009年10月20日）取混合样，测定出土壤基础养分为：pH值为5.3，有机质39.4g/kg，碱解氮172.0mg/kg，有效磷35.3mg/kg，速效钾85.6mg/kg。

紫云英为宁波大桥种，由浙江仙居县安岭乡农业技术推广站繁育、仙居县种子公司供种。油菜为浙江省油菜主导品种浙油18，属中熟甘蓝型油菜，适宜在浙江省及长江中下游油菜主产区种植，由浙江省农业科学院供种。供试肥料为过磷酸钙、硫酸钾复合肥、尿粪肥和尿素。水稻品种为当地主导品种甬优9号，供试肥料为碳铵、尿素和复合肥（15-15-15）。

1.2　试验设计

试验按对作物进行翻压的不同时期设5个处理：处理1，紫云英盛花期（2010年4月15日）；处理2，紫云英结荚成熟期（5月25日）；处理3，油菜盛花期（3月15日）；处理4，油菜成熟期（5月15日）；处理5，空白对照，不种植紫云英和油菜。各处理面积30m^2（5m×6m），随机排列，3次重复，各处理之间筑小田埂并覆盖薄膜，实行单独排灌，四周设保护行，采用人工收割翻压覆土。

2009年10月21日前茬水稻收获后撒种紫云英、油菜，免耕开沟直播。紫云英播量22.5kg/hm^2、油菜播量3kg/hm^2。紫云英基肥：施过磷酸钙375kg/hm^2，2010年2月25日追施尿素75kg/hm^2。油菜基肥：施硫酸钾复合肥300kg/ha；2009年11月29日第1次追施尿粪肥7 500kg/hm^2，2010年1月12日第2次追施尿素150kg/ha。病虫防治等田间管理同当地大田生产。

紫云英、油菜翻压后，进行水稻产量对比试验。2010 年 5 月 15 日播种，采用旱育秧，6 月 7 日移栽，移栽种植规格为 26cm × 25cm，密度为 15.38 万穴/hm^2。各处理大田管理一致，每公顷施基肥碳铵 375kg；移栽 7d 后第 1 次追施尿素 75kg/hm^2；移栽 25d 后第 2 次追施复合肥（15-15-15）225kg/hm^2。水分管理采用浅水、湿润和干湿交替灌溉节水型管理。适时进行病虫和杂草等管理，保持水稻植株生长发育正常。

1.3　测定项目及方法

试验记载播种期、出苗期、始花期、盛花期以及施肥、喷药、排灌水等主要农事操作内容。翻压时对小区内的紫云英、油菜生物量进行测定，实割称鲜重，并取样烘干折算干重。油菜收获后秸秆还田。水稻移栽 3d 前，对各处理重新取土样化验，采用“X”法随机采取试验田 0 ~ 15cm 耕层土壤样本。土壤样本经风干、充分混合后，四分法留取 1kg 土壤样本作分析。根据 LY/T 1229—1999 标准测定土壤水解性氮，NY/T 1121.7—2006 标准测定酸性土壤有效磷，NY/T 889—2004 测定土壤速效钾和 NY/T 1121.6—2006 标准测定土壤有机质，并与基础土壤样本进行对比。

2　结果与分析

2.1　不同处理对紫云英和油菜鲜、干物质量的影响

经测产发现，处理 1 紫云英鲜产量达 48 750.0kg/hm^2，盛花期后鲜产量逐渐降低；处理 2 紫云英鲜产量仅为 21 517.5 kg/hm^2，较处理 1 减产 27 232.5 kg/hm^2，减产率为 55.86%。相对应的单位面积干物质量在盛花期后则呈现上升趋势，处理 1 收割的干物质量为 4 344.0kg/hm^2，处理 2 为 5 617.5kg/hm^2，处理 2 比处理 1 增产 29.32%。这是由于盛花期紫云英植株的含水量高，烘干率低，仅为 8.91%，而成熟期的含水量低，烘干率达到 26.11%。

油菜方面，处理 3 油菜鲜产量达 49 024.5kg/hm^2，处理 4 为 39 693.0kg/hm^2，变化趋势与紫云英的一致。相对应的单位面积的干物质量在盛花期后也呈上升趋势，处理 3 收割的干物质量为 6 843.8kg/hm^2，处理 4 为 8 676.9kg/hm^2，处理 4 比处理 3 增产 26.78%。其主要原因也是盛花期油菜植株的含水量高，烘干率低，仅为 13.96%，而成熟期的含水量低，烘干率达到 21.86%。

2.2　不同处理下经济效益对比

处理 1 和处理 3 都是盛花期翻压，紫云英和油菜全部作鲜肥处理，本季没有利润；处理 2 实收紫云英种子折单产 420kg/hm^2，以当年市场价格 16 元/kg 计，产值 6 720元/hm^2，扣除生产及用工成本 3 600元/hm^2，利润 3 120元/hm^2，产投比为 1.87：1.00；处理 4 实收油菜籽折单产 2 799kg/hm^2，按当年市场价格 4.0 元//kg 计，产值 11 196元/ha，扣除生产及用工成本 4 500元/hm^2，利润 6 696元/hm^2。产投比为 2.49：1.00。

2.3　不同处理对土壤肥力的影响

由表 1 可以看出，紫云英、油菜翻压能提高稻田土壤有机质含量，对照土壤的有机质

含量最低，为 40.0g/kg，而不同时期翻压处理的土壤有机质含量分别达 42.0g/kg、40.7g/kg、41.8g/kg、40.9g/kg，比对照增幅为 1.8% ~5.0%、平均增幅为 3.38%，比基础土样增幅为 3.3% ~6.6%、平均增幅为 4.95%，处理 1 土壤有机质含量增加最快，培肥效果最明显，处理 3 次之。处理 1 碱解氮含量高，比对照增幅为 10.0%，比基础土样增幅为 13.8%；处理 3 次之，比对照增幅为 6.5%，比基础土样增幅为 10.2%；随着翻压时间的推迟，碱解氮含量不断降低。

表 1　紫云英和油菜不同时期翻压对稻田土壤的影响

处理	pH 值	有机质（g/kg）	碱解氮（mg/kg）	有效磷（mg/kg）	有效钾（mg/kg）
基础土样	5.3	39.4	172.0	35.3	85.6
1	5.5	42.0	195.7	42.0	109.2
2	5.5	40.7	183.8	41.9	88.0
3	5.5	41.8	189.5	44.8	105.4
4	5.4	40.9	185.2	46.7	113.0
5（CK）	5.4	40.0	177.9	37.9	83.1

2.4　对后作水稻产量的影响

比较紫云英、油菜不同时期翻压处理对后作水稻产量的影响（表 2），结果表明，紫云英、油菜翻压比对照均增产，增产幅度在 13.0% ~23.0%，其中，处理 1 产量最高，达 9 244.5kg/hm^2，其次为处理 3，为 9 082.5 kg/hm^2，处理 2 产量最低，为 8 488.5 kg/ha。

表 2　紫云英和油菜不同时期翻压对后作水稻产量的影响

处理	株高（cm）	穗长（cm）	有效穗（万穗/hm^2）	总粒数（粒/穗）	实粒数（粒/穗）	结实率（%）	千粒重（g）	理论产量（kg/hm^2）	实际产量（kg/hm^2）	比 CK 增产（%）
1	128.4	25.1	241.05	172.95	155.66	90.0	26.3	9 868.2	9 244.5a	23.0
2	127.6	25.3	207.75	180.62	163.17	90.3	26.5	8 983.1	8 488.5a	13.0
3	129.3	24.9	237.15	177.42	160.92	90.7	26.4	10 074.8	9 082.5a	20.9
4	127.8	25.0	215.85	185.17	169.06	91.3	26.4	9 633.8	8 725.5a	16.1
5（CK）	124.2	24.7	183.75	187.66	172.27	91.8	26.6	8 420.1	7 515.0b	—

注：理论产量 = 有效穗 × 实粒数 × 千粒重。同列小写字母不同表示不同处理差异达显著性水平

观察记录表明，各处理水稻生育期与对照相比，均延长 2 ~3d，处理 1 和处理 3 成熟期为 10 月 16 日，处理 2 和处理 4 成熟期为 10 月 15 日，而对照最早黄熟，成熟期为 10 月 13 日。比较不同处理的产量构成和植株生长情况，结果表明紫云英、油菜翻压后对土壤

培肥效果明显，土壤有机质增加，综合肥力提高，水稻生长条件改善，营养生长期延长，叶面积指数配置理想，单位面积物质生产量提高。水稻产量的提高主要通过有效穗的增加所致。

3　讨论

本研究结果表明，种植紫云英和油菜，不论采用何种翻压方式，对土壤培肥效果均较显著，土壤有机质含量平均提高 4.95%，成熟期翻压对土壤的培肥效果较盛花期翻压有所下降。在紫云英结荚成熟期翻压，与盛花期相比，氮素损失率达 34%（朱贵平等，2011），但结荚成熟后落到田里的种子，在单季稻收割时会自行发芽出苗，可免去种子成本和播种用工，且培肥效果较好（丁坦连和朱贵平，2008）。该项技术能年复一年，往复循环（林沧等，1998），同时还可考虑留种，近年紫云英种子市场紧缺，价格上扬，效益更好。处理 4 相比处理 3，氮素有一定损失，但与单季稻茬口相衔接，可减少一次机耕费用。

由研究结果可知，紫云英和油菜不同时期翻压处理的后作水稻均比对照增产，增产幅度在 13.0% ~23.0%，产量最高的是紫云英盛花期翻压处理，达 9 244.5kg/hm^2，其次是油菜盛花期翻压处理，达 9 082.5kg/hm^2，分别比对照增产 23.0% 和 20.9%，增产原因主要是有效穗数增加。采用紫云英盛花期翻压是理想选择，土壤有机质含量增加快，碱解氮提高明显，对土壤培肥效果最好，可实现后作水稻优质高产。油菜脱粒后秸秆还田翻压增加了一季油菜籽收入，折合利润 6 696元/hm^2，后作水稻仅比单产最高的紫云英盛花期翻压处理减产 519kg/hm^2，减收 1 297.5元/hm^2，但经济收益达 5 398.5元/hm^2。因此，本研究中油菜脱粒后秸秆还田翻压处理不仅能增加一季油菜籽收入，而且对土壤具有明显的培肥效果，其经济效益最高，适宜在绿色有机稻米生产上大力推广应用。

4　结论

本研究结果表明，紫云英盛花期翻压土壤培肥效果最好，油菜脱粒后秸秆还田翻压处理经济效益最高。

参考文献

[1] 丁坦连，朱贵平．绿肥结荚翻耕技术［J］．现代农业科技．2008（18）：200.

[2] 李淑春，张惠琴，朱贵平等．前作油菜对水稻产量及性状的影响［J］．现代农业科技，2010（5）：34.

[3] 李孝勇，武际，朱宏斌等．秸秆还田对作物产量及土壤养分的影响［J］．安徽农业科学，2003，31（5）：870－871.

[4] 林沧，李星，张秋芳等．单季稻田紫云英一次播种多年繁殖利用研究［J］．植物营养与肥料学报，1998，4（3）：311－313.

[5] 刘英，王允青，张祥明等．种植紫云英对土壤肥力和水稻产量的影响［J］．安徽农学通报，2007，13（1）：98－99.

[6] 沈生元，莫美英，穆利明等．单季稻田紫云英一次播种多年自繁利用技术研究［J］．江苏农业科学，2010（6）：151－153.

[7] 王允青，郭熙盛，武际等．油菜秸秆还田及肥料运筹对水稻生长的影响［J］．安徽农业科学，2009，37（11）：4 923－4 924.
[8] 吴增琪，朱贵平，张惠琴．仙居县强力推进稻米品质提升的实践［J］．中国稻米，2010（3）：68－71.
[9] 朱贵平，张惠琴，吴增琪等．紫云英不同时期翻耕氮素含量的变化及对后作水稻产量的影响［J］．江西农业学报，2011，23（2）：122－124.

紫云英腐解对土壤速效养分动态变化和单季稻生长的影响*

王建红　曹　凯　张　贤
浙江省农业科学院环境资源与土壤肥料研究所　浙江杭州　310021

摘　要：在大田条件下通过小区试验，以紫云英为单一肥源，研究翻压 75 000kg/hm^2 高量紫云英（*Astragalus sinicus* L.）鲜草后，轮作与不轮作单季水稻两种条件下，在紫云英还田后至单季稻收获的180d内，观测紫云英腐解对土壤速效N、P、K养分的动态变化规律和单季稻生长情况。结果表明，紫云英翻压腐解后不轮作单季稻条件下，养分释放对土壤速效氮、磷、钾养分的动态变化影响结果不一，对土壤速效磷的影响时间最短，一般不超过20d，对速效氮和速效钾的影响时间较长，分别达到120d和150d左右，这说明因紫云英翻压引起土壤速效氮、磷、钾含量变化的过程中，土壤自身胶体环境对土壤速效磷变化的调节作用较强，对土壤速效氮变化的调节作用次之，对土壤速效钾变化的调节作用最弱。轮作单季稻后，水稻根系吸收养分会对土壤速效钾和速效氮含量的变化影响比较明显，对土壤速效磷含量变化则影响不大。以紫云英为单一肥源与不施化肥处理比较，收获期单季水稻稻秆和稻谷产量都显著提高。这一研究结果对指导紫云英绿肥翻压后种植单季水稻的施肥管理和以紫云英为单一肥源生产有机稻米技术都具有一定的指导意义。

关键词：紫云英；腐解；土壤速效养分；动态变化；单季稻生长

紫云英属于豆科黄耆属，一年生或越年生草本植物，俗称红花草、草子等。我国具有种植和利用紫云英的悠久历史[1]。20世纪80年代化肥未被大量生产利用之前，紫云英是中国南方稻区冬季绿肥主栽品种[1~2]。紫云英的固氮能力和土壤培肥作用曾被大量研究[3~7]，这些研究主要集中在紫云英的固氮根瘤菌形成过程、固氮机理、固氮能力和紫云英还田后与化肥配施对水稻的增产作用。在这些研究中虽然涉及紫云英还田腐解

---

* 本文发表于《浙江农业学报》，2013，25（3）：587－592.

对土壤养分的影响，但仅限于某一水稻生育期对土壤养分指标的影响，而且多数研究采用紫云英与化肥配施的方法[4,5,7]，无法明确紫云英单一要素腐解后养分释放对土壤养分动态变化的影响。近年来有研究人员对紫云英还田腐解过程中对土壤速效养分动态变化的规律进行研究[8,9]，但这些研究都以室内盆钵模拟试验研究为主，研究结果是否与大田实际情况相符，还有待验证。此外，以往紫云英种植利用都以与双季稻轮作为主，紫云英的肥效重点表现在对早稻生长和产量的影响方面。紫云英—早稻轮作由于间隔时间短，紫云英鲜草还田量必须要有一定限制，否则会引起早稻僵苗等毒害现象[1]。当前浙江省水稻种植以单季稻为主，紫云英鲜草翻压到种植单季稻期间存在较长时间间隔，紫云英腐解养分释放对土壤速效养分动态变分和轮作单季稻的生长影响有待研究。另外，当前有机稻米种植正在备受关注，不施任何化肥或仅以绿肥为水稻唯一肥源的有机稻米生产方式对水稻的产量究竟有何影响也不清楚。本研究在大田自然条件下，采用单一高量（75 000kg/hm^2）紫云英鲜草翻压还田，并对紫云英腐解过程中土壤速效 N、P、K 养分动态变化进行连续观测，一方面研究紫云英翻压后至单季稻生长结束期内对土壤速效养分动态变化的系统影响，从而明确在大田自然条件下紫云英鲜草翻压腐解后在轮作与不轮作单季稻情况下，养分释放对土壤速效养分动态变化的潜在影响，另一方面了解紫云英翻压后轮作单季稻对水稻生长和产量的影响，这不仅可以为紫云英翻压后轮作单季稻的施肥管理提供参考，也可以为以紫云英作唯一肥源，在紫云英—单季稻轮作模式中生产有机稻米的科学性提供理论依据。

1　材料与方法

1.1　材料

试验安排在金华市婺城区蒋堂农业科学试验站。试验站位于东经 119°32′12″，北纬 29°04′8″，海拔 62.5m，属中亚热带季风气候，四季分明，年温适中，热量丰富，雨量较多但时间分配不均。全年日照时数约 1 700h，平均降水量约 1 500mm，平均气温约 17.9℃。

试验地土壤类型为红壤黄筋泥土发育而成的水稻土，紫云英播种前测定土壤基本肥力特性：pH 值为 4.50，有机质 21.7g/kg，全氮 1.30g/kg，速效氮 142.2mg/kg，速效磷 37.9mg/kg，速效钾 53.1mg/kg。

试验选用的紫云英品种是当地主栽的宁波大桥种。紫云英鲜草翻压后移栽单季晚稻品种为涌优 9 号。

1.2　试验设计

试验在 2010 年 10 月至 2011 年 10 月进行。试验设两个对照处理和两个紫云英翻压处理：①CKRP（对照种单季水稻处理）；②CKWRP（对照不种水稻处理）；③APRP（紫云英 75 000kg/hm^2 翻压轮作单季水稻处理）；APWRP（紫云英 75 000kg/hm^2 翻压不种水稻处理）。采用小区试验，小区面积 20m^2，随机排列，各小区试验期间独立排灌，互不干扰，各处理重复 4 次共 16 个小区。两对照处理冬季空闲。两紫云英翻压处理冬种紫云英，2010 年 10 月 9 日播种，播种前各小区取原始土样，2011 年 4 月 17 日紫云英盛花期翻压，翻压时称重 75 000kg/hm^2 紫云英鲜草还田。翻压时紫云英 C/N 14.8。紫云英翻压时两对照处理同时翻耕，并在紫云英开始腐解至移栽单季稻期间各小区均保持淹水状态。紫云英翻压后 60d CKRP 和 APRP 两处理移栽单季水稻，移栽的秧苗大小和数量相对一致。紫云英翻压前 0d（2011-04-16）取各小区土样作对照土样。紫云英翻压后 10d（2011-04-26）、20d（2011-05-06）、30d（2011-05-16）、40d（2011-05-26）、50d（2011-06-05）、60d（2011-06-15）、90d（2011-07-15）、120d（2011-08-14）、150d（2011-09-14）、180d（2011-10-14）各小区连续取土样 10 次供试验分析。紫云英翻压 60d 后（2011-06-15）移栽水稻，水稻生长期各试验小区水分管理按水稻生长需要模拟大田实际管理。整个紫云英翻压至单季稻收获期内各小区均不施任何化肥。紫云英翻压 180d 后（2011-10-14）水稻收获，同时取最后一次土样。

1.3 项目测定

试验主要测定项目：土壤速效氮用凯氏定氮扩散法，土壤速效磷用碳酸氢钠分光光度计法，土壤速效钾用醋酸铵浸提原子分光光度法。具体项目测定方法参见参考文献 10[10]。水稻收获时各小区随机抽取 5 丛水稻植株样本测定稻秆平均株高，穗长，每穗实粒数，千粒重指标。同时实测各小区稻谷产量和稻秆产量。

1.4 数据处理

试验数据采用 Excel 和 SPSS 软件进行统计分析。

2 结果与分析

2.1 紫云英腐解对土壤速效氮动态变化的影响

CKRP 和 CKWRP 两对照处理土壤速效氮自开始观测（2011-04-16）至水稻移栽（2011-06-15）的 60d 内变化不大（图 1）。CKRP 在水稻移栽后土壤速效氮开始下降，至移栽后 30d 下降至较低值，并与 CKWRP 差异显著（$P<0.05$），表明水稻移栽后由于水稻根系对氮的吸收作用，土壤速效氮有一个快速下降过程，但 30d 后变化趋于稳定，至移栽 60d 后与 CKWRP 已无显著差异，往后两对照处理表现相似变化特征，且两者之间无显著差异直至试验结束。APRP 和 APWRP 两处理土壤速效氮在紫云英翻压后明显增加，至翻压后 20d（2011-05-06）达最高水平，APRP 和 APWRP 土壤速效氮含量分别比两对照平均水平高出 60.5mg/kg 和 87.3mg/kg，与两对照相比差异达极显著水平（$P<0.01$），但两处理间差异不显著。20～40d 时，两处理土壤速效氮出现一个明显下降过程，在 40～50d 时达到较低值，但此时土壤速效氮的含量与两对照比较仍达显著差异（$P<0.05$）。此后两处理又出现一个缓慢上升的峰值，但没有超过前期最高值。水稻移栽前的 60d 期间两处理的速效氮变化规律相似。水稻移栽后，APRP 处理土壤速效氮开始出现一个明显下降的过程，至水稻移栽后的 90d，土壤速效氮含量已低于 CKWRP。APWRP 处理土壤速效氮一直保持在较高水平，直至翻压 120d 后才在土壤自身胶体环境的调节作用下降至较低水平。至试验结束四个处理的土壤速效氮含量因土壤自身调节作用已无显著差异。这一结果表明，紫云英翻压后会引起土壤速效氮的持续上升并维持较长时间，在没有后季作物情况

下，紫云英翻压 120d 后这种影响才在土壤自身胶体环境调节作用下逐步减弱。通过 CK-RP 和 APRP 处理在水稻移栽后的土壤速效氮变化特征分析，说明水稻根系对氮的吸收会引起土壤速效氮含量的变化，水稻移栽后 30d 内速效氮下降最快，但这种影响会随着时间延长在土壤自身胶体环境调节作用下又回到一个较稳定的区域内。

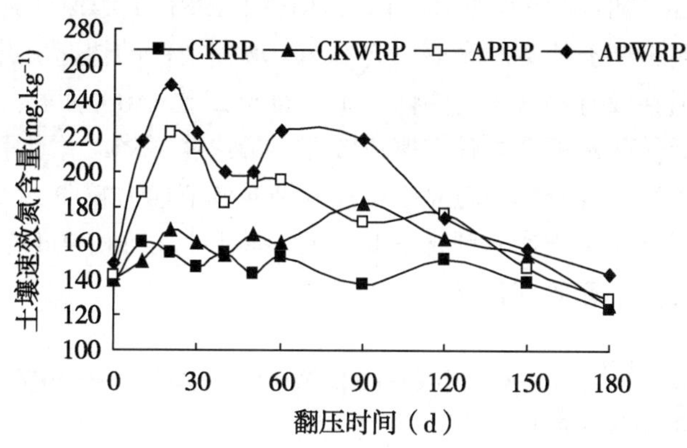

图 1　紫云英翻压腐解对土壤速效氮含量动态变化

2.2　紫云英腐解对土壤速效磷动态变化的影响

CKRP 与 CKWRP 两对照处理土壤速效磷在观测期 180d 内虽然有波动变化，但差异不大，方差分析显示即使在水稻移栽后土壤速效磷含量也未表现出显著性差异变化（图 2）。APRP 与 APWRP 处理在紫云英翻压后，前 10d 内土壤速效磷快速上升，至 10d 左右达最高值，此时土壤速效磷含量与翻压前比差异显著（$P<0.05$），但两处理间差异不明显，表明紫云英翻压后，前 10d 土壤速效磷有一个快速上升的过程，10d 后两处理土壤速效磷含量又快速下降，约翻压后 30d 两处理土壤速效磷含量与两对照比已无显著性差异。另外，水稻移栽后至水稻收获期内两处理之间土壤速效磷含量也没有表现出显著性差异。这一结果表明，紫云英翻压后只在较短时期内对土壤速效磷含量动态变化有一定影响，时间一般不超过 20d，此后由于土壤胶体对速效磷的调节作用，使土壤速效磷含量一直在一个相对稳定的区域内波动，并且水稻移栽也不会对土壤速效磷含量变化生产显著影响。这也说明土壤自身胶体环境对磷的调节作用是快速且稳定的，紫云英腐解释放入土壤的大量速效磷会被土壤胶体快速固定，水稻根系吸收磷不会引起土壤速效磷含量的较大波动。

2.3　紫云英腐解对土壤速效钾动态变化的影响

CKRP 与 CKWRP 两对照处理土壤速效钾在观测期前 60d 内变化规律相似，且无显著性差异（图 3）。CKRP 在水稻移栽后土壤速效钾明显下降，至移栽后的 60d 降至最低值，约为 43.9mg/kg，此后轻微上升，但变化不明显，直至试验结束。CKWRP 在观测期 60d 后土壤速效钾虽有一个下降过程，但与 CKRP 相比，仍处较高水平，最低也达 71.8mg/kg，并在这一水平波动，直至试验结束。APRP 和 APWRP 两处理土壤速效钾在紫云英翻压后 10d 内快速上升，在 10～20d 内维持在较高水平，与两对照处理相比差异达极显著水平（$P<0.01$），此后两处理土壤速效钾均缓慢下降，至观测期 50d 左右降至较低水平。

水稻移栽后，APRP 处理土壤速效钾快速下降，至水稻移栽后 60d 降至最低水平，仅为 40.3mg/kg，此后缓慢上升并在较低水平波动，APWRP 处理观测期 60d 后土壤速效钾虽有缓慢下降趋势，但维持在较高水平波动，其变化规律与 CKWRP 相似，但至试验结束土壤速效钾已降至 CKWRP 水平。试验结束时 APWRP 与 CKWRP 土壤速效钾含量差异不显著，但显著高于 CKRP 和 APRP 两处理，而 CKRP 和 APRP 土壤速效钾含量接近，差异不显著。以上结果表明，紫云英翻压腐解后会引起土壤速效钾的快速上升，虽然在 50d 左右下降至较低水平，但在没有移栽水稻的情况下，直至试验 150d 后才会逐步下降至对照水平，而紫云英翻压后轮作水稻会导致土壤速效钾含量快速下降，并且下降趋势一直保持到水稻收获。这说明土壤自身胶体环境对土壤速效钾的调节能力较弱，大量紫云英翻压在没有轮作后季作物情况下对土壤速效钾含量变化的影响会持续到 150d 左右。而水稻根系对速效钾的吸收会引起土壤速效钾含量的较大波动。

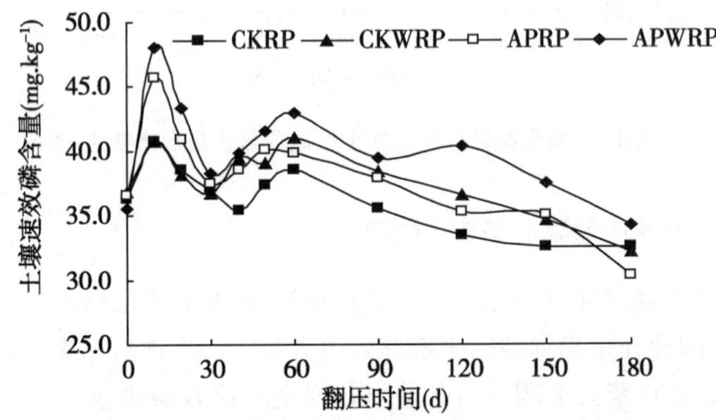

图 2　紫云英腐解对土壤速效磷含量动态变化

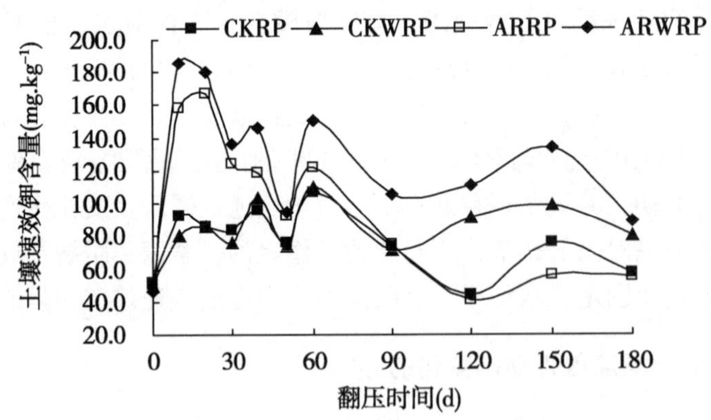

图 3　紫云英翻压腐解对土壤速效钾含量动态变化

2.4　紫云英翻压还田轮作单季稻对水稻生长和产量的影响

紫云英翻压腐解释放的氮、磷、钾养分对土壤速效养分含量的动态变化会影响单季水稻生长过程中根系对养分的吸收和转化能力，并最终影响水稻收获期的植株生物学特性和产量。在试验过程中观测到 CKRP 和 APRP 处理的水稻生长一直比较健康，没有表现出明显的病虫害和倒伏现象。APRP 处理与 CKRP 处理相比（表 1），除了稻谷的千粒重差异不显著外，收获期水稻的株高、穗长、每穗实粒数、稻谷产量、稻秆产量都差异显著，其中稻谷产量 APRP 处理比 CKRP 处理高 54.8%，而且谷/杆比 APRP 处理也比 CKRP 处理高，说明 75 000kg/hm^2 高量紫云英鲜草翻压还田轮作单季水稻的耕作模式不会产生像紫云英—双季稻轮作模式中因紫云英翻压量过高而对早稻生长产生不利影响的状况，相反可以显著提高单季稻产量。这一结果也表明，以紫云英鲜草翻压还田为唯一肥源的有机稻米栽培模式在生产上是可行的，它比不施化肥生产有机稻米的栽培模式产量要显著提高，在生产上具有较大的推广价值。

表 1　紫云英鲜草翻压还田轮作单季稻对水稻生长和产量的影响

处理	株高（cm）	穗长（cm）	每穗实粒数	千粒重（g）	稻谷产量（kg/hm^2）	稻秆产量（kg/hm^2）	谷秆比
CKRP	92.1a	20.9a	132.2a	27.9a	7160.8a	7762.2a	0.92
APRP	100.8b	22.1b	151.8b	27.6a	11 081.4b	10 186.9b	1.09

注：同一列小写字母不同表示差异显著性（$P<0.05$）；谷/秆比 = 稻谷产量/稻秆产量，比值越大表示水稻的籽实体转化率越高

3　讨论与结论

紫云英翻压腐解后会引起土壤速效氮含量的显著上升，并前后出现两次速效氮含量的峰值，在没有轮作后季作物的情况下对土壤速效氮含量动态变化的影响时间持续期约为 120d，但轮作水稻后土壤速效氮的含量会随着水稻的生长明显下降，说明水稻根系吸收对土壤速效氮的含量变化影响较大。紫云英翻压后土壤速效氮含量出现二次高峰与唐家泽[11]、卢萍[12]等的研究结果相似，但峰值出现时间略有差异。根据黄显淦等[13]的研究，土壤速效氮的第一次高峰应以铵态氮为主，二次高峰则以硝态氮为主，本研究虽未对速效氮进行分类测定，但有机物料在土壤中的氮素释放和转化规律，应有相似结果。本研究中紫云英翻压腐解对土壤速效氮含量动态变化的持续影响时间未见有其他相关报道。

紫云英翻压后对土壤速效磷含量的影响主要表现在翻压后的 10d 左右，此后这种影响逐步减弱。这一研究结果与刘威等[14]对紫云英腐解后磷素的释放规律研究结果基本符合。根据他们研究，紫云英翻压后 6d 左右磷素释放就占紫云英磷素总含量的 80% 以上，大量的速效磷进入土壤会引起土壤速效磷含量的快速上升。而土壤中的速效磷是很容易被土壤胶体固定的，因此紫云英翻压后对土壤速效磷含量的影响时间较短也是可以解释的。试验观测到水稻移栽不会对土壤速效磷的含量变化产生较大影响，表明土壤速效磷含量在土壤生态系统中是相对稳定的，外界增施的磷素养分能被土壤胶体环境快速调控，而作物对磷的吸收也不会引起土壤速效磷含量的较大波动。

紫云英翻压腐解后会引起土壤速效钾的快速上升，10d 左右即达最高水平，在没有轮作后季作物的情况下，观测期内土壤速效钾含量一直保持在较高水平，直至观测期 150d 后才会逐步下降并至对照水平。这一研究结果与刘威[14]等对紫云英翻压腐解后钾素的释放规律研究结果也较相符，他们研究认为钾素在紫云英翻压 2d 后释放量就占总量的 80% 以上，因此引起土壤速效钾含量的急剧上升也是很自然的。紫云英腐解释放速效钾后在土

壤中的存在与速效磷不同，它不会被土壤胶体快速固定，因此它对土壤速效钾含量动态变化的影响时间远比速效磷要长得多，本试验的影响期达到150d左右。另外，移栽水稻后由于水稻根系对钾素的吸收作用会引起土壤速效钾的快速下降，这也说明土壤胶体对土壤速效钾的调控能力较弱，这一研究结果未见相关报道。

研究发现，紫云英75 000kg/hm^{2}高量鲜草还田轮作单季水稻，由于紫云英翻压期至单季稻移栽期约有2个月的时间间隔，没有出现紫云英双季稻轮作中由于紫云英高量翻压与早稻移栽期间隔过短而出现的水稻僵苗现象，而且单季稻的生长和产量明显优于不施肥处理。表明以高量紫云英为唯一肥源轮作单季稻生产有机稻米在技术上是可行的，它比不施肥生产有机稻米的产量要明显提高，从而使有机稻米的种植效益进一步提高。

综合上述结果分析和讨论，本试验条件下紫云英翻压腐解养分释放在没有轮作后季作物的情况下，对土壤速效氮、磷、钾养分的动态变化影响持续时间结果不一，对土壤速效磷的影响时间最短，一般不超过20d，对速效氮和速效钾的影响时间较长，分别达到120d和150d左右，说明土壤自身胶体环境对紫云英腐解释放的氮、磷、钾养分调节能力不一样，对磷的调节能力最强，其次是氮，对钾的调节能力最弱。水稻生长过程中通过根系吸收作用，对土壤速效钾的影响最大，其次是氮，对磷的影响最弱。这一研究结果对指导紫云英绿肥翻压后种植单季水稻的施肥管理具有一定的指导意义。此外，研究发现在紫云英—单季稻轮作模式中，紫云英高量翻压不会对单季稻生长产生不利影响。在有机稻米生产过程中，以紫云英绿肥为唯一肥源的高量紫云英翻压模式比不施肥模式能获得更高的水稻产量从而获得更好的经济效益，在生产上有较大的推广价值。

参考文献

[1] 林多胡，顾荣申．中国紫云英［M］．福州：福建科学技术出版社，2000：1－17，218－238，245－252.

[2] 焦彬，顾荣申，张学上等．中国绿肥［M］．北京：农业出版社，1986：291－305.

[3] 李仲贤．紫云英根瘤菌结瘤能力的研究［J］．微生物学报，1985，12（4）：151－153.

[4] 王允青，张祥明，刘英等．施用紫云英对水稻产量和土壤养分的影响［J］．安徽农业科学，2004，32（4）：699－700.

[5] 刘英，王允青，张祥明等．种植紫云英对土壤肥力和水稻产量的影响［J］．安徽农业通报，2007，13（1）：98－99.

[6] 朱贵平，张惠琴，吴增琪等．紫云英不同时期翻耕氮素含量变化及对后作水稻产量的影响［J］．江西农业学报．

[7] 刘春增，李本银，吕玉虎等．紫云英还田对土壤肥力、水稻产量及其经济效益的影响［J］．河南农业科学，2011，40（5）：96－99.

[8] 王琴，潘兹亮，吕玉虎等．紫云英绿肥对土壤养分的影响［J］．草原与草坪，2011，31（1）：58－60.

[9] 刘威，鲁剑巍，潘福霞等．绿肥在现代农业发展中的探索与实践［M］．北京：中国农业科学技术出版社，2011：218－228.

[10] 鲁如坤．土壤农业化学分析方法［M］．北京：中国农业科技出版社，2000：

128 - 135.
[11] 唐泽家. 冬季绿肥氮素释放规律研究初报 [J]. 广东农业科学, 1984 (5): 24 - 26.
[12] 卢萍, 单玉华, 杨林章等. 绿肥轮作还田对稻田土壤溶液氮素变化及水稻产量的影响 [J]. 土壤, 2006, 38 (3): 270 - 275.
[13] 黄显淦, 张建明, 王荣. 果园绿肥氮素养分释放研究 [J]. 中国果树, 1985 (3): 14 - 16.
[14] 潘福霞, 鲁剑巍, 刘威等. 三种不同绿肥的腐解和养分释放特征 [J]. 植物营养与肥料学报, 2011, 17 (1): 216 - 223.

紫云英翻压量对单季晚稻养分吸收和产量的影响*

王建红　曹　凯　张　贤
浙江省农业科学院环境资源与土壤肥料研究所　浙江杭州　310021

摘　要：通过2年田间试验，研究了不同紫云英翻压量对单季晚稻养分吸收、养分利用效率和产量的影响，并以此确定紫云英鲜草的最佳翻压量。试验设CK（不施肥），CF（常规施化肥）和4个紫云英鲜草翻压量（30，60，90，120t/hm^2）共6个处理。结果表明，在所有紫云英翻压处理中，稻谷中氮、磷、钾吸收量、水稻氮、磷、钾的养分农学利用效率和稻谷产量均以翻压紫云英鲜草60t/hm^{2}处理最高。与不施肥处理相比，施化肥和紫云英翻压处理分别增加稻谷产量11.8%和7.4% ~13.5%。将紫云英作为单季晚稻的唯一肥源不会产生僵苗现象，并可获得高产。

关键词：紫云英；单季晚稻；养分吸收；产量；养分利用效率

紫云英（*Astragalus sinicus* L.）是我国南方稻区冬季稻田主栽绿肥，将其翻压腐解后可以为后季水稻生长提供氮、磷、钾等速效养分，从而达到在水稻生长期少施化肥或不施化肥而确能获得较高产量的目的[1~6]。在20世纪末以前，紫云英—水稻的耕作方式以紫云英—双季稻为主，研究也主要集中在紫云英对早稻生长影响的相关技术上[7~11]，而很少涉及紫云英对单季稻生长的影响。21世纪以来，随着市场经济的发展和劳动力成本的不断增加，种植双季稻的经济效益低下，从而使单季稻特别是单季晚稻种植面积不断增加。2010年浙江省水稻种植面积102.8万hm^2，其中，单季晚稻的种植面积达67.8万hm^2，占总面积的66.0%[12]。

* 本文发表于《植物营养与肥料学报》，2014，20（1）：156 - 163.

随着有机稻米生产技术的提出，绿肥－水稻耕作制已成为有机稻米生产的重要耕作制，其中紫云英—单季晚稻耕作制是生产有机稻米最佳模式[13~15]。目前，以紫云英为唯一肥源生产有机稻米对单季晚稻的产量和养分吸收的影响并不清楚，因此，研究单季晚稻生产中紫云英最适宜用量以及水稻养分吸收规律具有重要的现实意义。在早稻生产中紫云英的合理翻压量以及与化肥的配施技术前人已有明确研究结果[1,7~9]，但紫云英在单季晚稻生产中的适宜翻压量未做深入研究。

南方稻区主栽中、迟熟品种紫云英，鲜草产量较高。在紫云英—早稻耕作中，紫云英的翻压期在4月上旬，此时紫云英鲜草还没有达到最高产量。该耕作制中的紫云英鲜草产量一般为30t/hm^{2}左右。紫云英—单季晚稻耕作中，由于晚稻栽培一般要到6月中旬，因此紫云英有充分生长时间（盛花期，4月中旬）达到最高产量。李昱等[16]研究显示，合理的施肥技术可以使中熟种闽紫5号紫云英的鲜草产量达到63.2t/hm^2，葛天安等[17]研究认为高产栽培的迟熟宁波大桥种紫云英的最高鲜草产量可以达到66.8t/hm^2。即使常规管理下的宁波大桥种的鲜草产量也可达到45~60t/hm^2[18]。紫云英鲜草达到最高产量时全量翻压还田是否会对单季晚稻生长产生不利影响，目前并无定论。王建红等[19]研究显示，以紫云英为唯一肥源，4月中旬翻压，6月中旬移栽单季晚稻，翻压量在75.0t/hm^{2}时的单季晚稻仍能正常生长。研究表明，紫云英在早稻生产中的鲜草适宜翻压量为22.5~30.0t/hm^2[1]，过高翻压量会对早稻秧苗生长产生毒害、出现僵苗等状况[20]。紫云英—单季晚稻耕作中，紫云英翻压期与水稻移栽期之间的间隔时间为60d左右。单季晚稻移栽时的土壤养分环境条件与早稻有很大差异，因此，较高的紫云英翻压量是否会对单季晚稻的生长产生不利影响有待进一步试验验证。施用化肥和紫云英翻压的养分释放特点不同，因此，水稻养分的吸收特点也不同。本研究旨在探讨在紫云英—单季晚稻耕作制中紫云英不同翻压量对单季晚稻养分吸收和产量的影响，并以此来确定紫云英鲜草的最佳翻压量，以期为利用紫云英为唯一肥源生产单季晚稻提供科学依据。

1 材料与方法

1.1 试验区概况

试验点在金华市婺城区蒋堂农业科学试验站（119°32′12″E，29°04′8″N），海拔62.5m，属中亚热带季风气候，四季分明，年温适中，热量丰富。全年平均日照时数约1 700h，平均降水量约1 500mm，平均气温约17.9℃。

试验地土壤类型为红壤黄筋泥土发育而成的水稻土，试验前土壤基础肥力为：有机质含量21.5g/kg，全氮1.45g/kg，速效氮248.2mg/kg，速效磷25.0mg/kg，速效钾34.4mg/kg，pH值为5.38。试验选用的紫云英品种为当地主栽的宁波大桥，翻压试验采用紫云英盛花期地上部分鲜草，试验测得翻压时鲜草水分含量为92.1%，氮、磷、钾含量分别为3.82g/kg、0.39g/kg、3.61g/kg。供试水稻品种为当地主栽的籼粳杂交晚稻甬优9号。

1.2 试验设计

试验在2011年4月至2012年10月进行。采用大田小区试验，试验设6个处理，CK

（不施肥）；CF（常规施化肥）；GM_{30}（翻压 30t/hm^2 紫云英鲜草）；GM_{60}（翻压 60t/hm^2 紫云英鲜草）；GM_{90}（翻压 90t/hm^2 紫云英鲜草）；GM_{120}（翻压 120t/hm^2 紫云英鲜草）。每处理 4 次重复，小区面积 20m^2，随机排列。试验期间各小区用硬田埂并包覆塑料膜隔开，独立排灌。2011 年 4 月 15 日选择前作为单季晚稻的冬闲田且养分状况相对均一的田块做小区，4 月 18 日将紫云英处理的小区按设计要求翻压紫云英鲜草（为了减少紫云英根系对土壤养分的影响，本试验采用紫云英鲜草异地还田的方式），然后各小区淹水常规管理。

水稻于 5 月 8 日播种，6 月 18 日移栽到各小区。试验选用分蘖 2 ~ 3 个且长势相对一致的秧苗植株，移栽密度为 25.0×10^4clump/hm^2。常规施肥处理（CF）于 6 月 17 日施基肥碳酸氢铵 525.0kg/hm^2，过磷酸钙 375.0kg/hm^2；6 月 28 日施分蘖肥尿素 187.5kg/hm^2，氯化钾 112.5kg/hm^2；8 月 9 日施孕穗肥尿素 75.0kg/hm^2，氯化钾 75.0kg/hm^2。不同处理的养分投入量见表 1。10 月 28 日水稻统一收获，各小区单打单收，并测定稻谷和稻草产量。2011 年水稻收获后各小区冬闲，2012 年在水稻生长季按 2011 年的方法再重复一次试验。

1.3 取样和测定方法

供试样品的采集：在做小区时随机取 1 000g 0 ~ 20cm 耕层土样用于测定土壤基础肥力。水稻移栽后在各小区中间位置固定选取 15 丛水稻作观测和考种植株，在水稻分蘖期结束后（8 月 4 日）测定单株分蘖数，在水稻收获时（10 月 28 日）测定单株有效穗数、穗长、每穗实粒数、结实率等水稻农艺性状指标，并将这部分植株用于测定水稻收获期稻谷、稻草氮、磷、钾养分含量。另外，在 8 月 4 日水稻分蘖终期和 9 月 24 日水稻乳熟期分别于各小区任选 20 丛水稻全株，洗净后杀青、烘干后供植株和稻穗以及稻草氮、磷、钾养分含量的测定；10 月 28 日水稻收获时采收稻谷和稻草样品，测定其氮、磷、钾含量。

土壤有机质含量用重铬酸钾容量法；全氮用硫酸—双氧水消煮—蒸馏滴定法；速效氮用碱解扩散法；速效磷用碳酸氢钠浸提—钼锑抗比色法；土壤速效钾用醋酸铵浸提—火焰光度法；土壤 pH 值用电位法测定；水稻植株中全氮含量采用浓硫酸—双氧水消煮—奈氏比色法；全磷采用浓硫酸—双氧水消煮—钒钼黄比色法；全钾采用浓硫酸—双氧水消煮—火焰光度法[21]。

1.4 水稻养分利用效率等参数的计算

水稻养分（氮、磷、钾）农学利用效率（Nutrient agronomy use efficiency，kg/kg）=［施肥区作物经济产量（kg/hm^2）－无肥区作物经济产量（kg/hm^2）］/施肥量（kg/hm^2），表示施入的每千克养分（如 N、P、K 等）增加作物经济产量的能力[22~24]；养分内部利用效率（Internal nutrient use efficiency，kg/kg）=经济产量（kg/hm^2）/养分吸收量（kg/hm^2），表示吸收单位重量养分（如 N、P、K 等）所生产稻谷的重量，即为养分生理利用效率[25]。

试验数据采用 Excel 2003 和 SAS 9.0 进行作图和方差分析，并采用 Duncan'S 新复极差法（LSR）进行多重比较。

表 1　不同处理氮、磷、钾养分投入量　(kg/hm^2)

处理	养分投入量		
	N	P	K
CK	0	0	0
CF	210.0	23.1	93.4
GM_{30}	114.6	11.7	108.3
GM_{60}	229.2	23.4	216.6
GM_{90}	343.8	35.1	324.9
GM_{120}	458.4	46.8	433.2

2　结果与分析

2.1　农艺性状和产量

苗期田间观察表明，所有紫云英翻压处理均未发现因紫云英翻压而产生的僵苗现象。从表 2 可以看出，与不施肥处理（CK）相比，所有施肥处理均显著增加有效穗数，而对千粒重没有显著影响，施化肥显著增加了每穗实粒数。紫云英翻压处理中，除了 GM_{30} 与 CK 处理没有明显差异外，其余处理均显著减少了每穗实粒数。所有施肥处理均比 CK 显著增加稻谷和秸秆产量，施化肥和紫云英翻压分别增加稻谷产量 11.8% 和 7.4% ~ 13.5%，其中，GM_{60} 处理的产量最高（10 672kg/hm^2）（表 2）。

表 2　不同紫云英翻压量对单季晚稻农艺性状和产量的影响（2011 年和 2012 年的平均值）

处理/Treatment	每丛分蘖数/TNPC (No./clump)	有效穗/EPN ($\times 10^4$ clump/hm^2)	每穗实粒数/FGNPP (No./panicle)	结实率/SSR (%)	千粒重/1 000-GW (g)	稻谷产量 Grain yield (kg/hm^2)	秸秆产量 Straw yield (kg/hm^2)	成熟期 Mature (m/d)
CK	8.0d	177.5d	157.2b	94.2a	27.8a	9 191d	6 294c	10/19
CF	11.3ab	250.0a	174.4a	87.4c	27.4a	10 272b	7 393a	10/26
GM_{30}	8.8c	202.5c	157.5b	92.8ab	27.3a	9 873c	7 198b	10/22
GM_{60}	10.3b	225.0b	148.6c	92.4b	27.2a	10 672a	7 517a	10/24
GM_{90}	11.2ab	245.0a	150.8c	91.0b	27.1a	10 602a	7 410a	10/26
GM_{120}	12.5a	250.0a	150.2c	92.5b	26.9a	10 427ab	7 080b	10/27

注：TNPC—Tiller number per clump; EPN—Effective panicles number; FGNPP—Filled grain number per panicle; SSR—Seed setting rate; 1000-GW—1000-Grain weight. 同列数据后不同字母表示处理间差异达 5% 显著水平 Values followed bydifferent letters in a column are significant among treatment at the 5% level.

水稻产量由单位面积有效穗数、每穗粒数与千粒重三要素构成。由此可以看出，施化肥处理增加稻谷产量主要是增加了有效穗数和每穗实粒数，而紫云英翻压则完全归因于有效穗数的增加。

有效穗数随紫云英翻压量的增加而增加，而每穗实粒数则随紫云英翻压量的增加而减少。紫云英翻压量对千粒重没有显著影响。稻谷产量随紫云英翻压量的增加而增加，但翻压量超过 90t/hm^2 后稻谷产量有下降趋势。秸秆产量也随紫云英翻压量的增加而增加，当紫云英翻压量超过 90t/hm^2 时又随翻压量的增加而减少。从水稻成熟期看，随着紫云英翻压量的增加，成熟期明显推迟。

2.2　植株和稻谷养分含量

由表 3 可以看出，在分蘖终期不同紫云英翻压量处理中水稻植株氮含量随翻压量的增加而增加，但翻压量超过 90t/hm^2 后植株氮含量增加不显著，不同翻压量处理植株磷、钾的变化规律不明显；乳熟期稻穗氮含量 GM_{30} ~ GM_{90} 处理间差异不显著，GM_{120} 处理有下降趋势，磷含量各处理变化规律不明显，钾含量随翻压量增加有增加趋势；乳熟期秸秆氮含量随翻压量增加而增加，磷、钾的变化规律不明显；成熟期稻谷氮含量随翻压量的增加而增加，但翻压量超过 60t/hm^2 后增加趋势并不显著，磷、钾在翻压量超过 90t/hm^2 后有下降趋势；成熟期秸秆氮含量随翻压量增加显著增加，而磷随翻压量增加有显著下降趋势，钾的变化规律并不明显。此外，测定结果也显示，紫云英翻压处理与 CK 和 CF 比较，不同生育期水稻氮、磷、钾含量的变化规律并不一致。

表 3　不同紫云英翻压量对水稻不同生育期植株中氮、磷、钾含量的影响（2011 和 2012 年的平均值）　(g/kg)

项目		处理					
		CK	CF	GM_{30}	GM_{60}	GM_{90}	GM_{120}
分蘖终期	N	9.02d	17.90ab	15.82c	17.04b	18.63a	19.18a
	P	4.35c	4.80b	4.59bc	5.29a	4.61bc	4.96ab
	K	20.75ab	22.08a	17.26bc	18.76b	16.52c	18.26b
乳熟期稻穗	N	8.57c	10.31a	9.27b	9.20b	9.47b	8.75c
	P	2.39bc	2.35c	2.69a	2.30c	2.55b	2.49b
	K	2.49c	4.48a	2.36c	2.79bc	3.29b	3.49b
乳熟期秸秆	N	6.40c	13.23a	7.39c	9.92b	9.74b	10.52b
	P	3.07bc	4.72a	3.43b	2.89c	2.61c	3.17bc
	K	18.84b	19.42a	18.59b	17.85c	15.36d	17.81c
成熟期稻谷	N	9.56bc	9.82b	9.22c	10.61a	10.82a	10.74a
	P	2.55a	2.15b	2.03b	2.21b	1.91bc	1.61c
	K	3.54a	3.44a	2.54bc	2.79b	2.52bc	2.39c
成熟期秸秆	N	4.65c	6.77b	4.40cd	4.06d	6.94ab	7.53a
	P	0.55b	1.03a	0.45bc	0.38c	0.34cd	0.26d
	K	17.85a	15.27c	18.01a	17.10b	17.43ab	17.51ab

注（Note）：同列数据后不同字母表示处理间差异达 5% 显著水平 Values followed by different letters in a column are significant among treatment at the 5% level.

2.3　养分吸收

由表 1 可知，紫云英各处理氮、磷、钾养分投入量除 GM_{30} 外均高于 CF 处理，GM_{30} 处理的氮、磷投入量明显低于 CF，钾素投入与 CF 处理相差不多。由于紫云英处理氮、磷、钾养分的供应比例与 CF 差异较大，导致高量紫云英翻压时氮、钾养分投入量明显高于 CF。

表4 显示，稻谷中氮、磷、钾素累积量随紫云英翻压量增加有先增后降的趋势，但氮累积量下降不明显，而磷、钾的累积量有显著下降趋势；稻草中氮、磷、钾累积量随紫云英翻压量的增加，氮有增加趋势，磷有下降趋势，钾则变化不明显；水稻地上部氮、磷、钾养分总累积变化与稻谷相似，都表现为先增后降，但氮、钾的变化趋势较缓，而磷的下降则比较明显。与 CK 相比，较高的紫云英翻压量能显著增加水稻地上部氮素的累积，磷则下降，钾的变化不明显。与 CF 相比，较高的紫云英翻压量也能增加水稻地上部氮素的累积，且差异显著，磷则显著下降，钾的变化差异不大。

表4　不同紫云英翻压量对单季晚稻养分吸收的影响（2011 和 2012 年的平均值）

（kg/hm^2）

处理	稻谷			秸秆			合计		
	N	P	K	N	P	K	N	P	K
CK	87.9d	23.4a	32.5b	29.3b	3.46b	112.3b	117.1c	26.9b	144.9c
CF	100.9b	22.1ab	35.3a	50.1a	7.61a	112.9b	150.9b	29.7a	148.2b
GM_{30}	91.0c	20.0b	25.1e	31.7b	3.24b	129.6a	122.7c	23.3c	154.7a
GM_{60}	113.2a	23.6a	29.8c	30.5b	2.86c	128.5a	143.7b	26.4b	158.3a
GM_{90}	114.7a	20.2b	26.7d	51.4a	2.52c	129.2a	166.1a	22.8c	155.9a
GM_{120}	112.0a	16.8c	24.9e	53.3a	1.84d	124.0ab	165.3a	18.6d	148.9b

注（Note）：同列数据后不同字母表示处理间差异达 5% 显著水平 Values followed by different letters in a column are significant among treatment at the 5% level.

2.4　养分农学利用效率和内部利用效率

从表5 可以看出，紫云英翻压量从 $30t/hm^2$ 增加到 $60t/hm^2$ 可以提高水稻氮、磷的农学利用效率，但不能提高水稻钾的农学利用效率（$P<0.05$）。随着紫云英翻压量的增加，水稻的氮、磷和钾的农学利用效率急剧降低（$P<0.05$）。紫云英翻压量为 $120t/hm^2$ 的处理（GM_{120}），氮、磷、钾的农学利用效率分别比翻压量为 $30t/hm^2$（GM_{30}处理）降低了 54.8%、54.7%和 54.5%。

表5　不同紫云英用量对水稻养分农学利用效率和内部利用效率的影响　（kg/kg）

处理	养分农学利用效率			养分内部利用效率		
	N	P	K	N	P	K
CK	0	0	0	78.5a	341.7d	63.4b
CF	5.14b	46.8b	11.6a	68.1b	345.9d	69.3ab
GM_{30}	5.95ab	58.3ab	6.29b	80.5a	423.7bc	83.8a
GM_{60}	6.46a	63.3a	6.83b	74.3ab	434.2bc	67.4b
GM_{90}	4.10c	40.2c	4.34c	63.8b	465.0b	68.0ab
GM_{120}	2.69d	26.4d	2.86c	63.1b	560.6a	70.0ab

注（Note）：同列数据后不同字母表示处理间差异达 5% 显著水平 Values followed by different letters in a column are significant among treatment at the 5% level.

水稻氮素内部利用效率随紫云英翻压量的增加而降低，但紫云英翻压量增加到 90t/hm^2 后，水稻氮素的内部利用效率不再降低。水稻磷素的内部利用效率随紫云英翻压量的增加而增加，其中，紫云英翻压量为 120t/hm^2 的处理（GM_{120}）最高，并与其他处理间达到显著水平（$P<0.05$）。在翻压紫云英的处理中，钾的内部利用效率除 GM_{30} 较高外，其他处理间的差异不显著。

在所有紫云英翻压处理中，水稻的氮、磷和钾的农学利用效率以 GM_{60} 处理最高，内部利用效率氮、钾以 GM_{30} 处理较高，磷则以 GM_{120} 最高。

3　讨论

3.1　紫云英翻压量对单季晚稻生长的影响

本研究表明，以紫云英为唯一肥源，紫云英翻压量达到 120t/hm^2 时，单季晚稻仍能正常生长，没有出现像紫云英—双季稻耕作制中紫云英翻压量超过 30t/hm^2 就对早稻秧苗产生毒害的现象。尽管如此，仍发现因紫云英翻压过量而使单季晚稻成熟期推迟的现象。GM_{120} 处理的水稻成熟期迟于 CF 处理 1d（表 2）。丁昌璞等[16]认为，紫云英翻压腐解的初期会造成土壤还原性物质的积聚，导致 Eh 下降，Fe^{2+} 浓度增加，有机酸积聚，从而对水稻秧苗生长产生毒害作用。林多胡等[1]也证实，早稻移栽时紫云英适宜翻压量为 22.5 ~ 30.0t/hm^2，增加翻压量会对早稻秧苗生长产生毒害作用。看来，这种毒害作用仅发生在紫云英翻压期与水稻移栽期比较接近的紫云英与早稻轮作的耕作制中。

研究证实，紫云英与早稻轮作的鲜草适宜翻压量并不适用于紫云英与单季晚稻轮作的耕作制中，这主要与紫云英翻压轮作早稻与紫云英翻压轮作单季晚稻的茬口时间间隔长短有关，前者时间间隔只有 7d 左右，而后者一般在 60d 左右。刘威[26]，王飞[27]等人对紫云英鲜草翻压腐解的养分释放规律研究结果显示，紫云英鲜草翻压后需要 30d 才能将绝大部分有机物矿化成无机物，在南方地区紫云英鲜草翻压的适宜时期在 4 月上中旬，早稻移栽一般在 4 月中旬，而单季晚稻移栽一般要到 6 月中旬。紫云英翻压与单季晚稻移栽间较长的茬口间隔已使紫云英腐解初期的土壤养分环境发生深刻改变，这就可以解释为什么较高的紫云英翻压量不会对单季晚稻生长产生毒害的原因。

试验结果也表明，紫云英作为唯一肥源耕作单季晚稻的水稻产量随翻压量的增加出现一个先增加后下降的过程，这说明一味地增加紫云英鲜草翻压量并不会使单季晚稻产量无限提高，过高的翻压量，其腐解产生的过量养分会导致单季晚稻的养分农学利用效率降低（表 5），同时还会使稻谷和稻草产量下降（表 2）。

3.2　紫云英翻压量对单季晚稻不同生育期植株养分含量的影响

从本研究看出，紫云英翻压量对单季晚稻不同生育期植株养分含量的影响有一定差异，增加紫云英翻压量，在水稻分蘖期会增加植株的氮含量，但对磷、钾的含量影响并不明显；在乳熟期，水稻秸秆中的氮含量会增加，磷、钾含量无明显变化规律，水稻稻穗中的氮、钾含量会增加，磷含量无明显变化规律；在成熟期，水稻秸秆氮含量显著增加，磷含量显著降低，钾含量变化不明显，稻谷氮、钾的含量变化不明显，但磷有下降趋势（表 3）。综合上述变化特征，说明以紫云英为唯一肥源，增加紫云英翻压量，在水稻成熟期，水稻营养体部分的氮含量会显著增加，导致水稻生育期延长，但籽实体部分氮含量变化差异并不明显，因此以紫云英为唯一肥源生产单季晚稻，其翻压量只要达到一定水平就可以了，过量翻压只会造成水稻营养体部分徒长，而不利于稻谷产量的提高。

3.3 紫云英翻压量对单季晚稻氮、磷、钾养分吸收的影响

徐昌旭等[7]研究了翻压 22.5t/hm^2 紫云英鲜草配施不同比例化肥对早稻稻谷和稻草氮、磷、钾养分吸收的影响，认为紫云英翻压并配施 80% 的常规化肥最有利于早稻稻谷和稻草对氮、磷、钾养分的吸收。本试验结果表明，增加紫云英翻压量可促进单季晚稻稻谷和稻草中氮素的吸收，但会降低磷的吸收量，这种变化特征在稻草中表现更加明显，而不同紫云英翻压量对稻谷和稻草中钾含量的变化影响并不明显。

本研究表明，以紫云英为唯一肥源利用单季晚稻生产有机稻米，在适宜紫云英翻压量（60～90t/hm^2）条件下也可以实现水稻高产（表 2）。此时，紫云英翻压处理与 CK 和 CF 相比，稻谷氮素的累积量提高，钾的吸收量降低，但对磷的吸收影响不明显；稻草的氮素吸收量与 CF 相近，但显著高于 CK，而磷的吸收量显著低于 CK 和 CF，钾累积量则略高于 CK 和 CF；水稻地上部分氮素总吸收量与 CF 处理相当，但显著高于 CK，磷的累积量低于 CK 和 CF 处理，钾的累积量则高于 CK 和 CF 处理。目前，单季晚稻收获中，机械收割基本上实现了稻草还田，人工收割则稻草一般回收它用。

在所有紫云英翻压处理中，稻谷对氮、磷、钾的吸收量以 GM_{60} 处理最高，而稻草和水稻地上部氮吸收量则以 GM_{90} 和 GM_{120} 处理最高。稻谷的氮、磷、钾吸收量以 GM_{60} 处理最高，与该处理的稻谷产量一致。这说明水稻过高的氮素吸收量并不能提高稻谷产量，只会造成氮素养分的浪费。

3.4 紫云英翻压量对水稻养分农学利用效率和内部利用效率的影响

本研究结果表明，紫云英翻压量在 60t/hm^2 时可提高氮、磷、钾的养分农学利用效率，而紫云英翻压量为 90～120t/hm^2 时显著降低了氮、磷、钾的农学利用效率（表 5）。这是由于 GM_{90} 和 GM_{120} 两个处理的氮、磷、钾投入量分别是 GM_{30} 处理的 3 倍和 4 倍所致。翻压 90～120t/hm^2 的紫云英会降低水稻氮、磷、钾养分的内部利用效率的效应并不明显。这说明评价紫云英的肥效，使用养分农学利用效率指标比使用养分内部利用效率指标更直观、更可靠。

4 结论

紫云英—单季晚稻耕作制中，紫云英鲜草翻压 60d 后移栽单季晚稻不会对水稻生长产生毒害现象。以紫云英为唯一肥源，适宜的紫云英翻压量也可以实现单季晚稻的高产。本试验条件下，紫云英翻压量达到 60t/hm^2 时比较合理，翻压量过低，养分供应不足，导致单季晚稻减产，翻压量过高，氮、钾养分投入过量，只会导致单季晚稻营养体部分徒长，并不能增加稻谷产量，还会增加水稻病虫害的风险。

以紫云英为唯一肥源改变了水稻对氮、磷、钾养分吸收的规律和养分累积量，对稻田土壤养分循环和总量平衡的长期影响还有待进一步研究。

参考文献

[1] 林多胡，顾荣申．中国紫云英［M］．福州：福建科学技术出版社，2000：8－11，218－251，286－292.

[2] 高菊生，曹卫东，董春华等．长期稻－稻－绿肥耕作对水稻产量的影响［J］．中国水稻科学，2010，24（6）：672－676.

[3] 袁嫚嫚，刘勤，张少磊等．太湖地区稻田绿肥固氮量及绿肥还田对水稻产量和稻田土壤氮素特征的影响［J］．土壤学报，2011，48（4）：797－803.

[4] 王允青，曹卫东，郭熙盛等．不同还田条件下紫云英腐解特征研究［J］．安徽农业科学，2010，38（34）：19 388－19 389，19 391.

[5] 王琴，张丽霞，吕玉虎等．紫云英与化肥配施对水稻产量和土壤养分含量的影响［J］．草业科学，2012，29（1）：92－96.

[6] 莫淑勋，钱菊芳．红壤地区紫云英中氮素的转化及其对水稻有效性的研究［J］．土壤学报，1983，20（1）：12－24.

[7] 徐昌旭，谢志坚，许政良等．等量紫云英条件下化肥用量对早稻养分吸收和干物质积累的影响［J］．江西农业学报，2010，22（10）：13－15.

[8] 赵娜，郭熙盛，曹卫东等．绿肥紫云英与化肥配施对双季稻区水稻生长有产量的影响［J］．安徽农业科学，2010，38（36）：20 668－20 670.

[9] 李双来，李登荣，胡诚等．减施化肥条件下翻压紫云英对双季稻生长和产量的影响［J］．中国土壤肥料，2012（1）：69－73.

[10] 唐海明，汤文光，肖小平等．双季稻区冬季覆盖物残茬还田对水稻生物学特性和产量的影响［J］．江西农业大学学报，2012，34（2）：213－219.

[11] 高菊生，曹卫东，李冬初等．长期双季稻绿肥耕作对水稻产量及稻田土壤有机质的影响［J］．生态学报，2011，31（16）：4 542－4 548.

[12] 浙江省统计局．浙江统计年鉴［M］．北京：中国统计出版社，2011：239.

[13] 金连登．我国有机稻米生产现状及发展对策研究［J］．中国稻米，2007（3）：1－4.

[14] 张莉侠，张建明，王维君等．有机稻米生产效益分析及其发展对策［J］．上海农业学报，2011，27（1）：94－97.

[15] 吴旦良，周奶弟，朱贵平等．仙居县有机稻米生产技术规程［J］．农业科技通讯，2010（6）：144－146.

[16] 李昱，何春梅，杨仁仙等．氮磷钾对紫云英产量、养分累积及种植后土壤养分的影响［J］．江西农业学报，2010，22（11）：112－114.

[17] 葛天安，叶梅蓉，张昌杰等．紫云英高产栽培技术［J］．草业科学，2005，22（7）：23－24.

[18] 张彭达，周亚娣，何国平等．紫云英奉化大桥种的特征特性及留种技术［J］．浙江农业科学，2006（2）：162－163.

[19] 王建红，曹凯，张贤．紫云英腐解对土壤速效养分动态变化和单季稻产量的影响［J］．浙江农业学报，2013，25（3）：587－592.

[20] 丁昌璞，De Nobili M，Geccanti B. 绿肥分解产物中水溶性有机质的伏安行为及其影响因素［J］. 土壤学报，1989，26（4）：331－335.

[21] 鲍士旦. 土壤农化分析［M］. 北京：中国农业出版社，2000：25－97.

[22] Jagadeeswaran R，Murugappan V，Govindaswamy M. Effect of slow release NPK fertilizer sources on the nutrient use efficiency in turmeric（*Curcuma longa* L.）［J］. World J. Agric. Sci. 2005. 1（1）：65－69.

[23] 霍竹，付晋锋，王璞. 秸秆还田和氮肥施用对夏玉米氮肥利用率的影响［J］. 土壤，2005，37（2）：202－204.

[24] 吴萍萍，刘金剑，周毅等. 长期不同施肥制度对红壤稻田肥料利用率的影响［J］. 植物营养与肥料学报，2008，14（2）：277－283.

[25] Gerloff G C. Plant efficiencies in the use of nitrogen，phosphorus，and potassium. Plant adaptation to mineral stress in problem soils［M］. New York：Cornell University Press，1997：161－173.

[26] 刘威，鲁剑巍，潘福霞. 绿肥在现代农业发展中的探索与实践［M］. 北京：中国农业科学技术出版权社，2011：218－228.

[27] 王飞，林诚，李清华等. 亚热带单季稻区紫云英不同翻压量下有机碳和养分释放特征［J］. 草业学报，2012，21（4）：319－324.

紫云英还田配施化肥对单季晚稻养分利用和产量的影响*

王建红　曹　凯　张　贤

浙江省农业科学院环境资源与土壤肥料研究所　杭州　310021

摘　要：研究旨在探讨紫云英较高鲜草翻压量条件下配施不同比例常规用量的化肥对单季晚稻养分吸收、养分利用效率和产量的影响。试验设置7个处理：CK（不翻压紫云英和不施化肥），CF（单一常规用量施肥）及翻压45t/hm^2（GM_{45}）紫云英鲜草配施0、20%、40%、60%和80%常规用量化肥（CF）。在浙江省金华市蒋堂农业科学试验站进行为期2年的田间试验结果表明，在所有的紫云英翻压配施化肥处理中，虽然水稻N、P、K的总吸收量以GM_{45}＋80%CF处理最高，但稻谷P、K养分最高吸收量出现在GM_{45}＋40%CF处理，水稻养分内部利用效率随化肥配施量的增加而降低；水稻的N、P和K的农学利用效率和稻谷产量均以GM_{45}＋40%CF处理最高。从提高肥料利用率和降低环境风险的角度出发，紫云英鲜草异地还田量为45t/hm^{2}时，以配施N 80.6kg/hm^2、P_2O_5

* 本文发表于《土壤学报》，2014，51（4）：212－220.

21.5kg/hm^2 和 K_2O 43.3kg/hm^2 为宜。与 CK 处理相比，CF 和紫云英鲜草翻压配施化肥处理的稻谷产量分别提高 13.7% 和 8.5% ~17.4%。在紫云英—单季晚稻耕作制中，紫云英异地还田量 45t hm^{-2} 不会使单季晚稻苗期产生僵苗现象。

关键词：紫云英；单季晚稻；养分吸收；产量；养分利用率

紫云英（*Astragalus sinicus* L.）是我国南方稻区冬季稻田主栽绿肥，它翻压腐解后可以为后季水稻生长提供 N、P、K 等速效养分，从而达到在水稻生长期少施化肥或不施化肥并获得较高产量的目的[1~6]。在 20 世纪末以前，紫云英—水稻的耕作方式以紫云英—双季稻为主，研究也主要集中在紫云英—双季稻耕作的相关技术上[7~11]，而很少涉及紫云英—单季稻耕作制。21 世纪以来，随着市场经济的发展和劳动力成本的不断增加，种植双季稻的经济效益低下，紫云英与水稻的耕作方式随之由紫云英—双季稻耕作转向紫云英—单季稻，且单季稻又以单季晚稻为主。据统计，浙江省 2010 年全省水稻种植面积 102.8 × 10^{4}hm^2，其中，单季晚稻种植面积达 67.8 × 10^{4}hm^2，占总面积的 66.0%[12]。

当前在南方经济发达地区，紫云英绿肥生产利用方式正发生深刻改变。一方面，随着稻田化肥施用年限的增加，土壤养分总体水平上升，有利于稻田紫云英的高产；另一方面，随着紫云英优良品种的推广，南方稻田紫云英鲜草的产量也普遍提高。如福建的闽紫系列紫云英品种、浙江的宁波大桥种及江西的余江大叶种等中、迟熟紫云英品种的鲜草产量可以达到 40t/hm^2 左右，高的可以达到 60t/hm^2 以上[13~15]。与此同时，随着畜牧业规模化养殖模式的发展，紫云英分散刈割利用的生产模式因劳动力生产成本的提高和养殖方式的转变，紫云英鲜草不再被刈割利用而是直接全量还田。研究表明，在紫云英—双季稻传统耕作制中，紫云英鲜草的适宜翻压量在 22.5 ~30.0t/hm^2[1]，过高的翻压量会对早稻秧苗生长产生毒害、僵苗等负面影响[16]，因此，农民会将一部分紫云英鲜草刈割用作饲料[17]，此种紫云英绿肥利用方式既保证了早稻的肥料需求又促进了当地畜牧业的发展。

紫云英—单季晚稻耕作中鲜草全量还田条件下单季晚稻的相关生长与施肥运筹技术急需解决，如较高产量的紫云英鲜草还田生产单季晚稻是否会对晚稻生长产生不利影响，以及紫云英还田如何配施化肥可以既提高单季晚稻产量又使水稻养分利用率达到最佳水平等问题需要深入研究。此外，在紫云英—单季晚稻耕作制中，由于紫云英翻压与水稻移栽期之间的间隔时间较长，单季晚稻移栽时的土壤养分环境条件与双季稻有很大差异，因此较高的紫云英翻压量是否会对单季晚稻的生长产生不利影响也有待试验验证。施用化肥和紫云英翻压作肥料的养分释放特点截然不同，因此化肥与紫云英配施时水稻对养分的吸收特点也不同。目前虽有研究对紫云英、黑麦草等绿肥还田减施化肥对单季晚稻的生长和产量影响进行了研究，但结果并不系统[18]。本研究旨在探讨紫云英较高异地还田量（45t/hm^2）时配施不同常规用量比例化肥对单季晚稻生长和养分吸收利用的影响，并以此来确定较高紫云英鲜草还田时合理的化肥配施量，以便为南方地区紫云英—单季晚稻耕作制的合理施肥提供科学依据。

1　材料与方法

1.1　试验区概况与供试材料

试验区位于金华市婺城区蒋堂农业科学试验站（119°32′12″E，29°04′8″N），海拔

62.5m，属中亚热带季风气候，四季分明、年温适中、热量丰富。全年平均日照时数约1 700h，平均降水量约1 500mm，平均气温约17.9℃。试验区土壤类型为第四纪红色黏土发育的水稻土，试验前测得0～20cm耕层土壤基础肥力：有机质22.5g/kg、全氮1.49g/kg、碱解氮258.2mg/kg、速效磷26.2mg/kg、速效钾36.4mg/kg、pH值为5.42。

试验选用的紫云英品种是当地主栽的宁波大桥种，紫云英鲜草含水分92.1%，N、P_2O_5、K_2O含量分别为3.82g/kg、0.95g/kg、4.35g/kg。供试水稻品种为当地主栽的籼粳杂交晚稻甬优9号。

1.2 试验设计

试验在2011年4月至2012年10月间进行。采用大田小区试验，设7个处理，4次重复，各小区随机排列，小区面积为20m²。各小区用硬田埂并用包覆塑料膜隔开，独立排灌，防止水肥串流。7个处理分别设为：CK（不施肥）；CF（单一常规施肥）；GM_{45}（不施肥条件下翻压45t/hm²紫云英鲜草）；GM_{45}+20% CF（翻压45t/hm²紫云英鲜草配施20%常规化肥量）；GM_{45}+40% CF（翻压45t/hm²紫云英鲜草配施40%常规化肥量）；GM_{45}+60% CF（翻压45t/hm²紫云英鲜草配施60%常规化肥量）；GM_{45}+80% CF（翻压45t/hm²紫云英鲜草配施80%常规化肥量）。

供试水稻于2011年5月8日播种，6月18日移栽至各小区。试验选用分蘖2～3棵且长势相对一致的晚稻秧苗，移栽密度为25.0×10^4丛/hm²。常规施肥处理（CF）：6月17日施基肥碳酸氢铵525.0kg/hm²、过磷酸钙375.0kg/hm²；6月28日施分蘖肥尿素187.5kg/hm²、氯化钾112.5kg/hm²；8月9日施孕穗肥尿素75.0kg/hm²、氯化钾75.0kg/hm²。不同处理的养分投入量见表1。10月28日水稻统一收割，各小区单打单收，并测定稻谷和稻草产量。2011年水稻收获后各小区冬闲，2012年在水稻生长季按2011年的方法重复试验。

表1 不同处理N、P_2O_5、K_2O养分的投入量

处理	养分投入量（kg/hm²）								
	化肥			紫云英			合计		
	N	P_2O_5	K_2O	N	P_2O_5	K_2O	N	P_2O_5	K_2O
CK[1]	0	0	0	0	0	0	0	0	0
CF[2]	210.0	56.3	112.5	0	0	0	210.0	56.3	112.5
GM_{45}[3]	0	0	0	171.9	42.9	195.8	171.9	42.9	195.8
GM_{45}+20% CF	42.0	11.2	22.5	171.9	42.9	195.8	213.9	54.1	218.3
GM_{45}+40% CF	84.0	22.4	45.0	171.9	42.9	195.8	255.9	65.3	240.8
GM_{45}+60% CF	126.0	33.6	67.5	171.9	42.9	195.8	297.9	76.5	263.3
GM_{45}+80% CF	168.0	44.8	90.0	171.9	42.9	195.8	339.9	87.7	285.8

注：1）对照Control；2）单一常规施肥Conventional chemical fertilizer rate；3）翻压45t hm^{-2}紫云英鲜草Incorporation of Chinese milk vetch at the rate of 45 t hm^{-2} fresh grass control 下同 The same below

1.3 样品采集与测定

水稻移栽后在各小区中间固定选取15丛水稻作为观测和考种植株，在水稻分蘖期结束后8月4日测定单株分蘖数，在水稻收获时10月28日测定单株有效穗数、每穗实粒数、结实率、千粒重等水稻农艺性状指标，并将这部分植株作为测定水稻收获期稻谷、稻草N、P、K养分含量的样品。此外，在水稻分蘖后期（8月4日）和水稻乳熟期（9月24日）各小区任选20丛水稻取全株洗净烘干测定植株N、P、K养分。

土壤有机质采用重铬酸钾滴定法，全氮采用硫酸-双氧水消煮—蒸馏滴定法；土壤碱解氮采用碱解扩散法，速效磷采用碳酸氢钠浸提—钼锑抗比色法，速效钾采用醋酸铵浸提—火焰光度法，pH值采用电位法；水稻植株中全氮采用浓硫酸—双氧水消煮—奈氏比色法，全磷采用浓硫酸—双氧水消煮—钒钼黄比色法，全钾采用浓硫酸—双氧水消煮—火焰光度法[19]。

1.4 计算统计方法

水稻对N、P、K养分利用效率的计算公式：养分农学利用效率（Nutrient agronomy use efficiency，kg/kg）=［施肥区作物经济产量（kg/hm^2）－无肥区作物经济产量（kg/hm^2）］/施肥量（kg hm^{-2}），它表示施用肥料的每千克养分（如N、P、K等）增加作物经济产量的能力[20~22]；养分内部利用效率（Internal nutrient use efficiency，kg/kg）=经济产量（kg/hm^2）/养分吸收量（kg/hm^2），它表示吸收单位重量养分（如N、P、K等）所生产稻谷的重量，即表现了养分利用在生理方面的效率[23]。

紫云英翻压后最佳化肥用量计算公式=常规施肥中某养分的最佳用量（kg/hm^2）－某翻压量的紫云英中某养分的含量（kg/hm^2）×纯施紫云英的养分农学利用效率/纯施化肥的养分农学利用效率。

采用Excel 2003和SAS 9.0进行统计和方差分析，并采用Duncan'S新复极差法（LSR）进行多重比较。

2 结果

2.1 紫云英翻压配施化肥单季晚稻农艺性状与产量

苗期的田间观察表明，所有紫云英翻压配施不同比例常规用量化肥处理均未发现因紫云英翻压而产生的僵苗现象。从表2可以看出，与不施肥处理（CK）相比，所有施肥处理均显著增加每丛分蘖数和有效穗数，而对千粒重没有显著影响。单一常规用量施肥（CF）显著增加了每穗实粒数。所有施肥处理均显著增加稻谷和秸秆产量，单一常规用量施肥和紫云英翻压配施不同比例常规用量化肥处理与CK处理相比，稻谷产量分别增加13.7%和8.5%～17.4%，其中，GM_{45}+40% CF处理的稻谷产量最高（10 807kg/hm^2）。

水稻产量由单位面积有效穗数、每穗粒数和千粒重三要素构成。从表2中可以看出，单一常用用量施肥处理下稻谷产量的增加归因于有效穗数和每穗实粒数的增加，而紫云英翻压减配施不同比例常规用量化肥处理则主要归因于有效穗数的增加。

表 2 紫云英配施不同用量化肥对单季晚稻农艺性状和产量的影响（2011 年和 2012 年的平均值）

处理	每丛分蘖数①	有效穗数② EPN（×10^4 丛/hm^2）	每穗实粒数③	结实率④ SSR（%）	千粒重⑤（g）	稻谷产量（kg/hm^2）	秸秆产量（kg/hm^2）	成熟期（月-日）
CK	8.1d	180.0d	155.2c	94.0a	27.7a	9 208d	6 299d	10-19
CF	10.6b	247.5ab	170.4a	87.4c	27.4a	10 472b	9 093b	10-26
GM_{45}	9.3c	230.2c	162.3ab	90.2b	27.0a	9 987c	8 305c	10-21
GM_{45} +20% CF	9.5c	235.0bc	165.9ab	91.4ab	26.9a	10 133c	8 467bc	10-22
GM_{45} +40% CF	10.6b	242.5b	161.2b	93.4a	27.2a	10 807a	8 718b	10-24
GM_{45} +60% CF	11.5ab	257.5a	156.1c	89.8b	27.1a	10 772a	10 023a	10-25
GM_{45} +80% CF	12.2a	267.5a	155.3c	85.1c	27.3a	10 514ab	9 965a	10-27

注：同列不同字母表示在 5% 水平差异显著，下同 Note: Different letters within the same column mean significant difference between treatments according to Duncan's new multiple range test, $p \leq 0.05$. The same below. ①Tiller number per clump; ②Number of effective panicles; ③Number of filled grains per panicle; ④Seed setting rate; ⑤Thousand seed weight

紫云英翻压处理的水稻每丛分蘖数和有效穗数随化肥用量的增加而增加，而每穗实粒数和结实率随化肥配施量的增加出现先增加后降低的趋势。稻谷产量和秸秆产量的变化规律与每穗实粒数和结实率的变化规律相似。但稻谷产量的峰值较秸秆产量的峰值提前出现。稻谷最高产量出现在 GM_{45} +40% CF 处理中，而秸秆最高产量出现在 GM_{45} +60% CF 处理中。从水稻成熟期看，紫云英翻压处理随化肥施用量的增加，成熟期明显推迟。GM_{45} +80% CF 处理成熟期迟于单一常规施肥处理 1d。

2.2 紫云英翻压配施化肥下单季晚稻植株与稻谷养分含量

表 3 给出了不同处理在水稻不同生育期植株和稻谷中 N、P、K 的含量。在水稻分蘖期，紫云英翻压处理中的植株 N、K 含量随化肥用量的增加而增加，而 P 含量的增加趋势不显著。在乳熟期，紫云英翻压处理中水稻稻穗 N、K 含量随化肥用量的增加而增加，但只有 GM_{45} +80% CF 处理下 N 和 GM_{45} +40% CF 处理下 K 达到 5% 显著水平；紫云英翻压处理中化肥用量对水稻秸秆 N、K 含量影响不大，而对水稻秸秆 P 含量影响较大，其中，GM_{45} +60% CF 处理下 P 达到 5% 显著水平。在成熟期，紫云英翻压处理中化肥用量对水稻稻谷 N、P、K 含量的影响不显著，但 GM_{45} +60% CF 和 GM_{45} +80% CF 则显著增加了水稻秸秆 N、P、K 含量。

表 3 紫云英配施不同用量化肥对水稻不同生育期植株中 N、P、K 含量的影响（2011 年和 2012 年的平均值）

处理	分蘖期（g/kg）			乳熟期稻穗（g/kg）			乳熟期秸秆（g/kg）		
	N	P	K	N	P	K	N	P	K
CK	9.02d	4.35b	20.75bc	8.57c	2.39b	2.49c	6.40c	3.07c	18.84a
CF	17.90c	4.80a	22.08b	10.31a	2.35b	4.48a	13.23a	4.72a	19.42a

（续表）

处理	分蘖期（g/kg）			乳熟期稻穗（g/kg）			乳熟期秸秆（g/kg）		
	N	P	K	N	P	K	N	P	K
GM_{45}	15. 81c	4. 70a	19. 34c	8. 86b	2. 71ab	3. 49b	10. 22b	4. 17b	19. 23a
GM_{45} +20% CF	16. 40c	4. 84a	19. 75c	8. 93b	2. 82a	3. 69b	10. 61b	4. 35ab	20. 00a
GM_{45} +40% CF	17. 82c	5. 00a	20. 58bc	9. 11b	2. 83a	4. 66a	10. 72b	4. 00b	18. 84a
GM_{45} +60% CF	20. 63b	5. 08a	21. 75b	9. 92ab	2. 98a	3. 88b	11. 60b	4. 89a	19. 17a
GM_{45} +80% CF	24. 11a	5. 17a	26. 56a	10. 02a	3. 00a	3. 78b	11. 01b	4. 22b	20. 08a

处理	成熟期稻谷（g/kg）			成熟期秸秆（g/kg）		
	N	P	K	N	P	K
CK	9. 56a	2. 55a	3. 54a	4. 65c	0. 55c	17. 85a
CF	9. 82a	2. 15b	3. 44a	6. 77b	1. 03b	15. 27b
GM_{45}	9. 62a	1. 97b	3. 59a	5. 69bc	0. 96b	15. 32b
GM_{45} +20% CF	9. 90a	2. 03b	3. 64a	5. 84bc	1. 14b	15. 44b
GM_{45} +40% CF	9. 56a	2. 33ab	3. 74a	6. 82b	0. 94b	15. 52b
GM_{45} +60% CF	9. 82a	1. 95b	3. . 49a	8. 72a	1. 69a	16. 27ab
GM_{45} +80% CF	10. 61a	2. 12b	3. 69a	8. 46a	1. 55a	17. 10a

2. 3　紫云英翻压配施化肥对单季晚稻养分吸收的影响

由表 1 可知，紫云英配施化肥各处理的 N 养分投入量，紫云英翻压不施肥处理明显低于单一常规施肥，而 GM_{45} +20% CF 处理与常规施肥相当，其他各处理则明显高于常规施肥处理；P 养分投入量与 N 的投入规律相似，但各处理间的差异较小；K 养分投入量各处理均明显高于单一常规施肥处理。

表 4 表明，紫云英翻压处理下稻谷中 N 素累积量随化肥用量的增加而增加，但 P、K 养分累积量随化肥用量增加有先增加后降低的趋势；秸秆中 N、P、K 养分累积量均随化肥用量的增加而增加；水稻 N、P、K 总养分累积量与秸秆养分累积量变化规律一致。此外，各施肥处理与不施肥相比，N、P、K 总养分累积量均显著增加。GM_{45} +60% CF 和 GM_{45} +80% CF 处理的 N、K 养分总累积量增加最为显著，但这种增加主要来源于稻草而不是稻谷，水稻 P 素总累积量的增加趋势不如 N、K 明显。

表 4　紫云英配施不同用量化肥对单季晚稻养分吸收的影响（2011 年和 2012 年的平均值）

（kg/hm^2）

处理	稻谷			秸秆			合计		
	N	P	K	N	P	K	N	P	K
CK	88. 0c	23. 5ab	32. 6c	29. 3d	3. 46c	112. 4c	117. 3d	26. 9c	145. 0c
CF	102. 8b	22. 5b	36. 0b	61. 6b	9. 37b	138. 9b	164. 4b	31. 9b	174. 9b
GM_{45}	96. 1bc	19. 7c	35. 9b	47. 3c	7. 97b	127. 2b	143. 4c	27. 7c	163. 1b

（续表）

处理	稻谷			秸秆			合计		
	N	P	K	N	P	K	N	P	K
GM_{45} +20% CF	100.3b	20.6c	36.9b	49.4c	9.65b	130.7b	149.8c	30.2bc	167.6b
GM_{45} +40% CF	103.3b	25.2a	40.4a	59.5b	8.19b	135.3b	162.8b	33.4b	175.7b
GM_{45} +60% CF	105.8ab	21.0b	37.6ab	87.4a	16.9a	163.1a	193.2a	37.9a	200.7a
GM_{45} +80% CF	111.6a	22.3b	38.8a	84.3a	15.4a	170.4a	195.9a	37.7a	209.2a

2.4 养分农学利用效率和养分内部利用效率

从表5可以看出，紫云英翻压处理中的N、P、K养分的农学利用效率呈现随化肥用量增加先增加后降低的趋势，而且均以 GM_{45} +40% CF 处理最高。紫云英翻压处理中的N、P、K养分内部利用效率呈现随化肥用量增加而下降的趋势。

表5 紫云英配施不同用量化肥对水稻养分农学利用效率和养分内部利用效率的影响（2011年和2012年的平均值）

处理	养分农学利用效率（kg/kg）			养分内部利用效率（kg/kg）		
	N	P	K	N	P	K
CK	0	0	0	78.5a	341.7a	63.5a
CF	6.02a	54.72a	13.53a	63.7b	328.5b	59.9ab
GM_{45}	4.53b	44.39b	4.79c	69.7b	361.2a	61.2a
GM_{45} +20% CF	4.32b	41.67bc	5.11c	67.7b	335.3ab	60.5ab
GM_{45} +40% CF	6.25a	59.66a	8.00b	66.4b	323.8b	61.5a
GM_{45} +60% CF	5.25ab	49.81b	7.16b	55.8c	283.9c	53.7b
GM_{45} +80% CF	3.84c	36.28c	5.51c	53.7c	278.6c	50.3b

紫云英翻压不施肥处理（GM_{45}）的N、P、K养分农学利用效率均显著低于单一常规施肥处理（CF），紫云英翻压不施肥处理（GM_{45}）的N、P、K养分农学利用效率较单一常规施肥处理分别降低24.8%、18.9%和64.6%，GM_{45} +80% CF 处理的N、P、K养分农学利用效率较单一常规施肥处理分别降低36.2%、33.7%和59.3%。但N、P、K养分内部利用效率则高于单一常规施化肥处理，其中，P养分内部利用效率达到5%显著水平。

3 讨论

3.1 单季晚稻耕作制中紫云英最佳翻压量

试验表明，紫云英—单季晚稻耕作制中，紫云英异地还田，翻压量为 $45t/hm^2$ 时单季晚稻能正常生长，未出现紫云英—双季稻耕作制中紫云英过量翻压对早稻秧苗的毒害现象。丁昌璞等[16]的研究认为，紫云英翻压腐解初期会造成土壤还原性物质的积聚，导致土壤氧化还原电位（Eh）下降和 Fe^{2+} 浓度增加以及有机酸积聚，从而对后作水稻秧苗生长产生毒害作用而出现僵苗现象。

根据林多胡等[1]多年的研究认为，紫云英鲜草翻压期地上部分 N 的含量一般占整株 N 含量的 85% 左右，若以 N 素作为影响水稻产量的主要因子，在考虑紫云英地下部分 N 素含量的情况下，本试验 45t/hm² 紫云英的翻压量相当于 38. 3t/hm² 的本田翻压量。林多胡等[1]的研究显示，紫云英—双季稻耕作制中的鲜草适宜翻压量为 22. 5 ~ 30t/hm²，增加翻压量会加剧早稻秧苗产生毒害的风险。试验表明，这种毒害作用仅发生在紫云英翻压期与水稻移栽期比较接近的紫云英—双季稻耕作制中，而紫云英—单季晚稻耕作制中并不存在这样毒害作用。然而，紫云英—单季晚稻耕作制中紫云英翻压 45t/hm² 并配施过量常规用量化肥会导致单季晚稻成熟期的推迟。本研究 GM_{45} + 80% CF 处理的水稻成熟期迟于单一常规施肥处理 1d（表 2）。

试验证实，紫云英—双季稻耕作的鲜草适宜翻压量并不适用于紫云英—单季晚稻耕作制。紫云英腐解的养分释放规律研究结果显示，紫云英鲜草翻压后 30d 内绝大部分有机物已矿化成无机物[24~25]。南方地区紫云英鲜草翻压的适宜期在 4 月中旬，单季晚稻移栽一般要到 6 月中旬，因此，紫云英翻压期与水稻移栽期的时间间隔达 60d 左右，因此，紫云英—单季晚稻耕作中较高的紫云英翻压量并不会造成单季晚稻秧苗受害。

3. 2 紫云英翻压配施化肥的单季晚稻养分吸收特征

表 3 中不同处理单季晚稻的 N、P、K 养分含量的分析结果表明，紫云英翻压配施不同比例常规用量化肥，会对水稻不同生育期的营养体部分养分含量造成差异，但并不影响成熟期稻谷的 N、P、K 养分含量，紫云英处理的稻谷与不施肥处理和常规施肥处理的差异也不显著，说明紫云英与化肥配施不会对稻谷 N、P、K 养分产生明显影响，但会影响水稻秸秆 N、P、K 养分。

徐昌旭等[7]研究了翻压 22. 5t/hm² 紫云英鲜草配施不同比例化肥对早稻稻谷和秸秆 N、P、K 养分吸收的影响，认为紫云英翻压配施 80% 常规用量化肥最有利于早稻稻谷和稻草中 N、P、K 养分的吸收。本试验结果表明，稻谷中 N 的吸收量随配施化肥量的增加而增加，GM_{45} + 80% CF 处理 N 吸收量最高达 111. 6kg/hm²，但 P 和 K 的吸收量均以 GM_{45} + 40% CF 处理最高；水稻秸秆中 N、P、K 养分的吸收量和水稻总养分吸收量，各紫云英处理随化肥施用量的增加呈现增加的趋势，并以 GM_{45} + 80% CF 处理最高。

在所有的紫云英翻压处理中，稻谷中 N 素吸收量以 GM_{45} + 80% CF 处理最高，但 P、K 吸收量则以 GM_{45} + 40% CF 处理最高。水稻秸秆和水稻地上部 N、P、K 总吸收量则以 GM_{45} + 80% CF 处理最高。GM_{45} + 40% CF 处理水稻秸秆中 N、P、K 的吸收量与常规施肥处理接近，但稻谷中 P、K 的吸收量则明显高于常规施肥处理（表 4）。进一步增加化肥用量，虽然显著增加了稻草中 N、P、K 的吸收量，但稻谷中 P、K 的吸收量反而减少，说明每公顷翻压 45t 紫云英条件下，过量配施化肥并不能增加水稻经济产量，过高的 N、P、K 吸收造成了肥料的浪费。

3.3 紫云英翻压配施化肥的单季晚稻养分利用效率变化特征

吴萍萍等[22]对红壤稻田进行长期施肥研究结果显示，N、P和K的农学利用效率分别为16.1kg/kg、85.4kg/kg和19.4kg/kg。然而，本研究常规施肥处理的N、P和K农学利用效率分别为6.02kg/kg、54.72kg/kg和13.53kg/kg。与常规施肥相比，不施肥的紫云英翻压处理（GM_{45}）显著降低了N、P和K的农学利用效率，可能是由于紫云英翻压期与水稻移栽期的间隔时间太长（60d左右），导致紫云英腐解后所释放的养分因不能及时吸收而流失，紫云英鲜草翻压后30d内绝大部分有机物已矿化成无机物[24~25]。

本研究结果显示，紫云英翻压处理中GM_{45}+40% CF处理的N、P和K的农学利用效率最高，过量配施化肥（GM_{45}+60% CF和GM_{45}+80% CF）导致N、P、K的农学利用效率显著降低（表5），即导致作物经济产量增产能力的显著降低。GM_{45}+40% CF处理的N、P养分投入量分别较常规施肥处理高21.9%和11.6%，但GM_{45}+40% CF处理的N、P养分利用效率却高于常规施肥处理，说明紫云英养分与化肥养分的合理耦合有利于提高N、P的农学利用效率。至于GM_{45}+40% CF处理的K养分利用效率显著低于单一常规施肥处理，则是由于该处理的K素投入量较单一常规施肥处理高113.9%所致（表1）。

各紫云英翻压处理水稻N、P、K养分内部利用效率随化肥配施量的增加而降低，说明增施化肥降低了肥料利用率。

3.4 紫云英翻压配施化肥的最佳量

在实际生产中，紫云英就地还田，当鲜草的产量高于38.3t/hm^{2}时，还可进一步减少单季晚稻的化肥配施量。根据本试验的研究结果，在南方紫云英鲜草高产区，实行紫云英与单季晚稻耕作制时，化肥的配施量在常规施肥量的30%～60%比较合理。在较高紫云英鲜草还田时，过量配施化肥不仅不能获得水稻高产，还会在造成化肥浪费的同时，增加养分流失风险，加剧农田面源污染。

试验结果显示，紫云英翻压后耕作单季晚稻的水稻产量随着化肥配施量的增加呈现先增加后降低的趋势，其中紫云英45t/hm^{2}翻压配施40%常规用量化肥最有利于水稻高产（表2）。这说明紫云英45t/hm^{2}翻压后再全量施肥不但不能增加水稻产量，还容易造成肥料的浪费并增加环境污染的风险。

不同紫云英翻压量种植单季晚稻的条件下，化肥最佳配施量可根据当地常规化肥最佳施用量、紫云英翻压量、纯施紫云英和化肥的养分农学利用效率来决定。确定化肥配施量的原则是缺什么、补什么，缺多少、补多少，例如，本试验翻压45t/hm^{2}紫云英条件下，具体的施肥方案以配施N 80.6kg/hm^2、P_2O_5 21.5kg/hm^{2}和K_2O 43.3kg/hm^{2}为宜。其结果是利用紫云英翻压释放的养分为单季晚稻供肥，配施化肥N、P、K的量可比常规减少61.6%、61.9%、61.6%。

由于紫云英鲜草在翻压后30d内大部分养分已发生矿化，且紫云英翻压期与单季晚稻移栽期的间隔时间又较长（60d左右）。因此，紫云英—单季晚稻耕作中所配施的氮肥和钾肥的施用时间最好推迟至孕穗期施用。因为单季晚稻生长前期紫云英鲜草有机物的矿化所产生的养分较多，容易造成水稻生长营养过旺，而生长后期容易产生脱肥现象。

4　结论

在南方稻区，紫云英—单季晚稻耕作制中，较高的紫云英鲜草翻压量（异地还田，45t/hm^2）不会对单季晚稻秧苗产生毒害现象。GM_{45} +40% CF 处理可以获得单季晚稻的最高产量和最高的 N、P 和 K 养分的农学利用效率。综合稻谷产量、养分利用效率、经济效益和环境效益 4 个因素，在翻压 45t/hm^2 紫云英的条件下，配施 N 80.6kg/hm^2、P_2O_5 21.5kg/hm^2 和 K_2O 43.3kg/hm^2 为最佳施肥方案。它不仅可维持单季晚稻的最高产量和最佳经济效益，显著提高 N、P、K 养分利用效率，还可有效防止肥料的损失及因肥料过量施用而带来的环境问题，具有经济和环境双重效益。

参考文献

[1] 林多胡，顾荣申．中国紫云英．福州：福建科学技术出版社，2000：8－11，218－251，286－292.

[2] 高菊生，曹卫东，董春华等．长期稻－稻－绿肥耕作对水稻产量的影响．中国水稻科学，2010，24（6）：672－676.

[3] 袁嫚嫚，刘勤，张少磊等．太湖地区稻田绿肥固氮量及绿肥还田对水稻产量和稻田土壤氮素特征的影响．土壤学报，2011，48（4）：797－803.

[4] 王允青，曹卫东，郭熙盛等．不同还田条件下紫云英腐解特征研究．安徽农业科学，2010，38（34）：19 388－19 389，19 391.

[5] 王琴，张丽霞，吕玉虎等．紫云英与化肥配施对水稻产量和土壤养分含量的影响．草业科学，2012，29（1）：92－96.

[6] 莫淑勋，钱菊芳．红壤地区紫云英中氮素的转化及其对水稻有效性的研究．土壤学报，1983，20（1）：12－24.

[7] 徐昌旭，谢志坚，许政良等．等量紫云英条件下化肥用量对早稻养分吸收和干物质积累的影响．江西农业学报，2010，22（10）：13－15.

[8] 赵娜，郭熙盛，曹卫东等．绿肥紫云英与化肥配施对双季稻区水稻生长有产量的影响．安徽农业科学，2010，38（36）：20 668－20 670.

[9] 李双来，李登荣，胡诚等．减施化肥条件下翻压紫云英对双季稻生长和产量的影响．中国土壤肥料，2012（1）：69－73.

[10] 唐海明，汤文光，肖小平等．双季稻区冬季覆盖物残茬还田对水稻生物学特性和产量的影响．江西农业大学学报，2012，34（2）：213－219.

[11] 高菊生，曹卫东，李冬初等．长期双季稻绿肥耕作对水稻产量及稻田土壤有机质的影响．生态学报，2011，31（16）：4 542－4 548.

[12] 浙江省统计局．浙江统计年鉴．北京：中国统计出版社，2011：239. Statistics Bureau of Zhejiang Province.

[13] 李昱，何春梅，杨仁仙等．氮磷钾对紫云英产量、养分累积及种植后土壤养分的影响．江西农业学报，2010，22（11）：112－114.

[14] 张彭达，周亚娣，何国平等．紫云英奉化大桥种的特征特性及留种技术．浙江农业科学，2006（2）：162－163.

[15] 薛德乾，李长英．余江大叶紫云英栽培技术．中国农技推广，2010，26（10）：22－23.
[16] 丁昌璞，De Nobili M，Geccanti B. 绿肥分解产物中水溶性有机质的伏安行为及其影响因素．土壤学报，1989，26（4）：331－335.
[17] 方德罗，张运涛，刘建新．紫云英混合青贮饲料的发酵品质．浙江农业大学学报，1996，22（2）：168－171.
[18] 徐建祥，叶静，王建红等．紫云英和黑麦草与化肥配施对单季晚稻生长及产量的影响．浙江农业科学，2012（2）：162－164.
[19] 鲍士旦．土壤农化分析．北京：中国农业出版社，2000：25－97.
[20] Jagadeeswaran R，Murugappan V，Govindaswamy M. Effect of slow release NPK fertilizer sources on the nutrient use efficiency in turmeric（*Curcuma longa* L.）. World Journal of Agricultural Science，2005，1（1）：65－69.
[21] 霍竹，付晋锋，王璞．秸秆还田和氮肥施用对夏玉米氮肥利用率的影响．土壤，2005，37（2）：202－204.
[22] 吴萍萍，刘金剑，周毅等．长期不同施肥制度对红壤稻田肥料利用率的影响．植物营养与肥料学报，2008，14（2）：277－283.
[23] Gerloff G C. Plant efficiencies in the use of nitrogen，phosphorus，and potassium//Plant adaptation to mineral stress in problem soils. New York：Cornell University Press，1997：161－173.
[24] 刘威，鲁剑巍，潘福霞．绿肥在现代农业发展中的探索与实践．北京：中国农业科学技术出版社，2011：218－228.
[25] 王飞，林诚，李清华等．亚热带单季稻区紫云英不同翻压量下有机碳和养分释放特征．草业学报，2012，21（4）：319－324.

单季晚稻等量蚕豆鲜秆还田配施最佳化肥用量的研究*

王建红[1]　张　贤[1]　曹　凯[1]　华金渭[2]
1. 浙江省农业科学院环境资源与土壤肥料研究所　杭州　310021；
2. 丽水市农业科学研究院　浙江丽水　323000

摘　要：本研究旨在探讨等量蚕豆鲜秆还田配施不同比例常规用量化肥对单季晚稻养分吸收、养分利用率和产量的影响。试验设置 7 个处理：CK（不翻压蚕豆鲜秆和不施化肥），CF（常规用量化肥）及翻压 15t/hm^2（GM_{15}）蚕豆鲜秆

* 本文已被《应用生态学报》录用，待刊。

配施0、20%、40%、60%和80% CF。田间试验在浙江省丽水市碧湖镇下季村进行。结果表明，在所有的蚕豆鲜秆还田配施化肥处理中，虽然 GM_{15} +60% CF 和 GM_{15} +80% CF 处理水稻 N、P、K 的养分总吸收量高于其他处理，但水稻 N、P、K 养分的农学利用效率却以 GM_{15} +40% CF 处理和 GM_{15} +60% CF 处理最高。水稻稻谷产量与 N、P、K 的农学利用率和生理利用效率之间均有极显著的相关性（$p<0.01$），因此养分农学利用率和养分生理利用效率可用来准确综合评价 N、P、K 养分的肥效。本试验条件下，从提高水稻养分利用效率及降低环境风险的角度出发，蚕豆鲜秆异地还田量为15t/hm² 时，以配施常规用量化肥60%为宜。与 CK 处理相比，CF 和蚕豆鲜秆还田配施化肥处理的稻谷产量分别提高25.0%和6.1% ~29.2%。在蚕豆—单季晚稻耕作制中，蚕豆鲜秆异地还田量15t/hm² 不会使单季晚稻苗期产生僵苗现象。

关键词： 蚕豆；单季晚稻；养分吸收；产量；养分利用率

蚕豆（*Vicia faba L.*）是一年生或越年生豆科草本植物，也是粮、菜、肥、饲兼用作物。我国蚕豆种植面积较广，年栽培面积近 $80\times10^4 hm^2$。按播种季节不同主要分冬蚕豆和春蚕豆两类[1]。我国北方地区以春蚕豆为主，常与小麦、玉米、油菜间作，有关蚕豆/小麦、蚕豆/玉米、蚕豆/油菜的间作施肥技术与作物养分吸收和产量特征研究较多[2~7]。我国南方各省以冬蚕豆为主，耕作方式主要与水稻轮作。蚕豆—水稻轮作较好地解决了蚕豆的土壤连作障碍问题。21 世纪以来，浙江省蚕豆的种植利用方式逐步由粮用为主转向以采收蚕豆鲜荚菜用为主。与此同时，浙江省单季晚稻的种植面积逐年增加，由于冬蚕豆与单季晚稻能实现较好轮茬，鲜食蚕豆的经济效益又比较高，而且蚕豆鲜荚采收后鲜秆还田可以做后季水稻肥料，一举两得，因此，蚕豆—单季晚稻轮作已成为浙江省一种重要的耕作制度。据统计，近年来浙江省鲜食蚕豆的种植面积稳定在 $2\times10^4 hm^2$，主要分布在丽水、台州、宁波、绍兴等地[8]。南方鲜食蚕豆的高产栽培技术和菜用蚕豆的营养价值多有研究[9~11]。蚕豆鲜荚采收后，蚕豆鲜秆全量还田，可以为后季水稻提供一定量的养分，从而减少单稻晚稻的化肥施用量。在单季晚稻栽培时大量施用化肥导致养分因过剩而流失，从而加剧了农田面源污染。目前，紫云英绿肥还田减施化肥的研究比较系统[12~16]，而冬蚕豆与水稻轮作的施肥技术主要集中在氮肥减量上[17~20]。由于不同地区土壤条件不同，同时蚕豆生长期的施肥技术也不一样，因此，很难确定蚕豆栽培后轮作单季晚稻合理的化肥用量。为了明确蚕豆鲜秆还田的肥效特征，本研究采用采收鲜荚后的蚕豆鲜秆异地还田配施不同比例化肥，了解单季晚稻的生长与养分吸收特性，从而明确蚕豆鲜秆还田后对单季晚稻的肥料效应，以期为蚕豆—单季晚稻轮作时确定合理化肥用量提供参考。

1　材料与方法

1.1　试验区概况与供试材料

试验地点位于鲜食蚕豆广泛栽培的浙江省丽水市碧湖镇下季村（119°48′32″E，28°23′38″N），海拔108m，属中亚热带季风气候，四季分明，温暖湿润，雨量充沛，无霜期长（230d），具有明显的山地立体气候。年平均气温约15.9℃，年平均日照约1 769h，年均降水约1838mm。试验区土壤为河谷洪积物发育的泥沙田水稻土。试验前测得0～20cm耕层土壤基础肥力：有机质25.3g/kg，全氮1.87g/kg，碱解氮127.2mg/kg，速效磷43.6mg/kg，速效钾65.8mg/kg，pH值为4.81。

试验选用的蚕豆品种是当地主栽的日本大白蚕，蚕豆鲜秆翻压时含水分87.3%，C/N为9.73，鲜秆干物质N、P_2O_5、K_2O含量分别为41.3g/kg、9.7g/kg、32.7g/kg。供试水稻品种为当地主栽的籼粳杂交晚稻中浙优8号。

1.2 试验设计

试验在2012年4月至2012年11月间进行。采用大田小区试验，设7个处理，3次重复，各小区随机排列，小区面积$20m^2$。试验选用前作是冬闲，土壤肥力基本一致的水稻田。小区于4月20日布置完成，各小区用硬田埂并用包覆塑料膜隔开，独立排灌，防止水肥串流。7个处理分别设为：CK（不施肥）；CF（常规化肥：225kg N/hm^2，75kg P_2O_5/hm^2，150kg K_2O/hm^2）；GM_{15}（15t蚕豆鲜秆/hm^2）；GM_{15}+20% CF（15t蚕豆鲜秆/hm^2+20%常规化肥）；GM_{15}+40% CF（15t蚕豆鲜秆/hm^2+40%常规化肥）；GM_{15}+60% CF（翻压15t蚕豆鲜秆/hm^2+60%常规化肥量）；GM_{15}+80% CF（15t蚕豆鲜秆/hm^2+80%常规化肥）。15t蚕豆鲜秆/hm^2为当地鲜食蚕豆的常规鲜秆产量[9]。蚕豆鲜秆还田方式为异地还田，目的是减少蚕豆根系对土壤养分的影响。

5月7日从采收鲜荚后的蚕豆田块收割蚕豆鲜秆移入供试小区，移入小区的鲜秆均匀撒布田间后人工翻压并淹水腐解后供试验。供试水稻于5月21日播种，6月27日移栽。试验选用分蘖2～3个且长势相对一致的晚稻秧苗，移栽密度为25cm×25cm（16.0×10^4穴/hm^2）。氮素基肥用碳酸氢铵（含N 17%），追肥用尿素（含N 46%），氮肥基施一次，追施二次，三次氮素施用量比为5∶3∶2。磷肥用过磷酸钙（含P_2O_5 12%），一次基施。钾肥用氯化钾（含K_2O 60%），用作追肥，分两次施用，与氮素追肥同时施入，二次钾素施用量比为5∶5。基肥施用时间6月27日，第一次追肥时间7月12日，第二次追肥时间8月15日。不同处理的养分投入量见表1。10月15日水稻统一收割，各小区单打单收，并测定稻谷和稻草产量。

表1 不同处理的N、P_2O_5、K_2O投入量

处理*	养分投入量（kg/hm^2）					
	化肥			蚕豆秆		
	N	P_2O_5	K_2O	N	P_2O_5	K_2O
CK	0	0	0	0	0	0
CF	225	75	150	0	0	0
GM_{15}	0	0	0	78.8	18.5	62.3
GM_{15}+20% CF	45	15	30	78.8	18.5	62.3
GM_{15}+40% CF	90	30	60	78.8	18.5	62.3
GM_{15}+60% CF	135	45	90	78.8	18.5	62.3
GM_{15}+80% CF	180	60	120	78.8	18.5	62.3

* CK=对照；CF=化肥；GM_{15}=蚕豆鲜秆15t/hm^2，下同

1.3　样品采集与测定

水稻移栽后在各小区中间固定选取 15 穴水稻作为考种植株，在水稻收获时 10 月 15 日测定单株有效穗数、每穗实粒数、结实率、千粒重等水稻农艺性状指标，并将这部分植株作为测定水稻收获期稻谷、秸秆 N、P、K 养分含量的样品。

土壤有机质采用重铬酸钾滴定法，全氮采用硫酸—双氧水消煮—蒸馏滴定法；土壤碱解氮采用碱解扩散法，速效磷采用碳酸氢钠浸提—钼锑抗比色法，速效钾采用醋酸铵浸提—火焰光度法，pH 值采用电位法；水稻植株中全氮采用浓硫酸—双氧水消煮—奈氏比色法，全磷采用浓硫酸—双氧水消煮—钒钼黄比色法，全钾采用浓硫酸—双氧水消煮—火焰光度法[21]。

1.4　养分利用率计算方法

水稻对 N、P、K 养分利用率的计算公式：每 100kg 籽粒需养分量（Nutrient requirement amount per 100kg of rice grain，NRARG，kg/hm^2）＝（N、P、K）总吸收量/稻谷产量×100；养分表观利用率（Apparent nutrient recovery efficiency，ANRE,%）＝［施肥区作物养分吸收量（kg/hm^2）－无肥区作物养分吸收量（kg/hm^2）］/施肥量（kg/hm^2）×100%，它表示施肥对促进作物养分吸收的能力；养分农学利用效率（Nutrient agronomy use efficiency，NAUE，kg/kg）＝［施肥区作物经济产量（kg/hm^2）－无肥区作物经济产量（kg/hm^2）］/施肥量（kg/hm^2），它表示施用肥料的每千克养分（如 N、P、K 等）增加作物经济产量的能力；养分生理利用效率（nutrient physiological use efficiency，NPUE，kg/kg）＝［施肥区作物生物产量（kg/hm^2）－无肥区作物生物产量（kg/hm^2）］/［施肥区养分吸收量－无肥区养分吸收量（kg/hm^2）］，它表示施肥后养分在作物生理方面的利用效率[22~25]。

1.5　数据处理

采用 Excel 2003 和 SAS 9.0 进行统计和方差分析，并采用 Duncan'S 新复极差法（LSR）进行多重比较。

2　结果

2.1　单季晚稻农艺性状与产量

单季晚稻苗期田间生长观察表明，所有蚕豆鲜秆还田配施不同比例常规用量化肥处理均未发现水稻秧苗因蚕豆秆翻压腐解而产生的僵苗现象。从表 2 可以看出，与不施肥处理（CK）相比，所有施肥处理均显著增加有效穗数，而对千粒重没有显著影响。所有施肥处理均显著增加稻谷和秸秆产量，单一常规用量施肥和蚕豆鲜秆翻压配施不同比例常规用量化肥处理与 CK 处理相比，稻谷产量分别增加 25.0% 和 6.1%～29.2%，其中 GM_{15}＋60% CF 处理的稻谷产量最高（9 020kg/hm^2）。

表2　蚕豆鲜秆配施不同用量化肥对单季晚稻农艺性状和产量的影响

处理	有效穗数 ($\times 10^4$/hm^2)	每穗实粒数 *	结实率 SSR (%)	千粒重 * (g)	稻谷产量 (kg/hm^2)	秸秆产量 (kg/hm^2)	成熟期 (月-日)
CK	153.5d#	178.2a	88.3a	25.3a	6 983e	5 217d	10-05
CF	212.3a	165.3bc	84.8b	25.1a	8 730ab	8 343ab	10-12
GM_{15}	168.7cd	178.5a	88.0a	25.0a	7 406d	6 347c	10-06
GM_{15} +20% CF	180.1c	172.6ab	87.2a	25.2a	7 785c	6 966bc	10-08
GM_{15} +40% CF	202.5b	168.9b	86.6a	25.3a	85 49b	7 739b	10-10
GM_{15} +60% CF	215.6a	166.4b	85.3ab	25.1a	9 020a	8 513a	10-12
GM_{15} +80% CF	221.9a	159.2c	83.2b	24.9a	8 865a	8 659a	10-14

#同一列平均数后注有不同字母者为达到新复极差测验5%显著水平，下同。Different letters within the same column mean significant difference between treatments according to Duncan's new multiple range test, $p \leq 0.05$. The same below. * EPN = effective panicles number; FGNPP = filled grain number per panicle; SSR = seed setting rate; 1000SW = 1000-seed weight.

水稻产量由单位面积有效穗数、每穗粒数和千粒重三要素构成。从表2可以看出，单一常规用量施肥处理和蚕豆鲜秆还田配施不同比例常规用量化肥处理稻谷产量的增加均主要归因于有效穗数的增加。蚕豆鲜秆还田处理的水稻有效穗数随化肥配施量的增加而增加，而每穗实粒数和结实率随化肥配施量的增加而缓慢降低。稻谷产量的变化规律随化肥配施量的增加出现先增加后下降的趋势，秸秆产量则随化肥配施量的增加而增加。稻谷产量的峰值较秸秆产量的峰值提前出现。稻谷最高产量出现在GM_{15} +60% CF处理中，而秸秆最高产量出现在GM_{15} +80% CF处理中。从水稻成熟期看，蚕豆鲜秆还田处理随化肥配施量的增加，成熟期明显推迟。GM_{15} +80% CF处理成熟期迟于常规化肥处理2d。

2.2　单季晚稻养分含量

表3给出了不同处理在水稻成熟期稻谷和秸秆中N、P、K的含量。在蚕豆鲜秆还田处理中，稻谷和秸秆中N的含量均随化肥配施量的增加而增加，但稻谷中N含量的增加在化肥配施量超过40%以后不显著，而秸秆中N含量的增加需化肥配施量超过60%以后才不显著。蚕豆鲜秆还田处理稻谷中的P含量随化肥配施量增加有下降趋势。与GM_{15}处理相比，化肥配施量为20%（GM_{15} +20% CF）时，稻谷中P含量的降低并不显著，但化肥配施量超过40%以后则导致稻谷中P含量的显著降低（$P<0.05$）。秸秆中P的含量随化肥配施量的增加而增加，化肥配施量超过40%以后则导致秸秆中P含量的显著增加（$P<0.05$）。蚕豆鲜秆还田处理稻谷K的含量的变化趋势与稻谷中N含量的变化特征相反，秸秆中K含量不受化肥配施量的影响。

表3　蚕豆鲜秆配施不同用量化肥对水稻成熟期稻谷和秸秆中N、P、K含量的影响

处理	稻谷（g/kg）			秸秆（g/kg）		
	N	P	K	N	P	K
CK	10.34c	2.37c	1.52ab	5.64c	0.76b	21.12b
CF	12.40a	2.46ab	1.44b	8.53a	0.95a	22.41a

（续表）

处理	稻谷（g/kg）			秸秆（g/kg）		
	N	P	K	N	P	K
GM_{15}	10.81bc	2.68a	1.70a	5.88c	0.80b	21.50ab
GM_{15} +20% CF	11.23b	2.52a	1.64a	6.52bc	0.84ab	22.12a
GM_{15} +40% CF	11.89a	2.42b	1.50ab	7.13b	0.89a	22.35a
GM_{15} +60% CF	12.38a	2.42b	1.44b	8.41a	0.93a	21.98a
GM_{15} +80% CF	12.65a	2.40b	1.41b	8.82a	0.96a	22.10a

2.3　单季晚稻养分吸收量

由表1可知，蚕豆鲜秆还田配施化肥各处理的N、P、K养分投入量，15t/hm^{2}蚕豆鲜秆还田不施化肥处理明显低于常规施化肥处理（CF）；GM_{15} +20% CF处理和GM_{15} +40% CF处理的N、P、K养分投入也均低于CF处理；GM_{15} +60% CF处理各养分投入与常规施肥相当；GM_{15} +80% CF处理的N、K投入明显高于CF处理，但P的投入与CF处理相差不大。

表4表明，蚕豆鲜秆还田各处理，稻谷中N素养分吸收量随化肥用量的增加而增加，但化肥配施量超过60%时稻谷N吸收量的增加不显著，稻谷P、K养分吸收量随化肥配施量增加没有表现出显著性差异；秸秆中N、P、K养分吸收量均随化肥用量的增加而增加，但在化肥配施量超过60%以后增加不显著。水稻地上部（稻谷+秸秆）N、P、K养分总吸收量与秸秆养分总吸收量变化规律相似。此外，各施肥处理与不施肥处理相比，N、P、K养分总吸收量均显著增加。GM_{15} +80% CF处理的N、P、K养分总吸收量增加最为显著，与不施肥处理（CK）比较，N、P和K的吸收量分别增加85.5%、44.4%和68.8%，其中来源于稻谷的N、P和K吸收量的增加分别占45.9%、52.2%和2.3%。

表4　蚕豆鲜秆还田配施不同用量化肥对单季晚稻养分吸收的影响　（kg/hm^2）

处理	稻谷			秸秆			合计		
	N	P	K	N	P	K	N	P	K
CK	72.2c	16.5b	10.6b	29.4d	3.96c	110.2e	101.6e	20.5c	120.8d
CF	108.3a	21.5a	12.6a	71.2a	7.93a	187.0a	179.4a	29.4a	199.5a
GM_{15}	80.1bc	19.8a	12.6a	37.3c	5.08b	136.5d	117.4d	24.9b	149.1c
GM_{15} + 20% CF	87.4b	19.6a	12.8a	45.4bc	5.85b	154.1c	132.8c	25.5b	166.9b
GM_{15} + 40% CF	101.6ab	20.7a	12.8a	55.2b	6.89ab	173.0b	156.8b	27.6ab	185.8ab
GM_{15} + 60% CF	111.7a	21.8a	13.0a	71.6a	7.92a	187.1a	183.3a	29.7a	200.1a
GM_{15} + 80% CF	112.1a	21.3a	12.5a	76.4a	8.31a	191.4a	188.5a	29.6a	203.9a

2.4 单季晚稻养分利用率

从表5可以看出，与CK相比，各施肥处理显著增加每100kg籽粒N、P、K养分的需要量。在蚕豆鲜秆还田各处理中，N和K的需要量随化肥配施量的增加而增加，其中，N的增加在GM_{15}+60%CF处理以后不显著，K的增加在GM_{15}+40%CF处理以后不显著，而P的需要量在蚕豆鲜秆还田各处理中差异不显著。

表5 蚕豆鲜秆还田配施不同用量化肥对水稻养分利用率的影响

处理	每100kg稻谷养分需要量NRARG＊（kg）			表观利用率ANRE＊（%）			农学利用效率NAUE＊（kg/kg）			生理利用效率NPUE＊（kg/kg）		
	N	P	K	N	P	K	N	P	K	N	P	K
CK	1.45c	0.29b	1.73c	—	—	—	—	—	—	—	—	—
CF	2.05a	0.34a	2.29a	34.6b	26.9c	63.2a	7.76b	52.9b	14.0a	62.6c	548.3ab	61.9ab
GM_{15}	1.59bc	0.34a	2.01b	20.0d	54.2a	54.6b	5.37c	52.0b	8.20c	98.6a	352.1c	55.0b
GM_{15}+20%CF	1.71b	0.33a	2.14ab	25.2c	33.6b	60.1a	6.48bc	54.4b	10.5bc	81.7b	514.8b	55.4b
GM_{15}+40%CF	1.83b	0.32a	2.17a	32.7b	33.1b	64.0a	9.28a	73.4a	15.4a	74.1bc	578.9a	62.9ab
GM_{15}+60%CF	2.03a	0.33a	2.22a	38.2a	33.0b	62.7a	9.53a	72.9a	16.1a	65.3c	577.7a	67.2a
GM_{15}+80%CF	2.13a	0.33a	2.30a	33.6b	26.2c	54.9b	7.27b	54.3b	12.4b	61.3c	586.7a	64.1a

＊NRARG = Nutrient requirement amount per 100kg of rice grain, NARE = Nutrient apparent recovery efficiency, NAUE = Nutrient agronomy use efficiency, NPUE = Nutrient physiological use efficiency, the same as below.

蚕豆鲜秆还田配施化肥处理中，N素养分的表观利用率随化肥配施量的增加有先增后降的变化趋势。P素养分表观利用率随化肥配施量的增加有下降的趋势。K素养分的表观利用率随化肥配施量的增加而稍有增加（$P>0.05$），但80%化肥配施量则导致K素表观利用率的显著降低（$P<0.05$）。N素表观利用率GM_{15}+60%CF处理最高，P和K的表观利用率则GM_{15}+40%CF处理最高。

蚕豆鲜秆还田配施化肥处理的N、P、K素养分农学利用效率变化特征相似，均随化肥配施量的增加有先增加后下降的趋势，其中GM_{15}+60%CF处理的N、P、K素养分农学利用效率均较高，这与稻谷最高产量时的处理是一致的（表2）。

蚕豆鲜秆还田配施化肥处理的N、P、K素养分生理利用效率变化特征各不相同，其中N素养分的生理利用效率随化肥配施量的增加有下降趋势，P素养分生理利用效率则有增加趋势，K素养分生理利用效率表现为先增加后下降，但变化幅度不大。

2.5 水稻稻谷产量与养分肥效指标之间的相关分析

水稻稻谷产量与养分肥效指标之间的相关分析表明（表6），水稻稻谷产量与所研究的4个氮肥肥效指标之间均有极显著的相关性；水稻稻谷产量与磷肥表观利用率和养分生理利用效率之间有极显著的相关性，与磷肥农学利用率存在显著的相关性，而与每100kg籽粒需磷量不存在显著的相关性；水稻稻谷产量与所研究的4个钾肥肥效指标之间除了与表观利用率不存在显著的相关性外，其余3钾肥肥效指标均有极显著的相关性。

表 6　水稻稻谷产量（y）与养分肥效指标（x）之间的相关分析（$n=15$）

肥效指标	回归方程	相关系数（r）
	N	
每 100kg 籽粒养分量 NRARG	$y=2\,892.3x+2\,957$	0.9373**
表观利用率 ANRE	$y=88.899x+5\,662.8$	0.9537**
农学利用率 NAUE	$y=298.54x+6\,060.7$	0.7973**
养分生理利用效率 NPUE	$y=-42.169x+11\,542$	0.9265**
	P	
每 100kg 籽粒养分量 NRARG	$y=-1\,339.6x+8\,768$	0.0283（NS）
表观利用率 ANRE	$y=-33.988x+9\,642.2$	0.6513**
农学利用率 NAUE	$y=32.623x+6\,173.9$	0.5879*
养分生理利用效率 NPUE	$y=3.8047x+6\,320.4$	0.6854**
	K	
每 100kg 籽粒养分量 NRARG	$y=5\,581.6x-3\,787.2$	0.8714**
表观利用率 ANRE	$y=40.476x+5\,924.2$	0.3183（NS）
养分农学利用率 NAUE	$y=172.97x+6\,158$	0.8491**
养分生理利用效率 NPUE	$y=116.53x+1\,225.4$	0.9409**

注 Note：$r_{0.05}=0.514$，$_{0.01}=0.641$，NS = non-significant 不显著.

3　讨论

3.1　蚕豆鲜秆还田配施化肥对单季晚稻生长和产量的影响

试验表明，蚕豆鲜秆异地还田，翻压量 15t/hm^2 时单季晚稻能正常生长，未出现像紫云英—双季稻耕作制中紫云英过量翻压对早稻秧苗的毒害现象[26]，其原因有二：其一是虽然蚕豆鲜秆与紫云英鲜草翻压时 C/N 比接近[17]，但蚕豆鲜秆翻压期与水稻移栽期时间间隔较长（本试验为 50d），较长的时间间隔已使蚕豆鲜秆有机物矿化过程接近完成，土壤还原性物质积聚不复存在[27]，而紫云英鲜草翻压引起早稻僵苗时翻压期与水稻移栽期的时间间隔一般只有 7d；其二是蚕豆鲜秆还田的翻压量并不大，本试验蚕豆鲜秆的翻压量 15t/hm^2，低于紫云英翻压引起水稻僵苗的下限施用量 22.5t/hm^2。

试验结果还表明，单稻晚稻生产中，蚕豆鲜秆还田配施的化肥量并不是越高越好。本试验条件下，GM_{15} +60% CF 处理已使单季晚稻达最高经济产量（表 2），进一步增加化肥用量虽然水稻秸秆产量增加，但水稻经济产量并没有显著增加，GM_{15} +80% CF 处理水稻生育期已迟于 CF 处理 2d，表明养分投入存在过剩现象，容易引起水稻营养体徒长，加剧水稻病虫害风险。

3.2　蚕豆鲜秆还田配施化肥的养分吸收特征

蚕豆鲜秆还田配施不同比例用量化肥，稻谷 N 的养分吸收量随化肥配施量的增加而增加，但化肥配施量超过 60% 以后，稻谷 N 的吸收量不会再显著增加；稻谷 P 和 K 的养分吸收量在蚕豆鲜秆还田各处理中差异并不显著，而且与 CF 处理比较也没有显著性差异，但显著高于 CK 处理。蚕豆鲜秆还田各处理中秸秆 N、P、K 的吸收量均有随化肥配施量的增加而增加趋势，但化肥配施量超过60%以后，N、P、K的吸收量也不会再显著性增加。蚕豆鲜秆还田各处理中水稻地上部N、P、K养分的总吸收量随化肥配施量的增加而增加，化肥配施量超过60%以后N、P、K的总吸收量就不会有显著增加，并且与CF处理的差异也不显著，但显著高于CK处理。上述结果表明，15t/hm^{2}蚕豆鲜秆还田化肥配施量达到常规用量的60%以后，水稻地上部对N、P、K的吸收量和水稻经济产量均已达到较高水平，进一步增加化肥用量并不能增加单季晚稻地上部养分吸收量和经济产量，只会增加养分流失风险。

3.3 单季晚稻的养分利用率

养分吸收是生产稻谷的物质的基础。从生理角度分析，当某种养分缺乏时，水稻将该养分优先输送到籽粒，促进籽粒的分化和成熟，而当养分过量时，吸收的养分主要被茎秆截留促进营养生长[28]。

养分表观利用率大致反映了作物对当季投入养分的利用率。吴萍萍等[25]对红壤稻田长期不同施肥方式下的水稻养分表观利用率进行了系统研究，他们研究表明，N、P、K的表观利用率分别为27.0%~37.5%、28.9%~52.1%、32.7%~50.8%。本试验求得的N、P、K的表观利用率（表5）与上述研究结果基本一致。试验同时观测到，单一蚕豆鲜秆还田，N、K的表观利用率低于各化肥配施的处理，而P的养分表观利用率则高于各化肥配施处理，说明本研究的基础土壤肥力，N、K比较缺乏，而P相对较为丰富。

养分的农学利用效率表征了养分投入对增加作物经济产量的能力。本研究的结果显示，GM_{15}+60%CF处理的N、K农学利用效率最高，而GM_{15}+40%CF处理的P的养分农学利用效率最高（表5）。GM_{15}+40%CF处理虽然有较高的N、P、K养分农学利用效率，但此处理水稻经济产量并不是最高的，而GM_{15}+60%CF处理不但N、P、K养分的农学利用效率较高，而且水稻的经济产量亦最高（表2），说明本试验条件下，15t/hm^{2}蚕豆鲜秆还田配施60%常规用量化肥最有利于水稻高产和养分农学利用效率的提升。

养分生理利用效率显示了因施肥引起的作物吸收单位重量养分增加作物生物产量的能力。表5的研究结果显示，蚕豆鲜秆还田各处理中，GM_{15}处理N的养分生理利用效率最高；P、K的养分生理利用效率随化肥配施量的增加而增加，其中，K的养分生理利用效率在化肥配施量超过常规用量60%以后下降。

目前国内外有很多指标来评价肥料的肥效[24,25,28~30]。由于每个指标所包含的意义也有所不同，因而在不同试验条件和试验目的时的适应性也会有所区别。本研究的水稻稻谷产量与养分肥效指标之间的相关分析表明（表6），所研究的4个氮肥肥效指标中，养分农学利用率和养分生理利用效率与水稻稻谷产量之间均达极显著的相关性，而每100kg籽粒养分量和养分表观利用率与水稻稻谷产量之间在分别描述P、K养分时未达显著的相关性，因此养分农学利用率和养分生理利用效率可用来准确综合评价N、P、K养分的肥效。

4 结论

在南方稻区，蚕豆—单季晚稻耕作制中，蚕豆鲜秆翻压还田（异地还田，15t/hm^2）不会对单季晚稻秧苗产生毒害现象。本试验条件下，GM_{15}+60%CF处理可以获得单季晚稻的最高产量和最高的N、P、K养分的农学利用效率。实际生产中，蚕豆与单季晚稻轮作，由于蚕豆生长期施入了较多量的化肥，这些养分不会因蚕豆吸收和养分流失而完全损失，因此蚕豆鲜荚采收后蚕豆鲜秆还田，若蚕豆鲜秆产量在 15t/hm^2 左右时，单季晚稻生产中化肥的配施量应该低于常规施肥量的 60% 比较合理。它不仅可维持单季晚稻的最高产量和最佳经济效益，显著提高投入 N、P、K 养分的农学利用效率，还可有效防止肥料的损失及因肥料过量施用而带来的环境问题，具有经济和环境双重效益。

参考文献

[1] Jiao B（焦彬），Gu R-S（顾荣申），Zhang X-S（张学上）. Chinese green manure. Beijing：Agriculture Press，1986：518 – 526（in Chinese）.

[2] Xiao Y-B（肖焱波），Duan Z-Y（段宗颜），Jin H（金航），*et al.* Spared N response and yields advantage of intercropped wheat and fababean. *Plant Nutrition and Fertilizer Science*（植物营养与肥料学报），2007，13（2）：267 – 271（in Chinese）.

[3] Li Y-Y（李玉英），Sun J-H（余常兵），Yu C-B（孙建好），*et al* . Effects of nitrogen fertilization application and faba bean/maize intercropping on the spatial and temporal distribution of soil inorganic nitrogen. *Plant Nutrition and Fertilizer Science*（植物营养与肥料学报），2009，15（4）：815 – 823（in Chinese）.

[4] Zhang E-H（张恩和），Li L-L（李玲玲），Huang G-B（黄高宝），*et al.* Regulation of fertilizer application on yield and root growth of spring wheat-faba bean intercropping system. *Chinese Journal of Applied Ecology*（应用生态学报），2002，13（8）：939 – 942（in Chinese）.

[5] Li Y-Y（李玉英），Hu H-S（胡汉升），Cheng X（程序），*et al.* Effects of interspecific interactions and nitrogen fertilization rates on above-and below-growth in faba bean/mazie intercropping system. *Acta Ecologica Sinica*（生态学报），2011，31（6）：1 617 – 1 630（in Chinese）.

[6] Xiao J X（肖靖秀），Tang L（汤利），Zheng Y（郑毅）. Effects of N fertilization on yield and nutrient absorption in rape and faba bean intercropping system. *Plant Nutrition and Fertilizer Science*（植物营养与肥料学报），2011，17（6）：1 468 – 1 473（in Chinese）.

[7] Xia Z-M（夏志敏），Zhou J-B（周建斌），Mei P-P（梅沛沛），*et al.* Effects of combined application of maize and horsebean straws on the straws decomposition and soil nutrient contents. *Chinese Journal of Applied Ecology*（应用生态学报），2012，23（1）：103 – 108.

[8] Statistics Bureau of Zhejiang Province（浙江省统计局）. Zhejiang statistical yearbook. Beijing：China Statistics Press，2011：239（In Chinese）.

[9] Ye W-W（叶文伟），Zhang G-E（章根儿），Li H-M（李汉美），*et al.* Effects of fertilization on yield and quality of winter faba bean. *Journal of Zhejiang Agricultural Sciences*（浙江农业科学），2012（1）：59 – 60（In Chinese）.

[10] Hua J-W（华金渭），Jie Q-Y（吉庆勇），Liang S（梁朔），*et al.* Effects of fertilization on fresh bean pod and shoot yield. *Journal of Zhejiang Agricultural Sciences*（浙江农业科

学), 2012, (3): 330 - 332 (In Chinese).

[11] Wang J-H (王建红), Zhang X (张贤), Cao C (曹凯), *et al*. The study of the nutritional value of economic green manures. *Journal of Zhejiang Agricultural Sciences* (浙江农业科学), 2011, (5): 1 001 - 1 003 (In Chinese).

[12] Wang Q (王 琴), Zhang L-X (张丽霞), Lü Y-H (吕玉虎), *et al.* Effects of application of Chinese milk vetch and fertilizer on rice yield and soil nutrient content. *Prataculural Science* (草业科学), 2012, 29 (1): 92 - 96 (In Chinese).

[13] Xu C-X (徐昌旭), Xie Z-J (谢志坚), Xu Z-L (许政良), *et al.* Effects of applying mineral fertilizer reasonably on nutrient absorption and dry matter accumulation of early rice under applying equivalent Chinese milk vetch. *Acta Agriculturae Jiangxi* (江西农业学报), 2010, 22 (10): 13 - 15 (In Chinese).

[14] Zhao N (赵 娜), Guo X-S (郭熙盛), Cao W-D (曹卫东), *et al.* Effects of green manure milk vetch and fertilizer combined application on the growth and yield of rice in double-cropping rice areas. *Journal of Anhui Agricultural Sciences* (安徽农业科学), 2010, 38 (36): 20 668 - 20 670 (In Chinese).

[15] Li S-L (李双来), Li D-R (李登荣), Hu C (胡诚), *et al.* Impact of reducing chemical fertilizer combined with Chinese milk vetch on growth and yield of double cropping rice. *Soil and Fertilizer Sciences in China* (中国土壤肥料), 2012 (1): 69 - 73 (In Chinese).

[16] Xu J-X (徐建祥), Ye J (叶静), Wang J-H (王建红), *et al.* Chinese milk vetch and Ryegrass and chemical fertilizers on the growth and yield of single late rice. *Journal of Zhejiang Agricultural Sciences* (浙江农业科学), 2012 (2): 162 - 164 (In Chinese).

[17] Zhu H-T (诸海焘), Yu T-Y (余廷园), Tian J-L (田吉林). Study on suitable nitrogen fertilizer dose under green manure crop-rice rotation system. *Acta Agriculturae Shanghai* (上海农业学报), 2008, 24 (4): 60 - 64 (In Chinese).

[18] Jin X (金昕), Zhu P (朱萍), Wang M (汪明), *et al.* Effect of reducing chemical N fertilizer dose on the yield of rice following horsebean. *Acta Agriculturae Shanghai* (上海农业学报), 2006, 22 (1): 50 - 52 (In Chinese).

[19] Xu J-P (许建平), Xu R-G (徐瑞国), Shi Z-Y (施振云), *et al.* Study on reducing chemical nitrogen fertilizer application in rice-green manure (broadbean) rotation. *Acta Agriculturae Shanghai* (上海农业学报), 2004, 20 (4): 86 - 89 (In Chinese).

[20] Yuan M-M (袁嫚嫚), Lu-Q (刘勤), Zhang S-L (张少磊), *et al.* Effects of biological nitrogen fixation and plow-down of green manure crop on rice yield and soil nitrogen in paddy field. *Acta Pedologca Sinica* (土壤学报). 2011, 48 (4): 797 - 803 (In Chinese).

[21] Lu R-K (鲁如坤). Soil Agricultural Chemistry Analysis. Beijing: China Agricultural Science and Technology Press, 2000: 25 - 60 (in Chinese).

[22] Jagadeeswaran R, Murugappan V, Govindaswamy M. Effect of slow release NPK fertilizer sources on the nutrient use efficiency in turmeric (*Curcuma longa L.*). *World Journal of*

Agricultural Sciences 2005, 1 (1): 65 – 69.

[23] Huo Z (霍竹), Fu J-F (付晋锋), Wang P (王璞). Effects of application of N fertilizer and crop residues as manure on N-fertilizer recovery rate of summer maize. *Soils* (土壤), 2005, 37 (2): 202 – 204 (In Chinese).

[24] Fen T (冯涛), Yang J-P (杨京平), Shi H-X (施宏鑫), *et al.* Effect of N fertilizer and N use efficiency under different N levels of application in high-fertility paddy field. *Journal o f Zhejiang University* (*Agric*1 & *Life Sci*1) (浙江大学学报), 2006, 32 (1): 60 – 64 (In Chinese).

[25] Wu P-P (吴萍萍), Liu J-J (刘金剑), Zhou Y (周毅), *et al.* Effects of different long term fertilizing systems on fertilizer use efficiency in red paddy soil. *Plant Nutrition and Fertilizer Science* (植物营养与肥料学报), 2008, 14 (2): 277 – 283 (In Chinese).

[26] Lin D-H (林多胡), Gu R-S (顾荣申). Milk vetch in China. Fujian: Fujian Science and Technology Press, 2000: 286 – 292 (In Chinese).

[27] Ding C-P (丁昌璞), De Nobili M, Geccanti B. Voltammetric behavior of water-soluble organic substances in decomposition products of green manures and its effecting factors. *Acta Pedologica Sinica* (土壤学报), 1989, 26 (4): 331 – 335 (In Chinese).

[28] Wang W-N (王伟妮), Lu J-W (鲁剑巍), He Y-Q (何予卿), *et al.* Effects of N, P, K fertilizer application on grain yield, quality, nutrient uptake and utilization of rice. *Chinese Journal of Rice Science* (中国水稻科学). 2011, 25 (6): 645 – 653.

[29] Peng X-B (彭少兵), Huang J-W (黄见良), Zhong X-H (钟旭华). Research strategy in improving fertilizer-nitrogen use efficiency of irrigated rice in China. *Scientia Agricultura Sinica* (中国农业科学), 2002, 35 (9): 1 095 – 1 103.

[30] Gerloff GC. Plant adaptation to mineral stress in problem soils. New York: Cornell University Press, 1997, 161 – 173.

绿肥及秸秆还田对水稻生长和产量的影响*

沈亚强　程旺大　张红梅

浙江省嘉兴市农业科学研究院　浙江嘉兴　314016

摘　要：本研究组采用大区试验，以浙江省主栽水稻品种晚粳稻秀水 128 为材料，研究绿肥及秸秆还田对水稻生长和产量的影响。结果表明，与常规施肥相比，绿肥和秸秆还田总体上对水稻株高和单株分蘖数影响不大，但紫云英全量还田能显著提高抽穗期和黄熟期的成穗数；绿肥和秸秆还田在减少化肥施用量的情

* 本文发表于《中国稻米》，2011，17（4）：27 – 29.

况下，全生育期叶片叶绿素含量与常规施肥处理相似，这为籽粒灌浆充实和产量形成提供了充足的物质基础；在本试验条件下，如果当季不施肥而仅依靠土壤肥力减产幅度达25%以上，其主要是由于单位面积穗数与粒重的显著下降造成；绿肥、秸秆还田及与一定量有机肥配施，在化肥减量的情况下，可获得比常规施肥还高的产量，其增产原因主要是水稻成穗率上升使单位面积有效穗数增加。

关键词：水稻；绿肥还田；秸秆还田；产量

近年来，随着农业集约化程度的不断提高，农田施用化肥数量不断增加。长期大量施用化肥会使土壤板结，结构变差，肥力下降，理化性状变劣[1]。在水稻生产上长期单一施用化肥不仅会影响水稻的平衡生长，而且会破坏稻田的土壤团粒结构，并导致稻米品质下降[2]。有机肥是中国农业生产中的重要肥料，它是作物矿物质的有效来源，长期施用有机肥可增加土壤微生物数量，提高土壤有机质含量，改善土壤物理、化学和生物学特性，增强土壤保水保肥能力和通透性能，从而保护农业生态环境[3~5]。在各种有机肥料资源中，绿肥占有重要地位[6]。绿肥是清洁的有机肥源，无化肥和畜禽粪便中可能存在的重金属、抗生素、激素等残留物[7~8]，在还田过程中对土壤也不会产生二次污染。另外，绿肥养分含量高，固氮、吸碳，节能减耗作用显著。因此，恢复和发展绿肥，对于我国现代农业发展，造福子孙后代，意义都十分重大。本研究通过田间小区试验，比较研究了不同绿肥和秸秆还田对水稻生长以及产量的影响，以期为绿肥、秸秆的合理利用、水稻生产的可持续发展提供科学依据。

1 材料与方法

1.1 试验地点

试验于2010年在浙江省嘉兴市农业科学院试验基地进行。土壤基础肥力测定结果，有机质含量47.3g/kg，全氮2.3g/kg，速效磷16.6mg/kg，速效钾135.5mg/kg，土壤pH值为6.45，土壤为青紫泥。

1.2 试验设计

以嘉兴市农业科学院选育的优质高产晚粳稻秀水128为试验材料。5月28日播种，大田育秧，7月1日移栽，株行距20cm×15cm，11月10日收获。尿素、过磷酸钙、氯化钾及绿肥、秸秆以及商品有机肥等作基肥施用。根据不同加工工艺，商品有机肥选择嘉兴市具有代表性两家生产厂家生产的有机肥，来源均为当地规模养殖场的生猪排泄物，其中，新丰产商品有机肥 $N+P_2O_5+K_2O \geq 6\%$、有机质≥30%，绿环产商品有机肥 $N+P_2O_5+K_2O \geq 4\%$、有机质≥30%。尿素分2次施用，按基肥：追肥为3：2的比例施用。其余管理措施同当地大田水稻生产。

试验处理按浙江省农业科学院的设计方案，设8个不同肥料施用水平（表1），大区而积为73m²，区间筑小田埂防相互渗漏，周围设保护行。

1.3 考查测定项目

株高和分蘖数的测定：移栽活棵后定点10丛，分别在分蘖初期、分蘖盛期、孕穗期和黄熟期进行测定。SPAD 值的测定：移栽活棵后定点 6 丛，用日本 MI-NOLTA 生产的 SPAD-502 型叶绿素计，苗期和分蘖期测定每丛两个最大的叶片，取平均值；灌浆期和成熟期分别测定每丛的剑叶和倒数第一叶，取平均值[9]。水稻成熟时各大区分成两个小区（3 次重复），随机取 5 丛进行考种，分小区进行收获脱粒，计算产量。

1.4　统计分析

统计分析采用唐启义等[10]研制的 DPS 数据处理平台进行处理分析。

表 1　不同处理的施肥量

编号	处理方式	尿素（kg/hm²）	过磷酸钙（kg/hm²）	氯化钾（kg/hm²）	水稻秸秆（t/hm²）	紫云英（t/hm²）	新丰商品有机肥（t/hm²）	绿环商品有机肥（t/hm²）
A_1	空白	0	0	0	0	0	0	0
A_2	常规化肥	485	625	250	0	0	0	0
A_3	紫云英还田	317	412	120	0	52.5	0	0
A_4	新丰商品有机肥	355	0	100	0	0	0	0
A_5	秸秆还田	456	587	197	6.8	0	0	0
A_6	紫云英 + 新丰商品有机肥	336	0	110	0	26.2	3	0
A_7	紫云英 + 秸秆	385	500	157	3.4	26.2	0	0
A_8	绿环有机肥	355	0	100	0	0	0	0

2　结果与分析

2.1　不同时期株高和单株分蘖数

图 1 显示了不同时期各个处理株高的动态变化。除抽穗期和黄熟期空白处理（A_1）的株高明显低于其他处理外，其余处理株高在各个生育期基本一致。从图 2 不同时期各个处理单株分蘖数动态可以看出，空白处理（A_1）的单株分蘖数明显低于其他处理。此外，在分蘖盛期，除新丰商品有机肥处理（A_4）和秸秆还田处理（A）的分蘖数较低外，其他处理间分蘖数无明显差异；而到抽穗期和成熟期，紫云英还田处理（A_3）的单株分蘖数（成穗数）均明显高于其他处理，甚至还高于常规施肥处理（A_2），其他施肥处理间则差异较小。总体上看，与常规施肥相比，绿肥、秸秆还田对水稻的株高和单株分蘖数影响不大，但紫云英全量还田能显著增加水稻抽穗期和黄熟期单株成穗数，这可能是由于该处理虽然化肥施用量减少，但紫云英还田量较大（达 52.5t/hm²），从而保证了水稻生长后期充足的养分供应。

2.2　不同时期叶片 SPAD 值

叶片 SPAD 值与叶绿素含量存在极显著相关性，可用 SPAD 值比较处理间叶片叶绿素含量的差异。由表 2 可见，空白处理（A_1）各生育期的叶片 SPAD 值明显低于其他处理；

但绿肥、秸秆还田及有机肥各处理与常规施肥（A_2）相比，总体上并无明显差异，虽然在各生育期及各处理间有所差异。这说明叶片叶绿素含量，绿肥还田和秸秆还田在减少化肥施用量的情况下，均能达到与常规施化肥的肥效，这为籽粒灌浆充实和产量形成提供了物质基础[11]。

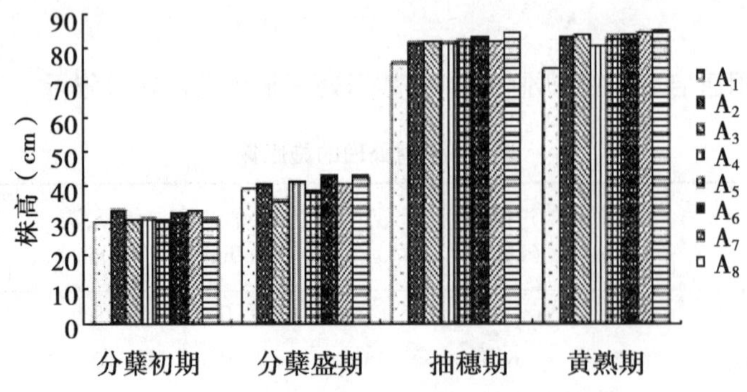

图1　不同时期水稻株高动态

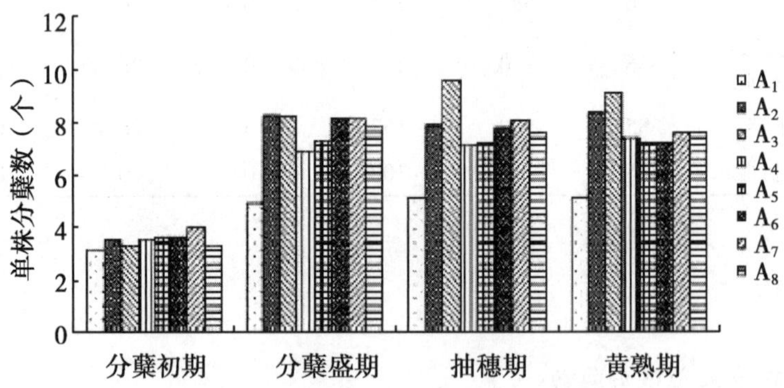

图2　不同时期水稻单株分蘖动态

表2　不同时期水稻叶片 SPAD 值的比较

编号	处理方式	苗期	分蘖期	灌浆期	成熟期
A_1	空白	40.8d	41.0d	40.2b	10.3c
A_2	常规化肥	43.9a	43.7bc	45.0a	18.4ab
A_3	紫云英还田	44.0ab	45.0a	43.6a	18.2ab
A_4	新丰商品有机肥	42.0abc	42.6bc	41.9a	18.0b
A_5	秸秆还田	42.5cd	43.6abc	44.8a	23.5ab
A_6	紫云英+新丰商品有机肥	42.1bcd	45.5ab	43.5a	21.1ab
A_7	紫云英+秸秆	42.9abc	43.2c	43.1a	24.0a
A_8	绿环有机肥	42.7ab	46.4ab	43.1a	22.1ab

注：同列数值后含不同的大写字母表示在0.05水平差显著异性，下同

2.3　产量和主要产量性状

从表3不同处理产量及主要产量性状比较可见，空白处理（A_1）的产量较其他处理明显减产，减产幅度达25.1%～38.6%。说明在本试验条件下，如果当季不施化肥而仅依靠土壤肥力是无法获得较好产量的。其减产的原因主要是单位面积穗数与粒重显著下降。尽管每穗实粒数因穗数少的反馈效应而明显高于其他处理，但其效应显然无法弥补因穗数和粒重下降引起的产量下降。

表3　不同处理的小区产量及主要产量性状

编号	处理方式	产量（kg/hm^2）	单位面积穗数（万/hm^2）	每穗总粒数	每穗实粒数	结实率（%）	千粒重（%）
A_1	空白	5 558.7c	193.0c	146.4a	128.6a	91.8a	22.5b
A_2	常规化肥	8 040.5a	302.2a	124.5f	111.8cd	84.2ab	23.8a
A_3	紫云英还田	8 122.6a	325.3a	125.8ef	103.6d	81.5b	24.1a
A_4	新丰商品有机肥	7 417.7b	254.4b	135.1cd	121.0b	90.3a	24.1a
A_5	秸秆还田	8 179.0a	278.9ab	137.0bcd	122.2ab	91.9a	24.0a
A_6	紫云英+新丰商品有机肥	9 056.3a	320.8a	126.4de	119.1bc	87.5a	23.7a
A_7	紫云英+秸秆	8 380.0a	292.2a	136.2b	119.0b	83.0ab	24.1a
A_8	绿环有机肥	7 675.2b	251.0b	133.3bc	125.3ab	90.2a	24.4a

对于除空白处理外的其他7个处理，产量最高的是紫云英+新丰商品有机肥处理（A_6），该处理与常规处理（A_2），紫云英还田处理（A_3），秸秆还田处理（A_5）和紫云英+秸秆还田处理（A_7）等5个处理产量明显高于两个单施有机肥的处理（A_4和A_8），且这5个处理中以常规施用化肥处理（A_2）的产量最低。结果表明，绿肥、秸秆还田及与一定量有机肥配施，在化肥减量的情况下，不仅不会减产，而且能获得比常规施肥还要高的产量。其增产原因主要是单位面积穗数增加，而单位面积穗数的增加主要取决于水稻成穗率的提高。而成穗率的高低与后期养分供应紧密相关。这说明单纯的商品有机肥作基肥一次性施用后，其前期的供肥能力较好但后期较差，绿肥还田和秸秆还田不仅水稻生长前期供肥能力较好，而且到后期也能维持较高的供肥能力。

3　结论

总体上看，与常规施肥相比，绿肥、秸秆还田对水稻的株高和单株分蘖数影响不大，但紫云英全量还田能显著提高抽穗期和黄熟期单株成穗数，这可能是由于该处理虽然化肥用量减少，但因紫云英还田量较大（达52.5t/hm^2），从而保证了后期水稻生长所需的充足的养分供应。

绿肥还田和秸秆还田在减少化肥用量的情况下，全生育期叶片叶绿素含量与常规施化肥处理相似，这为籽粒灌浆充实和产量形成提供了充足物质基础。

在本试验条件下，如果当季不施化肥而仅依靠土壤肥力无法获得高产，减产幅度达

25.0%以上，减产的主要原因是单位面积穗数与粒重的显著下降。

绿肥、秸秆还田及与一定量有机肥配施，在化肥减量的情况下，可获得比常规施肥还要高的产量，其增产原因主要是水稻成穗率上升使单位面积穗数增加。然而，单用商品有机肥作基肥一次性施用，虽然其前期的供肥能力较好但后期较差，也难以获得较高产量，而绿肥和秸秆还田不仅水稻生长前期供肥能力较好，到后期也能维持较高的供肥能力。

参考文献

[1] 谷洁，李生秀，高华等．有机无机复混肥对旱地作物水分利用效率的影响［J］．干旱地区农业研究，2004，22（1）：142－145.

[2] 徐房华，汪祖国，邹治等．精制有机肥在水稻生产中的应用［J］．上海农业科技，2006（3）：137.

[3] 张世贤．我国有机肥料的资源、利用、问题和对策［J］．磷肥与复肥，2001，16（1）：8－11.

[4] 李先，刘强，荣湘民等．有机肥对水稻产量和品质及氮肥利用率的影响［J］．湖南农业大学学报（自然科学版），2010，36（3）：258－262.

[5] 王显，肖跃成，姚义等．不同生物有机肥对水稻产量及其构成因素的影响［J］．中国稻米，2010，16（3）：50－52.

[6] 曹文．绿肥生产与可持续农业发展［J］．中国人口·资源与环境，2000（10）：106－107.

[7] 窦菲，刘忠宽，秦文利等．绿肥在现代农业中的作用分析［J］．河北农业科学，2009，13（8）：37－38，51.

[8] 曹卫东，黄鸿翔．关于我国恢复和发展绿肥若干问题的思考［J］．中国土壤与肥料，2009（4）：1－3.

[9] 郭晓义，张林，徐富贤等．杂交中水稻叶片SPAD值的田间测定方法研究［J］．中国稻米，2010，16（5）：16－20.

[10] 唐启义，冯明光．实用统计分析及其DPS数据处理系统［M］．北京：科学出版社，2002.

[11] 杨长明，杨林章．有机—无机肥配施对水稻剑叶光合特性的影响［J］．生态学杂志，2003，22（1）：1－4.

施肥方式对水稻中浙优 8 号生长及产量的影响*

吉庆勇　华金渭　朱　波　梁　朔
浙江省丽水市农业科学研究院　浙江丽水　323000

摘　要：本研究组以水稻中浙优 8 号为材料，研究不同施肥方式对水稻生长及产量的影响。结果表明，绿肥秸秆还田配施有机肥对水稻生育前期影响不大，对后期影响明显，能延长水稻生长期，对水稻生长和产量影响显著，增产达 25.0% ~32.3%。紫云英 + 商品有机肥处理水稻株高最高，有效分蘖最多，产量最高。

关键词：水稻；绿肥；秸秆还田；生长；中浙优 8 号

施用化肥为农业带来了巨大的经济效益，但是，长期大量施用会产生土壤板结，结构变差，生态环境污染等一系列问题[1~4]。紫云英与蚕豆秸秆是营养价值比较全面的绿肥，能增加土壤腐殖质和全氮含量，起到培肥改土的作用，而且还能为作物提供氮、钾等养分及有机碳[5~7]。本试验研究不同施肥方式对水稻生长以及产量的影响，以期为浙西南地区水稻土壤肥力提升，合理施用有机肥与秸秆还田技术提供依据。

1　材料与方法

1.1　试验材料

试验地位于浙江省丽水市莲都区碧湖镇下季村，属中亚热带季风气候，温暖湿润，四季分明，具有明显的山地立体气候特征，常年平均气温 12 ~ 18℃，年均降水量 1 474.1 mm，无霜期 255d。试验地前作为晚稻。供试水稻品种为中浙优 8 号，紫云英为本地种，蚕豆品种为大白蚕。

1.2　处理设计

试验设 7 个处理，各处理 667m^2 施肥总量除无肥对照（CK）外，均为氮肥（N）15kg，磷肥（P_2O_5）5kg，钾肥（K_2O）10kg。即，无肥对照；化肥处理，每 667m^2 化肥 N 总量 15kg，化肥 P_2O_5 基肥 5kg，化肥 K_2O 基肥 10kg，化肥 N 基肥 9kg，化肥 N 追肥 6kg；紫云英处理，每 667m^2 用量 3 500kg，化肥 N 总量 9.8kg，化肥 P_2O_5 基肥 3.3kg，化

* 本文发表于《浙江农业科学》，2012（8）：1 099 - 1 101.

肥 K_2O 基肥 4. 8kg，化肥 N 基肥 5. 9kg，化肥 N 追肥 3. 9kg；商品有机肥处理，每 667m^2 用量 400kg，化肥 N 总量 8kg，化肥 K_2O 基肥 4kg，化肥 N 基肥 4. 8kg，化肥 N 追肥 3. 2kg；蚕豆秸秆处理，每 667m^2 用量 2 000 kg（含 N 0. 6%；含 P_2O_5 0. 1%；含 K_2O 0. 5%），化肥 N 总量 9kg，化肥 P_2O_5 基肥 4kg，化肥 K_2O 基肥 5kg，化肥 N 基肥 5. 4kg，化肥 N 追肥 3. 6kg；紫云英 + 商品有机肥处理，每 667m^2 紫云英 1 750kg（含 N 0. 3%，含 P_2O_5 0. 1%，含 K_2O 0. 3%）+ 有机肥 200kg（含 N 1. 75%，P_2O_5 1. 25%，K_2O 1. 0%），化肥 N 总量 8. 9kg，化肥 P_2O_5 基肥 1. 6kg，化肥 K_2O 基肥 5. 3kg，化肥 N 基肥 5. 3kg，化肥 N 追肥 3. 6kg；紫云英 + 蚕豆秸秆处理，每 667m^2 紫云英 1 750kg + 蚕豆 1 000kg，化肥 N 总量 9. 4kg，化肥 P_2O_5 基肥 3. 6kg，化肥 K_2O 基肥 3. 1kg，化肥 N 基肥 5. 6kg，化肥 N 追肥 3. 8kg。紫云英、蚕豆秸秆矿化速率均按 50% 计算。小区面积 20m^2（3. 7m × 5. 4m），小区间筑小田埂覆塑料膜防相互渗漏，每小区灌排小沟一端设灌排水口。

2011 年 5 月 5 日紫云英、蚕豆还田，还田后保持田间浅水，5 月 21 日播种，6 月 27 日施有机肥及基肥，后移栽，株行距为 33. 75cm × 23. 1cm，7 月 12 日追肥。其余措施按照当地大田水稻生产管理。

1.3 考察项目

按农作物试验记载标准测定株高、总分孽数和有效分蘖数。水稻成熟时，各小区随机取 5 丛测量穗长、总粒数、实粒数，收割后晒干测产。用 DPS9. 5 软件处理数据。

2 结果与分析

2.1 生育期

不同施肥方式对水稻前期生育进程影响不大，但对水稻后期影响明显。对照始穗期最早，为 8 月 28 日，较其他处理早 3 ~ 9d，齐穗期为 9 月 2 日，较其他处理早 2 ~ 8d，成熟期比其他处理早 5 ~ 11d；紫云英处理和蚕豆秸秆处理成熟较迟，分别在 10 月 14 日与 10 月 15 日（表 1）。绿肥秸秆及有机肥各处理与常规化肥处理相比总体上差异不明显。从水稻生育期看，绿肥秸秆还田能达到常规施肥的效果，能促进水稻发育，延长水稻生长期，减少化肥使用量，可以考虑代替常规化肥施用。

表 1 水稻不同施肥处理的生育期表 （月-日）

处理	播种	移栽	始穗期	齐穗期	成熟期
CK	05-25	06-27	08-28	09-02	10-03
常规化肥	05-25	06-27	09-04	09-09	10-12
紫云英	05-25	06-27	09-05	09-10	10-14
商品有机肥	05-25	06-27	09-04	09-09	10-11
蚕豆秸秆	05-25	06-27	09-05	09-10	10-15
紫云英 + 商品有机肥	05-25	06-27	08-31	09-04	10-09
紫云英 + 蚕豆秸秆	05-25	06-27	09-06	09-10	10-12

2.2 生长情况

绿肥秸秆还田与有机肥配施能明显促进水稻生长（表2），各施肥处理水稻株高，最高分蘖与有效分蘖均明显高于对照；有绿肥秸秆还田的处理的有效分蘖比施化肥和商品有机肥的处理的多。紫云英+商品有机肥处理水稻株高最高，平均143.6cm有效分蘖最多，667m^2 达到16.931万。从水稻田间长势看，对照前期分蘖慢、少，植株叶片较黄，抽穗后褪绿快，表现较早熟；而施肥处理植株生长势旺，叶片墨绿，分蘖数多，叶片褪绿慢，成熟迟。绿肥秸秆还田与有机肥配施能较好地促进水稻生长，提高有效分蘖数。

表2　水稻不同施肥处理的生长情况

处理	株高（cm）	667m^2 最高分蘖数（×10^4 个）	667m^2 有效分蘖数（×10^4 个）
CK	138.2	11.972	10.945
常规化肥	141.7	20.890	14.879
紫云英	142.6	21.318	16.589
商品有机肥	142.4	22.344	14.366
蚕豆秸秆	142.8	20.292	16.418
紫云英+商品有机肥	143.6	20.412	16.931
紫云英+蚕豆秸秆	142.2	22.344	15.734

2.3 产量

施肥处理水稻产量极显著高于对照（表3），增产幅度达24.49%~32.28%，各施肥处理间无显著差异，紫云英+商品有机肥处理产量最高，667m^2 产量达到599.73kg。各施肥处理与对照在水稻穗长，总粒数等性状并间无显著差异，在结实率与千粒重上还低于对照，但对照有效分蘖少（表2）。绿肥秸秆还田配施有机肥能提高水稻有效分蘖，与常规化肥施用有同样的增产效果，进一步表明绿肥秸秆还田配施有机肥能较好的代替常规化肥施用。

表3　水稻不同施肥方式各处理的产量及性状比较

处理	穗长（cm）	每穗总粒数	每穗实粒数	结实率（%）	千粒重（g）	产量（kg/667m^2）
CK	28.0	214	189	88.32	25.3	453.3B
常规化肥	26.1	206	175	84.95	25.2	585.8A
紫云英	28.5	224	187	83.48	24.9	590.7A
商品有机肥	28.7	220	189	85.91	25.1	566.7A
蚕豆秸秆	28.6	208	174	83.65	24.8	590.3A
紫云英+商品有机肥	28.1	207	171	82.61	25.0	599.7A
紫云英+蚕豆秸秆	28.1	205	172	83.90	25.0	580.8A

3 结论

绿肥秸秆还田配施有机肥对水稻生育前期影响不大，对后期影响明显，能使齐穗期与成熟期延后，从而延长水稻生长期。各施肥处理水稻生长发育良好，有效分蘖多，水稻增产25.0%～32.3%。其中，紫云英+商品有机肥处理水稻株高最高，有效分蘖最多，产量最高。对照水稻产量低是有效分蘖少的结果。从水稻生长发育与产量看，绿肥秸秆还田配施有机肥能达到常规化肥施用效果，同时可提高土壤肥力，减少化肥使用量，降低环境污染，在实际操作中可以考虑代替常规化肥施用。

参考文献

[1] 黄国勤，王兴祥，钱海燕等．施用化肥对农业生态环境的负面影响及对策［J］．生态环境，2004，13（4）：656－660.

[2] 汪源．限制化肥施用量与改善环境污染的措施［J］．甘肃环境研究与检测，1999，12（3）：161－165.

[3] 吕殿青，周延安，孙本华．氮肥施用对环境污染影响的研究［J］．植物营养与肥料学报，1998，4（1）：8－15.

[4] 宇万太，姜子绍，周桦等．不同施肥制度对作物产量及肥料贡献率的影响［J］．中国生态农业学报，2007，15（6）：54－58.

[5] 刘英，王允青，张祥明等．种植紫云英对土壤肥力和水稻产量的影响［J］．安徽农学通报，2007，13（1）：98－99.

[6] 赵志刚，王凯荣，陈安磊等．不同施肥方式对早稻生长及产量的影响［J］．湖北农业科学，2011，50（9）：1 752－1 755.

[7] 张硕，缪绥石，庞欣欣等．绿肥对土壤肥力和水稻生长的影响［J］．浙江农业科学，2011（6）：1 318－1 320.

生草提高山核桃林土壤有机碳含量及微生物功能多样性*

吴家森[1,2]　张金池[1]　钱进芳[3]　黄坚钦[3]

1. 南京林业大学森林资源与环境学院　南京　210037；

2. 浙江农林大学浙江省森林生态系统碳循环与固碳减排重点实验室　临安　311300；

3. 浙江农林大学亚热带森林培育国家重点实验室培育基地　临安　311300

摘　要：山核桃（*Carya cathayensis*）是中国特有的高档干果和木本油料树种，但高强度经营导致林地土壤性质的改变，为了解生草对土壤的修复效果，在山核桃主产区设置了紫云英（*Astragalus sinicus*）、油菜（*Brassica campestris*）、黑

* 本文发表于《农业工程学报》，2013，29（20）：111－117.

麦草（*Lolium perenne*）和免耕4 种处理，对土壤有机碳及微生物功能多样性进行分析。结果表明，不同生草栽培后，山核桃林地土壤总有机碳（total organic carbon，TOC）质量分数显著增加，与免耕相比，种植油菜、黑麦草、紫云英4 a后土壤 TOC 分别提高了 23.12%，26.61%和24.74%，增加的组分以羰基碳为主，但并未改变土壤碳库的稳定性；同时也显著提高了林地土壤微生物量碳（microbial biomass carbon MBC）和水溶性有机碳（water-soluble organic carbon WSOC）的质量分数，MBC 增加了 138.61% ~159.68%，WSOC 提高了 56.24% ~69.47%%。3 种生草的土壤微生物活性（average well color development，AWCD）显著高于免耕，微生物多样性指数（Shannon index，H）和均匀度指数（evernness index，E）则表现为油菜、紫云英处理显著高于免耕。研究表明，生草栽培能有效提高林地土壤 TOC 质量分数和微生物功能多样性，为山核桃林地土壤修复和科学管理提供参考。

关键词：土壤；有机碳；微生物学；山核桃；生草；水溶性有机碳；微生物量碳；微生物功能多样性

山核桃（*Carya cathayensis Sarg.*）是中国特有的高档干果和木本油料树种，主要分布在浙皖交界的天目山系[1]。2011 年，山核桃林栽培面积 $89.3\times10^4hm^2$，经济效益达45 000元/hm^2[2]。但在生产过程中，为了果实采摘方便，大量施用草甘膦除草剂，林下灌木、杂草消失殆尽，原有的山核桃复层林转变为单层林，从而使土壤裸露，水土流失严重，林地土壤受到中度至剧烈侵蚀，侵蚀模数在1 157 ~3 887t/（km^2·年）[3]，人为经营26 年后，A 层土壤有机碳质量分数明显下降[4]，造成林地生态环境日益恶化，影响了山核桃产业的可持续发展。

果园生草是一种优良的可持续发展土壤管理模式，已在苹果园、葡萄园、桃园、梨园、李园及杨梅园等推广应用，果园生草能有效提高土壤有机碳质量分数，改良土壤物理结构，增强土壤养分供给能力，显著提高土壤微生物数量和酶活性，在改善果园小气候、减少土壤流失、降低果园气温和土壤温度的极端数值等方面具有较好的效果[5~10]，同时还具有较强的固碳能力[11]。

土壤有机碳及其动态平衡是评价土壤肥力和土地持续利用的主要指标之一，其数量和分布反映了地表植物群落的空间分布、时间上的演替和人为干扰[12]。土壤微生物作为土壤物质循环和生化过程的主要参与者与调节者，它在植物凋落物的归还、养分循环、土壤理化性质的改善中均起着十分重要的作用，能敏感地反映土壤生态系统发生的微小变化[13]。

针对山核桃强度经营导致林地土壤性质的改变及林地土壤的修复，相关学者开展了生草品种的筛选、种植等研究，在一定程度上改善了林地的生态环境[14~16]，但生草栽培对山核桃林地土壤质量的影响还未曾报道，本文通过定位试验，研究了生草对土壤有机碳及微生物功能多样性的影响，以期为山核桃土壤修复、科学管理和生草栽培技术的实施提供科学依据。

1 研究区概况与研究方法

1.1 研究区概况

试验地位于浙江省临安市，地理位置为30°03′02″N，119°08′54.2″E，海拔200～240m，属亚热带季风气候，年平均气温16.4℃，极端最高气温41.7℃，极端最低气温-13.3℃，年平均有效积温5 774℃，年平均降水量1 628mm，年平均日照时数1 774h，无霜期235d。土壤为发育于板岩的石灰土[17]，土壤基本理化性质pH值为5.79，有机碳17.05g/kg，碱解氮142.52mg/kg，有效磷8.27mg/kg，速效钾35.85mg/kg。

1.2 试验设计

试验林分位于下坡，坡度20°，东北坡，树龄30～40年，密度为300棵/hm²，郁闭度为0.7的山核桃纯林。该林分已连续强度经营10年，即每年5月上旬、9月上旬各施复合肥（N：P_2O_5：K_2O＝15：15：15）750kg/hm²，由于长期施用除草剂，林下灌木、草本层已缺失。

2008年9月，在山核桃试验林中采用单因素随机区组设计，共设紫云英（*Astragalus sinicus L.*）（AS）、油菜（*Brassica campestris L.*）（BC）、黑麦草（*Lolium perenne L.*）（LP）和免耕（*No-tillage*）（NT）4个处理，3次重复，共12个小区，小区面积10m×10m。生草的播种量均为30kg/hm²，分别撒播于不同处理的试验小区中，于5月份结籽前刈割80%生草并全覆盖于林中，剩余的生草继续完成生命周期，以供结实，产生的种子可供第二年自然繁育，不需重复播种，不使用除草剂。而免耕则采用常规的除草方式，4月、6月、8月底喷施20%草甘膦除草剂300kg/hm²。生草4年后（2012年4月测定）的土壤理化性质见表1。

表1　不同生草土壤基本理化性质

试验处理	pH值	碱解氮（mg/kg）	有效磷（mg/kg）	速效钾（mg/kg）	砂粒含量（%）	粉粒含量（%）	黏粒含量（%）	容重（g/cm³）
免耕	5.76	158.51	8.81	36.67	30.55	48.77	20.68	1.25
油菜	6.21	184.24	13.01	36.67	26.20	52.50	21.30	1.15
黑麦草	5.80	188.65	13.70	37.50	26.08	53.60	20.32	1.18
紫云英	5.95	212.45	14.79	59.17	27.51	51.70	20.79	1.16

1.3 样品采集与分析方法

2012年4月中旬，在不同处理小区中，按“S”形布点，分别采集5个点的表层（0～20cm）土样，将其混合，然后采用四分法分取样品1kg左右带回实验室，去除石块和植物根系等杂物，过2mm筛后混匀，将样品分成两部分，一部分直接用于测定土壤溶解性有机碳和微生物功能多样性，另一部分置于室内自然风干后用于土壤养分的测定。

土壤总有机碳（total organic carbon TOC）用重铬酸钾-硫酸外加热法；土壤pH值用

酸度计法（水土比为2.5∶1.0）；土壤机械组成用比重计法；容重用环刀法[18]。

土壤水溶性有机碳（water-soluble organic carbon WSOC）的测定参考Jones和Willett的方法[19]，微生物量碳（microbial biomass carbon MBC）采用氯仿熏蒸浸提法测定[20~21]。

土壤的氢氟酸（HF）预处理与核磁共振波谱分析。土壤样品HF预处理参考文献[22]方法进行。将上述经HF溶液预处理过的土壤样品用核磁共振波谱仪测定（AVANCE II 300MH，布鲁克公司）。测试参数：光谱频率75.5MHz、旋转频率5 000Hz、接触时间2ms、循环延迟时间2.5s。

土壤微生物代谢活性和功能多样性分析采用Biolog Eco检测法[23]。土壤微生物代谢活性采用每孔颜色平均变化率（average well color development AW CD）表示，微生物群落代谢功能多样性采用多样性指数（Shannon index，H）和均匀度指数（evenness index，E）来表征[24~25]。

1.4　数据处理

数据处理在SPSS 13.0软件上完成。采用单因素方差分析（one-way analysis of variance）和新复极差法（shortest significant range）比较不同数据组间的差异，显著性水平设定为$\alpha = 0.05$。

2　结果与分析

2.1　不同处理对土壤总有机碳质量分数的影响

由图1可知，人工生草后林地土壤总有机碳（TOC）质量分数与免耕相比差异显著（$P<0.05$），不同生草对土壤有机碳增加的幅度有所不同，与免耕相比，质量分数分别提高了26.61%、24.74%和、23.12%，不同生草间没有明显差异。

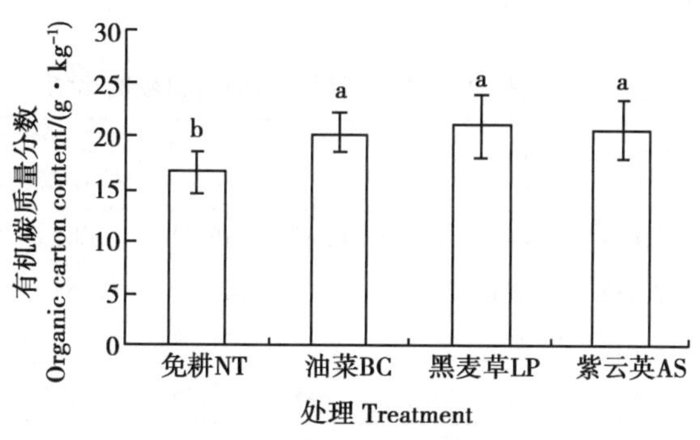

图1　不同处理土壤有机碳质量分数

注：测定日期为2012年4月。

Note：Measured in April 2012.

生草栽培是一种行之有效的土壤管理方法和制度，它能改善土壤物理性质，增加土壤养分和有机碳质量分数[8]。生草后山核桃林地土壤有机碳质量分数显著提高，主要是生草后每年通过地上部分死亡，细根周转和根系分泌等可向土壤归还大量的有机质，这与葡萄园[26]、苹果园[27]、杨梅园[10]土壤有机碳质量分数分别提高 54.4%、30.0% 和 25.2% ~48.9% 的研究结果相似。另外免耕则造成一定的水土流失，生草后可减少土壤流失 19.3% ~94.9%[28]。

生草后土壤有机碳质量分数显著增加，但土壤有机碳的结构是否也发生了变化呢？不同生草后土壤有机碳的固态^{13}C核磁共振波谱谱图（图 2），可将波谱划分为 7 个共振区，即烷基碳（0 ~45）、N-烷氧碳（45 ~60）、烷氧碳（60 ~90）、缩醛碳（90 ~110）、芳香碳（l10 ~145）、酚基碳（145 ~165）和羰基碳（165 ~210）。对核磁共振谱峰进行区域积分，得到土壤有机碳中各种含碳组分的百分比（表 2）。从图 2 及表 2 可知，生草后，林地土壤羰基 C 的比例显著升高，与免耕相比，油菜、黑麦草、紫云英分别提高了 36.9%、29.9% 和 33.9%，烷基碳、烷氧碳和芳香碳比例明显下降，分别降低 10.0% ~16.4%、18.9% ~20.9% 和 10.5% ~16.6%。生草后每年大量有机物料归还土壤，从而使土壤中容易被氧化分解的羰基碳明显增加。这与本研究中生草后土壤的 MBC 和 WSOC 质量分数比免耕提高了 138.61% ~159.68% 和 56.24% ~69.47% 也是一致的。烷基 $C_{0\sim45}$/烷氧 $C_{45\sim110}$ 比值反映了腐殖物质烷基化程度的高低，可作为有机碳分解程度的指标[29]；疏水 C/亲水 C =（$C_{0\sim45}$ + $C_{110\sim165}$）/（$C_{45\sim110}$ + $C_{165\sim210}$），其比值反映腐殖物质疏水程度的大小，比值越大则土壤有机碳稳定性越高[30]。脂族 $C_{0\text{-}110}$/芳香 $C_{110\sim165}$ 可以用来反映腐殖物质分子结构的复杂程度，该比值越高表明腐殖物质中芳香核结构越少、脂肪族侧链越多、缩合程度越低，分子结构越简单[29~30]。芳香度（$C_{110\sim165}/C_{0\sim165}\times100\%$）可以反映有机碳分子结构的复杂程度，该值越大，表明芳香核结构越多，分子结构越复杂[29~30]。从表 2 可知，土壤有机碳中烷基 C/烷氧 C、疏水 C/亲水 C 的比值略有下降，说明了土壤中难分解有机碳的比例相对减少；脂族 C/芳香 C 的比值略有下降，而芳香度则略有升高，均说明了生草后土壤有机物料多样性增加，土壤腐殖物质中芳香核结构越多、分子结构变得更加复杂。综上分析，生草后土壤有机碳库的稳定性并没有发生明显的改变。

表 2　不同处理土壤含碳组分占总有机碳的比例

处理	烷基碳（%）	N-烷氧碳（%）	烷氧碳（%）	缩醛碳（%）	芳香碳（%）	酚基碳（%）	羰基碳（%）	烷基 C/烷氧 C	疏水 C/亲水 C	脂族 C/芳香 C	芳香度（%）
免耕	9.02a	5.54a	15.63a	11.61a	28.36a	12.92ab	16.92b	0.28a	1.01a	1.01a	49.7a
油菜	7.56b	5.89a	12.37b	12.29a	23.66b	15.06a	23.17a	0.25a	0.86a	0.98a	50.4a
黑麦草	7.54b	5.81a	12.63b	12.42a	25.39b	14.23a	21.98a	0.24a	0.89a	0.97a	50.8a
紫云英	8.12b	5.68a	12.67b	12.11a	25.27b	13.5ab	22.65a	0.26a	0.88a	1.00a	50.1a

注：同一列中不同字母表示（$P<0.05$）方差显著性。下同

2.2　不同处理对土壤微生物量碳和水溶性有机碳质量分数的影响

种植人工生草后林地土壤微生物量碳（MBC）的质量分数显著升高。从表 3 可知，不同生草林地土壤 MBC 质量分数（250.28 ~272.38mg/kg）显著高于免耕（104.89mg/kg）（$P<0.05$），土壤 MBC 质量分数分别提高了 159.68%、144.24% 和 138.61%。土壤水溶性有机碳（WSOC）质量分数（43.70 ~47.40mg/kg）与免耕（27.97mg/kg）相比也

存在显著性差异（$P<0.05$），不同生草对 W SOC 增加的幅度略有不同，但差异不显著，分别提高了 69.47%、66.05% 和 56.24%。MBC，WSOC 占 TOC 的比例，更能反映不同土地利用类型下植被对土壤碳行为的影响结果，种植生草后改变了 MBC/WSOC，MBC/TOC 和 WSOC/TOC 的比例（表 3），MBC/WSOC 的比例由免耕的 3.75 提高到 5.52～5.75，MBC/TOC 由免耕处理的 0.63% 提高到 1.22% ～1.30%，WSOC/TOC 由免耕处理的 0.17% 提高到 0.21% ～0.23%。

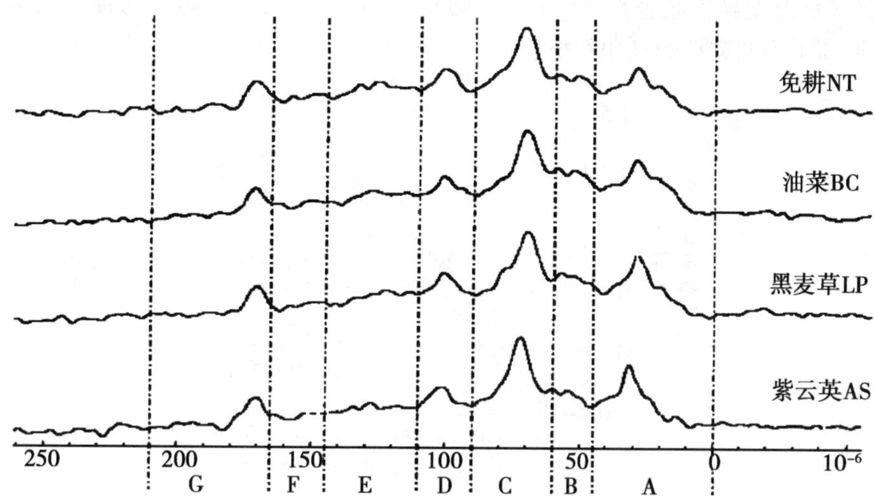

图 2　不同处理土壤总有机碳的核磁共振图谱

注：A－烷基碳 Alky C；B－N－烷氧碳 N－alkyl C；C－烷氧碳 O－alkyl C；D－缩醛碳 Acetal C；E－芳香碳 Aromatic C；F－酚基碳 Phenolic C；G－羰基碳 Carboxyl C

表 3　不同处理土壤微生物量碳及水溶性有机碳质量分数

处理	微生物量碳（mg/kg）	水溶性有机碳（mg/kg）	MBC/WSOC（%）	MBC/TOC（%）	WSOC/TOC（%）
免耕	104.89 ±12.59b	27.97 ±3.22b	3.75	0.63	0.17
油菜	250.28 ±32.34a	43.70 ±5.68a	5.73	1.22	0.21
黑麦草	272.38 ±38.41a	47.40 ±5.97a	5.75	1.30	0.23
紫云英	256.18 ±34.58a	46.44 ±6.55a	5.52	1.24	0.22

2.3　不同处理对土壤微生物功能多样性的影响

不同生草后土壤环境与结构发生改变，导致土壤通气性、水势梯度和热传导性随之改变，为微生物创造了适宜的生存和繁殖条件，同时刈割生草覆盖后，生草的腐烂物为林地土壤微生物提供了丰富的营养物质，更适合微生物的繁殖[31]。影响微生物学性质的主要因素是有机碳质量分数[32]，生草后山核桃林地土壤总有机碳质量分数显著提高，特别是土壤微生物量碳、水溶性有机碳的提高更加明显，对土壤微生物功能多样性是否也会产生影响呢？

Biolog 生态板是基于氧化还原反应的一种研究环境微生物群落代谢功能的载体，B Biolog 盘中每孔颜色平均变化率（AWCD）是反映土壤微生物代谢活性的一个重要指标[33]。由图 3 可见，随着培养时间的延长，各处理的 AWCD 值呈抛物线模式，土壤微生物活性随时间的延长而提高。在 24h 内不同处理土壤的 AWCD 无明显变化，而后快速上升，直至 144h 后变化趋于平缓，192h 基本稳定，此时黑麦草、紫云英、油菜和免耕处理土壤的 AWCD 值分别为 1. 244，1. 231，1. 187 和 1. 080。多重比较结果表明 3 种生草与免耕之间，土壤的 AW CD 值差异达显著水平（$P<0.05$），表明生草后土壤微生物种群的多样性增加，从而提高了不同碳源的利用效率。

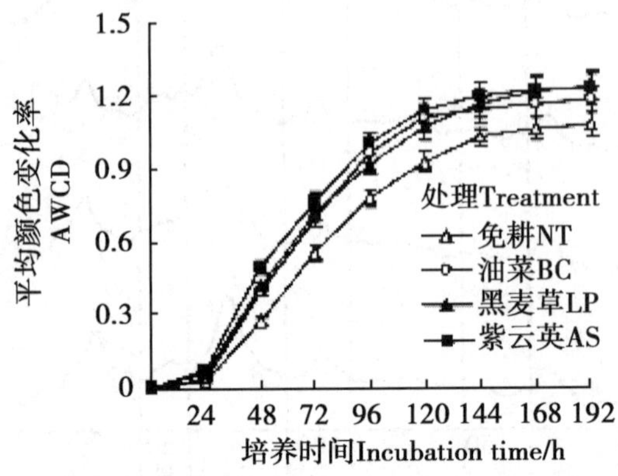

图 3　不同处理土壤微生物 AWCD 值的变化

种植生草后土壤微生物多样性指数略有提高，不同处理间存在一定的差异（表 4）。Shannon 指数表现为油菜、紫云英与免耕之间的差异达显著水平（$P<0.05$），而黑麦草与免耕之间的差异不显著。土壤微生物均匀度指数（E）之间也存在着一定的差异，总体表现为紫云英、油菜与免耕之间存在显著性差异（$P<0.05$），黑麦草与免耕之间的差异不明显。

3 种不同生草土壤微生物活性 AWCD 值、Shannon 指数和均匀度指数不存在显著性差异，这与徐秋芳等[13]研究的结果相似。

表 4　不同处理土壤微生物功能多样性指数

处理	Shannon 指数（*H*）	均匀度指数（*E*）
免耕	3. 335 ±0. 081b	0. 933 ±0. 014b
油菜	3. 616 ±0. 064a	0. 969 ±0. 001a
黑麦草	3. 458 ±0. 178ab	0. 936 ±0. 034b
紫云英	3. 604 ±0. 071b	0. 972 ±0. 014a

3　结论

（1）种植生草 4 年后，山核桃林地土壤有机碳质量分数显著增加，土壤有机碳的结构也发生了改变，表现为羰基 C 的比例显著升高，而烷基 C、烷氧 C 和芳香 C 的比例明显降低。但土壤有机碳库的稳定性并没有发生明显改变，烷基 C/烷氧 C、疏水 C/亲水 C、脂族 C/芳香 C 的比值略有下降，而芳香度则略有升高。

（2）生草栽培显著提高了山核桃林地土壤微生物量碳和水溶性有机碳的质量分数，分别增加了 138.61%～159.68%、56.24%～69.47%，同时也提高了微生物量碳和水溶性有机碳占总有机碳（TOC）的比例。

（3）生草后，山核桃林地土壤微生物生态功能多样性显著增强，微生物活性 AWCD 值、Shannon 指数和均匀度指数均明显提高，但不同生草之间没有显著性差异。

综上，本研究表明，生草栽培能有效提高山核桃林地土壤有机碳质量分数和微生物功能多样性，改善了林地土壤质量，在山核桃产区可大力推广种植，从而保持山核桃产业的可持续发展。

参考文献

[1] 陈世权，黄坚钦，黄兴召等．不同母岩发育山核桃林地土壤性质及叶片营养元素分析［J］．浙江林学院学报，2010，27（4）：572－578.

[2] 王正加，黄兴召，唐小华等．山核桃免耕经营的经济效益和生态效益［J］．生态学报，2011，31（8）：2 281－2 289.

[3] 王云南．浙江省典型经济林水土流失特征分析与防治措施优化设计［D］．杭州：浙江大学，2011.

[4] 陈世权．山核桃人工林养分诊断及生态经营技术研究［D］．南京：南京林业大学，2012.

[5] 惠竹梅，岳泰新，张瑾等．西北半干旱区葡萄园生草体系中土壤生物学特性与土壤养分的关系［J］．中国农业科学，2011，44（11）：2 310－2 317.

[6] 张桂玲．秸秆和生草覆盖对桃园土壤养分含量、微生物数量及土壤酶活性的影响［J］．植物生态学报，2011，35（12）：1 236－1 244.

[7] 冯存良，陈建平，张林森．生草栽培对富士苹果园生态环境的影响［J］．西北农业学报，2007，16（4）：134－137.

[8] 吴红英，孔云，姚允聪等．间作芳香植物对沙地梨园土壤微生物数量与土壤养分的影响［J］．中国农业科学，2010，43（1）：140－150.

[9] 徐雄，张健，廖尔华．四种土壤管理方式对李园土壤微生物和酶活性的影响［J］．土壤通报，2006，37（5）：901－905.

[10] 颜晓捷，黄坚钦，邱智敏等．生草栽培对杨梅果园土壤理化性质和果实品质的影响［J］．浙江农林大学学报，2012，28（6）：850－854.

[11] 郭家选，何桂梅，师光禄等．生草免耕桃园生态系统的碳交换动态变化特征［J］．农业工程学报，2012，28（12）：216－222.

[12] 苏进，赵世伟，马继东等．宁南黄土丘陵区小同人工植被对土壤碳库的影响［J］．水土保持研究，2005，12（3）：50－52，179.

[13] 徐秋芳，姜培坤，王奇赞等．绿肥对集约经营毛竹林土壤微生物特性的影响［J］．北京林业大学学报，2009，31（6）：43－48.

[14] 夏为，严江明，朱爱国．综合防治山核桃林地水土流失的技术研究［J］．浙江水利

水电专科学校学报，2007，19（4）：70－73.

[15] 钱孝炎，郑惠君，赵伟明等．山核桃林下优良绿肥品种的筛选研究［J］．华东森林经理，2010，24（3）：24－25.

[16] 余琳，陈军，陈丽娟等．山核桃投产林林下套种绿肥效应［J］．林业科技开发，2011，25（3）：92－95.

[17] 黄坚钦，夏国华．图说山核桃生态栽培技术［M］．杭州：浙江科学技术出版社，2008.

[18] 鲁如坤．土壤农业化学分析方法［M］．北京：中国农业科技出版社，1999.

[19] Jones D L，Willett V B. Experimental evaluation of methods to quantify dissolved organic nitrogen（DON）and dissolved organic carbon（DOC）in soil［J］．Soil Biology&Biochemistry，2006，38（5）：991－999.

[20] Vance E D，Brookes P C，Jenkinson D C. An extraction method for measuring soil microbial biomass C［J］．Soil Biology&Biochemistry，1987，19（6）：703－707.

[21] Brookes P C，Landman A，Puden G，et al. Chloroform fumigation and the release of soil nitrogen：a rapid direct extraction method to measure microbial biomass nitrogen in soil［J］．Soil Biology&Biochemistry，1985，17（6）：837－842.

[22] Mathers N J，Xu Z H，Berners-Price S J，et al. Hydrofluoric acid pre-treatment for improving ^{13}C CPMAS NMR spectral quality of forest soils in southeast Queensland，Australia［J］．Australian Journal of Soil Research，2002，40（4）：655－674.

[23] Yao H Y，Bowman D，Shi W. Soil microbial community structure and diversity in a turfgrass chronosequence：Land-use change versus turfgrass management［J］．Applied Soil Ecology，2006，34（2）：209－218.

[24] 张海涵，唐明，陈辉等．黄土高原5种造林树种菌根根际土壤微生物群落多样性研究［J］．北京林业大学学报，2008，30（3）：85－90.

[25] 安韶山，李国辉，陈利顶．宁南山区典型植物根际与非根际土壤微生物功能多样性［J］．生态学报，2011，31（18）：5 225－5 234.

[26] 潘自舒，王启亮，逯昀等．黄河故道地区葡萄园牧草组合增效研究［J］．安徽农业利学，2004，32（3）：492－493.

[27] 孟平，张劲松．太行山丘陵区果—草复合系统生态经济效益的研究［J］．中国生态农业学报，2003，11（3）：12－15.

[28] 王齐瑞，谭晓风．果园生草栽培生理、生态效应研究进展［J］．中南林学院学报，2005，25（4）：120－126.

[29] Ussira D A N，Johnson C E . Characterization of organic mater in a northern hardwood forest soil by ^{13}C NMR spectroscopy and chemical methods［J］．Geoderma，2003，111（1/2）：123－149.

[30] Spaccini R，Mbagwu J S C，Conte P，et al. Changes of humic substances characteristics from forested to cultivated soils in Ethiopia［J］．Geoderma，2006，132（1/2）：9－19.

[31] 吕德国，赵新阳，马怀宇等．覆草对苹果园土壤养分和微生物的影响［J］．贵州农

业科学，2010，38（6）：104－107.

［32］徐秋芳，田甜，吴家森等．退化板栗林（套）改种茶树和毛竹后土壤生物学性质变化［J］．水土保持学报，2011，25（3）：180－184.

［33］杨永华，华晓梅．农药污染对土壤微生物群落功能多样性的影响［J］．微生物学杂志，2000，20（2）：23－25.

山核桃投产林林下套种绿肥效应*

余　琳[1]　陈　军[1]　陈丽娟[1]　程建斌[1]　吴家森[2]　夏国华[2]

1. 浙江省淳安县林业局　浙江淳安　311700；

2. 浙江农林大学林业与生物技术学院　浙江临安　311300

摘　要：为增加山核桃投产林林下植被覆盖度、提高林地水土保持效果，增加土壤肥力，本研究组2008—2009年开展了山核桃林下套种1年生黑麦草、多年生黑麦草、白三叶、红三叶以及紫花苜蓿等5种绿肥，对其生物量、土壤有机质、林下昆虫多样性、果实产量和品质的影响进行研究（清耕为对照）。结果表明：①林下套种绿肥显著增加林下植被生物量，以1年生黑麦草效果为好，鲜质量和干质量分别达到55 000和9 420kg/hm²，套种白三叶使土壤有机质增加了2.3g/kg；②林下套种绿肥有利于增加害虫天敌数量和减少害虫密度，其中主要害虫山核桃蚜虫、山核桃花蕾蛆等害虫密度分别降低了57.14%和36.45%；③林下套种绿肥显著提高山核桃产量，套种平均产量为821.55kg/hm²，较对照增加12.46%，套种后果品品质也明显提高；④综合评价5种套种绿肥的效果后认为，山核桃林下以套种白三叶、1年生黑麦草和多年生黑麦草较好。

关键词：山核桃投产林；绿肥；套种效应

山核桃（Carya cathyensis）为我国著名干果和木本油料树种，有着悠久的栽培历史，主产于浙皖交界的天目山区，现有面积8.2万hm²，年产干果约2.5万t，随着山核桃产业化发展，由于不合理的耕作措施（如除草剂的过量施用），造成水土流失严重，林地土壤日益退化，病虫为害增多，生态环境恶化，这些已经成为山核桃产业发展的瓶颈。

国内外对果园、其他树种套种绿肥进行了较多的研究，而我国果园种草目前还处于试验推广阶段[1-4]。山核桃套种绿肥就是在投产林分中种植1年生或多年生绿肥植物作为覆盖林地的一种土壤管理方法。笔者在淳安县山核桃主产区种植不同绿肥，对绿肥生物量、土壤有机质、林地昆虫多样性、果实产量和品质等方面进行综合评价，初步筛选出适宜山核桃林下套种的绿肥。

---

* 本文发表于《林业科技开发》，2011，25（3）：92－95.

1 材料与方法

1.1 试验地概况及试验材料

试验地位于淳安县临岐镇敕村、威坪镇茶合村、王阜乡童川村和梓桐镇姜桐村等 4 个村（119°00′~119°30′E，29°10′~30°00′N），海拔 120~400m。区属中亚热带季风性气候的北缘，年平均气温 17℃，极端最低气温 -7.6℃，极端最高气温 41.8℃。年平均降水量 1 430mm，无霜期 263d。土壤主要以红壤类黄泥土、黄红泥和岩性土类钙质页岩土和油黄泥土等，pH 值为 5.5~6.0。

套种绿肥 1 年生黑麦草（Loliun multiflonm）、多年生黑麦草（L. perenne）、白三叶（Trifolium repens），红三叶（T. pratense）种子由虹越花卉公司提供，紫花苜蓿（Medicago sativa）种子由中国种子草业公司提供。

1.2 实验设计及指标测定

于 2007 年 10 月选择山核桃已结果投产的人工林分，造林密度 300~525 株/hm^2，树龄 20~30 年，每村建立 1 个绿肥套种试验点，共 4 个试验点，分别播种不同绿肥。其方法是在林地中均匀撒播种子，然后轻挖表土，将种子覆盖，不同处理林地面积为 0.1hm^2，重复 3 次，同时以清耕作为对照。绿肥播种量为：1 年生黑麦草、多年生黑麦草为 45kg/hm^2，白三叶 60kg/hm^2，红三叶 45kg/hm^2，紫花苜蓿 15kg/hm^2。于 2008 年 10 月对 1 年生黑麦草处理进行补播。

（1）绿肥生物量测定：于 2009 年 5 月在不同处理的山核桃林地中随机选择 1m×1m 的小样方各 5 个，割取和挖取样方内所有绿肥（地上和地下部），把 4 个试验点（村）样方数合计取其平均数，并取相同数量样品于实验室在 105℃杀青 30min，70~80℃烘干至恒定，称其干质量。冷却后粉碎研磨，贮于磨口玻璃瓶中待测。干鲜比 $Pw = W_{干}/W_{鲜}$；含水率 $P = [W_{鲜} - W_{干}] / W_{鲜} \times 100\%$[4]。清耕（对照）林下主要以活血丹、红花草、荨麻等杂草为主。

（2）绿肥营养成分测定：粗蛋白选用半微量凯氏定氮法；粗脂肪用鲁氏残留渣法；粗纤维采用定量酸和碱在特定的条件下消煮-粗纤维测定仪进行测定；灰分采用高温直接法测定[4]。

（3）土壤养分测定：于 2007，2009 年 10 月多点采集不同处理的山核桃林地土壤 0~30cm 样品，将其混合，然后采用四分法分取样品 1kg 左右，带回室内风干，待用。土壤 pH 值用酸度计法（水土质量比为 2.5∶1.0）；有机质用硫酸重铬酸钾外加热法；水解氮采用碱解扩散法；有效磷用盐酸氟化铵浸提分光光度法；速效钾用乙酸铵浸提火焰光度法；全氮采用半微量凯氏定氮法；全磷用高氯酸-硫酸消化-分光光度法测定[5]。

（4）昆虫多样性调查：于 2009 年 5 月和 10 月，在不同处理的山核桃林设置固定标准地，实地调查主要昆虫种类。在东西南北方向各选择 3 个 10cm 粗的山核桃枝条，对主要害虫山核桃蚜虫（Kurisakia sinocaryae）和山核桃花蕾蛆（（Contarinai sp.）进行虫口密度[6-8]调查。

（5）绿肥耐阴性测定：不同绿肥的光饱和点、光补偿点采用便携式光合仪 LI-6400 进行测定；叶绿素 a、b 含量采用酒精丙酮浸提，分光光度法测定[9~12]。

（6）山核桃产量、品质测定：于 2009 年实测不同处理单位面积产量，带回样品对其果脯鲜质量、出籽率、出仁率、出油率进行测定。

2　结果与分析

2.1　林下套种绿肥的生物量

一定时间内单位空间绿肥生命过程中所产干物质的累积量称绿肥生物量，包括地上及地下两部分。山核桃林下不同绿肥生物量（干质量）测定结果见表 1。从表 1 可知，1 年生黑麦草生物量最大。经方差分析可知（$F=4.54124>F_{crit}=3.1635$，$P=0.014536$，置信度 0.01）套种绿肥与清耕存在极显著性差异，1 年生黑麦草生物量是清耕处理的 64.7 倍。

表 1　不同绿肥在山核桃林下套种的生物量

绿肥种类	鲜质量（kg/hm^2）			干质量（kg/hm^2）	干鲜比	含水率（%）
	合计	地上部分	地下部分			
1 年生黑麦草	55 000	39 000	16 000	9 420	0.171	82.9
多年生黑麦草	40 000	16 000	24 000	6 720	0.168	83.2
白三叶	40 000	32 000	8 000	5 140	0.129	87.1
红三叶	24 000	13 000	11 000	3 490	0.145	85.5
紫花苜蓿	28 000	16 500	11 500	3 760	0.134	86.6
清耕	850	480	370	160	0.188	81.2

2.2　不同绿肥营养成分分析

绿肥营养物质主要包括粗蛋白质、粗脂肪、粗纤维、粗灰分素等。经测定，5 种绿肥营养成分如表 2 所示。从表 2 可知，粗蛋白含量以红三叶为最高（24.70%），而 1 年生黑麦草为最低（13.5%）；粗脂肪含量差异不大，变化范围在 2.4%～3.9%；粗纤维含量则以红三叶为最低（12.5%），清耕为最高（31.4%），说明肥力最差；无氮浸出物含量在不同绿肥间差异不大（43.9%～46.6%）。经方差分析（$F=6.281362>F_{0.01}=2.461236$，$P=0.000198$，置信度 0.01），发现清耕区绿肥与套种绿肥存在极显著性差异。

表 2　不同绿肥营养成分分析

绿肥种类	营养成分（%）				
	粗蛋白	粗脂肪	粗纤维	灰分	无氮浸出物
1 年生黑麦草	13.5	3.9	21.4	14.6	46.6
多年生黑麦草	15.5	3.5	25.2	11.6	44.2
白三叶	19.1	3.6	19.5	10.2	47.6
红三叶	24.7	2.7	12.5	13.0	47.1
紫花苜蓿	21.5	2.4	27.6	4.6	43.9
清耕	20.1	2.6	31.4	5.7	40.2

2.3 不同绿肥对土壤肥力的影响

林地套种绿肥，可以保土保肥，改善土壤结构，增加土壤有机质的积累，是显著提高土壤肥力的有效措施[5]。姜培坤等[2]在板栗林地种植绿肥的研究表明，播种白三叶、黑麦草等4种绿肥对改良土壤的效果不同，其中白三叶对提高土壤水解氮、有效磷和速效钾最有效。绿肥种植2年后山核桃林地土壤养分的变化情况见表3。

从表3可知，种植绿肥对山核桃林地土壤均有较好的改良作用，土壤中的养分含量均有不同程度增加。1年生黑麦草对土壤全氮、全磷、水解氮、速效钾含量的提高效果较好。紫花苜蓿可以有效提高林地土壤pH值和有效磷。种植白三叶2年的林地土壤有机质含量提高了2.30g/kg，这与齐鑫山等[1]的研究结果相似，果园种草3年后0～30cm土层有机质含量平均提高3.3g/kg，氮、磷、钾等养分含量有较大提高，尤以表层土壤更为明显。

清耕处理的山核桃林地不同肥力指标均表现为下降，其中，有机质下降了2.30g/kg说明近年来，林地水土流失严重，肥力在不断下降。经方差分析（$F=5.174\ 472>F_{0.01}=2.732\ 125$，$P=0.000\ 198$，置信度0.01）可知，清耕处理与套种绿肥肥力存在极显著性差异。

表3 不同绿肥对林地土壤养分的影响

绿肥种类	全N (g/kg)	全P (g/kg)	有机质 (g/kg)	pH值	水解氮 (mg/kg)	有效磷 (mg/kg)	速效钾 (mg/kg)
1年生黑麦草	+0.35	+1.22	+0.96	+0.20	+5.14	+0.75	+4.18
多年生黑麦草	+0.22	+0.15	+1.22	+0.15	+4.25	+0.82	+3.25
白三叶	+0.14	+0.04	+2.30	-.10	+3.96	+1.09	+1.56
红三叶	+0.16	+0.08	+1.35	+0.22	+4.56	+0.95	+2.21
紫花苜蓿	+0.12	+0.12	+1.18	+0.30	+4.15	+1.59	+2.23
清耕	-0.04	-0.07 -	-2.30	-0.10	-2.13	-0.04	-2.35

注：表中+、-号表示上升、下降

2.4 绿肥种植对昆虫多样性的影响

种植绿肥后，对年不同处理的昆虫多样性进行了调查，结果如表4所示。调查显示，山核桃套种绿肥后，主要的昆虫有七星瓢虫（Couinella septanpunctata）、异色瓢虫（Leisaxy riolis）、大草蛉（Chrysopa septempuncatata）、小草蛉（Ch. japonica、小花蝽（Orius minutus）、长扁食蚜蝇（Sphaerophoria sp.）、大灰食蚜蝇（Metasyphus corollae）等7种。

对山核桃主要害虫调查表明，种植绿肥的山核桃林分山核桃蚜虫（Kurisakia sinocaryae）和山核桃花蕾蛆（Contarinai sp.）的虫口密度分别为7.8只/株和13.6只/株，而清耕林分的虫口密度则分别为18.2只/株和21.4只/株，两者相比分别降低了57.14%和36.45%。经方差分析（$F=7.255\ 213>F_{0.01}=4.468\ 321$，$P=0.000\ 198$，置信度0.01）可知，清耕处理与套种绿肥对昆虫多样性存在极显著性差异。

由此可见，山核桃套种绿肥有利于增加天敌数量和减少害虫密度。这与种植绿肥的果园中天敌种类和数量明显多于清耕园，绿肥园比清耕园高 58.3% 的研究结果相似[6]。不同种绿肥春季增殖害虫天敌也有所不同，毛叶苕子上优势天敌为东亚小花蝽，三叶草为瓢虫，紫花苜蓿为东亚小花蝽和蜘蛛[7]。

表 4　套种绿肥对主要昆虫多样性的影响

昆虫种类	绿肥种类					
	1 年生黑麦草	多年生黑麦草	白三叶	红三叶	紫花苜蓿	清耕
七星星瓢虫	+*	+*	+*	+*	+*	—
异色瓢虫	+	+	+	+	+	—
大草蛉	+	+	+	+	+	—
小草蛉	+*	+*	+	+*	+	—
长扁食蚜蝇	+*	+*	+*	+*	+*	—
大灰食蚜蝇	+	+	+	+	+	—
小花蝽	—	—	+	+	+	—
合计	6	6	7	7	7	0

注：+表示出现种类，—表示未出现种类

2.5　不同绿肥的耐阴性能分析

自 20 世纪 50 年代初开始，国外对植物耐阴性进行研究[8]，我国对植物耐阴性的研究始于 20 世纪 70 年代末，研究对象多为园林植物和花卉，其中也有对草坪、地被植物进行过相关研究[9~10]。耐阴性分析主要以光补偿点、叶绿素 a 和 b 含量等指标进行分析。光补偿点体现植物在弱光条件下光合作用能力的重要指标。一般说来，阳性植物比阴性植物光饱和点和光补偿点要高。某种植物的光补偿点越低，该植物越能在弱光条件下顺利进行光合作用，能进行光合产物的积累，该种植物耐阴能力就比较强，反之，其耐阴力就差[11]。叶绿素是光合作用的载体，其含量和比例是树种适应和利用环境因子的重要指标。一般说来，叶绿素含量高、叶绿素 *a* 对绿素 *b* 比值小的树种，具有较强的耐阴性。

从表 5 可以看出，以 1 年生黑麦草光饱和点、光补偿点和叶绿素 *a*/*b* 比值较低，紫花苜蓿最高，因此，1 年生黑麦草耐阴性相对较好，紫花苜蓿相对较差。

表 5　套种绿肥植物耐阴性分析

绿肥种类	光饱和点（$\times 10^4$lx）	光补偿点（lx）	叶绿素含量鲜质量（mg/mL）		叶绿素 a/b
			叶绿素 a	叶绿素 b	
1 年生黑麦草	2.4	550	0.9855	0.4550	2.17
多年生黑麦草	2.5	600	0.9290	0.4150	2.23
白三叶	2.7	650	0.7840	0.3250	2.41
红三叶	2.8	650	0.8120	0.3320	2.45
紫花苜蓿	2.9	720	0.9125	0.4012	2.27

注：清耕处理未进行耐阴性测定

2.6 种植绿肥对山核桃产量和品质的影响

山核桃林分套种绿肥后，提高了单位面积产量，改善了果实品质（表6）。从表6可知，套种黑麦草后山核桃产量显著增加。套种1年生黑麦草和白三叶的林分，山核桃的出仁率和出油率显著提高。山核桃套种1年生黑麦草后其果实品质提高效果最佳，果蒲鲜质量、出籽率、出油率和出仁率均表现出不同程度的提高，套种多年生黑麦草、白三叶其次，而套种红三叶、紫花苜蓿略差。

3 结论

（1）山核桃套种绿肥可以增加生物量，1年生黑麦草生物量鲜质量最大，达55 000kg/hm^2（1年生黑麦草生物量是清耕处理的64.7倍），可有效地改变土壤结构，提高土壤肥力。1年生黑麦草对土壤全氮、全磷、水解氮、速效钾含量的提高效果较好。紫花苜蓿可以有效提高林地土壤pH值和有效磷。种植白三叶2年的林地土壤有机质含量提高了2.30g/kg。

（2）山核桃套种绿肥有利于增加天敌数量和减少害虫密度，与清耕相比，山核桃蚜虫和山核桃花蕾蛆的虫口密度分降低了57.14%和36.45%。

（3）种绿肥提高了山核桃的产量，同时提高了品质，与清耕对照相比，套种后山核桃颗粒大，出籽率、出油率和出仁率普遍较高。

（4）山核桃林下套种绿肥，以白三叶、1年生黑麦草为最好，但套种白三叶时必须清除杂草，且较为适应郁闭度0.7上的投产林分，否则夏季干旱及光照过强，白三叶与杂草强烈竞争，将成为弱势植物，翌年春季，白三叶又成为主要植被而长势良好不能发挥作为绿肥的作用。1年生黑麦草当年表现优势，在第1~2年后再逐渐退化，因此，第2年以后可以适当却进行补播，以延长退化期限，增加林地肥力。

表6 套种绿肥对山核桃产量和品质的影响

绿肥种类	产量(kg/hm^2)	品质			
		果蒲鲜质量(g/粒)	出籽率(%)	出仁率(%)	出油率(%)
1年生黑麦草	936.75**	4.347	26.42**	40.12*	26.34**
多年生黑麦草	834.60*	4.954**	24.71	39.56	24.46
白三叶	776.25	4.234	25.65	40.32**	25.32*
红三叶	753.75	4.128	24.25	37.65	23.47
紫花苜蓿	806.25	3.987	22.08	36.48	23.53
清耕	748.70	3.762	21.67	36.78	20.25

注：* 表示差异显著（$P<0.05$），** 表示差异极显著（$P<0.01$）

参考文献

[1] 齐鑫山，丁卫建，王仁卿．果园间种白三叶草对土壤生态及果树生产的影响[J]．农村生态环境，2005，21（2）：13-17.

[2] 姜培坤，徐秋芳，周国模．种植绿肥对板栗林土壤养分和生物学性质的影响［J］．北京林业大学学报，2007，29（3）：120－123.
[3] 邓盛福，叶世坚，刘爱琴等．南方林区野生林用绿肥的筛选研究．福建林业科技，2000，27（02）：82－85.
[4] 杨晓晖，王葆芳，江泽平等．乌兰布和沙漠东北缘三种豆科绿肥植物生物量和养分含量及其对土壤肥力的影响［J］．生态学杂志，2005，24（10）：1 134－1 138.
[5] 张明辉，李卫华，林真等．牧草绿肥对福建果园生态系统的影响及发展对策［J］．安徽农学通报，2007，13（17）：57－59.
[6] 裴瑞杰，王世茹．果园种植绿肥对天敌和害虫群落及种群消长的影响［J］．河南农业科学，2004（4）：71－73.
[7] 陈汉杰，张金勇，陈冬亚等．果园间作不同绿肥春季增殖害虫天敌的调查［J］．果树学报，2005，22（4）：419－421.
[8] 安锋，林位夫．植物耐阴性研究的意义与现状［J］．热带农业科学，2005，25（2）：68－71.
[9] 张利，赖家业，杨振德等．八种草坪植物耐阴性的研究［J］．四川大学学报：自然科学版，2001，38（4）：584－588.
[10] 伍世平，王君健，于志熙．对 11 种地被植物的耐阴性进行研究［J］．武汉植物学研究，1994，12（4）：360－364.
[11] 韭德题，奎歪签．24 个园林树种耐阴性分析［J］．山东林业科技，1997（3）：27－30.
[12] 周潇，毛凯，干友民．我国地被植物耐阴性研究［J］．北方园艺，2007（1）：51－53.

生草栽培对桃园土壤养分特性及细菌群落的影响*

何莉莉[1]　杨慧敏[1,3]　钟哲科[1,3]　公丕涛[1]　刘玉学[2,3]　吕豪豪[2,3]　杨生茂[2,3]

1. 国家林业局竹子研究开发中心　杭州　310012；
2. 浙江省农业科学院环境资源与土壤肥料研究所　杭州　310021；
3. 浙江省生物炭工程技术研究中心　杭州　310021

摘　要：为了研究生草栽培方式对土壤养分特性及细菌群落多样性的影响，探讨桃园生草栽培的土壤生态机理，本研究组在浙江杨渡桃园培育区设计了套种黑麦草、套种毛苕子和清耕杂草（对照）3 个处理，并采集不同样地表层土壤进

* 本文发表于《中国农学通报》，2013，29（19）：179－183.

行分析。结果表明，在套种黑麦草、毛苕子8个月后，桃园土壤（0～20cm）的有机质、全氮、速效钾和速效磷等指标，没有随着套种带来的土壤养分竞争增加而减少；相反，有机质、全氮等出现增加的趋势。同时，通过变性梯度凝胶电泳（DGGE）技术，对不同生草桃园土壤细菌群落多样性表征得到，与清耕杂草土壤管理方法比较，套种牧草后土壤细菌群落多样性有所提高，优势菌群数量增加幅度明显，尤其是套种毛苕子。研究表明，黑麦草、毛苕子套种对维持桃园土壤肥力、减少土壤中养分元素淋失和提高土壤的细菌生物多样性等方面都具有重要的作用。

关键词：生草栽培；桃园土壤；养分；细菌群落多样性

生草栽培，是对果园全园或行间种植或定向培育草本植物，不使土壤暴露，每年可刈割或不刈割的一项土壤管理方法，它对于维持土壤基础肥力、改善土壤生态环境、推动果树产业可持续发展具有重要意义[1～2]。近10年来，中国许多地区的果树单产逐渐提高，但果园土壤施肥大多数仍以使用化肥为主，加上果园实施清耕管理措施，清除果园杂草使用化学除草剂，果园这种大量地使用化学物质，加速了土壤有机质的矿化分解，降低了微生物群落多样性和酶活性，使土壤养分严重失衡及果园早期落叶病、缺素症等生理性病害频繁发生[3]。因此，开展生草栽培，改变单一化的作物生长模式，减少果园化学物质的投入，提高土壤生态系统自身的保肥能力，已成为当前果园土壤管理的一个重要研究内容[4]。

已有不少研究表明，果园生草栽培对土壤肥力具有深刻的影响。孔建等[5]研究发现，在果树地面种植牧草等覆盖物，一方面影响了果园小气候、土壤肥力等，如增加了植被的遮蔽度、降低高温天气地表温度等；另一方面，果园的害虫及天敌数量得到调控，使果园生态系统得到良性循环。林忠宁等[6]在桃园套种并覆盖胜红蓟，明显提高了桃的产量和品质，并对杂草有明显的抑制作用。黄欠如等[7]研究表明，果—农套种可以提高土壤含水率2%～3%，这可能与果农复合系统使空气湿度增加、地表径流减少有关。也有研究证实，生草栽培在一定程度上可减少化肥的施用量，因土壤供氮能力在套种模式下高于作物单作，且套种对于非肥料氮的利用率更高[8]。但总的来说，由于各果产区气候、立地条件差别较大，在草种选择与利用上，缺乏相应的规范化技术和理论的支撑，加之受传统大田耕作“除草务尽”“与果争肥水”等思想的影响，生草栽培的模式一直未得到很好的推广应用。目前，实施清耕管理的果园面积仍占总面积的80%以上[8]。

因此，以桃园生草栽培为主要研究对象，对两种套种植物黑麦草、毛苕子对土壤肥力带来的影响展开比较研究，同时，运用分子生物学技术PCR-DGGE从微生物群落遗传多样性方面对生草桃园土壤细菌群落多样性进行表征，以此揭示套种牧草后土壤中在数量上占主导的微生物群落的变化状况，以期为提高桃园土壤质量，发展可持续、绿色果业生产提供科学依据。

1　材料与方法

1.1　试验时间、地点

试验于2010年10月至2012年5月在浙江省农业科学院海宁杨渡试验基地—桃园培

育区进行。

1.2　试验材料

毛苕子（*Vicia villosa Roth*），为1年生豆科草本植物；黑麦草（*Lolium perenne*），为禾本科1年生草本植物。供试桃树品种为“湖景蜜露”，株行距为3m×4m。树体生长良好，长势均匀。牧草于2010年10月28日播种，播量分别为：毛苕子60kg/hm^2，黑麦草30kg/hm^2，采用全园生草模式，其他管理同一般桃园。

1.3　试验方法

1.3.1　试验设计

试验共设3个处理：套种毛苕子、黑麦草、清耕杂草（对照）。采用随机区组设计，每小区长宽12m×16m，3个重复。2012年5月，在各小区采用“S”形线路选取7个点，采集0~20cm土壤样品。用四分法混匀样品，取1kg左右带回实验室。去杂过2mm筛，充分混匀后，一份风干后用于土壤全氮、有机质、有效磷和速效钾的分析测定，另一份鲜样用于土壤DNA提取，-75℃超低温冷冻储存。

1.3.2　土壤养分测定

土壤全氮测定采用浓硫酸—过氧化氢消煮，凯氏定氮法；土壤有机质测定采用重铬酸钾外加热法测定；土壤有效磷测定采用碳酸氢钠提取—钼锑抗比色法；土壤速效钾测定采用乙酸铵浸提—原子吸收分光光度法；土壤pH值测定采用1∶2.5水提，酸度计测定[10]。

1.3.3　土壤DNA提取、聚合酶链反应（PCR）和变性梯度凝胶电泳（DGGE）

利用PCR-DGGE技术对不同处理果园土壤细菌群落DNA的16S rDNA V3区片段进行分析，运用Quantity One软件分析各谱图的戴斯系数，用UPGMA方法进行聚类分析。

（1）土壤DNA的提取。用上海生工生物工程公司试剂盒（Ezup柱式基因组DNA抽提试剂盒）提取土壤总DNA。提取后的总DNA溶解在75μl TE中，吸取5μl在1×TAE缓冲液中用1%琼脂糖凝胶检测。

（2）16S rDNA V3区P CR扩增　50μl PCR反应体系：Premix *Taq* 酶25μl；引物1/1μl、引物2/1μl；模板1μl；最后加灭菌水至50μl。

PCR反应条件如下：94℃预变性2min；35个循环为94℃变性30s，55℃退火30s，72℃延伸30s；最后补充72℃延伸7min；扩增后的PCR产物用1%琼脂糖凝胶电泳检测。

（3）变性梯度凝胶电泳（DGGE）　聚丙烯酰胺凝胶浓度是8%，变性梯度从上到下是30%~60%，上样量为45μl。运行条件为：1×TAE电泳缓冲液，60℃电泳条件下，85V，16h，电泳完毕后，用SYBR GREEN避光染色30min，再用去离子水漂洗。染色后的凝胶用Bio-RAD的GeDoc-2000凝胶成像系统拍照；用Quantity One分析软件分析样品电泳条带。

1.3.4　试验仪器、试剂

（1）主要仪器　美国The Dcode™ Universal Mutation Detection System（Bio-Rad），意大利VELP-UDK159全自动蒸馏滴定装置，Perkin Elmer AA800原子吸收分光光度计，法国Bertin多功能均质器。

（2）主要试剂　PCR引物为细菌通用引物338FC-GC（引物1）、518R（引物2），均由上海生工生物工程技术服务公司合成；40%丙烯酰胺/双丙烯酰胺；50×TAE 和去离子甲酰胺。

2 结果与讨论

2.1 生草对桃园土壤养分特性的影响

土壤全氮、有机质的含量是反映土壤长期肥力水平的主要指标，而土壤速效养分是植物当季能够直接吸收的养分，是植物周期生长发育的主要基础。表1是桃园套种黑麦草、毛苕子后土壤主要肥料指标的变化对比。由表1可知，清耕对照处理土壤有机质（<1.5%）、土壤速效K含量较低。套种黑麦草、毛苕子8个月后，不同处理间的各个分析指标未出现显著性差异，但套种后土壤全氮、有机质和速效K的含量呈现增加的趋势。套种毛苕子的土壤全N含量比对照高出约7%，这可能与毛善子（豆科植物）根部根瘤的固氮作用有关。在套种8个月的时间内，虽然桃树与套种植物存在着养分竞争，据测定，套种的黑麦草与毛苕子的单位产量（鲜重）已分别达到6t和4.5t以上，但这并没有引起表层（0～20cm）土壤中养分消耗大于积累的现象。相反，存在增加的趋势。此结果与大多数生草栽培的土壤肥力变化状况不一致。

大多数研究结果表明[11]，生草果园前期的表层土壤肥力会因前期土壤中养分的激烈竞争而减少，而随着套种植物的刈割返回和套种时间的增加，土壤养分和有机质状况能得到明显的改善。本研究在套种初期土壤中养分含量没有减少，可能与套种草本植物后养分的淋失量减少有关，也可能是与种植牧草提高了土壤水分含量，降低高温天气地表温度，减缓了土壤有机质的分解速度有关[12~13]。

表1 不同处理下桃园土壤有机质、全氮、速效磷、速效钾的含量变化

处理	pH值	土壤全氮（g/kg）	有机质（g/kg）	速效磷（mg/kg）	速效钾（mg/kg）
清耕（CK）	6.56±0.36a	0.860±0.07a	14.47±1.21a	19.5±2.43a	65.14±10.98a
黑麦草	6.56±0.05a	0.892±0.03a	14.94±0.79a	18.64±6.38a	76.09±9.69a
毛苕子	6.55±0.13a	0.920±0.12a	15.37±1.15a	18.63±2.61a	77.79±12.08a

注：表中数据为平均数（$n=3$）±标准差。同列不同小写字母表示5%水平差异显著性

2.2 套种对土壤细菌多样性的影响

2.2.1 土壤细菌16S rDNA V3区片段的扩增

图1为提取土壤总DNA的琼脂糖凝胶电泳图，在凝胶顶端有1条较亮的DNA条带，且无拖尾及杂质，提取效果良好，有利于PCR等后续操作。图2为土壤细菌16S rDNA V3区片段的特异性扩增电泳结果，由图2可看到其片段为250～300bp。此结果符合利用DGGE分离PCR产物的要求，因PCR产物的超过500bp，易引起DGGE分辨率下降[4]。此结果也表明，所研究土壤中的细菌群落的数量和结构较为稳定。

2.2.2 土壤细菌群落的相似性分析

应用DGGE技术分离PCR产物（图3），不同处理土壤经变性梯度凝胶均可分离得到

20条以上电泳条带。不同处理土壤的PCR产物电泳条带的差异性在一定程度上反映了土壤微生物的多样性。各个条带因为迁移速率的不同而相互分离，不同的条带代表不同种属细菌，土壤间共同的条带，说明可能存在相同的菌群；其亮度越重，菌种存在量相对越多，条带越浅则相反[15~16]。运用Quantity One软件对图谱进行基本的背景排除，然后经泳道识别、条带识别和配对等步骤，得到泳道间的对比分析结果。

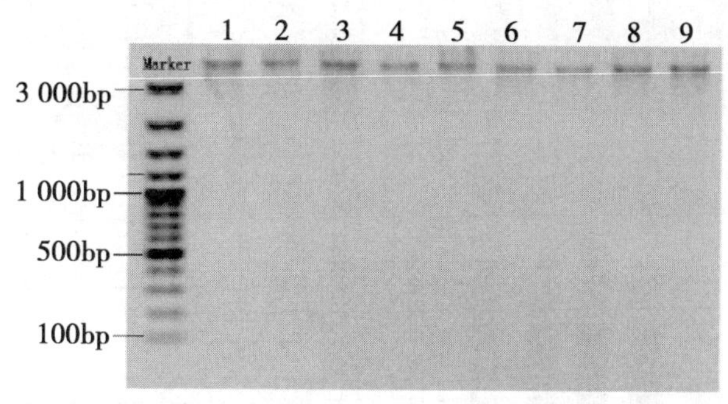

图1 不同处理土壤总DNA提取效果

1~3：清耕对照，4~6：套种黑麦草，7~9：套种毛苕子。下同

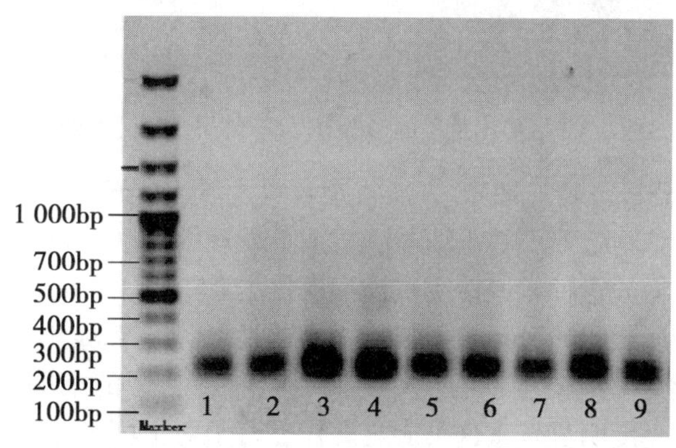

图2 不同处理桃园细菌16S rDNA V3区片段

由图3（a）可知，多数条带是3种处理所共有的，相比较而言，同一个处理的3个重复样品的共有条带较多、亮度较相似，不同处理间已存在着较大的差异。图3（b）是应用Quantity One软件所得出的电泳比较图，所获得条带多于肉眼观察。仔细观察图3（a）（a，b各条带对应的编号是不一致的）发现，18，19号是不同处理的桃园土壤共有的优势菌群，且套种黑麦草、毛苕子的处理亮度明显增加，说明桃园种植牧草促进了土壤优势菌群的生长，此结果与吴红英等[17]的研究结果类似。从泳道7~9的条带发现，17号条带是套种毛苕子的特有菌群，这可能是因为毛苕子属于豆科植物，其根系分泌物更能促进某些菌群的生长，这有待更进一步研究。

以1号样品（对照1）为基准，用Quantity One软件计算各样品的戴斯系数，戴斯系数 $Cs=2j/(a+b)$，其中，j 是 a，b 共有的条带数，a，b 是各自的条带数，Cs 的范围是从0（没有共同条带）到1（所有条带都相同）。如图3（b），泳道1分别同泳道2号和3号的相似性分别为84.3%、75.0%，说明同种处理的3个重复相似性较大。而对照样品1

同黑麦草套种的3个样品（图中编号4~6）及毛苕子套种的3个样品（图中编号7~9）的相似性分别为67.9%~74.0%和61.9%~67.9%，此结果表明，不同土壤中微生物群落出现一定的差异。

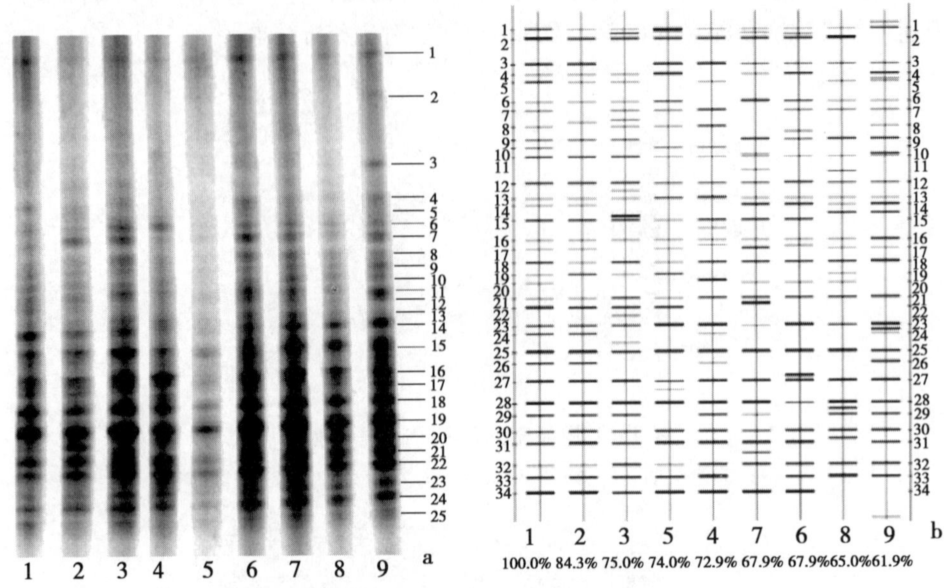

图3 16S rDNA V3区扩增片段的DGGE分析结果（a）及电泳比较图（b）

从UPGMA聚类分析得到（图4），清耕杂草（对照）与套作牧草处理的土壤分别聚类，尤其是套种豆科植物毛苕子的土壤与清耕杂草处理的土壤出现较远的距离，不同处理间土壤微生物群落结构的这种相似性或多样性变化主要是由于不同套种牧草对土壤的生态环境和养分条件改变所致，从而影响了彼此之间的适宜性。Yang等[18]认为，土壤的养分含量和碳源供给是影响土壤微生物的主要因素，套种毛苕子的土壤细菌群落的DGGE电泳条带数相对较多，亮度明显较重这可能与套作毛苕子对土壤全氮、有机质等指标影响较为突出有关。

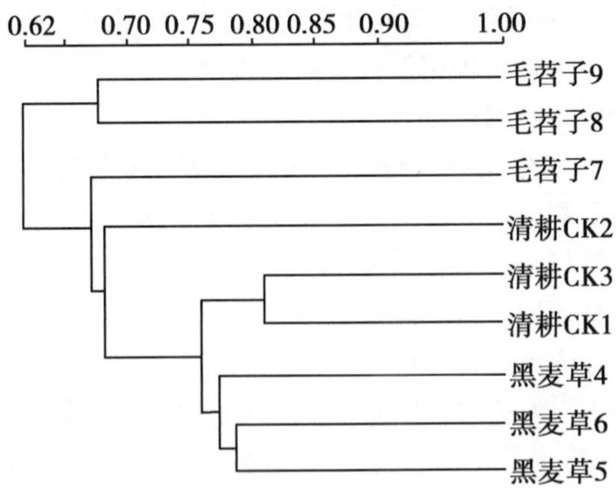

图4 不同土壤16S rDNA条带图谱的聚类分析

3 结论

植被的群落组成决定了微生物的群落的组成，植被影响土壤环境，从而影响微生物群落的结构和多样性。在果园中引入新的植物（牧草），会对土壤中的养分及微生物群落多样性造成一定程度的影响。

本研究得到，毛苕子、黑麦草作为绿肥套种桃园，在没有刈割返回土壤前，未对土壤肥力指标带来负面的影响，而对土壤的有机质、全氮等含量呈现增加的趋势。可以预见，随着套种作物的刈割返回土壤，土壤的养分水平和有机质含量将会有进一步改善。

PCR-DGGE 技术从基因水平对生草桃园土壤细菌群落的多样性展开研究，避免了传统的室内培养造成的土壤信息损失及不完整性缺陷，在一定程度上反映了土壤细菌群落的信息，是一种快速准确的研究果园土壤微生物的方法。研究结果显示，分离的条带数量及其亮度存在差异，说明桃园土壤细菌群落丰富多样。桃园在套种牧草后细菌群落多样性提高，且优势菌群数量增加幅度较大，尤其是套种毛苕子，它对土壤养分状况的改善和提高土壤细菌群落多样性方面的总体效果优于黑麦草。

参考文献

[1] 王义祥，翁伯琦，黄毅斌等. 生草栽培对果园土壤团聚体及其有机碳分布的影响［J］. 热带亚热带植物学报，2012，20（4）：349－355.

[2] 颜晓捷，黄坚钦，邱智敏等. 生草栽培对杨梅果园土壤理化性质和果实品质的影响［J］. 浙江农林大学学报，2011，28（6）：850－854.

[3] 农业部测土配方施肥技术专家组. 2012 年春季几种主要果树树种科学施肥技术指导意见［J］. 果农之友，2012（4）：26－27.

[4] Merwin I A，Stiles W C. Orchard groundcover management impacton soil physical properties［J］. Journal of the American Society for horticultural science，1994，119（2）：216－222.

[5] 孔建，王海燕，赵白鸽. 苹果园主要害虫生态调控体系的研究［J］. 生态学报，2001，21（5）：789－794.

[6] 林忠宁，陈敏健，韩海东等. 套种并覆盖胜红蓟对桃树及桃园影响的初步研究［J］. 现代农业科学，2008，15（12）：51－53.

[7] 黄欠如，贺湘逸，周慕卿等. 红壤丘陵果农复合系统的小气候效应初步观察［J］. 江西农业大学学报，1998，10（2）：76－83.

[8] 周顺利，张福锁，王兴仁. 土壤硝态氮时空变异与土壤氮素表观盈亏研究冬小麦［J］. 生态学报，2001，22（1）：1 782－1 789.

[9] 吕德国，秦嗣军，杜国栋等. 果园生草的生理生态效应研究与应用［J］. 沈阳农业大学学报，2012，43（2）：131－136.

[10] 鲁如坤. 土壤农化分析方法［M］. 北京：中国农业科技出版社，2000：146－195.

[11] Magalie Lesueur Jannoyera，Fabrice Le Bellecb，Christian Lavignea. Choosing cover crops to enhance ecological services in orchards：a multiple criteria and systemic approach applied to tropical areas［J］. Procedia Environmental Sciences，2011，(9)：104－112.

[12] 徐明岗，文石林，高菊生等．红壤丘陵区不同种草模式的水土保持效果与生态环境效应［J］．水土保持学报，2001，15（1）：77－80.

[13] 毛吉贤，石书兵，马林等．免耕春小麦套种牧草土壤养分动态研究［J］．草业科学，2009，26（2）：86－90.

[14] 王奇赞．应用 PCR-DGGE 方法研究毛竹土壤细菌群落结构及其遗传多样性［D］．临安：浙江林学院，2009：6.

[15] Janelle R T，Luisa A M，Martin F P，et al. Heteroduplexes in mixed-template amplifications：formation，consequence and elimination by 'reconditioning PCR'［J］．Nucleic Acid Research，2002，30（9）：2 083－2 088.

[16] Zeng J，YangY，Li J Ye，et al. Vertical distribution of bacterial community structure in the sediments of two eutrophic lakes revealed by denaturing gradient gel electrophoresis（DGGE）and multivariate analysis techniques［J］．World J Microbiol Biotechnol，2009，25：225－233.

[17] 吴红英，孔云，姚允聪等．套种芳香植物对沙地梨园土壤微生物数量与土壤养分的影响［J］．中国农业科学，2010，43（1）：140－150.

[18] Yang Y H，Yao J，Hu S，Qi Y E. Effects of agricultural chemicals on DNA sequence diversity of soil microbial community：a study with RAPD marker［J］．Microbial Ecology，2000，39：72－79.

第五篇　绿肥生产与农业生态环境效应

几种茶园绿肥的产量及对土壤水分、温度的影响*

王建红[1]　曹　凯[1]　傅尚文[2]　舒爱民[2]　张　优[2]　吴　旬[2]

1. 浙江省农业科学院环境资源与土壤肥料研究所　杭州　310021；

2. 中国农业科学院茶叶研究所有机茶发展中心　杭州　310008

摘　要：通过对几种茶园绿肥进行试种，经过对不同绿肥品种的生物产量和对绿肥根际土壤微环境水热状况的测定分析，初步明确了不同绿肥品种在茶园套种的可行性，为有机茶园绿肥品种的筛选提供了依据。

关键词：绿肥；生物产量；土壤水分；土壤温度

随着我国有机茶产业的发展，茶园任意施用各类无机和有机肥料受到了限制。在不施或少施外源肥料的情况下如何有效解决有机茶园土壤肥力问题是有机茶产业得以发展的基础。由于种植绿肥提高土壤有机质和土壤质量安全可靠，因此，通过茶园套种绿肥是保证有机茶园土壤肥力得以持续的重要措施。为了明确不同绿肥的生物量特性和其生长期绿肥根际对土壤水分、温度的影响，以便对适合套种茶园的绿肥品种进行筛选，2007 年 4 月份开始，在浙江省建德市岭后村的茶山附近建立了 4 亩绿肥基地，选择了 8 个绿肥品种进行了试种，现将试验结果总结如下。

1　材料和方法

1.1　试验地概况

试验地土壤属山地黄泥土，土层石砾较多，土质较黏重。经测定，土壤有机质含量为 23.2g/kg；土壤 pH 值为 7.62；土壤速效 N 为 119mg/kg；土壤速效 P 为 24.3mg/kg；土壤速效 K 为 169mg/kg。

1.2　供试绿肥品种

试验共选用 8 个绿肥品种，其中豆科绿肥 2 个，分别是白三叶和紫花苜蓿。禾本科绿肥 3 个，分别是高丹草、日本龙爪稷、百喜草。矮生灌木绿肥 3 个，分别是马棘、多花木兰、紫穗槐。

* 本文发表于《浙江农业科学》，2009，(1)：100－102.

1.3 试验设计

将4亩试验地分成8个种植区，每个种植区面积约为300m²。每个种植区随机设4个10m²的采样测定区，定期测定绿肥产量和绿肥根际土壤水分、温度的变化情况。

1.4 试验方法

绿肥5月18日播种，其中，日本龙爪稷和白三叶撒播，其余绿肥品种均条播，播种量分别是：白三叶9kg/hm²，紫花苜蓿15kg/hm²，高丹草30kg/hm²，日本龙爪稷30kg/hm²，百喜草15kg/hm²，马棘15kg/hm²，多花木兰15kg/hm²，紫穗紫15kg/hm²。8月7日第一次测定各种绿肥地上部分的产量，并测定不同绿肥品种植株的干物质含量，同时挖取各种绿肥的植株，对各种绿肥的植物根茎比进行测定，此外还测定不同绿肥根际表层土壤（0～5cm）水分、温度与空白地土壤水分、温度的差异情况。10月23日第二次测定各种绿肥地上部分的产量并计算绿肥整个生长期的产量，同时于11：00时测定各种绿肥根际表层土壤水分、温度与空白地土壤水分、温度的差异情况。土壤水分、温度采用美国产W. E. T Sensor Kit土壤水分、温度速测仪进行测定。

2 结果与分析

2.1 不同品种绿肥的生物产量特性

2.1.1 产量

试验在绿肥生长中期和后期分2次测定各种绿肥地上部分的生物产量，并计算出各种绿肥全生育期的产量，测定结果见表1。

表1 各绿肥品种的生物产量、干物质含量和植株根茎比

品种	产量（t/hm²）			干物质含量（%）	植株根茎比（%）
	第1次	第2次	合计		
白叶	5.25	7.80	13.05	11.1	56.3
紫花苜蓿	7.20	11.40	18.60	30.4	23.3
百喜草	3.90	10.05	13.95	18.5	54.8
高丹草	56.40	92.70	149.10	21.5	51.6
日本龙爪稷	38.25	63.15	101.40	20.9	53.2
马棘	9.30	33.45	42.75	35.8	13.6
多花木兰	7.35	31.50	38.85	32.4	13.2
紫穗槐	3.90	13.05	16.95	31.8	12.3

由表1可知：8个绿肥品种中，豆科绿肥的2个品种产量相对较低，其中紫花苜蓿的产量高于白三叶，并且白三叶绿肥前期产量特别低，表明白三叶前期生长较慢；3个禾本科绿肥品种中属高丹草的产量最高，其次是日本龙爪稷，而百喜草的产量较低，这主要是因为高丹草是高秆禾本科草，日本龙爪稷次之，而百喜草植株矮小丛生，并且百喜草前期

生长较慢，因此，产量也特别低；3个灌木绿肥品种中马棘和多花木兰各生育期产量和总产量都相差不大，相比较而言紫穗槐产量与前2个品种相比要略低一些。

植株干物质含量反映植株还田腐烂后制造有机质能力的大小。从表1可知，不同绿肥植株干物质的含量由大到小依次为：马棘＞多花木兰＞紫穗槐＞紫花苜蓿＞高丹草＞日本龙爪稷＞百喜草＞白三叶。从该排序可知，灌木品种绿肥的干物质含量较高，禾本科和豆科绿肥的干物质含量要低一些，但豆科绿肥中的紫花苜蓿干物质含量较高，表明该绿肥还田后制造土壤有机质的能力也较强。

2.1.2　植株根茎比

植株根茎比反映了各种绿肥地上部分茎叶与地下根产量的差异，当地上部分植株产量相同时，根茎比大的植物品种其存留在土壤中的根产量就高，相应的植株腐烂后残留在土壤中的植物根系制造的土壤有机质能力就强。从表1可知：本次试验的8个绿肥品种，在绿肥植株生长的中期，豆科和禾本科绿肥植株的根茎比大，而3个灌木品种的绿肥根茎比小，表明各种绿肥在地上部分产量相当的情况下，豆科和禾本科绿肥制造土壤有机质的能力要强于灌木绿肥。

2.2　不同品种绿肥对土壤根际水分变化的影响

绿肥在生长过程中由于植株茎叶对土壤表面的遮蔽作用，必然影响到植物根际土壤的水分变化，从而对茶园土壤的小气候产生影响。由图1可知，2次测定绿肥根际表土与空白对照地表土的土壤水分，结果均表明绿肥根际表土的土壤含水量均高于空白对照区。从8月7日测定的各种绿肥根际表土和对照区表土水分的差异看，高丹草、日本龙爪稷、马棘、紫花苜蓿这些前期生长快，相对生物产量较高的绿肥，由于植株对地表遮蔽度高，因此植株对减少表土的水分蒸发作用效果也较好。从10月23日测定的结果分析，根际表土含水量最高的高丹草处理比空白对照高9.4个百分点，根际表土含水量最低的多花木兰也比空白对照高出2.5个百分点，8种绿肥作物的根际表土平均含水量比空白对照高出5.2%，这说明土壤种植绿肥后由于植株茎叶的遮蔽作用，减少了土壤表面水分的蒸发，从而增加了植株根际表土的含水量，并且植株高大，茎叶产量高的作物对抑制根际表土水分蒸发的作用较强，从而增加了绿肥根际表土的含水量，增强作物的耐干旱能力。

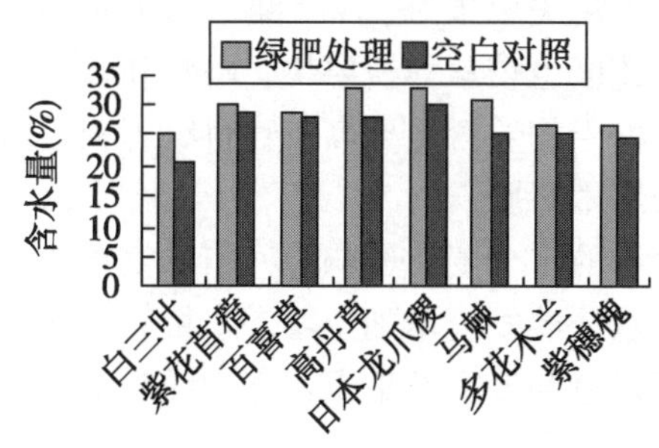

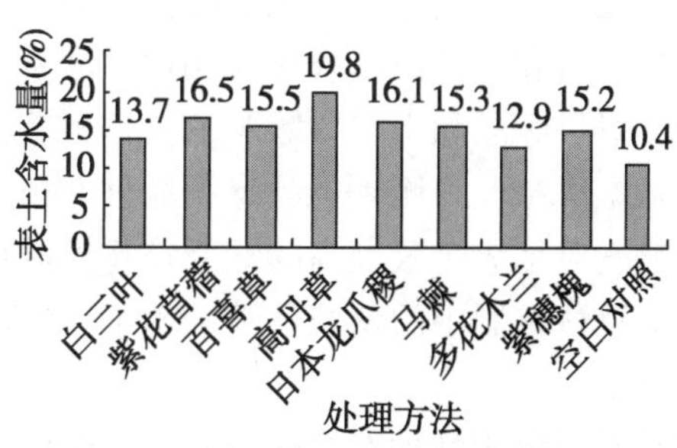

图1　不同品种绿肥对土壤水分变化的影响（左第1次测定，右第2次测定）

2.3 不同品种绿肥对土壤根际温度变化的影响

绿肥在生长过程中由于植株茎叶对土壤表面的遮蔽作用，同样会影响到植物根际土壤的温度变化，从而对茶园土壤的小气候产生影响。由图2可知，第1次测定时，白天外界气温较高，绿肥根际表土的温度由于植物茎叶的遮蔽作用而低于空白无遮蔽土壤表土的温度，温度的差异与植物茎叶对地表遮蔽度的大小有关，一般植株高大，茎叶茂盛的绿肥植物对表土的遮蔽作用强，相应的根际表土的温度就低。本次试验中的高丹草、紫花苜蓿及马棘、多花木兰对根际表土的温度调控作用都比较大，而前期生长慢、植株遮蔽度低的绿肥植物如白三叶、百喜草、紫穗槐则对根际表土的温度调控作用较弱。第2次测定时遮蔽作用最强的马棘根际表土的温度比对照低8.8℃，遮蔽作用最弱的白三叶也比对照低5.3℃，8种绿肥植物的根际表土温度在当时测定的气候状况下比对照平均低7.4℃，降温幅度达24.50%。表明绿肥植物覆盖地表对地表温度的调控作用相当明显。

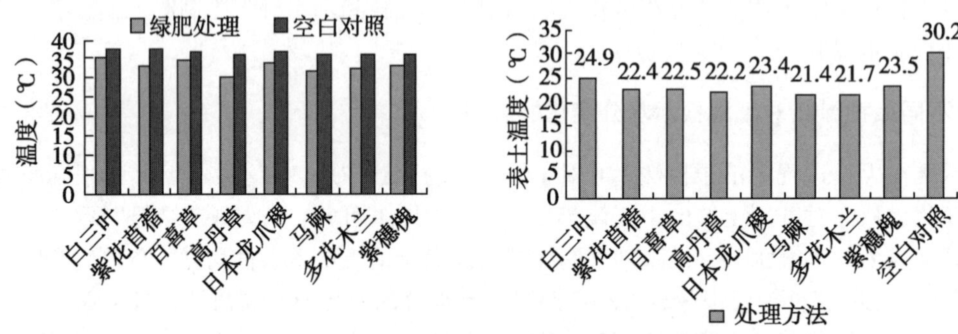

图2 不同品种绿肥对土壤温度的影响（左第1次测定，右第2次测定）

3 小结与讨论

从8个绿肥品种的生物产量测定分析及作物生长情况观察结果看，豆科绿肥中的紫花苜蓿产量比白三叶产量要高，前期生长速度比白三叶快；禾本科绿肥品种中高丹草和日本龙爪稷的生物产量比较高，前期生长比较快，百喜草除了生物产量比较低外，前期生长也比较慢，但生长后期丛生性好，固定表土与防治水土流失效果好；3个灌木绿肥品种中马棘和多花木兰的生物产量比紫穗槐要高，前期生产速度也较紫穗槐要快，马棘和多花木兰的生物产量和生长速度都比较相似；灌木绿肥的植株干物质含量要高于豆科绿肥和禾本科绿肥；豆科绿肥和禾本科绿肥的植株根茎比要高于灌木绿肥。

从本次试验观测到不同绿肥品种对植株根际表土的水分变化影响看，植株生长快，茎叶茂盛，对地表遮蔽度高的绿肥作物抑制根际表土水分蒸发，增加土壤含水量有较强的作用，如豆科绿肥中的紫花苜蓿，禾本科绿肥中的高丹草和日本龙爪稷，灌木绿肥中的马棘和多花木兰。

从不同绿肥品种对植株根际表土的温度变化看，植株生长快，茎叶茂盛，对地表遮蔽度高的绿肥作物对降低表土温度有较明显的作用，与根际表土含水量表现出较明显的负相关性，表明植株茎叶的遮蔽对调控作物根际表土温度有较明显的作用。

综合试验结果，我们认为从茶园套种绿肥的可行性比较分析，灌木绿肥和禾本科绿肥中的百喜草比较适合茶园的边坡行道附近种植，他们对防治茶园边际的水土流失和加固茶园行道坡堤有较好的作用，灌木绿肥中尤以选择马棘和多花木兰为宜。白三叶、紫花苜蓿和高丹草、日本龙爪稷则较适合在茶园行间套种，但植株较高的高丹草、日本龙爪稷和紫花苜蓿则需在长至适当高度时进行人工刈割后铺在茶树根部用于保温、保水和腐烂还田。白三叶为软茎低矮绿肥品种，套种茶园后可通过老叶自然老化还田，管理比较方便，但白三叶前期生长慢，套种茶园后需人工除草培育管理，否则草害严重不易成坪。至于茶园套种绿肥后对茶园土壤养分变化和水热调控的系统作用有待深入的研究。

紫云英还田对水稻镉和铅吸收积累的影响*

王　阳[1]　刘恩玲[1]　王奇赞[1]　叶正钱[2]　胡杨勇[2]

1. 温州科技职业学院　浙江温州　325006；

2. 浙江农林大学环境与资源学院　浙江临安　311300

摘　要：通过水稻盆栽试验研究紫云英还田对污染水稻吸收积累镉（Cd）和铅（Pb）的影响。结果表明：①与对照（不施肥）相比，纯化肥处理对土壤pH值及土壤有效Cd、Pb含量没有显著影响；而紫云英还田可以显著提高土壤pH值，显著提高土壤有效Pb的含量，对Cd无显著影响；在紫云英还田的基础上添加石灰虽然可以进一步提高土壤pH值，但对土壤有效Cd、Pb含量并没有产生显著影响。②施用紫云英可以提高水稻根系对Pb的吸收，地上部分则呈现为分蘖期促进、成熟期抑制的作用，最终可显著降低糙米中的Pb含量。③施用紫云英可显著抑制水稻植株地上和地下部分对Cd的积累，尤其是地上部分的Cd含量，无论是分蘖期和成熟期均显著低于对照和纯化肥处理，其中糙米中的Cd含量降幅可达80%。研究结果还表明，紫云英还田不仅可以增加肥力，还可以显著抑制糙米对土壤Cd、Pb的吸收；但紫云英还田量不能太高，以30 000kg/hm^2。

关键词：紫云英还田；水稻；石灰；糙米；Pb；Cd

随着现代经济的发展，农田生态环境日益恶化、重金属污染问题越来越严重，其中，以Cd、Pb污染最为突出[1]。据报道，我国受重金属污染的耕地面积约2 000万hm^2，占耕地面积的1/5。各种途径带来的重金属进入农田土壤后逐步累积，并通过农作物进入食物链，最终危害人体健康[2]。联合国粮农组织和世界卫生组织对食物中Cd、Pb摄入量有非常严格的限制，每周最高Cd摄入量为0.4～0.5mg，Pb为2.94mg[3]。目前，Cd污染农田面积约27.9万hm^2，大田作物每年生产Cd含量超标的农产品达14.6×10^8kg。然而，迄

* 本文发表于《水土保持学报》，2013，27（2）：1－5.

今还没有快速、有效的土壤重金属污染去除办法，因此，如何控制和降低水稻等农作物对土壤重金属的吸收至关重要。

有机肥和石灰等物料的添加可以改变土壤理化性质，从而改变土壤重金属的形态和生物有效性，进而影响作物对重金属的吸收[4~5]。由于有机质在土壤中的矿化分解作用可以影响土壤重金属的有效性，因而不同的有机肥可以抑制或促进作物对重金属的吸收[5~6]。绿肥作为最清洁的有机肥源，是当前大力发展的一种提升土壤地力的肥料，其中，紫云英的使用面积最广，但是，关于施用紫云英对农田作物重金属吸收影响的研究报道甚少。

水稻是中国种植面积最大的粮食作物，也是中国重要的粮食来源。重金属在水稻的根、茎、叶以及籽粒中大量积累，不仅影响水稻产量、品质及整个农田生态系统，并可通过食物链更加严重地危及动物和人类的健康。为此，本文通过盆栽试验研究不同紫云英施用方式对水稻 Cd、Pb 吸收和积累的影响，以期为紫云英在重金属污染水稻田中的安全使用提供依据。

1　材料与方法

1.1　供试材料与试验设计

选取并采集温州市安下铅锌矿矿山周边的农田土壤进行试验，土样经风干待用。供试土壤理化性质为：pH 值为 5.52，有机质含量 38.39g/kg，碱解氮含量 180mg/kg，速效磷含量 22.7mg/kg，速效钾含量 159mg/kg，Cd 含量 8.2mg/kg（有效态 Cd 含量 6.6mg/kg），Pb 含量 1 209mg/kg（有效态 Pb 含量 518.9mg/kg），该土壤存在着严重的 Cd-Pb 复合污染。采用盆栽试验研究紫云英对水稻吸收 Cd、Pb 的影响。根据温州的种植特点和时令，选择紫云英品种为宁波大桥种。以成熟期的紫云英为绿肥，按一定量鲜样翻耕施入土壤（表 1）。水稻品种为中浙优 8 号。N 肥、P 肥和 K 肥分别以分析纯的尿素、磷酸二氢钾和氯化钾形式施入。

试验设 6 个处理，每个处理 4 次重复，不同处理设计见表 1。试验于 2010 年 4 月 28 日开始，每盆装风干土壤 5kg，将紫云英、石灰与土壤混合后淹水。至 5 月 25 日，每盆移栽水稻苗 5 株。于 7 月 15 日水稻分蘖期和 10 月 22 日水稻成熟期取样。

表 1　盆栽试验处理

处理号	处理	紫云英用量（kg/hm^2，鲜重）
1	对照（CK）	0
2	化肥	0
3	紫云英 2 + 化肥	30 000
4	紫云英 3 + 化肥	45 000
5	石灰 + 紫云英 2 + 化肥	30 000
6	石灰 + 紫云英 3 + 化肥	45 000

注：化肥用量按农民习惯，$N : P_2O_5 : K_2O = 15 : 10 : 10$。除对照（CK）处理外，其他处理加入的 N、P、K 量相等，加入紫云英的处理扣除其含有的 N、P 含量计算添加化肥的数量（紫云英 N 含量为鲜重的 0.3%，P_2O_5 含量为鲜重的 0.10%），石灰加入量为 1 125kg/hm^2

1.2　样品预处理及测定方法

土壤样品风干后研磨分别过10目和100目筛，用于土壤Cd，Pb有效态含量和全量的分析。土壤Cd、Pb有效态含量采用0.1mol/L的HCl提取；土壤Cd、Pb全量采用混酸（硝酸：高氯酸=4：1，V/V）消化，消解后转入25ml容量瓶，定容。植株样品分为根、茎鞘、叶、剑叶、谷壳、米粒，杀青，烘干，再磨碎，过1mm筛。植物样品采用干灰化法处理，灰化后加0.5mol/L的硝酸溶液溶解，转移入25ml容量瓶，定容。所有样品采用VarianAA-220FS原子吸收仪、GTA110型石墨炉进行测定。

以活化率表示土壤有效态占土壤全量的比例：活化率=土壤重金属的有效态含量/土壤重金属的总含量。

用富集系数表示植株富集重金属的能力：富集系数=植株的重金属含量/相应的土壤重金属含量。

1.3　数据处理

所有数据采用Excel和SPSS 18.0软件进行分析和处理。

2　结果与分析

2.1　施用紫云英对土壤性质的影响

水稻成熟期不同处理土壤pH值及有效态Cd、Pb含量呈现不同的变化特征（表2）。与对照相比，纯化肥处理对土壤pH值及土壤有效态Cd，Pb含量没有影响。比较处理2，3，4处理可发现，随着紫云英用量的增加和化肥用量的减少，土壤pH值逐渐升高；而添加石灰的紫云英还田处理可进一步提高土壤pH值，但紫云英的用量对其影响较小。

表2　不同处理对土壤性质的影响

处理	pH值	Cd含量（mg/kg）	含量（mg/kg）	活化率（%）	活化率（%）
1	5.52±0.058c	5.62±0.092bc	562.6±18.30d	54.06	46.52
2	5.48±0.043c	5.55±0.088c	599.5±5.13cd	53.34	49.56
3	5.68±0.056b	5.90±0.087abc	678.1±7.86ab	56.71	56.06
4	5.70±0.021b	5.84±0.070abc	625.0±23.90bc	56.15	51.67
5	6.12±0.058a	5.96±0.164ab	659.4±21.90ab	57.31	54.52
6	6.19±0.025a	5.90±0.142abc	656.2±15.70ab	46.71	54.26

注：同列数据后小写字母不同表示不同处理间差异显著（$P<0.05$）。下同

各处理的有效态Cd含量差异不显著，其中，以纯化肥处理含量最低，与之相比施用紫云英的4个处理均略有提高，而这4个处理间无显著性差异。可见无论是否添加石灰，紫云英还田均没有显著提高土壤有效态Cd含量。与Cd相反，含紫云英的4个处理与对照和纯化肥处理相比，其土壤Pb的有效态含量均显著提高，但这4个处理间无显著差异，可见添加石灰对其影响不显著。

原始土壤的 Cd 有效态含量占总量的 80%，Pb 占 42.9%。种植一季水稻后，各个处理土壤 Cd 的有效态含量均明显降低，其 Cd 活化率为 68% ~75%，其中处理 2 的降幅最大，达 15.7%；而 Pb 的有效态含量则大幅提高，其活化率为 47% ~57%，涨幅为 8.3% ~30.7%。说明种植水稻可以钝化土壤的 Cd 污染，活化 Pb 污染。

2.2 施用紫云英对不同生育期水稻 Cd、Pb 吸收、分配的影响

2.2.1 对不同生育期水稻 Cd 吸收、分配的影响

观察不同生育期水稻根部和地上部分的 Cd 含量（表3）可以发现，根系 Cd 含量明显高于地上部分。对照和纯化肥处理的根部 Cd 含量表现为成熟期明显大于分蘖期；而施用紫云英的各个处理成熟期根部 Cd 含量要低于分蘖期，尤其是当紫云英用量为 45 000kg/hm^2 时其降低幅度非常明显，紫云英 + 化肥（处理4）从分蘖期的 7.49mg/kg 降为成熟期的 2.81mg/kg，紫云英 + 化肥 + 石灰（处理5）则从 4.84mg/kg 降至 1.48mg/kg。比较不同处理成熟期的根系 Cd 含量可以发现，紫云英还田可显著降低水稻根部的 Cd 累积。随着水稻的生长，对照和纯化肥处理的水稻根部 Cd 不断积累，施紫云英的处理则变化不大，紫云英增施石灰有利于根系 Cd 含量进一步下降。纯化肥处理成熟期水稻根部 Cd 含量高达 16.86mg/kg，富集系数为 2.05；而处理 6（紫云英 45 000kg/hm^2，增施石灰）含量仅为 1.48mg/kg，富集系数为 0.68。比较水稻地上部分的 Cd 含量可以发现，无论是分蘖期还是成熟期，施用紫云英的 4 个处理含量水平均比对照和纯化肥处理明显降低，均达到 95% 的显著差异水平；但 4 个处理间的差异并不显著，成熟期 4 个处理地上部分的 Cd 含量为 0.2 ~0.3mg/kg。

表3 不同生育期的水稻植株 Cd 含量 (mg/kg)

处理	地上部分		地下部分	
	分蘖期	成熟期	分蘖期	成熟期
1	0.388 ±0.056b	0.91 ±0.041a	5.52 ±0.84abc	8.91 ±1.02b
2	2.050 ±0.280a	0.83 ±0.030b	7.78 ±0.64a	16.86 ±2.73a
3	0.360 ±0.024b	0.21 ±0.013c	4.67 ±0.62c	4.66 ±0.07c
4	0.150 ±0.014b	0.27 ±0.051c	7.49 ±0.73ab	2.81 ±0.07c
5	0.206 ±0.015b	0.23 ±0.033c	5.38 ±1.19bc	4.50 ±0.54c
6	0.151 ±0.004b	0.25 ±0.028c	4.84 ±0.054c	1.48 ±0.20c

无论是根系还是地上部分，含紫云英的 4 个处理成熟期 Cd 含量均明显低于对照和纯化肥处理（均达到 95% 显著水平），说明紫云英可以有效抑制水稻植株对 Cd 的吸收。

2.2.2 对不同生育期水稻 Pb 吸收、分配的影响

不同生育期水稻根部和地上部分的 Pb 含量（表4）显示，无论是成熟期还是分蘖期，水稻根部的 Pb 含量远大于地上部分 Pb 含量。各处理的根系 Pb 含量总体呈现为成熟期 > 分蘖期，其中对照处理和纯化肥处理中成熟期、分蘖期的根系 Pb 含量差异很小，施用紫云英使水稻成熟期的根系 Pb 含量比分蘖期有所升高，尤其是添加石灰的紫云英还田处理（处理5，6）升高幅度十分明显，分别达 75% 和 74%。与对照（CK）和纯化肥（处理

2）处理相比，紫云英还田使分蘖期和成熟期水稻的根部 Pb 含量均有所提高。但在紫云英基础上添加石灰则在分蘖期抑制根部的 Pb 累积，却在生长后期促进了根部的 Pb 累积。以紫云英还田量 45 000 kg/hm^2 为例，添加石灰使水稻成熟期的根部 Pb 含量增加了 37.40%。

表 4　不同生育期的水稻植株 Pb 含量　(mg/kg)

处理	地上部分		地下部分	
	分蘖期	成熟期	分蘖期	成熟期
1	0.344 ±0.04c	1.380 ±0.09a	1 264 ±20b	1 323 ±122d
2	0.257 ±0.03c	1.120 ±0.17b	1 423 ±119ab	1 482 ±122cd
3	1.460 ±0.16a	0.824 ±0.08d	1 502 ±135ab	1 775 ±118bc
4	1.010 ±0.13b	0.646 ±0.08c	1 638 ±91a	1 704 ±158c
5	0.929 ±0.11b	0.980 ±0.15c	1 214 ±178b	2 122 ±96ab
6	0.898 ±0.05b	1.000 ±0.07c	1 349 ±20ab	2 341 ±172a

比较水稻地上部分不同生育期的 Pb 含量可以发现，对照和纯化肥处理表现为成熟期明显大于分蘖期，而紫云英处理则分蘖期低于成熟期，添加石灰的紫云英处理分蘖期与成熟期地上部 Pb 含量的差异不明显。比较各处理可以发现，对照和纯化肥处理分蘖期的地上部分 Pb 含量为 0.344mg/kg 和 0.257mg/kg，而含紫云英的各处理在分蘖期 Pb 含量却均超过 0.8mg/kg，说明施用紫云英提高了分蘖期水稻地上部分的 Pb 吸收累积；而添加石灰则缓减了这一作用。与分蘖期相反，紫云英还田能显著降低成熟期的水稻地上部分 Pb 含量，而添加石灰则使其有所升高。总体而言，对于水稻地上部分的 Pb 吸收与累积，紫云英还田处理在水稻生长前期有显著的促进作用，而在生长后期则具有较显著的抑制作用。

2.3　施用紫云英对成熟期水稻不同器官 Cd、Pb 分配的影响

2.3.1　Cd 的吸收与分配

从不同处理水稻的 Cd 吸收和分配情况（表 5）可看出，各处理中根部的 Cd 含量均为其他部位的 10 倍以上，而剑叶中的含量则明显低于其他部位。对照和纯化肥处理各部位的 Cd 含量呈现根 > 糙米 > 谷壳 > 叶 > 茎 > 剑叶的趋势，糙米中 Cd 含量较高；而施用紫云英的 4 个处理其糙米的 Cd 含量均较低，但高于剑叶；茎、叶的含量则较为相近。

表 5　不同处理对水稻植株各部位 Cd 累积量的影响　(mg/kg)

处理	根	茎	叶	剑叶	谷壳	糙米
1	8.91 ±1.02b	0.501 ±0.01a	0.683 ±0.075a	0.210 ±0.036a	0.747 ±0.062a	1.202 ±0.110b
2	16.86 ±2.73a	0.251 ±0.020b	0.248 ±0.027d	0.179 ±0.018ab	0.474 ±0.011b	1.315 ±0.120a
3	4.66 ±0.07c	0.238 ±0.011bc	0.177 ±0.004d	0.035 ±0.007d	0.123 ±0.015c	0.208 ±0.018c
4	2.81 ±0.07c	0.197 ±0.024bc	0.369 ±0.028c	0.081 ±0.007cd	0.778 ±0.048a	0.289 ±0.033c
5	4.50 ±0.54c	0.200 ±0.018bc	0.370 ±0.011c	0.113 ±0.006c	0.243 ±0.012c	0.203 ±0.028c
6	1.48 ±0.20c	0.189 ±0.028c	0.385 ±0.031c	0.131 ±0.019bc	0.819 ±0.084a	0.240 ±0.030c

比较地上部各器官 Cd 含量可以发现，对照处理茎和叶片的 Cd 含量明显高于其他处理。与全化肥处理相比，施用紫云英对水稻茎的 Cd 吸收和累积影响不大；施用紫云英对叶片 Cd 含量的影响与紫云英用量有关，高量（45 000kg/hm^2）施用提高了叶片的 Cd 含量；剑叶中的含量要远远低于其他部位，添加紫云英可降低剑叶的 Cd 含量，当紫云英还田量为 30 000 kg/hm^2 时其 Cd 含量为各处理最低（0.035mg/kg），仅为对照处理的 14.3%。施用紫云英可使糙米 Cd 含量大幅降低，对照和纯化肥处理的糙米 Cd 含量均超过了 1mg/kg，而施用了紫云英的 4 个处理含量范围在 0.2 ~ 0.3mg/kg 之间，降低幅度达 80% 以上。紫云英还田时增施石灰，对糙米的 Cd 含量影响较小。

2.3.2 Pb 的吸收与分配

分析不同处理对水稻 Pb 吸收和分配能力的影响（表6）可知，各个处理的 Pb 分配总体趋势一致，绝大多数富集在水稻根部，其富集系数均大于 1，是其他部位的 1 000倍以上；茎、叶、糙米、谷壳中的含量较为相近，差异不显著；而剑叶 Pb 含量则明显低于其他部位。

表 6 不同处理对水稻植株各部位 Pb 累积量的影响 （mg/kg）

处理	根	茎	叶	剑叶	谷壳	糙米
1	1 323 ±122d	1.000 ±0.120a	1.140 ±0.037b	0.390 ±0.017a	0.980 ±0.130ab	1.600 ±0.056a
2	1 482 ±122cd	1.180 ±0.019a	0.814 ±0.082c	0.218 ±0.043b	0.593 ±0.024b	1.185 ±0.130b
3	1 775 ±118bc	1.030 ±0.200a	1.124 ±0.120b	0.395 ±0.036a	1.188 ±0.140a	0.620 ±0.036d
4	1 704 ±158c	1.034 ±0.011a	0.892 ±0.027c	0.389 ±0.039a	1.344 ±0.320a	0.358 ±0.038e
5	2 122 ±96ab	0.826 ±0.12a	1.458 ±0.071a	0.480 ±0.072a	1.148 ±0.180ab	0.929 ±0.078c
6	2 341 ±172a	0.819 ±0.087a	1.139 ±0.065b	0.411 ±0.034a	0.842 ±0.230a	1.067 ±0.055bc

比较地上部分各部位可以发现，各处理水稻茎部的 Pb 含量差异性不显著，其中紫云英添加石灰的 2 个处理的含量较低，这与其根部情况正好相反；各处理中全化肥处理的叶片 Pb 含量最低，施用紫云英使叶片 Pb 含量有所提高，而添加石灰进一步促进了叶片的 Pb 吸收；施用紫云英可促进剑叶对 Pb 的吸收，这与其他叶子的 Pb 吸收特征一致；施用紫云英可显著提高谷壳 Pb 含量，纯化肥处理谷壳 Pb 含量为 0.593mg/kg，而施用紫云英时，其含量达到 1.2 ~ 1.3mg/kg，石灰的加入作用不明显；糙米则与之相反，施用紫云英可大幅降低其 Pb 含量，纯化肥处理 Pb 含量为 1.185mg/kg，而施用紫云英 45 000kg/hm^2 时，糙米含量可以降至 0.358mg/kg，在紫云英还田时添加石灰，则会促进糙米的 Pb 积累。由此可见，虽然紫云英还田促进了水稻茎、叶等地上部位对 Pb 的吸收，但却十分显著地降低了水稻食用部分对 Pb 的积累。

3 讨论

紫云英、石灰等物料的加入，会引起土壤的理化性状改变，并最终导致土壤重金属生物有效性的变化。目前使用紫云英对水稻重金属吸收情况的影响研究主要集中在外源性重金属的吸收与转化方面。陈建斌、王果等人的研究[7~8]表明，水稻分蘖期紫云英可抑制水稻根和茎叶对外源 Cd 的吸收，至成熟期水稻根、茎叶和糙米中 Cd 含量迅速增加；紫云英显著抑制了水稻根对外源 Cd 的吸收，但在一定程度上促进了水稻体内（根→茎叶→谷粒）铜的迁移。

增施有机肥对土壤重金属有效性的影响作用有两方面：一方面，增加有机质能使土壤腐殖质含量提高，增强土壤对重金属的吸持能力，从而降低土壤重金属的植物可利用性；另一方面，施用有机肥后，由于有机质矿化分解，使土壤水溶性有机物（DOM）含量增加，水溶性有机碳（DOC）与土壤重金属螯合，可增加植物对其吸收[9~10]。紫云英作为一种清洁的有机肥源，在土壤中的分解具有明显的阶段性[11]，第一阶段分解的主要是一些易矿化的有机物，而后则为相对难分解的有机物，如纤维素等。前期可能会因为紫云英易矿化有机质后产生的水溶性有机质、有机酸，致使重金属的有效性提高；而在后期，由于易矿化有机物的矿化分解，加上复杂有机物对土壤重金属的吸附固定作用，土壤重金属有效性下降[12~13]。本研究中紫云英与土壤混合淹水后于水稻分蘖期和收获期采集的土壤样品，与试验前土壤相比，表现出土壤有效 Cd 含量下降，而有效 Pb 含量升高，Cd 和 Pb 有效性的差异与它们的化学性质相关[14]。但是，它们的有效性水平都比对照和化肥处理高，这除了由于紫云英矿化分解前期提高重金属有效性外，可能还与水稻生长代谢过程引起的土壤水溶性有机物变化密切相关，在水稻返青—抽穗扬花期，绿肥（蚕豆）与化肥配施处理（GM）下水稻不同生育期的土壤水溶性有机物比只施化肥的对照处理（F）高得多，特别是水稻收获后土壤交换态及有机结合态 Cd 含量也比对照高很多[15]。

在本研究中紫云英还田降低水稻 Cd 积累的作用，不仅与水稻生育期有关，还与紫云英用量有关，可能就是紫云英矿化分解过程中有机物质产生的这 2 种相反作用的结果。当紫云英用量达 45 000kg/hm^2 时，可能由于产生大量的 DOM 使土壤 Cd 的活性大幅增加，从而使其运输移动能力提高，导致地上部分的各部位 Cd 累积量显著增加，到水稻成熟期时，代谢旺盛的器官（叶、谷壳）中 Cd 含量高于紫云英用量 30 000kg/hm^2 的处理，且表现尤为明显。因此，紫云英还田可有效抑制水稻植株对 Cd 的吸收和累积作用，但是用量不宜过高，以 30 000kg/hm^2 较佳。紫云英还田基础上施加石灰提高了水稻叶片和谷壳中 Cd 的含量，而对糙米中 Cd 含量没有影响。与 Cd 不同，紫云英还田有利于水稻根部 Pb 的积累，添加石灰可进一步增加水稻根部 Pb 的积累。这可能是 Pb 与 Cd 的化学行为不同有关：Pb 更易在根部积累，特别是石灰对 Pb 的沉淀作用明显[16]。

4　结论

（1）紫云英还田可以显著提高土壤的 pH 值，显著提高土壤 Pb 的有效态含量，促进 Pb 在水稻根系的积累，显著降低地上部分的 Pb 含量，尤其是糙米的 Pb 含量。

（2）紫云英还田对土壤 Cd 有效态无显著影响，但可显著降低水稻植株（根系和地上部分）对 Cd 的吸收，尤其是糙米的 Cd 含量，降低幅度可达 80%。

因此，Cd、Pb 污染水稻田可采用紫云英还田措施，既可提升土壤肥力，又可显著降低可食部分对 Cd、Pb 的积累；但是紫云英还田量不能太高，以 30 000kg/hm^2 为宜。

参考文献

[1] 刘恩玲，王亮，孙继等. 不同蔬菜对土壤 Cd、Pb 的累积能力研究 [J]. 土壤通报，2011，42（3）：758－762.

[2] 宗良纲，丁园．土壤重金属（Cu、Zn、Cd）复合污染的研究现状［J］．农业环境保护，2001，20（2）：126－128.

[3] De K. Lead：Understanding the mineral toxic of lead in plants［C］//Leep L W. Effects of heavy metal pollution on plants. London：Sci. Pub.，1981：55－75.

[4] 王开峰，彭娜．长期施用有机肥对稻田土壤重金属含量及其有效性的影响［J］．水上保持学报，2008，22（1）：105－108.

[5] Li P，Wang X X，Ghang T L. Distribution and accumulation of copper and cadmium in soil-rice system as affected by soil amendments［J］．Water，Air，and Soil Pollution，2009，196（1/4）：29－40.

[6] Clcmcntc R，Parcdcs C，Mernal M P. A field experiment investigating the effects of olive husk and cow manure on heavy metal availability in a contaminated calcareous soil from Murcia（Spain）［J］．Agriculturc，Ecosystcms and Environmcnt，2007，118：319－326.

[7] 陈建斌，陈必群，邓朝祥．有机物料对土壤中外源隔形态与生物有效性的影响研究［J］．中国生态农业学报，2004，12（3）：105－108.

[8] 王果，陈建斌．稻草和紫云英对土壤外源铜的形态及生态效应的影响［J］．生态学报，1999，19（4）：551－556.

[9] Fischcr K，Bipp Hans-Peter，Ricmschncider P，et al. Utilization of biomass residues for the remediation of metal-polluted［J］．Soils Environ. Sci. Technol.，1998，32（14）：2 154－2 161.

[10] 陈同斌，陈志军．水溶性有机质对土壤中镉吸附行为的影响［J］．应用生态学报，2002，13（2）：183－186.

[11] 时向东，王卫武，吴纯奎等．紫云英、菜籽饼和鸡粪堆肥在雪茄外包皮烟田中的分解特性［J］．烟草科技，2005（6）：30－42.

[12] 李兴菊，王定勇，叶展．水溶性有机质对镉在土壤中吸附行为的影响［J］．水土保持学报，2007，21（2）：159－162.

[13] 陕红，刘荣乐，李书田．施用有机物料对土壤镉形态的影响．植物营养与肥料学报，2010，16（1）：136－144.

[14] 许仙菊，陈丹艳，张永春等．水稻不同生育期重金属污染土壤中镉铅的形态分布［J］．江苏农业科学，2008（6）：253－255.

[15] 王良梅，周立祥，占新华等．水田土壤中水溶性有机物的产生动态及对土壤中重金属活性的影响［J］．环境科学学报，2004，24（5）：858－864.

[16] 丁凌云，蓝崇钮，林建平等．不同改良剂对重金属污染农田水稻产量和重金属吸收的影响［J］．生态环境，2006，15（6）：120－1 208.

黑麦草根系分泌物剂量对污染土壤芘降解和土壤微生物的影响*

谢晓梅[1]　廖　敏[2,3]　杨　静[2,3]

1. 浙江大学环境与资源学院实验教学中心　杭州　310058；
2. 浙江大学环境与资源学院资源科学系　杭州　310058；
3. 浙江省亚热带土壤与植物营养重点研究实验室　杭州　310058

摘　要：模拟根际根系分泌物梯度递减效应，研究了黑麦草根系分泌物剂量对污染土壤中芘降解特征和土壤微生物生态特征的影响。结果表明：污染土壤中芘残留量随根系分泌物添加剂量的增加呈现先下降后上升的非线性变化，达到最低芘残留量的添加剂量是总有机碳（TOC）32.75mg/kg，说明此浓度下根系分泌物显著促进了芘的降解；土壤微生物生物量碳和微生物熵的变化趋势与污染土壤中芘残留量变化趋势相反，表明土壤微生物与污染土壤中芘残留量存在密切关系。芘污染土壤中微生物群落以细菌占主导地位，且细菌变化趋势与芘降解变化一致，表明芘以细菌降解为主，根系分泌物主要通过影响细菌数量，进而影响芘的降解。能催化有机物质脱氢反应的土壤微生物胞内酶—脱氢酶活性的变化与土壤微生物变化趋势一致，进一步证明微生物及其生物化学特性变化是污染土壤中芘残留量随根系分泌物添加剂量变化的生态机制。

关键词：芘；微生物；根系分泌物；剂量

多环芳烃（polycyclic aromatic hydrocarbons，PAHs）是一类环境中普遍存在的典型的持久性有机污染物。PAHs 有显著的致癌致畸变效应，严重影响人类健康和生态环境，受到社会的广泛关注，16 种 PAHs 被美国国家环境保护局列为优先控制污染物黑名单[1]。由于其水溶性差、辛醇分配系数高，常被吸附于土壤颗粒上，使土壤成为环境中多环芳烃的储备库和中转站[2]。土壤环境中 PAHs 的迁移规律、生态效应、污染的修复治理等已成为污染土壤修复研究领域的热点[3-4]。

研究表明，植物的存在能够加快土壤中 PAHs 的去除[5~7]，植物修复已成 PAHs 污染土壤治理的重要手段之一。但由于 PAHs 的高疏水性，植物的直接吸收和积累作用在 PAHs 污染的修复中作用并不大[8]，而是根系分泌物发挥了巨大的作用，根系分泌物所营造的根际微域环境是有机污染物有效性和毒性得以快速消减的重要原因[5,9]。研究表明，根际环境中伴随植物根系生长而主动释放的根系分泌物为根际微生物提供营养，增强微生物活性和提高微生物多样性，促进根际微生物对 PAHs 的降解[3,10~12]。然而，根系分泌物

* 本文发表于《应用生态学报》，2011，22（10）：2 718 – 2 724.

浓度随着离根系距离的增加呈现梯度递减效应，将影响到植物修复根际效应的作用范围，因此探明植物根系分泌物浓度变化对土壤中 PAHs 降解影响及其微生物生态响应，有助于了解植物修复中根际效应的范围及其机制。目前对根系分泌物影响 PAHs 降解的研究集中于根系分泌物提高土壤微生物活性、促进根际微生物降解 PAHs 方面，而有关根际根系分泌物梯度递减效应下 PAHs 降解特征变化及其微生物生态机制的研究却较少。

芘是 PAHs 中 4 个苯环的代表物，在环境中广泛存在，是检测 PAHs 污染的指示物。本研究选取芘作为 PAHs 的代表物，以 PAHs 修复研究中常用的黑麦草（*Lolium pereuue*）为材料[13]，收集芘胁迫下黑麦草的特异性根系分泌物，模拟根系分泌物的梯度递减效应，研究土壤中与之相伴的芘降解特征变化和微生物参数变化，以期揭示根系分泌物的梯度递减效应对芘降解特征的影响及其生态机制。

1　材料与方法

1.1　供试材料

供试药品芘（Pyrene，纯度 >98%），为 Aldrich 公司产品。供试植物为多年生黑麦草。

供试土壤采自浙江大学华家池试验农场的水稻土（0 ~ 15cm），属于小粉土。新鲜土样拣去植物残体，分成两部分，一部分直接过 2mm 筛，混合均匀，供培养试验用。另一部分风干后，研磨过筛，用于基本性质的测定。供试土壤的 pH 值（H_2O）为 5. 97，有机碳（C_{org}）和全氮分别为 15. 55g/kg 和 1. 17g/kg，阳离子交换量为 14. 59cmol/kg，砂粒、粉粒和黏粒分别占 65. 0%、28. 8% 和 6. 2%，田间持水量为 510g/kg。

1.2　根系分泌物的收集

根系分泌物采用溶液培养法收集[14]。用 3% 过氧化氢溶液对黑麦草种子消毒 20min，蒸馏水冲洗干净后于烧杯中浸泡吸胀 24h，转入培养皿中催芽，催芽后的种子放入温室中育苗，预培养 15d 左右，选择长势一致的植株转入烧杯中培养。移苗后的植株先用蒸馏水缓苗 2d，然后更换为 Hogland 营养液，培养至成熟期，期间每天补充营养液维持液面高度。之后将营养液更换为含定量芘（10mg/L）的半量 Hogland 营养液，进行芘胁迫处理，6d 后，黑麦草由胁迫液中移出，洗净根表面，再顺次用 0. 2mmol/L $CaSO_4$ 和 30mg/L 氯霉素溶液浸泡 2h 和 30min，蒸馏水洗净后，置于人工气候箱（温度 25℃，相对湿度 70%，光照强度 3 000lx）中，于 Milli-Q 超纯水中收集根系分泌物，每 2h 更换 1 次收集液，连续收集 4 次。合并收集液，过 0. 45μm 的滤膜，对收集液进行真空旋转蒸发浓缩（40℃），浓缩约 4 倍后，获得总有机碳为 262mg TOC/L 的根系分泌物浓缩液，于 –20℃保存。

1.3　根际模拟试验设计

称取 15 份相当于烘干土 50g 的新鲜土样于广口瓶中，之后添加芘甲醇母液，并在通风橱中将甲醇挥发至干，然后搅拌均匀，制备出 30mg/kg 芘污染土样。于芘污染土样中，依据根系分泌物实际浓度约为 65. 5mg TOC/L，以及根系分泌物浓度随离根表距离的增加而递减变化的特征，设置根系分泌物浓度分别为 0、16. 38mg、32. 75mg、65. 50mg、

131.00mg TOC/kg 土的 5 种剂量处理，每处理 3 次重复。调节含水量至最大田间持水量的 50%，于 25℃相对湿度 95% 的恒温培养箱中培养，培养期间，每天通过称量法补充损失的水分。培养 15d 后，取样分析土壤芘的残留量、土壤微生物生物量碳（C_{mic}）、土壤微生物群落结构、微生物熵（C_{mic}/C_{org}）、过氧化氢酶、脱氢酶、磷酸酶活性等土壤环境生化指标。

1.4　测定方法

土壤芘分析采用 GC-MS 测定。称取 2g 土壤样品于 25ml 玻璃离心管中，加入 10ml 二氯甲烷，盖紧后超声萃取 1h；恒温振荡 30min，以 4 000r/min 离心 10min；取 2ml 上清液过 1g 硅胶柱，之后用 5ml 1：1 二氯甲烷和正乙烷溶液洗脱。洗脱液收集至玻璃试管中，用高纯氮气将溶液吹至近干，再用正乙烷定容至 2ml，过 0.45μm 孔径滤膜，用 GC-MS（G1530N/G3172A）定量测定[15]。

土壤微生物生物量碳用氯仿熏蒸，0.5mol/L K_2SO_4 提取，TOC-500 自动分析仪测定[16]。脱氢酶活性测定采用 TTC 法[19]，过氧化氢酶活性测定采用高锰酸钾滴定法[17]，磷酸酶活性测定采用磷酸苯二钠比色法[19]。

土壤微生物群落结构采用磷酸脂肪酸分析法（PLFA）分析[18]，该方法测定土壤微生物群落结构的依据为不同微生物（细菌、真菌、放线菌等）具有特征的磷酸脂肪酸谱。特定脂肪酸的排列为：碳的数目、双键的数目、跟随双键的位置（甲基端起）。c、t 分别表示顺式和反式脂肪酸，a 和 i 分别指反式支链脂肪酸及异式支链脂肪酸，hr 表示未知结构的支链脂肪酸，cy 表示环状脂肪酸，10Me 表示第 10 个碳原子的甲基（从羟基端起）。具体测定中涉及的群落结构指标和磷酸脂肪酸谱系见表 1。

1.5　数据处理

每处理设 3 个重复，试验数据基本处理采用 Microsoft Excel 2003。处理组间的差异显著性采用 LSD 法，采用 SPSS 11.5 进行方差分析。

表 1　表征微生物群落结构的磷酸脂肪酸谱系表

微生物指标	磷酸脂肪酸谱系
革兰氏阴性菌（-）	16：1ω7t，17：1ω8c，18：1ω7c，cy19：0[19]
革兰氏阳性菌（+）	i14：0，i15：0，a15：0，i16：0，i17：0，a17：0[20]
革兰氏阴性/革兰氏阳性（-/+）	16：1ω7t+17：1ω8c+18：1ω7c+cy19：0/i14：0+i15：0+a15：0+i16：0+i17：0+a17：0[21]
真菌	18：2ω6，9[22]
真菌/细菌	18：2ω6，9/i15：0+a15：0+ +15：0+i16：0+16：1ω7t+i17：0+a17：0+17：0+18：1ω7c+cy19：0[23]
菌根真菌	16：1ω5c[24]
放线菌	10Me16：0，10Me17：0，10Me18：0[21]

2 结果与讨论

2.1 根系分泌物添加浓度对污染土壤中芘降解的影响

由图1可见，培养15d后，污染土壤中芘的残留量随着根系分泌物添加剂量的增加呈现先下降后上升的变化趋势，芘残留量最低的根系分泌物添加剂量是32.75mg TOC/kg。当根系分泌物添加剂量<32.75mg TOC/kg时，根系分泌物添加剂量增加显著促进污染土壤中芘的降解（$P<0.05$）。但当根系分泌物添加剂量>32.75mg TOC/kg时，根系分泌物添加剂量增加对污染土壤中芘的降解促进作用迅速减弱，呈现出显著的抑制作用（$P<0.05$）。与对照相比，根系分泌物添加剂量在65.50mg TOC/kg和131.00mg TOC/kg时，污染土壤中芘的降解差异不显著。由此可见，污染土壤中芘的降解作用并不是随着根系分泌物的增加而持续增加，根系分泌物的促进作用是在一定浓度范围内，这也意味着在植物修复过程中，植物根际效应并不随着离根表距离的增加而呈梯度递减效应，而是存在最佳范围，且该范围可能并不在根表附近，而是在根表之外。这一结果在其他研究人员的相关研究中得到验证，He等[25]采用多隔层根箱盆栽试验研究五氯酚在距离根系不同距离范围内根际土壤中的降解，发现五氯酚在距离根系3mm处降解率最高，表明污染物在根际微域降解特征有别于传统植物营养学中发现的营养因子根际梯度递减效应。

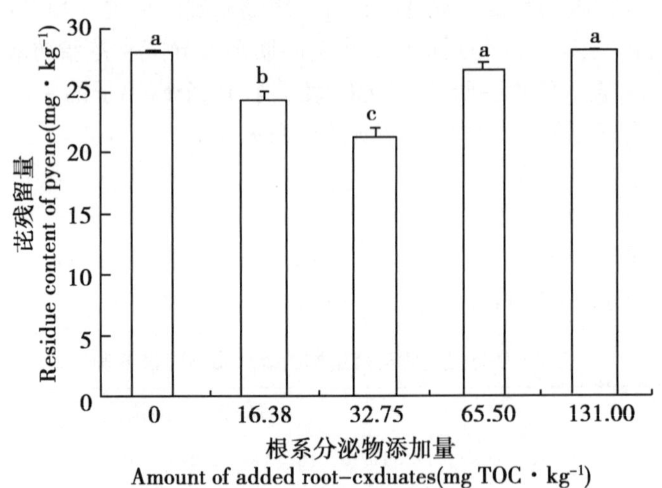

图1 根系分泌物添加浓度对污染土壤中芘降解的影响

2.2 根系分泌物添加浓度对土壤微生物生物量碳和微生物熵的影响

土壤微生物生物量碳和微生物熵是反映土壤质量与土壤退化的重要微生物学指标[26]，其相应变化情况能直观反映土壤环境的变化，是土壤环境变化的敏感指示者[27]。当土壤环境发生变化时上述微生物学指标必然会发生一定变化。从图2可以看出，添加不同剂量的根系分泌物到芘污染土壤中，土壤微生物量碳和微生物熵的变化是一致的，呈现出与污染土壤中芘残留量变化相反趋势。即培养15d后，芘污染土壤中土壤微生物生物量碳和微生物熵随着根系分泌物添加剂量的增加呈现先上升后下降的变化趋势，土壤微生物生物量碳和微生物熵最大值的根系分泌物添加剂量是 32.75mg TOC/kg。当根系分泌物添加剂量 <32.75mg TOC/kg 时，根系分泌物添加剂量增加显著促进污染土壤中土壤微生物生物量碳和微生物熵的增加，与对照差异显著（$P<0.05$）。但当根系分泌物添加剂量 >32.75mg TOC/kg 时，根系分泌物添加剂量增加对污染土壤中土壤微生物生物量碳和微生物熵的促进作用迅速减弱，与根系分泌物添加剂量为 32.75mg TOC/kg 时相比，呈现出显著的抑制作用（$P<0.05$）。而且与对照相比，根系分泌物添加剂量在 65.50mg TOC/kg 和 131.00mg TOC/kg 时，污染土壤中土壤微生物生物量碳和微生物熵的差异不显著。这一结果说明，黑麦草的根系分泌物在一定浓度下可促进微生物的生长，从而促进了土壤微生物生物量碳和微生物熵的增加，使得有更多的微生物参与芘的分解和代谢。而当根系分泌物超过一定浓度后，便会抑制微生物的生长，导致土壤微生物生物量碳和微生物熵的下降，使得参与芘分解和代谢的微生物数量下降。这一结果很好地解释了芘污染土壤中芘降解随根系分泌物添加浓度的变化（图 1），也就是根系分泌物添加浓度对污染土壤中芘降解的影响是通过影响土壤微生物而产生的。究其原因：可能是相对较低浓度下，根系分泌物可作为满足微生物生长所需碳源、氮源，激发微生物的活性，而超过一定浓度，根系分泌物可成为污染物微生物降解的竞争性碳源，同时由于根系分泌物中含有较多的有机酸[28]，超过一定浓度可对土壤微生物产生抑制作用，从而抑制污染物的降解[29]。

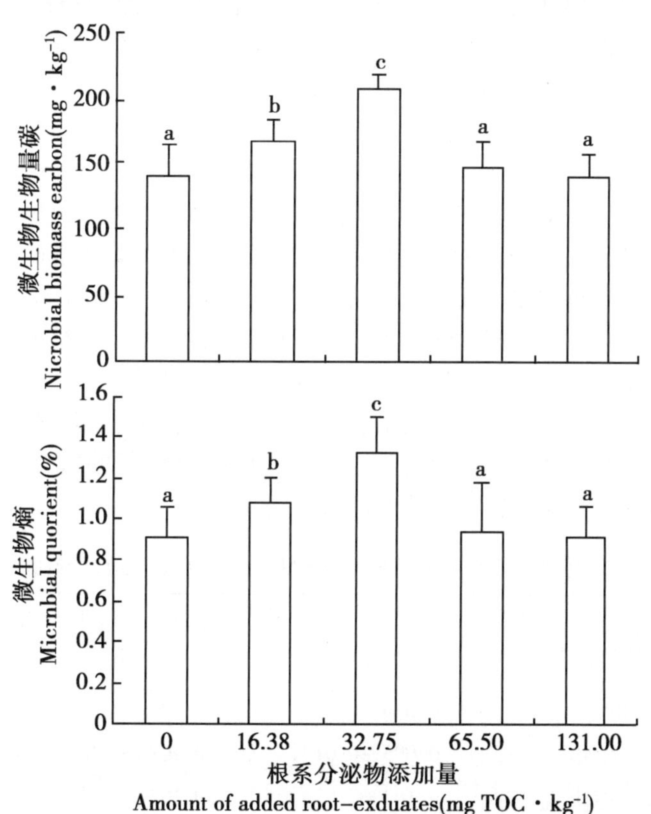

图 2　根系分泌物添加浓度对芘污染土壤中微生物生物量碳和微生物熵的影响

2.3 根系分泌物添加浓度对土壤微生物群落结构的影响

根据根系分泌物添加浓度对土壤微生物生物量碳的影响，研究中选择根系分泌物添加量为0，32.75mg 和131.00mg TOC/kg 的芘污染土壤进行微生物群落结构变化分析，测得的磷脂肪酸谱见表2。由表2可知，所测定到的24种磷脂肪酸中，有饱和的磷脂肪酸、不饱和的磷脂肪酸、甲基支链磷脂肪酸和环丙基磷脂肪酸，通过统计发现，其中12种磷脂肪酸在3种根系分泌物添加浓度处理间存在显著差异。有关细菌、真菌、丛枝菌根真菌和放线菌的磷脂肪酸含量在3种根系分泌物添加浓度处理的芘污染土壤中的分布情况见图3。由图3可知，3种根系分泌物添加浓度处理的芘污染土壤中磷脂肪酸以细菌的磷脂肪酸为主，其次为真菌和放线菌的磷脂肪酸，最少的是丛枝菌根真菌的磷脂肪酸，说明3种根系分泌物添加浓度处理的芘污染土壤中土壤微生物群落结构组成以细菌为主，其次为真菌和放线菌，最后是丛枝菌根真菌。从图3还可知，随着根系分泌物添加浓度的增加，芘污染土壤中细菌的数量先增加后减少，其中在添加32.75mg TOC/kg 时达到最大，细菌数量与空白和添加131.00mg TOC/kg 根系分泌物的芘污染土壤中细菌数量相比，差异显著（$P<0.05$），而添加131.00mg TOC/kg 根系分泌物的芘污染土壤中细菌数量与空白土壤相比差异不显著；真菌和丛枝菌根真菌数量的变化趋势一致，即随着根系分泌物添加浓度的增加，芘污染土壤中真菌和丛枝菌根真菌数量逐渐增加，与对照相比，添加32.75mg 和131.00mg TOC/kg 根系分泌物的芘污染土壤中真菌和丛枝菌根真菌数量差异显著（$P<0.05$），但添加32.75mg 和131.00mg TOC/kg 根系分泌物的芘污染土壤中真菌和丛枝菌根真菌数量差异不显著。此外，放线菌的数量随着根系分泌物添加浓度的增加而减少，3种根系分泌物添加浓度处理的芘污染土壤中放线菌数量变化差异显著（$P<0.05$）。造成上述变化的原因可能是，根系分泌物可作为满足细菌生长所需碳源、氮源，激发微生物的活性，而超过一定浓度，根系分泌物可成为污染物细菌降解时的竞争性碳源，同时由于根系分泌物中含有较多的有机酸[28]，超过一定浓度可对土壤细菌产生抑制作用[25]。同时由于根系分泌物中含有较多的有机酸，随着根系分泌物浓度的增加，有机酸浓度增加，从而导致耐酸性的真菌和丛枝菌根真菌数量增加，不耐酸的放线菌数量减少。综合芘污染土壤中土壤微生物群落随根系分泌物添加浓度增加的变化可知，由于土壤中微生物群落以细菌为主，且细菌的变化趋势与芘降解变化特征一致，说明芘的降解以细菌为主，根系分泌物主要通过影响细菌群落的数量，进而影响芘的降解变化特征。

表2 根系分泌物浓度对芘污染土壤中微生物磷脂肪酸的影响

序号	磷脂肪酸	根系分泌物量（mg TOC/kg）		
		0	32.75	131.00
1	10：0	0.089±0.011	0.105±0.014	0.097±0.013
2	12：0	0.095±0.014	0.107±0.013	0.111±0.021
3	13：0	0.103±0.015	0.102±0.024	0.106±0.018
4	i14：0	0.672±0.027	0.743±0.043	0.669±0.033
5	14：0*	1.784±0.113	1.912±0.171	1.801±0.112

（续表）

序号	磷脂肪酸	根系分泌物量（mg TOC/kg）		
		0	32.75	131.00
6	i15：0	0.674±0.031	0.723±0.042	0.658±0.033
7	a15：0*	0.091±0.011	0.104±0.017	0.090±0.013
8	15：0	0.244±0.021	0.271±0.031	0.249±0.021
9	i16：0*	0.068±0.014	0.084±0.010	0.071±0.017
10	16：1ω7t**	0.187±0.024	0.283±0.031	0.191±0.019
11	16：1ω5c**	0.171±0.031	0.218±0.047	0.224±0.041
12	16：0	6.431±0.312	7.157±0.321	6.441±0.323
13	10Me16：0*	0.287±0.017	0.234±0.034	0.215±0.021
14	i17：0	0.217±0.019	0.243±0.025	0.213±0.012
15	a17：0	0.214±0.018	0.252±0.021	0.211±0.026
16	17：1ω8c**	0.144±0.021	0.216±0.033	0.137±0.014
17	17：0	0.301±0.017	0.319±0.021	0.297±0.022
18	10Me17：0*	0.317±0.019	0.246±0.043	0.216±0.032
19	18：2ω6，9**	0.814±0.113	0.893±0.117	0.937±0.092
20	18：1ω7c**	0.247±0.013	0.283±0.032	0.321±0.011
21	18D0*	1.241±0.103	1.724±0.097	1.316±0.101
22	10Me18：0	0.262±0.037	0.247±0.076	0.214±0.045
23	cy19：0*	1.748±0.094	1.927±0.103	1.687±0.121
24	20：0	0.079±0.013	0.081±0.014	0.083±0.016

注：$P<0.05$；$P<0.01$

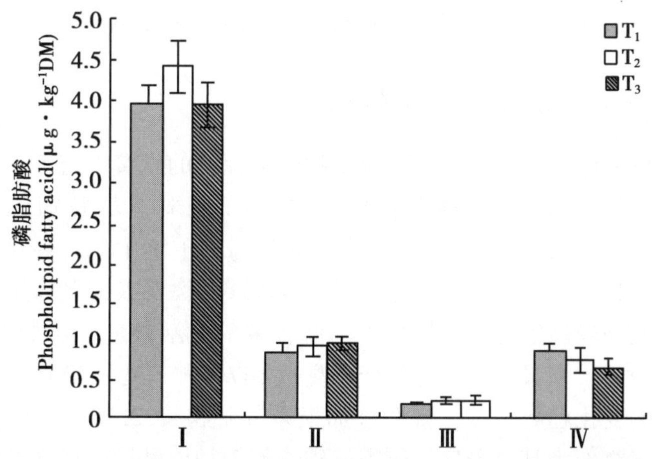

图3　根系分泌物添加浓度对芘污染土壤细菌、真菌、菌根真菌及放线菌磷脂肪酸含量的影响

为了更有效了解各微生物群落结构的变化，分析了细菌中革兰氏阴性菌与革兰氏阳性菌之比、真菌与细菌之比、丛枝菌根真菌与细菌之比和放线菌与细菌之比。由图4可知，随着根系分泌物添加浓度的增加，芘污染土壤中革兰氏阴性菌与革兰氏阳性菌之比逐渐增加，与空白相比，添加 32.75mg 和 131.00mg TOC/kg 根系分泌物的芘污染土壤中，革兰氏阴性菌与革兰氏阳性菌之比变化显著（$P<0.05$），但添加 32.75mg 和 131.00mg TOC/kg 根系分泌物处理间差异不显著。同时从真菌与细菌之比、丛枝菌根真菌与细菌之比和放线菌与细菌之比来看，芘污染土壤中细菌占绝对主导地位。真菌与细菌之比随着根系分泌物添加浓度的增加略有增加，其中添加 131.00mg TOC/kg 的芘污染土壤与添加 32.75mg TOC/kg 的芘污染土壤和对照间差异显著（$P<0.05$），但添加 32.75mg TOC/kg 的芘污染土壤与对照相比差异不显著。而丛枝菌根真菌与细菌之比随着根系分泌物添加浓度的增加变化不显著。放线菌与细菌之比随着根系分泌物添加浓度的增加逐渐减小，添加 32.75mg 和 131.00mg TOC/kg 根系分泌物的芘污染土壤与对照相比差异显著（$P<0.05$），但添加 32.75mg 和 131.00mg TOC/kg 根系分泌物的两处理间差异不显著。上述结果进一步说明芘的降解以细菌为主，根系分泌物主要通过影响细菌群落的数量和组成，进而影响芘的降解变化特征。

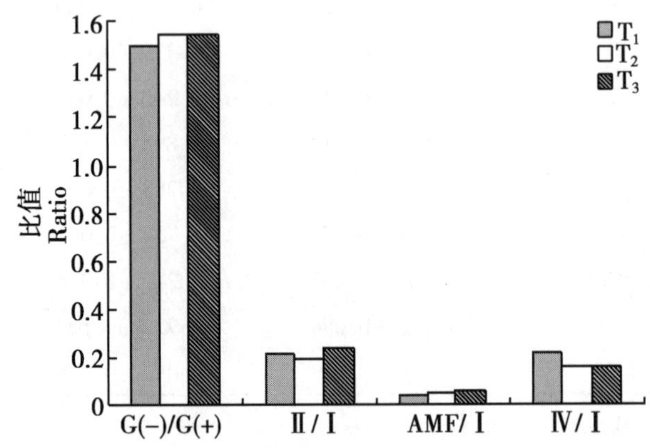

图 4 根系分泌物添加浓度对芘污染土壤中革兰氏阴性菌与革兰氏阳性菌之比、真菌与细菌之比、丛枝菌根真菌与细菌之比和放线菌与细菌之比的影响

2.4 根系分泌物添加浓度对土壤酶活性的影响

酶作为土壤的重要组成部分，是土壤中生物化学反应的直接参与者，其活性高低可反映土壤物质转化、能量代谢、污染物降解等过程能力的强弱[29]，特别是脱氢酶、过氧化氢酶、磷酸酶等[17]。不同根系分泌物剂量处理下芘污染土壤中酶活性见表 3。由表 3 可知，各处理间，过氧化氢酶和磷酸酶活性较对照波动小，激活及抑制作用不显著。相比而言，脱氢酶响应则显现较高敏感性，均呈现不同程度的激活效应，添加 32.75mg TOC/kg 根系分泌物处理时激活效果最佳，响应值变幅高达 147%，其变化趋势与土壤微生物生物量和主要群落结构的变化趋势一致，说明添加根系分泌物 <32.75mg TOC/kg 时，土壤微生物更易将根系分泌物作为其自身生长所需的碳、氮源加以利用，增强微生物分泌脱氢酶的能力。土壤脱氢酶是典型胞内酶，能催化有机物质的脱氢反应，其活性是对土壤解毒能力的定量表征[30]。因此，根系分泌物添加浓度 <32.75mg TOC/kg 时对土壤脱氢酶的显著激活作用，表明此时的微生物活性和土壤环境更有利于有机污染物芘的降解，这也验证了

污染土壤中芘降解变化特征与微生物生物量和群落变化之间的关系。

表 3　根系分泌物浓度对芘污染土壤中酶活性的影响

根系分泌物量 (mg TOC/kg)	过氧化氢酶 (ml $KMnO_4$/kg)	脱氢酶 (mg TPF/kg)	磷酸酶 (mg P_2O_5/kg)
0	1. 61 ±0. 03a	1. 97 ±0. 33a	131. 23 ±7. 21a
16. 38	1. 61 ±0. 01a	2. 53 ±0. 42c	132. 51 ±8. 31a
32. 75	1. 62 ±0. 01a	4. 78 ±0. 57b	129. 33 ±11. 03a
65. 50	1. 61 ±0. 02a	2. 37 ±0. 43c	130. 95 ±8. 11a
131. 00	1. 62 ±0. 01a	2. 19 ±0. 25a	134. 71 ±8. 56a

注：同列不同字母表示处理间差异显著（$P<0.05$）

3　结论

污染土壤中芘的残留量随着根系分泌物添加剂量的增加呈现先下降后上升的非线性变化趋势，芘残留量的最低值的根系分泌物添加剂量是 32. 75mg TOC/kg，表明此浓度根系分泌物显著促进污染土壤中芘的降解。

芘污染土壤中土壤微生物生物量碳和微生物熵随着根系分泌物添加剂量的增加呈现先上升后下降的变化趋势，最大值的根系分泌物添加剂量是 32. 75mg TOC/kg，表明土壤微生物随根系分泌物剂量变化可能是污染土壤中芘残留量随根系分泌物添加剂量变化的生态机制。

芘污染土壤中土壤微生物群落中细菌占主导地位，而细菌中革兰氏阴性菌又占相对优势，其次为真菌和放线菌，最后是丛枝菌根真菌。细菌随根系分泌物添加剂量的变化趋势与芘降解变化特征一致，表明芘的降解以细菌为主，根系分泌物主要通过影响细菌群落的数量，进而影响芘的降解变化特征。

芘污染土壤中，能催化有机物质脱氢反应的胞内酶—脱氢酶对不同剂量根系分泌物处理显现较高敏感性，均显现不同程度的激活效应，其变化趋势与土壤微生物生物量和主要群落结构的变化趋势一致，进一步证明了土壤微生物随根系分泌物剂量变化是污染土壤中芘残留量随根系分泌物添加剂量变化的生态机制。

参考文献

[1] Jian Y，Wang L，Peter P F，et al. Photomutagenicity of 16 polycyclic aromatic hydrocarbons from the US EPA priority pollutant list. Mutation Research，2004，557：99 –108.

[2] Duan Y-H（段永红），Tao S（陶澍），Wang X-J（王学军），et al. Source apportionment of polycyclic aromatic hydrocarbons in the topsoil of Tianjin. Euviroumental Science（环境科学），2006，27（3）：524 –527.（in Chinese）.

[3] Yoshitomi KJ，Shann JR. Corn（*Zen mags L.*）root exudates and their impact on ^{14}C-pyrene mineralization. Soil Biology uud Biochemistry，2001，33：1 769 –1 776.

[4] Corgie SC，Joner EJ，Leyval C. Rhizospheric degradation of phenanthrene is a function of proximity to roots. Plant and Soil，2003，257：143 –150.

[5] Wikon SC, Jones KC. Bioremediation of soil contaminated with polynuclear aromatic hydrocarbons (PAHs): A review. Environmental Pollution, 1993, 81: 229 – 249.

[6] Can YZ, Ling WT, Wong MH. Plant-accelerated dissipation of phenanthrene and pyrene from water in the presence of a nonionic-surfactant. Chemosphere, 2006, 63: 1 560 – 1 567.

[7] Sun T-H (孙铁珩), Song Y-F (宋玉芳), Xu H-X (许华夏), et al. Plant bioremediation of PAHs and mineral oil contaminated soil. Chinese Journal of Applied Ecology (应用生态学报), 1999, 10 (2): 225 – 229. (in Chinese).

[8] Simonich SL, Hites RA. Organic pollutant accumulation in vegetation. Environmental Science &Techuology, 1995, 29: 2 905 – 2 914.

[9] Meharg AA, Cairney JWG. Ectomycorrhizas-extending the capabilities of rhizosphere remediation. Soil Biology and Biochemistry, 2000, 32: 1 475 – 1 484.

[10] Song Y-F (宋玉芳), Xu H-X (许华夏), Ren L-P (任丽萍). Bioremediation of mineral oil and polycyclic aromatic hydrocarbons (PAHs) in soils with two plant species. Chinese Journal of Alpplied Ecology (应用生态学报), 2001, 12 (1): 108 – 112. (in Chinese).

[11] Kim YB, Park KY, Chung Y, et al. Phytoremediation of anthracene contaminated soils by different plant species. Journal of Plant Biology, 2004, 47: 174 – 178.

[12] Rentz JA, Alvarez PJJ, Schnoor JL. Benzo [a] pyreneco-metabolism in the presence of plant root extracts and exudates: Implications for phytoremediation. Euvironmental Pollution, 2005, 136: 477 – 484.

[13] Liu S-L (刘世亮), Luo Y-M (骆永明), Ding K-Q (丁克强), et al. Rhizosphere remediation and its mechanism of benzo [a] pyrene contaminated soil by growing ryegrass. Journal of Agro-Environment Science (农业环境科学学报), 2007, 26 (2): 526 – 532. (in Chinese).

[14] Mao D-R (毛达如), Shen J-B (申建波). Research Methods in Plant Nutrition. 2nd Ed. Beijing: China Agriculture Press, 2004. (in Chinese).

[15] Xu C (许超), Xia B-C (夏北成). Effect of pyrene on amino acid in root exudates of maize (Zea mags L.). Ecology and Environment (生态环境学报), 2009, 18 (1): 172 – 175 (in Chinese).

[16] Vance ED, Brookes PC, Jenkinson DS. An extraction method for measuring soil microbial biomass C. Soil Bi-ology and Biochemistry, 1987, 19: 703 – 707.

[17] Guan S-Y (关松荫). Soil Enzyme and Research Method. Beijing: China Agriculture Press, 1986. (in Chinese).

[18] Liao M, Xie XM, Ma AL, et al. Different influences of cadmium on soil microbial activity and structure with Chinese cabbage cultivated and noncultivated. Journal of Soils and Sediments, 2010, 10: 818 – 826.

[19] Schutter ME, Fuhrmann JJ. Soil microbial community responses to fly ash amendment as revealed by analyses of whole soils and bacterial isolates. Soil Biology and Biochemistry,

2001, 33: 1 947 – 1 958.

[20] Zelles L. Fatty acid patterns of phospholipids and lipopolisaccharides in the characterisation of microbial comunities: A review. Biology and Fertility of Soils, 1999, 29: 111 – 129.

[21] Kourtev PS, Ehrenfeld JG, Haggblom M. Exotic plant species alter the microbial community structure and function in the soil. Ecology, 2002, 83: 3 152 – 3 166.

[22] Baath E, Diaz-Ravina M, Frostegard A, et al. Effect of metal-rich sludge amendments on the soil microbial community. Applied and Environmental Microbiology, 1998, 64: 238 – 245.

[23] Grayston S, Griffith G, Mawdsley J, et al. Accounting for variability in soil microbial communities of temperate upland grassland ecosystems. Soil Biology and Biochemistry, 2001, 33: 533 – 551.

[24] Olsson S, Alstrom S. Characterization of bacteria in soils under barley monoculture and crop rotation. Soil Biology and Biochemistry, 2000, 32: 1 443 – 1 451.

[25] He Y, Xu JM, Tang CX, et al. Facilitation of pentachlorophenol degradation in the rhizosphere of ryegrass (*Lolium perenne L.*). Soil Biology and Biochemistry, 2005, 37: 2 017 – 2 024.

[26] Giller K, Witter E, McGrath SP. Toxicity of heavy metals to microorganisms and microbial processes in agricultural soils: A review. Soil Biology and Biochemistry, 1998, 30: 1 389 – 1 414.

[27] Vig K, Megharaj M, Sethunathan N, et al. Bioavailability and toxicity of cadmium to microorganisms and their activities in soil: A review. Advances in Environmental Research, 2003, 8: 121 – 135.

[28] Xie M-J (谢明吉), Yan C-L (严重玲), Ye J (叶菁). Effect of phenanthrene on the secretion of low molecule weight organic compounds by ryegrass root. Ecology and Environment (生态环境), 2008, 17 (2): 576 – 579. (in Chinese).

[29] Nannipieri E, Bollag JM. Use of enzymes to detoxify pesticide contaminated soils and waters. Journal of Environmental quality, 1991, 20: 510 – 517.

[30] He Y (何艳), Xu J-M (徐建民), Wang H-Z (汪海珍), et al. Simulated rhizo-remediation on pentachlo- rophenol (PCP) polluted soil. China Environmenatal Science (中国环境科学), 2005, 25 (5): 602 – 606 . (in Chinese).

不同有机物料还田对稻田氨挥发和水稻产量的影响*

俞巧钢[1]　叶　静[1]　符建荣[1]　马军伟[1]　邹　平[1]　丁炳红[1]　顾国平[2]　范浩定[2]
1. 浙江省农业科学院环境资源与土壤肥料研究所　杭州　310021；
2. 绍兴市农业科学研究院　浙江绍兴　312003

摘　要：研究不同有机物料还田对浙江宁绍平原稻田生态系统氨挥发损失及水稻产量的影响。结果表明，采用紫云英、商品有机肥、水稻秸秆、紫云英＋商品有机肥、紫云英＋秸秆等还田均能明显降低稻田氨挥发损失，其中以紫云英还田和紫云英＋秸秆还田效果最佳，可减少50%以上的氨挥发损失量；有机物料的施用减少了化肥的施用量，同时可使水稻的产量不减产或略有增加，具有显著的生态环境效益。

关键词：有机物料；氨挥发；水稻产量；绿肥还田

大量的研究表明，我国农田化肥氮素的利用效率只有20%～40%，大部分氮素以各种形式进入到大气或水环境，不仅造成肥料和能源的浪费，而且对生态环境产生污染[1]。氨挥发是农田土壤氮素损失的重要途径之一，水田施用尿素、碳酸氢铵等化肥，氨挥发损失量通常占其施用量的9%～40%，氨挥发不仅导致氮肥损失，而且挥发氨的干湿沉降也是造成水体富营养化的重要原因之一[2～3]。减轻或免除大量施用肥料造成的污染，发展持续高效农业是世界各国共同关注的问题。利用各种技术调控氮素在土壤中的迁移转化，进而减少氮素损失和提高利用率，是十分有效的策略之一。近年来，为了土壤肥力的可持续利用，促进作物的优质高产，各地纷纷开展了有机物料还田培肥土壤，提高土壤生产力的研究[4～5]。但有机物料的施用，改变了土壤氮素的来源结构，导致土壤理化性状发生变化，势必对土壤氨挥发损失有所影响。为此，探究不同有机物料还田耕作方式对氨挥发损失的影响，筛选出生态友好的土壤耕作培肥模式，对指导合理施肥、提高稻田氮素利用率和保护生态环境具有重要的意义。

1　材料与方法

1.1　材料

试验在浙江省宁绍平原绍兴野外综合试验站进行，地处亚热带区域，年降水量1 250～1 450mm，年平均气温17.3℃。供试稻田土壤肥力中等，耕层土壤容重1.27g/cm^3，有机质含量31.5g/kg，全氮1.51g/kg，pH值为6.85。通过种植单季水稻，采用不

* 本文发表于《浙江农业科学》，2011（4）：908－909，913.

同的有机物料还田培肥土壤模式，研究水稻生长过程中稻田土壤氨挥发损失的影响，同时考查水稻产量的变化情况。水稻试验的种植管理与当地常规管理方式相同。

1.2　处理

试验共设 6 个处理：化肥：有机物料 $0t/hm^2$，化肥氮（N）$225kg/hm^2$，化肥磷（P_2O_5）$75kg/hm^2$，化肥钾（K_2O）$150kg/hm^2$；紫云英：紫云英 $52.5t/hm^2$，化肥氮 $147kg/hm^2$，化肥磷 $49.5kg/hm^2$，化肥钾 $72kg/hm^2$；有机肥：商品有机肥 $6t/hm^2$，化肥氮 $165kg/hm^2$，化肥磷 $18kg/hm^2$，化肥钾 $111kg/hm^2$；秸秆：水稻秸秆 $9t/hm^2$，化肥氮 $211.5kg/hm^2$，化肥磷 $70.5kg/hm^2$，化肥钾 $118.5kg/hm^2$；紫云英 + 有机肥：紫云英 $26.25t/hm^2$，秸秆 $3t/hm^2$，化肥氮 $156kg/hm^2$，化肥磷 $0kg/hm^2$，化肥钾 $66kg/hm^2$；紫云英 + 秸秆：紫云英 $26.25t/hm^2$ 秸秆 $4.5t/hm^2$，化肥氮 $178.5kg/hm^2$，化肥磷 $60kg/hm^2$，化肥钾 $94.5kg/hm^2$。小区面积 $20m^2$，重复 3 次。各处理氮肥用量为折纯氮 $225kg/hm^2$，其中有机物料中的氮素按当季 50% 矿化计算，磷（P_2O_5）钾（K_2O）肥用量分别为 $75kg/hm^2$ 和 $150kg/hm^2$。还田的有机物料在水稻移栽前施入，化学氮肥分 3 次施用，基肥占 60%，水稻移栽后 10d 和 20d 均施用 20%，磷、钾肥全部在移栽前作为基肥一次性施入。

1.3　测定项目及方法

氨挥发的测定方法为一种适用于小区试验及多因素对比研究的通气法[6]。测定装置由一个高 30cm 的 PVC 管和 2 片浸过磷酸甘油溶液的海绵组成，每片海绵厚 2cm（图 1）。试验开始前每块海绵用 15ml 的磷酸甘油溶液（50ml 磷酸 + 40ml 丙三醇，稀释至 1 000 ml）浸润，相当于海绵通气体积的 3.8%，用以保证试验过程中装置内的土壤表面经海绵与外界环境空气的流通；上层海绵用于吸收空气中的氨，防止其进入装置内而被下层海绵吸收，下层海绵用于吸收土壤挥发的氨气。在水稻进行再次施氮前更换海绵，更换位置进行再次收集。同时将采回的海绵用 1mol/L 的 KCl 溶液浸提，测定海绵中氮素含量并计算氨挥发损失量。

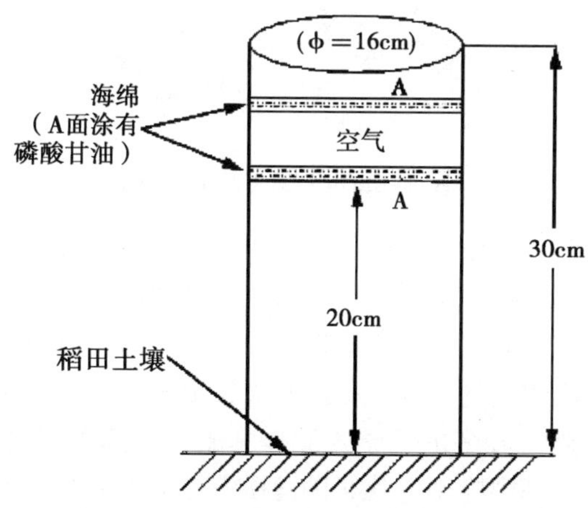

图 1　测定田间土壤氨挥发的装置

2 结果与分析

2.1 不同施肥时期氨挥发损失

不同有机物料施入土壤后，稻田土壤氨挥发损失有着明显的不同。水稻进行3次施肥后的氨挥发损失的纯氮量见图2和图3。

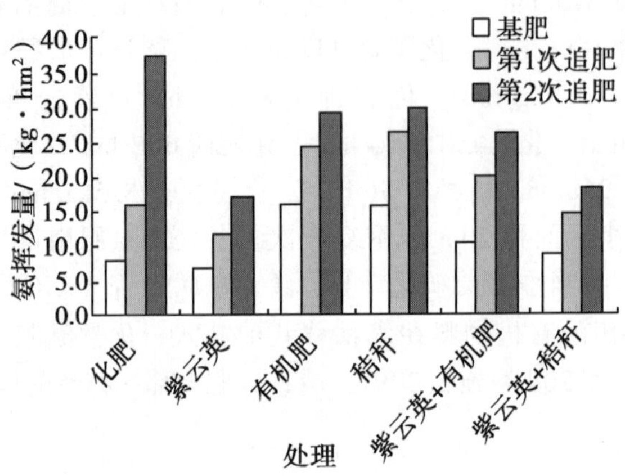

图2 不同施肥时期各处理氨挥发损失纯氮数量

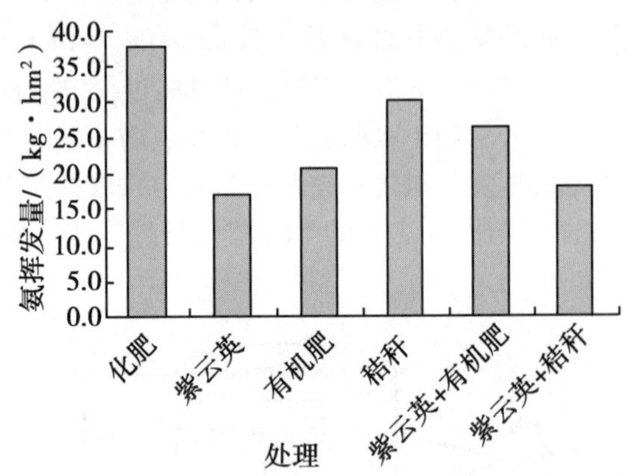

图3 各处理氨挥发损失总纯氮数量

从图2中可知，紫云英还田作为基肥处理，由于减少了化肥速效性无机氮的施用量，在施用基肥和追肥后的氨挥发损失量均较低。腐熟有机肥作为基肥还田，由于其含有部分铵态氮，所以在作为基肥施用后的早期氨挥发损失较大，而在追肥阶段，由于基肥中有机氮的缓慢释放和速效性氮肥使用量减少，氨挥发损失量减少。秸秆还田作为基肥处理，由于秸秆养分含量低，仍需施入较多的化学氮肥作基肥，氨挥发损失较大。紫云英与有机肥、紫云英与秸秆混施作为基肥施用，其氨挥发损失在基肥以及2次追肥时期均表现为低于有机肥还田和秸秆还田处理。施用纯化肥处理，基肥时期氨挥发相对较低，这可能是由于其他施用有机物料的处理高碳氮比的特性，使土壤还原性较强，不利于土壤中硝化反应发生，增加土壤氨态氮浓度，使氨挥发损失在基肥施用后的短期有所增加。在第2次追肥时，施化肥处理氨挥发损失较大，这主要是此时气温相对较高，氨气较容易从稻田土壤逸出。

2.2　氨挥发损失总量

图3表明，采用有机物料中缓释性的有机氮还田，代替部分速效性无机氮，减少化学氮肥的施用量，可明显减轻氨挥发损失。紫云英还田、有机肥还田、秸秆还田、紫云英与有机肥复合还田、紫云英与秸秆复合还田均明显降低氨挥发损失。水稻田3次施肥后，紫云英还田、有机肥还田、秸秆还田、紫云英与有机肥复合还田、紫云英与秸秆复合还田处理氨挥发损失纯氮总量分别为17.03kg/hm^2，29.23kg/hm^2，29.83kg/hm^2，26.33kg/hm^{2}和18.15kg/hm^2，与施用化肥处理的37.58kg/hm^{2}相比，可分别减少氨挥发损失54.7%，22.2%，20.6%，29.9%和51.7%，以紫云英还田以及紫云英与秸秆复合还田降低氨挥发损失最为明显。这表明，有机物料与化肥的配合施用，减少了稻田系统的氨挥发损失，对保护生态环境具有重要作用。

2.3　水稻产量

不同有机物料的施用对水稻的产量有一定的影响。小区产量化肥处理16.25kg，紫云英处理16.28kg，有机肥处理16.26kg，秸秆处理16.08kg，紫云英+有机肥处理16.27kg，紫云英+秸秆处理16.25kg。以施用商品有机肥的处理水稻产量最高，可比施化肥的增产7.8%，而采用秸秆还田处理的产量最低，减产1.05%，而采用紫云英还田、紫云英+商品有机肥还田、紫云英+秸秆还田，其产量与施用化肥处理基本相同。表明采用有机物料还田培肥土壤，减少化学氮磷钾肥用量，并没有使水稻产量下降，反而可使水稻产量基本不变或略有增加。

3　小结与讨论

采用紫云英、秸秆和有机肥等有机物还田培肥土壤，以缓释性的有机态氮代替无机氮，从而降低化肥的施用量，可明显降低稻田氨挥发损失，同时可使水稻产量基本不变或略有增加。紫云英中所含的有机氮在前期矿化分解慢，土壤氨挥发损失低，试验中降低氨挥发损失最佳的是紫云英还田以及紫云英与秸秆复合还田，与化肥相比可减少50%以上的氨挥发损失量，环境效益与节省化肥投入的经济效益十分明显。有机物料还田不仅能显著减少稻田氮素损失，而且能有效提高土壤肥力，保证水稻的稳产和粮食安全，具有显著的生态效益。

参考文献

[1] 朱兆良，文启孝．中国土壤氮素［M］．南京：江苏科技出版社，1992：32－58.

[2] 宋勇生，范晓晖．稻田氨挥发研究进展［J］．生态环境，2003，12（2）：240－244.

[3] Cai G X，Chen D L，Ding H，et al. Nitrogen losses from fertilizers applied to maize，wheat and rice in the North China Plain［J］．Nutrient Cycling in Agroecosystem，2002，63（2/3）：187－195.

[4] 倪康，丁维新，蔡祖聪．有机无机肥长期定位试验土壤小麦季氨挥发损失及其影响因素研究［J］．农业环境科学学报，2009，28（12）：2 614－2 622.
[5] 夏文建，周卫，梁国庆等．优化施氮下稻—麦轮作体系氮肥氨挥发损失研究［J］．植物营养与肥料学报，2010，16（1）：6－13.
[6] 王朝辉，刘学军，巨晓棠等．田间土壤氨挥发的原位测定——通气法［J］．植物营养与肥料学报，2002，8（2）：205－209.

山地果园套种绿肥对氮磷径流流失的影响*

俞巧钢[1]　叶　静[1]　马军伟[1]　孙万春[1]　邹　平[1]　符建荣[1]　殷建祯[1]　徐建祥[2]
1. 浙江省农业科学院环境资源与土壤肥料研究所　杭州　310021；
2. 浙江省衢州市农业科学研究所　浙江衢州　324000

摘　要：采用野外天然降雨条件下的小区试验研究山地新生果园套种黑麦草、紫云英和箭舌豌豆绿肥作物对氮磷径流流失的影响。结果表明，果园套种绿肥作物黑麦草、紫云英和箭舌豌豆能分别减少36.4%，33.9%和5.3%的径流水量流失，56.4%，55.2%和8.8%的泥沙流失，土壤保水能力增加，固土效果加强。地表径流和泥沙携带侵蚀是果园氮磷养分流失的主要途径，种植绿肥作物黑麦草、紫云英和箭舌豌豆能使总氮流失分别减少55.2%，49.3%和18.7%，总磷流失分别减少58.5%，55.6%和30.1%。山地果园套种绿肥可使氮磷流失量明显降低，有助于水体环境的保护，同时还增加土壤肥力，改善果实品质。

关键词：绿肥；氮磷流失；山地果园；水土流失

水土流失是我国乃至全世界重要的环境问题之一，水土流失导致土地生产力下降、水旱灾害加剧、生态环境恶化，进而影响到区域的可持续发展[1~3]。随着社会经济的发展，大量新垦土地被开发利用，人为造成新的水土流失比较严重，如何防治水土流失已成为当前农业环境保护工作亟待解决的重大问题。土壤侵蚀过程造成的养分流失，是非点源污染的主要形式，是土壤退化和非点源污染的直接原因[4~5]。农业非点源氮、磷污染对水环境的恶化有着十分显著的贡献，农田径流氮、磷素流失与湖泊水库富营养化现象的发生有着密切的关系[6~8]。我国山地面积约占国土面积的69%，由于山地综合开发运作不规范，致使山地开发与保护脱节，造成严重的水土流失与土壤退化，导致山地果园面源污染问题日益加剧，迫切需要更有利的防治措施[9]。

红壤是我国南方主要的土壤资源，然而由于不合理的农业耕作方式，造成水土流失严重和氮磷等养分大量流失，使得土壤肥力下降及水体恶化[5~10]。这不仅对当地的生态环境造成不良影响，还严重制约了当地生产和生活水平的提高。研究不同水土保持

* 本文发表于《水土保持学报》，2012，26（2）：6－10.

措施在调控化肥、农药和有机肥等面源污染方面的作用，提出有效的水土保持措施，控制水体污染是面源污染水土保持控制技术研究的主要内容[11~13]。据研究，绿肥能改善土壤理化性状，促进作物生长，增加土壤微生物数量及多样性，改善土壤生态环境[14~15]。美国、日本、韩国等国家都大力发展绿肥产业，进行养地培肥[16~17]。利用绿肥作物覆盖新生果园土壤，有效减少裸露土地面积，可以大幅度减少水土流失，改善生态环境，但其实际效果有待进一步研究。本试验根据山地所具有的地形及以新生果园种植方式的特点，通过种植不同绿肥品种，增加地表覆盖等措施，测定天然降雨下新生果园水土及养分的流失，比较不同绿肥品种对氮磷养分及水土流失的控制能力，研究不同绿肥植被措施对红壤坡地果园总氮及总磷流失规律的影响，以期为我国南方红壤地区果园氮磷流失的防治提供科学依据。

1　材料与方法

1.1　试验地点及材料

试验地点位于浙江省衢州市常山县同弓乡桃园果业基地，属中纬度北亚热带季风气候区。常年平均气温为16.3~17.3℃，1月平均气温为4.5~5.3℃，7月平均气温为27.6~29.2℃，无霜期251~261d。光温充足、降雨丰沛而季节分配不均，每年3~6月为多雨期，多年平均年降水量为1 843mm。所选果园为种植品种美佳的新生桃园，土壤为典型性的红壤，pH值4.03，全氮含量1.03g/kg，全磷含量0.41g/kg，全钾含量15.1g/kg，有机质含量10.7g/kg。

1.2　试验设计

试验设计4个处理：对照（不种植绿肥）；种植黑麦草；种植紫云英；种植箭舌豌豆。试验小区面积9.0m^2，3次重复，随机区组排列。每小区有桃树3棵，四周围埂并埋设塑料膜防止水土串流，在小区四周的一角用PVC塑料管连接收集桶，用于收集地表径流水样和泥沙。高密矮化水蜜桃新品种美佳于2010年2月移栽种植。黑麦草、紫云英和箭舌豌豆绿肥于2010年10月9日播种，其中黑麦草和紫云英播种量为40kg/hm^2，箭舌豌豆播种量为120kg/hm^2。试验各小区于2011年2月16日和3月25日各施氮磷钾养分比例为15-15-15（N-P_2O_5-K_2O）的复合肥，氮磷钾用量分别为150kg/hm^2（N），150kg/hm^2（P_2O_5）和150kg/hm^2（K_2O）。防病治虫、除草等果园管理同当地常规管理方式，各小区保持一致。

1.3　测定项目与分析方法

按照降雨量的大小，不定期采集地表径流水样和泥沙，测试径流水量和泥沙量、地表径流水和泥沙携带的总氮、总磷流失数量。径流水样溶解态氮采用碱性过硫酸钾消解—紫外分光光度法测定，溶解态磷采用过硫酸钾消解—钼酸铵分光光度法[18]测定。泥沙中的全氮采用半微量凯氏法，全磷采用酸溶—钼锑抗比色法[19]测定。水蜜桃收获后采取各小区土样，分析测试土壤碱解氮、速效磷、速效钾含量以及土壤pH值和有机质。土壤pH值按土水比1∶2.5电位法测定，有机质采用油浴加热重铬酸钾氧化[19]测定。

试验数据采用 Excel 2003 软件和 SPSS 10.0 软件进行统计与方差分析。

2 结果与讨论

2.1 种植绿肥对果园地表径流水量和泥沙流失量的影响

山地果园的土壤侵蚀主要由径流引起，套种绿肥覆盖全园，不仅可以减弱雨滴直接击溅地表的动能，而且可以拦蓄降水，增加渗透量。在一定降雨强度下，地表径流越小，也就间接表现为水分入渗越快，果园土壤蓄水保土能力较强。从表 1 可知，种植黑麦草处理地表径流量最少，其次是紫云英处理，对照处理地表径流量最大。试验期间（2010 年 10 月 9 日 ~2011 年 6 月 8 日），对照处理的流失水量为 322.2m^3/hm^2，而种植黑麦草处理的地表径流量平均为 204.8m^3/hm^2，比对照减少流失 36.4%。种植紫云英处理的平均总流失水量为 213.0m^3/hm^2，与对照相比可减少 33.9% 的水量流失。箭舌豌豆处理的流失水量相对较大，达 274.7m^3/hm^2，但与对照相比也减少了 5.3% 的径流水流失量。

表 1 试验小区地表径流水量

处理	日期（月-日）						地表径流水量合计（L）	流失量（m^3/hm^2）	保水效率（%）
	12-10	3-11	4-10	5-04	5-25	6-08			
对照	44.7	50.0	49.7	47.3	50.0	48.3	290.0	322.2	—
黑麦草	24.3	25.3	25.3	25.7	41.0	42.3	184.3	204.8	36.4
紫云英	25.3	26.7	26.0	29.3	41.3	43.0	191.7	213.0	33.9
箭舌豌豆	42.7	45.7	45.3	41.3	48.3	48.7	274.7	305.2	5.3

注：保水率（%）=［1－（处理径流量/对照径流量）］×100

地表径流量的多少，与地表的覆盖程度、土壤的通透性及土壤持水能力大小有关。种植绿肥作物后，土壤覆盖度增加，可以有效阻碍地表径流水的快速流失，从而使大部分的地表水渗入土壤，降低地表径流流失。对照处理植被稀疏，降雨冲刷产生的泥沙快速覆盖土层的自然孔隙，从而导致降水难以渗入土壤，径流水量流失较大。而种植黑麦草和紫云英绿肥作物后，新垦果园裸露的地表被黑麦草和紫云英严密覆盖，能有效降低降雨对土壤的冲刷，延长了雨水与土壤的接触时间，致使大部分雨水能渗入土层，土壤保水能力增强。与紫云英和黑麦草相比，箭舌豌豆的地表覆盖度相对较低，裸露的地表相对较大，以致地表径流水减少量相对较少。

对于山地果园，由于其特殊的地形特征，水土流失难以有效控制，特别是新开垦果园，地表几乎全部疏松裸露，降水能在叶面形成较大雨滴，对没有遮盖的裸露地表产生击溅，导致表层土壤的侵蚀流失。降雨产生的径流会携带大量的泥沙，泥沙流失量的大小与径流水量明显相关[13]。由表 2 可知，种植黑麦草、紫云英和箭舌豌豆处理泥沙流失量在不同时期均低于对照处理，同一处理在不同时期又以 5 月和 6 月的泥沙流失量较多，这与地表径流水量的大小明显相关（表 1）。种植黑麦草和紫云英处理的泥沙流失显著降低，试验期间其泥沙流失量分别为 22.2，22.8t/hm^2。与对照相比，果园种植黑麦草和紫云英可使泥沙流失降低55.2% ~56.4%。箭舌豌豆处理的泥沙流失量相对较高，但与对照相比，也可减少8.8%的泥沙流失。泥沙流失量的大小与试验土壤质地、单位时间内降雨量（雨强）及地表覆盖有关。种植绿肥后，土壤植被覆盖度增加，有效降低了降雨对土壤的侵蚀冲刷，且绿肥覆盖后，增加地表下渗水量，降低了径流水样的流失量，同样避免了土壤随水流的泥沙流失，保土能力增强。而对照处理只有少量杂草覆盖土层，大部分土壤裸露，故降雨对土壤侵蚀极易形成径流，泥沙随水流发生流失。

表2 试验小区泥沙流量失量

处理	日期（月-日）						泥沙流失量（kg）	流失量（t/hm²）	保水土率（%）
	12-10	3-11	4-10	5-04	5-25	6-08			
对照	3.8	4.5	6.3	7.7	11.2	12.3	45.8	50.9	-
黑麦草	1.8	0.7	0.5	0.2	7.2	9.7	20.0	22.2	56.4
紫云英	2.2	0.7	0.5	0.3	7.2	9.7	20.5	22.8	55.2
箭舌豌豆	3.5	4.2	5.5	7.2	10.2	11.3	41.8	46.4	8.8

注：保土率（%） = [1 - （处理泥沙流失量/对照泥沙流量）] ×100

2.2 种植绿肥对果园地氮磷流失浓度的影响

降雨对土壤养分流失的作用有2种形式：其一是雨滴溅蚀与径流冲刷过程引起土壤侵蚀而造成养分流失；其二是表层土壤养分溶解释放进入径流。表3为种植绿肥处理对径流水中溶解态氮磷浓度的影响。从表中可以看出，前期（12月10日）未施肥时，各处理径流水中溶解态氮流失浓度相近。2月施肥后，在3月所收集的径流水样中，对照处理溶解态氮流失浓度高达2.62mg/L。而种植绿肥的处理，由于作物对氮素吸收降低了土壤氮素浓度以及地表覆盖程度增加，所以，降低了降雨对土壤的侵蚀，溶解态氮流失浓度为1.28 ~2.02mg/L，与对照相比，溶解态氮流失浓度降低22.9% ~51.1%。3月25日施肥后，在4月的径流水中，对照处理溶解态氮浓度较高。与对照相比，种植绿肥可使溶解态氮浓度降低13.9% ~36.7%。5月以后，各处理均未施肥，因此各处理径流水氮素流失浓度相差不大，至6月时，空白对照处理为2.01mg/L，种植绿肥处理溶解态氮浓度为1.48 ~1.75mg/L。表明种植绿肥能有效降低地表径流水中的氮素浓度。从表3还可知，12月时各处理溶解态磷浓度相近，3月和4月径流水中溶解态磷浓度表现出明显差异，5月以后，溶解态磷流失浓度差异缩小。由于在2月和3月对果树进行了施肥，对照处理溶解态磷流失浓度较高，达0.29 ~0.58mg/L，而种植绿肥处理溶解态磷流失浓度为0.15 ~0.53mg/L。试验表明，种植黑麦草、紫云英和箭舌豌豆可使3 ~4月土壤溶解态磷流失分别下降15.5% ~48.3%、27.6% ~32.8%和13.8% ~8.6%，其中种植黑麦草和紫云英对减少溶解态磷流失较为明显。山地幼龄果园套种绿肥后，土壤侵蚀性能得到改善，绿肥的地表覆盖还削弱雨滴的击溅僵蚀，被分散及搬运的土壤受到阻拦和过滤，大大地减少了土壤泥沙的流失，发挥就地拦蓄作用，降雨径流水中氮磷流失浓度下降。

表3　种植绿肥后溶解态氮磷流失浓度　　(mg/L)

处理	溶解态氮						溶解态磷					
	12-10	3-11	4-10	5-04	5-25	6-08	12-10	3-11	4-10	5-04	5-25	6-08
对照	4.21	5.35	6.82	6.22	2.62	2.01	0.38	0.55	0.58	0.29	0.27	0.18
黑麦草	4.67	4.74	5.43	4.82	1.84	1.75	0.42	0.45	0.41	0.15	0.15	0.13
紫云英	4.47	5.02	4.99	5.57	2.02	1.68	0.39	0.32	0.39	0.21	0.24	0.19
箭舌豌豆	4.46	4.68	5.87	5.92	1.28	1.48	0.37	0.55	0.53	0.25	0.18	0.17

2.3　种植绿肥对果园地氮磷流失数量的影响

山地果园土壤养分流失通过2个途径：一是土壤养分溶解于坡耕地表面的径流，随着径流而损失；二是径流携带的泥沙本身含有或吸附的有机无机养分[13]。通过前者损失的养分称为溶解态，后者称为颗粒态。将各处理产生的径流水量与其相应浓度相乘，得出不同时期果园地表径流溶解态养分流失量，结果如表4。从表中分析可知，不同时期溶解态氮流失量的大小与施肥时期明显相关。3月和4月进行2次施肥后，会使土壤中氮素浓度增高，地表径流水携带的溶解态氮流失明显增大。5月以后，由于氮素的转化、作物吸收，土壤中氮素浓度下降，地表径流水中溶解态氮的流失量也出现下降的趋势。从流失总量分析，对照处理溶解态氮流失量最大，种植绿肥处理均不同程度减少了氮素流失总量，其中以种植黑麦草和紫云英处理减少氮素流失最明显，箭舌豌豆处理次之。与对照相比，种植黑麦草和紫云英处理可使溶解态氮流失分别减少51.1%和47.2%，种植箭舌豌豆处理可使溶解态氮流失减少20.4%。

表4　试验小区溶解态氮磷流失量　　(mg)

处理	溶解态氮							溶解态磷						
	12-10	3-11	4-10	5-04	5-25	6-08	总量	12-10	3-11	4-10	5-04	5-25	6-08	总量
对照	188.2	267.5	339.0	294.2	131.0	97.1	1316.9	17.0	27.5	28.8	13.7	13.5	8.7	109.2
黑麦草	113.5	119.9	137.4	123.9	75.4	74.0	644.1	10.2	11.4	10.4	3.9	6.2	5.5	47.5
紫云英	113.1	134.0	129.7	163.2	83.4	72.2	695.7	9.9	8.5	10.1	6.2	9.9	8.2	52.8
箭舌豌豆	190.4	213.9	265.9	244.5	61.8	72.1	1048.6	15.8	25.1	24.0	10.3	8.7	8.3	92.2

从表4还可知，不同时期溶解态磷流失量的大小亦与施肥时期有关。3月和4月进行2次施肥后，会使土壤中磷素浓度增高，因此，地表径流水携带的溶解态磷流失明显增大。5月份以后，由于磷素的转化固定、作物吸收，土壤中磷素浓度下降，地表径流水中磷素的流失量也出现下降的趋势。从流失总量分析，对照处理溶解态磷流失量最大，而种植绿肥处理均不同程度减少了磷素流失总量，以种植黑麦草和紫云英处理减少磷素流失最明显，箭舌豌豆处理次之。与对照相比，种植黑麦草和紫云英处理可使溶解态磷流失分别减少56.5%和51.6%，种植箭舌豌豆处理可使溶解态磷流失减少15.60%。

土壤养分流失是由于降雨作用于表层土壤，引起表层土壤氮磷等养分溶解流失，或径流泥沙含有和吸附的颗粒态养分随径流迁移。在坡地径流中，氮磷素的流失大多由于雨水的直接冲蚀引起，因此与泥沙结合在一起的颗粒态氮磷流失占有一定的比例。从表 5 分析可知，径流水和径流携带的泥沙都存在氮磷流失，总氮在径流水和泥沙中的比例相差不大，而总磷的流失在降雨携带的泥沙流失占有比例较高。对照处理总磷和总氮的流失量较高，但种植黑麦草、紫云英和箭舌豌豆绿肥后，径流水和泥沙中氮磷流失量显著降低，总氮、总磷流失量明显降低。与对照相比，种植黑麦草、紫云英和箭舌豌豆可以分别减少 55. 2%、49. 3% 和 18. 7% 的总氮流失，58. 5%、55. 6% 和 30. 1% 的总磷流失。土壤养分含量、形态与分布和养分流失有直接关系，而土壤的地表状态、物理性质等通过地表径流，间接影响养分流失[10,12,13]。种植绿肥作物改变了土壤的地表状态，并影响土壤养分的含量形态与分布，从而降低地表径流和泥沙流失量。试验表明，在减少果园氮磷流失效果方面，种植黑麦草和紫云英的效果优于箭舌豌豆，这主要与黑麦草和紫云英根系发达、地表覆盖程度较大有关。

表 5　种植绿肥对总氮、总磷流失负荷的影响　　（kg/hm^2）

处理	总氮			总磷		
	径流	泥沙	总量	径流	泥沙	总量
对照	1. 463	1. 873	3. 336	0. 121	0. 298	0. 419
黑麦草	0. 716	0. 779	1. 495	0. 053	0. 121	0. 174
紫云英	0. 773	0. 917	1. 690	0. 059	0. 127	0. 186
箭舌豌豆	1. 165	1. 548	2. 713	0. 102	0. 191	0. 293

2. 4　种植绿肥对果园土壤肥力和水蜜桃糖度的影响

果园套种黑麦草、紫云英和箭舌豌豆绿肥，碱解氮提高 12. 3% ~32. 5%，速效磷提高 15. 8% ~29. 8%，速效钾提高 6. 5% ~25. 1%，土壤有机质提高 5. 8% ~14. 9%（表 6）。表明果园套种绿肥均可不同程度提高土壤中碱解氮、速效磷、有效钾和土壤有机质含量，缓解土壤酸化。这可能是由于绿肥作物覆盖地面，减少了土壤养分的流失，以及绿肥作物中根瘤菌的根际固氮和分泌腐殖质类等物质，提高了土壤微生物的活性，促进了土壤所含养分的矿化分解[15,20,21]

表 6　种植绿肥对土壤肥力的影响

处理	pH 值	碱解氮（mg/kg）	速效磷（mg/kg）	速效钾（mg/kg）	有机质（g/kg）
对照	4. 01	110. 9	17. 19	89. 8	12. 1
黑麦草	4. 14	129. 2	21. 27	104. 5	13. 8
紫云英	4. 28	146. 9	22. 31	112. 3	13. 9
箭舌豌豆	4. 19	124. 5	19. 91	95. 6	12. 8

果园套种绿肥可以改善土壤环境与林间小气候环境，春秋季节可以减弱土壤的热量散

失，夏季可以使地表温度降低3～4℃，对土壤具有改善水热条件平稳地温的作用，避免温度激烈变化对树体及果树根系产生伤害，促进果树地下部分与地上部分的生长发育[20]。绿肥作物收获后覆盖土壤，可以有效培肥土壤，促进微生物的生长和土壤熟化，改善果实品质[21]。种植黑麦草、紫云英和箭舌豌豆处理的水蜜桃糖度分别为8.4、8.7、8.1（*Bx*），比对照处理7.1（*Bx*）分别提高18.3%、22.5%和14.1%。种植绿肥后，由于改善了果树的生长环境，所以有效降低了土壤养分流失，土壤保水量增加，叶片叶绿素含量增加，光合作用增强，果实含糖量增加[14,20,21]。

果园套种黑麦草和紫云英的生物量鲜重可达55.3t/hm^2，44.4t/hm^2。黑麦草的生物量明显高于紫云英，比紫云英高24.6%。果园套种黑麦草时，黑麦草长势明显，生物量较大。但由于黑麦草的生长会消耗养分，因此，对于新生果园初期可以采用略微增加施肥量，以促进果树和绿肥作物的生长。而在后期阶段，黑麦草的覆盖还田，培肥改良土壤后，可以适当减少施肥量。新垦的幼龄果园植被覆盖度低，如果没有采取一定的措施，不仅会使果树生长缓慢、品质差、产量低，而且极易造成新的水土流失。通过种植绿肥进行改土，可以增强土壤水分渗透性，调节地表径流，增强土壤的抗蚀性能，提高幼龄果园的水土保持能力。因此，利用绿肥作物根系发达、适应性强、生长迅速、耐瘠、耐旱的特性，增加果园的地表覆盖，消减雨滴的击溅侵蚀，会使环境的生态效益和农业的经济效益获得极大提高，促进农业的可持续发展，果园套种绿肥是一种值得大力推广的重要模式。

3 结论

（1）种植绿肥作物黑麦草、紫云英和箭舌豌豆能分别减少36.4%、33.9%和5.3%的径流水量流失，56.4%、55.2%和8.8%的泥沙流失。桃园种植绿肥可以明显减少地表径流水量和泥沙的流失，土壤保水能力增加，固土效果加强。

（2）地表径流和泥沙携带氮磷流失是果园养分流失的主要途径。种植绿肥作物黑麦草、紫云英和箭舌豌豆能使总氮流失分别减少55.2%、49.3%和18.7%，总磷流失分别减少58.5%、55.6%和30.1%。山地果园套种绿肥可使地表径流氮磷流失量明显降低，有助于水体环境的保护。

（3）果园套种绿肥作物黑麦草、紫云英和箭舌豌豆，既可以使土壤肥力增加，还可提高果实糖度，改善品质。

参考文献

［1］张展羽，王超，杨洁等．不同植被条件下红壤坡地果园氮磷流失特征分析［J］．河海大学学报：自然科学版，2010，38（5）：1 000－1 980.

［2］许开平，吕军，吴家森等．不同施肥雷竹林氮磷径流流失比较研究［J］．水土保持学报，2011，25（3）：31－34.

［3］俞巧钢，叶静，马军伟等．不同施氮水平下油菜地土壤氮素径流流失特征研究［J］．水土保持学报，2011，25（3）：22－25，30.

［4］李俊波，华洛，冯琰．坡地土壤养分流失研究概况［J］．土壤通报，2005，36（5）：753－759.

［5］王云，徐昌旭，汪怀建等．施肥与耕作对红壤坡地养分流失的影响［J］．农业环境

科学学报，2011，30（3）：500－507.

［6］Andrew N S，Chapra S C，Wcdcpohl R，et al. Managing agricultural phosphorus for protection of surface waters：Issues and options［J］. Journal of Environmental Quality，1994，23：437－451.

［7］高超，张桃林．农业非点源污染对水体富营养化的影响及对策［J］．湖泊科学，1999，11（4）：369－375.

［8］金相灿，屠清瑛，章宗涉等．中国湖泊富营养化［M］．北京：中国环境科学出版社，1990.

［9］牟信刚，陈为峰，史衍玺等．不同措施在防治山地果园水土流失及面源污染中的应用研究［J］．环境污染与防治，2007，29（12）：916－919，924.

［10］黄河仙，谢小立，王凯荣等．不同覆被下红壤坡地地表径流及其养分流失特征［J］．生态环境，2008，17（4）：1 645－1 648.

［11］夏立忠，杨林章，李运东．生草覆盖与植物篱技术防治紫色土坡地土壤侵蚀与养分流失的初步研究［J］．水土保持学报，2007，21（2）：28－31.

［12］张兴昌，邵明安，黄占斌等．不同植被对土壤侵蚀和氮素流失的影响［J］．生态学报，2000，20（6）：1 038－1 044.

［13］邵明安，张兴昌．坡面土壤养分与降雨、径流的相互作用机理及模型［J］．世界科技研究与发展，2001，23（2）：7－12.

［14］黄显淦，钟泽，黄春霞．果园绿肥种植和利用研究［J］．果树科学，1991，8（1）：37－39.

［15］李苹，徐培智，解开治等．坡地果园间种不同绿肥的效应研究［J］．广东农业科学，2009，（10）：90－92.

［16］Dac J K，Dac S C，Sungchul C B，et al. Effects of soil selenium supplementation level on selenium contents of green tea leaves and milk vetch［J］. Journal of Food Scicncc and Nutrition，2007，12（1）：35－39.

［17］Naomi A，Hideto U. Nitrogen dynamics in paddy soil applied with various 15 N-labelled green manures［J］. Plant and Soil，2009，322：251－262.

［18］国家环境保护总局．水和废水监测分析方法［J］．第 4 版．北京：中国环境科学出版社，2002.

［19］鲁如坤．土壤农业化学分析法［J］．北京：中国农业科技出版社，1999.

［20］鲁会玲．坡地果草间作，提高水土保持综合效益研究［J］．国土与自然资源研究，2005，（2）：61－62.

［21］范光南．绿肥对丘陵红壤幼龄龙眼果园培肥效应的研究［D］．福州：福建农林大学，2002.

综合防治山核桃林地水土流失的技术研究*

夏　为[1]　严江明[2]　朱爱国[2]
1. 浙江水利水电专科学校　杭州　310018；
2. 浙江省临安市水利勘测设计所　浙江临安　311300

摘　要：临安市是浙江省山核桃主要产地，占全国产量的50%以上。近些年来由于当地传统农业的生产方式的影响，加剧了山核桃林地的水土流失。从2005年10月开始对山核桃林地土壤进行保水保土的技术研究。以生物措施为主，工程措施为辅的原则，对试点基地开展实验，以得到山核桃林地治理水土流失的可行经验，由此逐步拓展推进山核桃林地的水土流失防治的工作，求得改善生态环境、维护生态平衡，促进山区社会经济可持续发展。

关键词：山核桃林；水土流失；生物措施；工程措施

防治山核桃林地水土流失的实验试点选择在临安市清凉锋镇岭下村下坞，试点基地共20hm²。水土流失类型主要是水力侵蚀和重力侵蚀[1]，以水力侵蚀为主。土壤类型以山地红壤土为主，其次是黄壤土，潮土和山地草甸土则很少。区内海拔470m以下主要是山核桃、银杏等经济林，海拔470m以上主要为灌木丛，包括黄山杜鹃，小叶黄杨，水马桑，马氏胡枝子、箭竹等[2]。其气候与水文属于亚热带湿润型季风气候区，年均气温15.9℃，无霜期为230～240d，年平均日照时数为1 902.7h；平均相对湿度为80%左右；暴雨充沛，年平均降水量为1 558.4mm，主要集中在5～7月梅雨季节和8～9月的台风季节。鉴于山核桃树生长所需的特殊环境（临安市山核桃林92%以上分布在高坡陡的林地），岭下村下坞试点实验基地就地质、地貌现状上讲，也是整个临安市山核桃林地的一个缩影。

1　水土流失及防治现状

由于长期受传统农业生产方式的影响，环境保护观念淡薄，林农对山核桃林地管理粗放，过量使用化肥、农药、内吸性锄草剂等，导致地表裸露，每逢暴雨，林地冲沟密布，林地土壤大量流失，土壤侵蚀程度均在中强度以上，年侵蚀模数在3 500～8 000t/hm²，严重影响表层的持水能力。试点区内的岩石裸露，土层贫瘠，土层厚度为10～50cm，部分地段土层甚至处于生长发育初期，以石砾为主，土壤有机质含量低，N、P、K等植物生长的必需元素流失比较严重。

* 本文发表于《浙江水利水电专科学校学报》，2007，19（4）：70－72.

1.1　自然因素

试点实验基地由于地形破碎、坡度陡、植被少，为水土流失的发生提供了地形条件，另外土壤岩性，区域内岩石裂隙少，黏重土壤数量较大，土层薄且松懈，特别是岩性易风化，抗侵蚀能力低。如试点实验基地中的石灰岩、变质性岩，抗侵蚀能力差、风化严重，对降雨冲击的抵抗力弱。再次是受季风和地形坡陡及地形走向的影响，60%以上降雨量集中于汛期，使得流域内暴雨集中，强度大、历时短、入渗有限、地表径流量较大。还有山核桃林的植被覆盖率少，试点实验基地内森林封闭度低，使枝叶截流及根系固土保水能力减退，促动了水土流失。

1.2　传统的林地植被管理不合理因素

受传统经营活动习惯作业方式影响，旧观念是毁林毁草种植山核桃树，在种植山核桃树的过程中破坏了原始生态植被。林农每年在采收山核桃前，为了采捡方便，要林地除草1~2次。除草后林下一般无植被覆盖，使得地表保水能力降低。把林业生产与水土保持对立起来，结果土层变瘦，保肥保水能力越来越弱[3]。另外，山坡和坡耕地的排水系统不完善，管理维修不及时，原有林下拦淤工程设施又少，最终加剧了水土流失。

2　治理山核桃林地水土流失的措施

试点实验基地共20hm^2，有17.53hm^2 水土流失。按照坡向、坡度的不同，划分4个治理小区和1个对照区。设置不同的治理模式，坚持生物措施为主，工程措施、耕作措施为辅。具体包括坡面防治体系和沟道防治体系两部分，两者相辅相成，有机联系、紧密结合。

2.1　坡面防治体系以生物治理措施为主

在水土流失严重的17.53hm^2 中，其中山核桃自然生态恢复+人工适时抚育5.53hm^2，山核桃+黑麦草模式3hm^2，山核桃+紫穗槐模式5.33hm^2，山核桃+紫穗槐+黑麦草立体复合模式3.67hm^2。试点实验区内保留对照区2.47hm^2，海拔473m以上的6.67hm^2 水保林采取人工补植+封育治理等生态修复措施.

2.2　沟道防治体系以工程治理措施相配合

在试点实验基地内，沿山体等高线修建林道1 028m，采收道15 000m，蓄水池18个，蓄水108m^3（平均每个蓄水6m^3），截水沟3条约300m，整治沟道843m。

3　技术研究的几种实验方法

本次试点实验基地技术研究应用生态工程学建设原理，合理配置林带，分成不同实验区块，建立防治体系，使林农易于接受的治理模式。既考虑了林农的山核桃经营传统观念，又考虑到了生态修复，力求达到“能接受，易操作，有效益，可持续”的治理目标。用试点实验基地“以点带面”，发挥试点实验基地的示范作用，逐步在临安市推广山核桃水土流失综合治理技术。在物种的选择上，从生态和适地适树的角度出发，优先考虑本地原生植被，提高本地生物措施的治理效果。

3.1 自然恢复+人工适时抚育的技术设计

面积为5.93hm^2，平均坡度为33.7°，土壤平均厚度为20～40cm，以红壤为主。自然恢复是最有效且成本最低的技术思路。对试点实验基地实行封育，严禁施用高残留的农药除草，禁止使用内吸性除草剂，保护林下的原生植被，并适当采取一些有机施肥、浇水等措施。调整林农割草时间季节，达到恢复植被保持水土的目的，易于林农接受。

具体做法是对试点实验基地实行半封闭育林模式，四周设立围栏。如对老林地、林下无植被的地块，建设期适当人工撒播或植入当地的一些原生草本植物或草木绿肥，并以一定的有机肥水管理，人工促进封育。对已有的林下草本管理，在山核桃采收前期，让林下植被自然生长，尽量减少人为干扰性的破坏。到山核桃采收的季节，组织人力进行割草。割草采取带状进行，即每割草4m左右，保留3～4m的水平草带，用以阻滞地表水流；第二年再割所留的草带，保留上年所割的部分，同时必须保证割草根部的高度在5～10cm，确保第二年正常生长，如果对山核桃采捡不便，可在采收前用薄膜覆盖林下的植被。

3.2 山核桃+多年生黑麦草复合技术

面积为3hm^2，平均坡度23.5°，土壤平均厚度30～60cm。采取这种模式是一种长期效益和短期效益相结合的高效复合模式。种植黑麦草得到较好短期经济效益；它郁闭度超过70%，如百绿的首相（PREMIER等）。它有很好的固持土壤性能，再生性能强，易刈割、耐放牧，抽穗时恢复生长快等特点；可以在短期内改变土壤结构，恢复植被；减少水土流失，还可以割草养畜或出售干草粉，且利用黑麦草几年以后自然退化，保护生态环境逐步恢复和引入原生植被，人工促进生态演替向自然进展演替的方向发展，最终形成前顶级稳定群落。

基本操作方法：沿坡面间隔10～15m种植约1.5m宽的黑麦草。在初秋25℃以下时播种，最迟不得晚于10月中旬；也可在3月底以前播种，视试点实验基地工程进度而定。在发芽率和纯度达标的前提下，每亩播种量1.5～2.0kg，避免初植造成水土流失，减少牧草幼苗期的水土流失。另外，林草间作地不宜放牧，多以刈割为主，刈割时一般留茬高6cm左右；每年刈割3～5次，亩产鲜草5 000～8 000kg。所以黑麦草既作为水土保持的植被，又作为牧草和绿肥。在山核桃采收时，黑麦草已经枯萎，也不影响山核桃采收。

3.3 山核桃+紫穗槐模式

面积为5.33hm^2，平均坡度为36°，土壤厚度平均在20～40cm。在山核桃林下种植紫穗槐，有保土固氮、肥土蓄水之功效。有资料分析：①每500kg紫穗槐嫩枝叶含有氮肥6.6kg，磷1.5kg、钾3.9kg。当年每亩可收青枝叶5 00kg；种植2～3年后，每亩每年可得1 500～2 500kg，足够0.2～0.27hm^2的肥料。②它可改良土壤又快又好，紫穗槐叶量大、根瘤菌多，可减轻土壤盐化，增加土壤肥力。种植紫穗槐5年或施紫穗槐绿肥2～3年，地表10cm土层含盐量下降30%左右。③紫穗槐营养丰富，据分析紫穗魁每500kg风干叶其含蛋白质12.8kg，粗脂肪15.5kg，粗纤维5kg，可溶性无氮浸出物209kg，粗蛋白的含量为紫花苜蓿的125%，是治理水土流失的优良速生树种，易为林农接受。

具体实施是：紫穗槐采取播种、插条、压根、定植都可以繁殖。但为了保证栽植当年成活，并起到水土保持的作用，采取定植方法。要求林农每棵山核桃树的上下边缘定植2行紫穗槐，行距0.8m、株距0.3m，长度视山核桃树势而定。为提高植树成活率、促其萌蘖，可在根茎以上10~15cm处截去，其枝条发得更多更快。在白露前，结合山核桃林割草，可将根部20cm以上部分割去，并修剪侧枝，这样在山核桃采收时，可拦截山核桃果实，方便捡拾。翌年5月上旬气温在12~15℃时紫穗槐萌发出新枝，紫穗槐收割宜每年2次。既可以增加山核桃林下土壤肥力又可以防止其枝条长高影响山核桃林。这样其作用可湿润及保土蓄水。

3.4 山核桃+紫穗槐+黑麦草复合治理

建立这种技术研究的布置，适用于水土流失严重的区域，面积为3.67hm^2，平均坡度为32.4°，土壤平均厚度为30~60cm。遵循“宜乔则乔，宜灌则灌，宜草则草”的原则，通过综合应用乔灌草结合封造并举等多植物种类，营造综合治理山核桃林的体系，以求达到树种多样、群落稳定、生态功能、经济功能、整体优化的整治目标；形成乔灌草复层结构的生态经济林，并辅依必要的水保工程措施来减少水土流失。

具体技术措施：紫穗槐、黑麦草的主要技术措施与前面阐述的方式相同。就黑麦草的配置方式有所不同，黑麦草采取全园撒播的方式种植，播种量就具体地形条件而定。栽灌种草后严格控制牲畜进入，山核桃采收前，要对紫穗槐进行全园刈割，方便采收。

3.5 工程技术措施

（1）在试点实验基地内，对原来的机耕路进行修改，由257.21m高程开始到455m处，修建坡度为23%，路宽3.5m的道路，其外侧筑砌石挡墙，施工方式采取挖斗填方式。沿线靠山体一侧种植紫穗槐等，另一侧坡面撒播草籽，种植爬山虎。既美化环境又保持水土，道路内侧开沟排水。

（2）修建“Z”字形采收便道，道宽为0.6~1.0m；避免深挖，保护山核桃根系，便道外侧种植紫穗槐。

（3）在山顶水保林地与山核桃交界的470m高程处，三个坡面修建截水沟三条。截水沟全长300m，底宽0.3m，顶宽0.5m，深为0.4m的梯形断面M_{10}浆砌块石衬砌，截水沟与蓄水池相连。

（4）在试点实验基地内建立18个蓄水池，大小为2m×2m×1.5m，其中，监测小区和对照区修建蓄水池5个；蓄水池修建采用高标准水池与简易水池相结合。高标准蓄水池修建9个，采用钢筋混凝土浇筑，简易蓄水池9个，采用人工开挖，并将黏土（按2∶1比例拌石灰浆，增加防渗）拍实。以达到示范和推广相结合的目的。

（5）沟道整治。沟道总长度有843m，人工清除沟道内淤泥，对部分易塌方的地段，在沟道两侧修建干砌石挡墙护岸，沟道两侧种植白茶或紫穗槐，目的是拦蓄泥沙进入沟内，也可预防山核桃采收时滚落沟道内。

本次实验主要是对山核桃林提出水土保持进行试点，是要提高林下植被覆盖率，减轻水土流失，它对山地具有水源的涵养作用，有效增加了旱季的水量；实验也提出了人与自然和谐相处协调发展的要求，重视山核桃产业可持续发展有着积极运行效益意义[4]。

通过实验从中获取山核桃林地水土流失防治经验和相关的地形、水文及适用条件等技术资料，按不同生物措施搭配类型，提出典型山核桃林地生物 + 工程治理模式的配合方案，制定出切实可行成本低廉、能让林农接受可操作的工程治理措施。避免盲目资源开发和生态环境破坏。要控制人对自然过度地索取和侵害，依靠生态系统的自我修复能力，提高林下原生态植被，减少水土流失强度，确保林农安居乐业和社会稳定。

参考文献

[1] 中华人民共和国行业标准，SL 190-196 土壤侵蚀分类分级标准 [DB/OL].（1997 - 02 - 13）[2007 - 09 - 12]. http：//www. cws. net. cn/guifan/new-show-jj. asp？ id = 184.

[2] 中华人民共和国国家标准，GB/T 15776—1995 造林技术规程 [DB/OL].（2003 - 10 - 23）[2007 - 09 - 12]. http：//www. chinaccn. can/16/1622/162201/news/20031030/133411. asp.

[3] 全国人大常委会. 中华人民共和国水土保持法 [DB/OL].（1991 - 06 - 29）[2007 - 09 - 28]. http：//www. chinawater. net. cn/law/W01. htm.

[4] 浙江人民政府. 浙江省可持续发展规划纲要—中国 21 世纪议程浙江行动计划 [N/OL].（2002 - 09 - 16）[2007 - 10 - 02]. http：//www. gszj. org/Article/ArticleShow. asp？ ArticleID = 1283.

陆生植物黑麦草（*Lolium multiflorum*）对富营养化水体修复的围隔实验研究*

——氨氮的净化效应及其动态过程

郭沛涌[1,2]　朱荫媚[3]　宋祥甫[4]　丁炳红[5]　邹国燕[4]　付子轼[4]　吕　琦[6]

1. 华侨大学环境科学与工程系　福建泉州　362021；
2. 华侨大学工业生物技术福建省高等学校重点实验室　福建泉州　362021；
3. 浙江大学环境科学研究所　杭州　310029；
4. 上海农业科学院环境科学研究所　上海　201106；
5. 浙江省农业科学院环境资源与土壤肥料研究所　杭州　310021；
6. 浙江省杭州市余杭区环境监测站　杭州　311100

摘　要：采用浮床黑麦草（*Lolium multiflorum*）对畜禽养殖富营养水体氨氮的净化效应及动态过程进行了研究。结果表明：浮床黑麦草对富营养水体中的氨

* 本文发表于《浙江大学学报》，2007，34（1）：76 - 79.

氮具有明显的净化效果。当覆盖率30%时，对氨氮的去除率最高可达到95.89%。对其去除水体氨氮的动态过程拟合表明符合三次方程曲线。该研究为冬季陆生植物修复富营养水体提供重要依据。

关键词：富营养化；黑麦草；浮床；净化

近年来，随着我国农牧业的迅猛发展，畜禽养殖场富营养化水体对河网区的污染已成为各地政府部门及科研人员普遍关心的焦点问题之一。在富营养化水体中，氨氮是反映水体富营养化程度的重要指标之一，它们是含氮有机物在微生物作用下分解而生成的，富营养化水体中氨氮质量浓度过高会导致需氧生物死亡造成生态危害。

对于富营养化水体的生物修复，近年来不少学者分别利用水生、陆生植物进行了初步研究[1~5]，其中，利用陆生植物修复富营养化水体技术因其景观效果与治理修复功能并重而成为重要水生态修复技术。作者选用冬、春季生长良好的陆生植物黑麦草（*Lolium multiflorum*），采用野外围隔系统研究其对富营养化水体氨氮净化效果及动态过程，从而为有关研究提供参考。

1　材料与方法

1.1　实验材料

黑麦草（*Lolium multiflorum*）先在实验场地附近田中种植生长，待12月中旬移栽至实验区浮床上，每株鲜重1.2g左右，根长2.3cm左右，株高8.9cm左右。

1.2　实验场地及设置

实验于2002年12月至2003年5月，在位于杭州市郊长命桥的杭州大观山猪育种有限公司的氧化塘内进行。供试氧化塘总水面面积为4 000m^2，常年水深约1.8m，期间不定期排入一级处理塘污水。采用软体设施围隔法，从中围隔出了共30个均为60m^{2}的实验小区，计1 800m^2，浮床覆盖率分别为15%、30%、45%、60%，并均以不铺设浮床为空白对照，种植覆盖率处理均以黑麦草为供试植物。

1.3　实验方法

实验于2002年12月16日至2003年5月15日进行，2002年12月16日水域浮床无土种植移栽黑麦草，载体为聚苯乙烯泡沫塑料。其间按一定行株距打孔插苗，每孔插入黑麦草4~5株，另设置空白作为对照。水样品氨氮采用纳氏比色法[6]测定。

2　结果与讨论

2.1　黑麦草生长状况

黑麦草在供试水体中生长良好，呈鲜绿色，生物产量均达到甚至超过了同期的陆地种植，经过近5个月的生长，株高、根长、鲜重等都有较大幅度的增加。具体情况见表1。

表1　黑麦草在富营养水体中的生长情况

覆盖率（%）	日期（年/月/日）	株高（cm）	根长（cm）	茎数（株/穴）	干物质产量（g/m^2）		
					水上部	水下部	合计
15	2002/12/16	8.9	2.3	4.3	0.12	0.04	0.16
	2003/05/15	135.2	43.8	59.4	1 946.3	390.3	2 337.1
30	2002/12/16	8.9	2.3	4.3	0.12	0.04	0.16
	2003/05/15	131.9	41.3	56.8	1 823.4	372.4	2 195.8
45	2002/12/16	8.9	2.3	4.3	0.12	0.04	0.16
	2003/05/15	128.4	39.8	51.2	1 679.5	362.7	2 042.2
60	2002/12/16	8.9	2.3	4.3	0.12	0.04	0.16
	2003/05/15	126.1	37.5	49.2	1 529.6	351.0	1 880.6

从表1可见，浮床黑麦草个体生长发育状况低覆盖率优于高覆盖率，单位面积干物质产量也是如此。覆盖率为15%时，株高、根长、茎数、干物质产量最大，分别为135.2cm、43.8cm、59.4cm，2 337.1g/m^2；覆盖率为60%时，株高、根长、茎数、干物质产量最小，分别为126.1cm、37.5cm、49.2cm，1 880.6g/m^2。这可能是在水体营养状况相同情况下，低覆盖率处理单位浮床黑麦草所占有的营养元素明显高于高覆盖率，从而为黑麦草的生长发育提供了更好的营养条件。另一方面，低覆盖率为黑麦草生长提供了良好光照条件，其个体之间为争夺可利用资源的竞争相对较弱，这也可能是低覆盖率处理黑麦草生长良好的另一个原因。

2.2　浮床黑麦草对水体氨氮的净化效应

浮床黑麦草对水体氨氮的净化效果见表2。从表2可见，浮床黑麦草对畜禽养殖富营养水体氨氮的净化效果明显，当覆盖率分别为15%、30%、45%、60%时，水体中的NH_4^+N分别减少了6.06mg/L、6.30mg/L、4.16mg/L、3.18mg/L。30%覆盖率处理对NH_4^+N的去除率最高，达到95.89%；60%覆盖率处理对NH_4^+N的去除率最低为90.86%。可见，不同覆盖率黑麦草对水体氨氮净化效果略有不同，但去除效率都较高。对照水体的$NH^{3+}N$在试验期变化不明显，未在表中列出。

表2　黑麦草对水体氨氮的净化效果

覆盖率（%）	初期NH_4^+N质量浓度（mg/L）	末期NH_4^+N质量浓度（mg/L）	NH_4^+N去除率（%）
15	6.43	0.37	94.25
30	6.57	0.27	95.89
45	4.51	0.35	92.24
60	3.50	0.32	90.86

浮床黑麦草对氨氮去除的机制包括基质吸附、沉淀、氨挥发、植物吸收和根区微生物转化等多方面的综合作用。其中，硝化和反硝化作用在氮的去除中起着重要作用。研究表明[7]：植物根际的输氧造成根际区含氧，而非根际区经常处于厌氧状态，因而有利于硝化和反硝化反应的进行。研究发现[8]，大型水生维管束植物根区微生物较水体中微生物明显的多，表明根须是水中微生物生活聚居的好场所，根须面越大，相应微生物聚居数量越多，对有机物分解越快，水质净化效果越好。根须对污物的作用，归纳有如下特性：①根须吸收污水中氮、磷等营养物质；②根能吸附有机物，还能产生分泌物凝集污染物沉积底部；③微生物（异氧菌）与根部相依相存的共同作用，促进了对有机物的分解。浮床黑麦草的根区对污染物特别是氨氮净化也具有以上类似情况。此外，覆盖率较低使水体得到充足的氧和透光的条件，利于根须和异氧菌发挥协同作用，从而浮床黑麦草对氨氮有很高的净化效应。

2.3　浮床黑麦草去除水体氨氮的动态过程

选择线性、二次、对数、三次、指数、逆、幂拟合模型对不同覆盖率浮床黑麦草去除水体氨氮的动态过程进行拟合，各模型中的 R^2 值见表 3。

表 3　浮床黑麦草去除水体氨氮拟合模型（R^2）

覆盖率（%）	拟合模型（R^2）						
	线性	二次	对数	三次	指数	逆	幂
15	0.86837	0.96358	0.99005	0.99812	0.92706	0.91230	0.78837
30	0.91377	0.97994	0.96773	0.98550	0.91237	0.82658	0.72654
45	0.57562	0.61234	0.68359	0.88242	0.58905	0.67390	0.50655
60	0.82123	0.89969	0.94926	0.98974	0.84281	0.89567	0.74239

比较各拟合模型 R^2 值的大小，选择三次方模型更符合浮床黑麦草去除水体氨氮的动态过程，其相应的拟合方程如下［其中，x 为时间（d），y 为 NH^{3+} N 的质量浓度（mg/L）］：

$$y_{15\%}=7.9441-0.2036x+0.0023x^2-7.3345\times10^{-6}x^3,$$

$$y_{30\%}=7.7534-0.1474x+0.0012x^2-3.8664\times10^{-6}x^3,$$

$$y_{45\%}=6.2946-0.2335x+0.0036x^2-1.7016\times10^{-6}x^3,$$

$$y_{60\%}=4.4623-0.1295x+0.0017x^2-7.3345\times10^{-6}x^3。$$

分析表明，当覆盖率为 15%、30% 时，由于黑麦草对水体氨氮的去除，水体中氨氮呈持续下降趋势，在 120d 左右接近最低值。当覆盖率为 45%，60% 时，黑麦草对水体氨氮去除在 100d 左右，有小幅上升，此后水体中的氨氮会进一步下降。45% 覆盖率处理水体氨氮最低值与 60% 覆盖率处理相似。三次方模型所得的图形与实际数据的趋势最吻合，因此可以确定三次方模型是所需的模型。从模型描述的情况看，浮床黑麦草对水体氨氮有持续净化作用，这与前述结果是一致的。黑麦草对水体氨氮的去除效果是明显的，去除率较高。

3 结论

通过对黑麦草野外围隔实验研究，结果表明：黑麦草在畜禽养殖富营养化水体中生长良好，株高、根长、鲜重等都有较大幅度增加，其对氨氮的去除率及动态过程指示黑麦草对水体中氨氮净化效果明显，且在较低覆盖率下就有较高净化效率。从模型描述的情况看，浮床黑麦草对水体氨氮有持续净化作用。黑麦草冬、春季生长良好，除可修复富营养化水体外，还可做畜禽饲料。利用黑麦草修复富营养化水体不失为生态与经济效益并重之举。该研究也为冬季陆生植物修复富营养水体提供重要依据。

参考文献

[1] ALI M B, TRIPATHI R D, RAI U N, et al. Physicochemical characteristics and pollution level of lake Nainital (UP, India): Role of macrophytes and phytoplankton in biomonitoring and phytoremediation of toxic metal ions [J]. Chemosphere, 1999, 39 (12): 2 171 -2 182.

[2] NIENHUIS P H, BAKKER J P, GROOTJANS A P, et al. The state of the art of aquatic and semi-aquatic ecological restoration projects in the Netherlands [J]. Hydrobiologia, 2002, 478 (3): 219 -233.

[3] 宋祥甫，邹国燕，吴伟明等．浮床水稻对富营养化水体中氮、磷的去除效果及规律研究［J］．环境科学学报，1998，18（5）：483 -494.

[4] 炳旭文，陈家长．浮床无土栽培植物控制池塘富营养化水质［J］．湛江海洋大学学报，2001，21（3）：23 -33.

[5] 司友斌，包军杰，曹菊等．香根草对富营养化水体净化效果研究［J］．应用生态学报，2003，14（2）：277 -279.

[6] 国家环境保护总局《水和废水监测分析方法》编委会．水和废水监测分析方法［M］．第4版.北京：中国环境科学出版社，2002：200 -284.

[7] 李谷，吴振斌，侯燕松．养殖水体氨氮污染生物修复技术研究［J］．大连水产学院学报，2004，19（4）：281 -286.

[8] 陈锡涛，叶春芳，杉辛野等．水生维管束植物自屏对水质净化资源化效应的研究［J］．环境科学与技术，1994（2）：1 -4.

陆生植物黑麦草（*Lolium multiflorum*）对富营养化水体修复的围隔实验研究*

——总磷的净化效应及其动态过程

郭沛涌[1,2]　朱荫媚[3]　宋祥甫[4]　丁炳红[5]　邹国燕[4]　付子轼[4]　吕　琦[6]

1. 华侨大学环境科学与工程系　福建泉州　362021；
2. 华侨大学工业生物技术福建省高等学校重点实验室　福建泉州　362021；
3. 浙江大学环境科学研究所　杭州　310029；
4. 上海农业科学院环境科学研究所　上海　201106；
5. 浙江省农业科学院环境资源与土壤肥料研究所　杭州　310021；
6. 浙江省杭州市余杭区环境监测站　杭州　311100

摘　要：采用围隔系统研究了陆生植物黑麦草（*Lolium multiflorum*）对畜禽养殖富营养水体中主要营养元素磷的净化效应及动态过程。结果表明：浮床黑麦草在富营养化水体中生长良好，对富营养水体中的总磷具有明显的净化效果。当覆盖率为30%时，对总磷的去除率最高达到72.96%。对其去除水体总磷的动态过程拟合表明符合三次方程曲线。实验结果为陆生植物修复富营养水体的季节模式和机理的深入研究提供了科学依据。

关键词：富营养化；植物修复；围隔；净化

随着我国集约化畜禽养殖产业的迅猛发展，畜禽养殖场在生产过程中如水冲洗工艺和干清粪工艺产生的富营养化水体废水对河网区的污染日益严重，已成为各地政府部门及科研人员普遍关心的焦点问题之一。在富营养化水体中，磷是反映水体富营养化程度的重要指标之一，水体中磷含量过高，可造成藻类的过度繁殖，数量上达到有害程度，水体透明度降低，水质变坏。对于富营养化水体磷的去除，一些学者分别利用水生、陆生植物进行了初步研究[1~9]，取得了一定的成果，但利用陆生植物去除富营养水体磷的野外现场研究及动态过程的探讨相对较少，笔者选用冬、春季生长良好的陆生植物黑麦草（*Lolium multiflorum*），采用围隔系统野外研究其对富营养化水体磷素的去除效果并揭示其动态过程，为修复机理的深入研究提供科学依据。

* 本文发表于《浙江大学学报》，2007，34（5）：560－564.

1 材料与方法

1.1 实验材料

实验植物为黑麦草（*Lolium multiflorum*），先在实验场地附近田中种植生长，待12月中旬移栽至实验区浮床上，每株鲜重1.2g左右，根长2.3cm左右，株高8.9cm左右。

1.2 实验设计

实验于2002年12月至2003年5月，在位于杭州市郊长命桥的杭州大观山猪育种有限公司的氧化塘内进行。供试氧化塘为二级处理塘，总水面面积为4 000m^2，常年水深约1.8m，期间不定期排入一级处理塘污水。采用软体设施围隔法，从中围隔出了共30个均为60m^{2}的实验小区，计1 800m^2，浮床覆盖率分别为15%、30%、45%、60%，水域浮床无土种植移栽黑麦草，载体为聚苯乙烯泡沫塑料，其间按一定行株距打孔插苗，每孔插入黑麦草4～5株，另设置空白作为对照。

水样用2.5L有机玻璃采水器在水面下0.5m处采取，均取两个平行样，用1L聚乙烯瓶保存立即送实验室分析，总磷测定采用过硫酸钾消解—钼锑抗比色分光光度法[10]。

2 结果

2.1 黑麦草生长状况

黑麦草在供试水体中生长良好，呈鲜绿色，生物产量均达到甚至超过了同期的陆地种植，经过近5个月的生长，株高、根长、茎数和干物质产量等都有较大幅度的增加。具体情况见表1。

表1 黑麦草在富营养水体中的生长情况

覆盖率（%）	日期（年/月/日）	株高（cm）	根长（cm）	茎数（株/穴）	干物质产量（g/m^2）		
					水上部	水下部	合计
15	2002/12/16	8.9	2.3	4.3	0.12	0.04	0.16
	2003/05/15	135.2	43.8	59.4	1 946.3	390.3	2 337.1
30	2002/12/16	8.9	2.3	4.3	0.12	0.04	0.16
	2003/05/15	131.9	41.3	56.8	1 823.4	372.4	2 195.8
45	2002/12/16	8.9	2.3	4.3	0.12	0.04	0.16
	2003/05/15	128.4	39.8	51.2	1 679.5	362.7	2 042.2
60	2002/12/16	8.9	2.3	4.3	0.12	0.04	0.16
	2003/05/15	126.1	37.5	49.2	1 529.6	351.0	1 880.6

从表1可见，浮床黑麦草个体生长发育状况低覆盖率优于高覆盖率，单位面积干物质产量也是如此。覆盖率为15%时，株高、根长、茎数、单位面积干物质产量最大，分别比覆盖率为60%时大9.1，6.3cm、10.2株/穴、456.5g/m^2，覆盖率从15%到60%随着

覆盖率的增加，株高、根长、茎数增加量呈递减趋势，单位面积干物质产量无论水上部分还是水下部分的增加量同样也呈递减趋势。

2.2　浮床黑麦草对水体总磷的净化效应

浮床黑麦草对水体 TP（总磷）的净化效果见表 2。

表 2　不同覆盖率浮床黑麦草对水体 TP 的净化效果

覆盖率（%）	初期 TP 含量（mg/L）	末期 TP 含量（mg/L）	TP 去除率（%）
15	1.77	0.561	68.31
30	1.99	0.538	72.96
45	1.41	0.627	55.53
60	1.18	0.597	49.41

从表 2 可见，浮床黑麦草对富营养畜禽氧化塘水体 TP 的净化效果明显，当覆盖率分别为 15%、30%、45%、60% 时，水体中的 TP 分别减少了 1.209mg/L、1.452mg/L、0.783mg/L、0.583mg/L。30% 覆盖率处理对 TP 的去除率最高，达到 72.96%。60% 覆盖率处理对 TP 的去除率最低为 49.41%。对照水体的总磷在试验期变化不明显，未在表中列出。

2.3　浮床黑麦草去除水体总磷的动态过程

选择线性、二次、对数、三次、指数、逆、幂曲线方程拟合模型对浮床黑麦草去除水体 TP 的动态过程进行拟合，各模型中的 R^2 值见表 3。

比较各拟合模型 R^2 值的大小，选择三次模型更符合浮床黑麦草去除水体 TP 的动态过程，其相应的拟合方程如下［χ 为时间（d），y 为 TP 浓度（mg/L）］：

$y_{15\%}=1.0938\times10^{-6}\chi^3-7.3687\times10^{-5}X^2-0.0189\chi+1.9100$,

$y_{30\%}=8.1232\times10^{-7}\chi^3-2.4730\times10^{-5}X^2-0.0228\chi+2.1403$,

$y_{45\%}=1.0757\times10^{-6}\chi^3-9.9805\times10^{-5}X^2-0.0115\chi+1.4842$,

$y_{60\%}=7.0013\times10^{-7}\chi^3-5.3389\times10^{-5}X^2-0.0097\chi+1.2345$.

对不同覆盖率浮床黑麦草去除水体 TP 的动态分析表明，不同覆盖率的浮床黑麦草对 TP 的去除动态曲线相似，即当达 100d 左右时，去除效果达到最大，水体中 TP 最低，此后，水体中总磷缓慢上升。总体看来，黑麦草对水体 TP 的去除效果也很明显，只是当黑麦草生长末期，应选择浮床种植去除效率更高的植物如美人蕉等以保证去除效果良好稳定。

3　讨论

浮床黑麦草在低覆盖率时其个体生长发育状况优于高覆盖率，单位面积干物质产量也是如此。这可能是在水体营养状况相同情况下，低覆盖率处理单位浮床黑麦草所占有的 TN、TP 明显高于高覆盖率，从而为黑麦草的生长发育提供了更好的营养条件。另一方面，低覆盖率为黑麦草生长提供了良好光照条件，其个体之间为争夺可利用资源的竞争相对较弱。这也可能是低覆盖率处理黑麦草生长良好的另一个原因。

陆生植物对富营养化水体的修复包括两个生态过程，即污水降解和高等植物的光合作用过程[7]。植物可以直接从水层中吸收磷素，并同化为自身的结构物质，从而加快了水体中磷营养元素的去除。黑麦草发达的根系及其根系表面所附着的含有大量的细菌和原生动物生物膜，分泌了大量的酶，加速水体中大分子污染物的降解过程，使水质得到净化。矿化了的营养盐如磷酸盐有利于植物的吸收，并参与光合作用过程。此外，植物根系对颗粒态磷的吸附、截留和促进沉降等作用也降低了水体中的磷含量。在黑麦草生长后期，由于对 N、P 需量减少，使其对水体中的 N、P 吸收利用速度进一步减缓，水体中 TP 的相对含量升高。

利用曲线估计可以进行线性拟合、二次拟合、三次拟合等，采用何种拟合方式主要取决于各种拟合模型对数据的充分描述，从 R^2 及生成的图形本身进行比较来确定最佳模型。从结果看出三次拟合模型具有最大 R^2，因此可以确定三次模型是所需的模型。

4 结论

黑麦草在畜禽养殖富营养化水体中生长良好，株高、根长、干物质产量等都有较大幅度增加。个体生长发育状况低覆盖率优于高覆盖率，单位面积干物质产量也是如此。覆盖率从 15% 到 60% 随着覆盖率的增加，株高、根长、茎数、干物质产量增加量均呈递减趋势。

浮床黑麦草对 TP 的去除率可见，高覆盖率黑麦草生长状况较差，水体净化效率较低，而低覆盖率去除效率却较高。当覆盖率为 30% 时，对 TP 的去除率最高。浮床黑麦草去除 TP 动态过程研究表明去除过程符合三次模型，水体中 TP 基本呈持续下降趋势。黑麦草对水体 TP 的去除效果是明显的。只是当黑麦草生长末期，应选择浮床种植去除效率更高的植物如美人蕉等以保证去除效果良好稳定。

在这一技术中，高效率修复富营养化水体的植物最优季节配置至关重要，特别是冬春季适宜植物的选择将是保证高效修复效果的关键。黑麦草在冬、春季修复富营养水体的良好表现，表明其是冬春季富营养化水体修复的优良植物品种，为富营养化水体全年保持稳定的修复效果提供了保证。

参考文献

[1] ALI M B, TRIPATHI R D, RAI U N, et al. Physicochemical characteristics and pollution level of lake Nainital (UP, India): Role of macrophytes and phytoplankton in biomonitoring and phytoremediation of toxic metal ions [J]. Chemosphere, 1999, 39 (12): 2 171 ~2 182.

[2] WITTMANN C, SUOMINEN K P, SALKINO J A, SALONEN M S. Evaluation of ecological disturbance and intrinsic bioremediation potential of pulp mill-contaminated lake sediment using key enzymes as probes [J]. Environmental Pollution, 2000, 107: 255 -261.

[3] QIU Dong ru, WU Zhen bin, LIU Bao yuan, et al. The restoration of aquatic macrophytes

for improving water quality in a hypertrophic shallow lake in Hubei Province, China) [J]. Ecological Engineering, 2001, 18: 147-156.

[4] NIENHUIS P H, BAKKER J P, GROOTJANS A P, et al. The state of the art of aquatic and semi-aquatic ecological restoration projects in the Netherlands [J]. Hydrobiologia, 2002, 478 (1-3): 219-233.

[5] 宋祥甫，邹国燕，吴伟明等．浮床水稻对富营养化水体中氮、磷的去除效果及规律研究［J］．环境科学学报，1998，18（5）：483-494.

[6] 马立珊，骆永明，吴龙华等．浮床香根草对富营养化水体氮磷去除动态及效率的初步研究［J］．土壤，2000，（2）：99-101.

[7] 刘淑媛，任久长，由文辉．利用人工基质无土栽培经济植物净化富营养化水体的研究［J］．北京大学学报：自然科学版，1999，35（4）：518-521.

[8] 宋海亮，吕锡武．利用植物控制水体富营养化的研究与实践［J］．安全与环境工程，2004，11（3）：35-39.

[9] 刘士哲，林东教，唐淑军等．利用漂浮植物修复系统栽培风车草、彩叶草和茉莉净化富营养化污水的研究［J］．应用生态学报，2004，15（7）：1 261-1 265.

[10] 国家环境保护总局《水和废水监测分析方法》编委会．水和废水监测分析方法［M］．北京：中国环境科学出版社，2002：243-249.

生态沟渠对农业面源污染物的截留效应研究*

陈海生[1]　王光华[1]　宋仿根[2]　钱忠龙[2]　李建强[2]

1. 浙江同济科技职业学院　浙江杭州　311231；

2. 浙江省平湖市农经局　浙江平湖　311400

摘　要：分析了农田生态沟渠和自然沟渠水体中氨态氮、硝态氮、总氮、溶解性总磷和总磷浓度沿程变化以及生态沟渠对氮、磷的截留效应。设置盘培多花黑麦草的生态沟渠与自然沟渠相比，对水稻田面源污染物中的氨态氮、硝态氮、总氮和总磷都有着较强的降解能力。靠近水稻田排水口处的300m生态沟渠内，各种污染物指标的降解幅度较大，而远离水稻田排水口处的300m生态沟渠内，各种污染物指标的沿程降解变化相对较平缓。

关键词：生态沟渠；农业面源污染；多花黑麦草；降解；水稻田；灌溉

农田排水沟渠系统指在农业灌溉中，为了减少在降雨、灌溉过程中多余的水对农作物的危害，将这部分水体排入河网的渠道[1]。起始于农田地头出水口，终止于河流入水口，

* 本文发表于《江西农业学报》，2010，22（7）：121-124.

一般包括田间出水沟渠、田间进水沟渠以及附带的一些水塘和季节性小河流。沟渠是人类为了调水配水而修建的人工设施，传统沟渠建设中“裁弯取直”、“硬质化”等一系列提高水资源利用率同时又少占地的工程措施，极大提高了人们调水配水能力，在灌区的建设发展中发挥了巨大作用。但近年来，随着传统灌区沟渠中生境条件恶化、生物多样性下降、农业面源污染严重、水体自净能力下降等问题的日益突出[2~4]，传统灌区沟渠工程措施是否符合生态健康要求越来越引起人们的关注。沟渠作为水生态系统，在正常发挥输水配水功能的前提下，创造适宜的生物栖息环境，截留降解各种流经沟渠的污染物，增强沟渠水体的自净能力，成为需要认真研究的问题[5]。

杭嘉湖区域涉及杭嘉湖平原等经济发达地区，区域经济发展的同时污染问题也导致该地水环境恶化，成为区域全面发展的制约因素。杭嘉湖区域位于太湖流域东南部，是太湖流域八大水利分区之一。杭嘉湖区域的水污染历史并不长，但其污染发展的速度和污染严重程度却令人触目惊心。水质监测资料表明，杭嘉湖区域水污染主要以有机污染和氨氮污染为主，其污染源主要来自三个方面：一个是工业污水，特别是印染、化工、织造业排放污染（点源污染）；二是城市生活污水和三产废水直接到河（点源污染）；三就是农业面源污染（非点源污染）。杭嘉湖区域孕育了鱼米之乡，是江南繁盛经济的重要资源。但近年来，污染日益严重，连续几年发生大面积的“水华”，部分地区连取水都发生困难。其污染问题已对人民的生存和社会经济发展构成越来越严重的威胁，防止水污染问题进一步恶化，保护水资源，走可持续发展的道路已是刻不容缓[6]。

农业非点源污染具有形成过程随机性大，影响因子复杂；分布范围广，影响深远；形成过程复杂，机理模糊；潜伏周期长，危害大等特点。因此导致研究和控制农业非点源污染难度加大。人工湿地、缓冲带等生态工程被认为是控制非点源污染的有效措施并被国内外广泛采用[7,8]。尹澄清等[9]研究发现，4m 交错带芦苇群落根区土壤对总磷的截留率可达 90%，总氮的截留率可达 64%；多水塘系统能截留来自村庄、农田的氮磷污染负荷的 94% 以上。刘文祥[10]的研究表明，在滇池流域 0.18km^2 时范围内构建的 1 257m^2 人工湿地对农田径流具有较好的净化作用，去除效果为总氮 60%，总磷 50%，可溶性总氮 40%，可溶性总磷 20%。但上述生态工程技术在杭嘉湖区域的应用具有一定的局限性。杭嘉湖区域人口密度超过 1 000人/km^2，而构建人工湿地、缓冲带、生态交错带等生态工程需要占用大量土地，从而进一步加剧当地人多地少的矛盾。杭嘉湖区域处于浙江省北部平原地区，地势低平，农田区沟渠众多且较为统一，如果利用现有农田沟渠建成具有拦截功能的生态沟渠，将能减少农田流失氮磷进入水体的风险。沟渠系统是面源污染物向水体运移的主要通道，据 Woltemade 研究，美国和加拿大有 65% 的农田利用沟渠网排水，沟渠系统截留的流失养分占流域总输出的 60% ~90%，其中，沟渠沉积物对污染物的吸附作用很大程度上控制着其分布状况，是影响污染物在整个系统内迁移转化的一个重要过程[11]。目前，国内外有关面源污染物在海洋、湖泊及河流中的吸附作用研究较多，但对沟渠中污染物的吸附报道却较少。沟渠作为一种湿地生态系统和水生廊道系统，在农村地区的水资源涵养、截留雨水、水质净化和野生生物栖息地等功能尚未得到足够重视。合理地利用沟渠，可以维护和改善整个生态环境。本研究采用在农田排水沟渠铺设盘培多花黑麦草的方法，利用其庞大密实的根系产生的机械滤清效果和植株生长速度快而大量吸收污水中营养物质的特点，来降解流经沟渠流向河道中的农业面源污染物，并研究水稻田灌溉后生态沟渠和自然沟渠水体中氨态氮、硝态氮、总氮、溶解性总磷和总磷浓度沿程变化以及生态沟渠对氮、磷的截留效应，以期为探索浙江省杭嘉湖区域经济有效实用的水环境富营养化治理途径而提供理论依据。

1　试验方法

1.1　试验地点

试验位于浙江省杭嘉湖平原腹地的平湖市新棣镇民主村水稻田排水沟渠。该地区地处杭嘉湖平原，海拔较低，地势平坦，田地成块，沟渠呈网状分布，沟渠坡度较小（<0.2%）。沟渠与河道落差小，暴雨时期有时发生沟渠水位臃集现象，沟渠常年保持一定水位。在降雨量较大的情况下沟渠与河流水体分界不明确。8～10月是水稻生长期，且雨水较一年中的其他时间多。在这一时期，降雨会产生地表径流流入沟渠，灌溉时有大量排水进入沟渠，把握这一时期沟渠水质变化可以评估生态沟渠和自然沟渠水体营养物的基本变化规律。因此，本研究选择这一时间作为研究时段。选择2条位置相向、都是直通河道的渠道。两条沟渠都长约600m，一条沟渠设置盘培多花黑麦草，另一条沟渠为自然沟渠。从水稻田出水口开始每隔100m布置一采样点，单一沟渠全长600m，共取6个采样点。

1.2　试验材料

生态沟渠中试验牧草选用多花黑麦草（*Lolium multiflorum L.*），于2009年8月10日在浙江大学农业生物环境工程研究所玻璃温室内采用NFT培[12]，共300盘牧草，育苗盘(底面510mm×250mm，厚0.7mm，含288个7mm×7mm方孔，孔面积占总面积11.1%；上口540mm×280mm，高60mm）上垫层为3层无纺布（10g/m^2），栽培槽槽面铺2层无纺布。每盘播量为5g，即39.2g/m^2。试验前牧草已用配方商品营养液培养30d，经过2次刈割（分别为播种后第20d和第30d），留茬高度60mm（与育苗盘上口平齐）。然后移植到平湖新棣镇民主村水稻田沟渠里。

1.3　检测方法

总氮TN测定：碱性过硫酸钾消解紫外线分光光度法；总磷TP测定：钼酸铵分光光度法；铵态氮NH_4-N测定：纳氏试剂光度法测定；硝态氮NO_3-N测定：采用0.45μm微孔滤膜过滤，紫外分光光度法[13]。

2　结果与分析

2.1　生态沟渠对农业面源污染物TP的降解

设置盘培多花黑麦草的生态沟渠与自然沟渠相比，对水稻田面源污染物中的TP有着较强的降解能力。从图1可以看出，经在设置生态沟渠后的第15d测定，盘培多花黑麦草的生态沟渠600m处的TP含量为0.21mg/L，比水稻田排水口处的TP含量0.48mg/L降低56.25%。而自然沟渠600m处的TP含量为0.38mg/L，比水稻田排水口处的TP含量

0. 47mg 降低 19. 15%。盘培多花黑麦草的生态沟渠对农业面源污染物中 TP 的降污力比自然沟渠对 TP 的降污力要高 37. 10%。靠近水稻田排水口处的 300m 生态沟渠内，TP 的降解幅度较大，降解率为 39. 58%，而自然沟渠的降解率为 12. 7%，生态沟渠对 TP 的降解率比自然沟渠对 TP 的降解率要高 26. 88%。远离水稻田排水口处的 300m 生态沟渠内，TP 的降解幅度则相对较小，生态沟渠中的 TP 降解率为 27. 59%，而自然沟渠的降解率为 7. 3%，生态沟渠对 TP 的降解率比自然沟渠对 TP 的降解率要高 20. 29%。

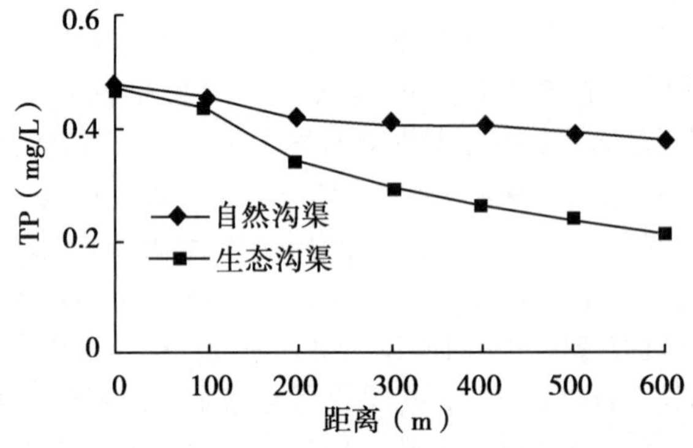

图 1　生态沟渠中农业面源污染物 TP 含量沿程变化

2. 2　生态沟渠对农业面源污染物 TN 的降解

设置盘培多花黑麦草的生态沟渠与自然沟渠相比，对水稻田面源污染物中的 TN 有着较强的降解能力。从图 2 可以看出，经在设置生态沟渠后的第 15d 测定，盘培多花黑麦草的生态沟渠 600m 处的 TN 含量为 1. 8mg/L，比水稻田排水口的 TN 含量 4. 3mg/L 降低 58. 14%。而自然沟渠 600m 处的 TN 含量为 3. 2mg/L，比水稻田排水口处的 TN 含量 4. 1mg/L 降低 21. 95%，盘培多花黑麦草的生态沟渠对农业面源污染物中 TN 的降污力比自然沟渠对 TN 的降污力要高 36. 19%。靠近水稻田排水口处的 300m 生态沟渠内，TN 的降解幅度较大，降解率为 39. 53%，而自然沟渠的降解率为 14. 63%，生态沟渠对 TN 的降解率比自然沟渠对 TN 的降解率要高 24. 9%。远离水稻田排水口处的 300m 生态沟渠内，TN 的降解幅度则相对较小，生态沟渠的降解率为 30. 77% 而自然沟渠的降解率为 8. 57%，生态沟渠对 TN 的降解率比自然沟渠对 TN 的降解率要高 22. 2%。

2. 3　生态沟渠对农业面源污染物 NO_3-N 的降解

设置盘培多花黑麦草的生态沟渠与自然沟渠相比，对水稻田面源污染物中的 NO_3-N 有着较强的降解能力。从图 3 可以看出，经在设置生态沟渠后的第 15d 测定，盘培多花黑麦草的生态沟渠 600m 处的 NO_3-N 含量为 0. 15mg/L，比水稻田排水口的 NO_3-N 含量 0. 34mg/L 降低 55. 88%。而自然沟渠 600m 处的 NO_3-N 含量为 0. 26mg/L，比水稻田排水口处的 NO_3-N 含量 0. 32mg/L 降低 18. 75%。盘培多花黑麦草的生态沟渠对农业面源污染物中 NO_3-N 的降污力比自然沟渠对 NO_3-N 的降污力要高 37. 13%。靠近水稻田排水口处的 300m 生态沟渠内，NO_3-N 的降解幅度较大，降解率为 50%，而自然沟渠的降解率为 12. 5%，生态沟渠对 NO_3-N 的降解率比自然沟渠对 NO_3-N 的降解率要高 37. 5%。远离水稻田排水口处的 300m 生态沟渠内，NO_3-N 的降解幅度则相对较小，生态沟渠的降解率为 11.76%，而自然沟渠的降解率为 7.14%，生态沟渠对 NO_3-N 的降解率比自然沟渠对 NO_3-N 的降解率要高 4.62%。

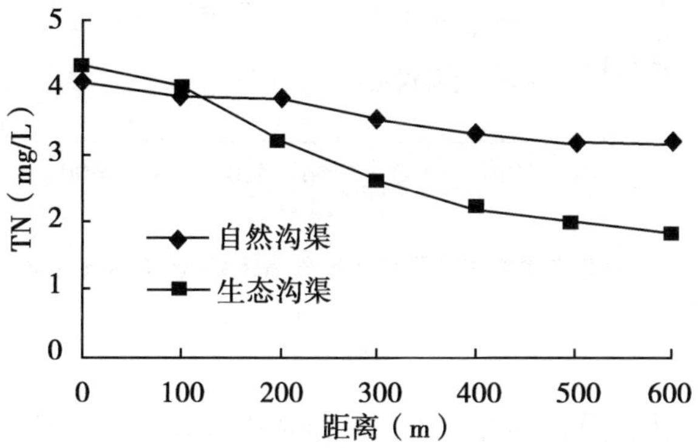

图 2　生态沟渠中农业面源污染物 TN 含量沿程变化

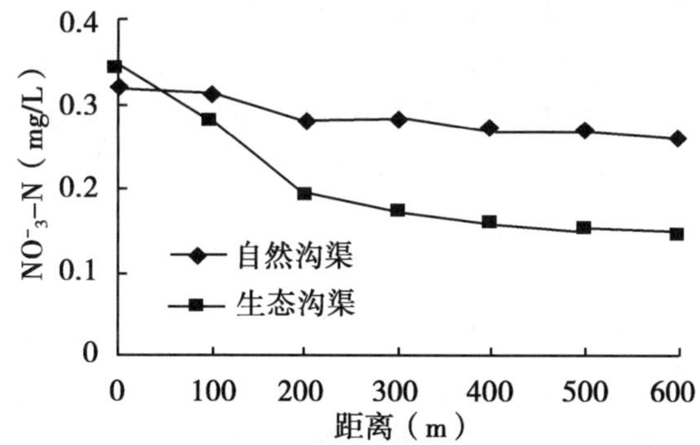

图 3　生态沟渠中农业面源污染物 NO_3-N 含量沿程变化

2.4　生态沟渠对农业面源污染物 NH_4-N 的降解

设置盘培多花黑麦草的生态沟渠与自然沟渠相比，对水稻田面源污染物中的 NH_4-N 有着较强的降解能力。从图 4 可以看出，经在设置生态沟渠后的第 15d 测定，盘培多花黑麦草的生态沟渠 600m 处的 NH_4-N 含量为 0.61mg/L，比水稻田排水口的 NH_4-N 含量 1.49mg/L 降低 59.06%。而自然沟渠 600m 处的 NH_4-N 含量为 1.16mg/L，比水稻田排水口处的 NH_4-N 含量 1.45mg/L 降低 20%。盘培多花黑麦草的生态沟渠对农业面源污染物中 NH_4-N 的降污力比自然沟渠对 NH_4-N 的降污力要高 39.06 个百分点。靠近水稻田排水口处的 300m 生态沟渠内，NH_4-N 的降解幅度较大，降解率为 49%，而自然沟渠的降解率为 13.8%，生态沟渠对 NH_4-N 的降解率比自然沟渠对 NH_4-N 的降解率要高 35.2%。远离水稻田排水口处的 300m 生态沟渠内，NH_4-N 的降解幅度则相对较小，生态沟渠的降解率为 19.74%，而自然沟渠的降解率为 7.2%，生态沟渠对 NH_4-N 的降解率比自然沟渠对 NH_4-N 的降解率要高 12.54%。

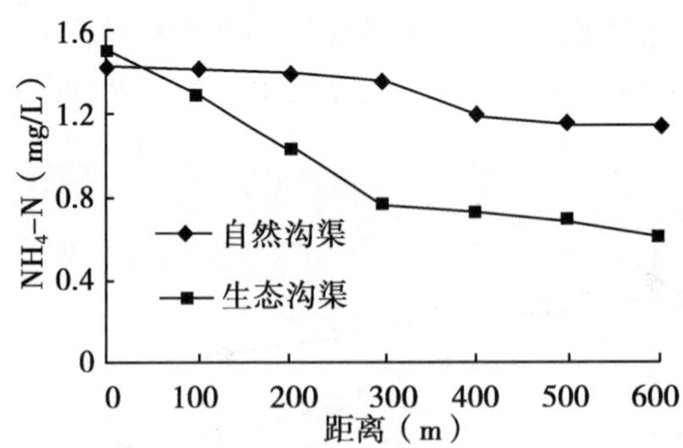

图4 生态沟渠中农业面源污染物 NH_4-N 含量沿程变化

3 结论与讨论

（1）设置盘培多花黑麦草的生态沟渠与自然沟渠相比，对水稻田面源污染物中的氨态氮、硝态氮、总氮和总磷都有着较强的降解能力。靠近水稻田排水口处的300m生态沟渠内，各种污染物指标的降解幅度都较大，而远离水稻田排水口处的300m生态沟渠内，各种污染物指标的降解幅度都较小，沿程变化相对较平缓。

（2）氮在农田排水沟渠系统中的转化主要是通过沉积作用、脱氮作用、植物吸收和渗透作用等。农田排水沟渠系统具备脱氮作用所必需的条件：具有好氧区和厌氧区、足够的碳源和氮源等，TN进入排水沟渠后，首先通过微生物的氨化作用转化为 NH_4-N，挥发或直接被植物吸收，NH_4-N能通过硝化作用氧化成 NO_3-N，成为植物可以利用的另一种无机N形式。在排水沟渠这一特殊环境条件下，TN的去除主要靠反硝化作用，产生 N_2 或 N_2O 挥发进入大气。由于挺水植物有发达的根系，能通过茎叶向根部输送氧气，在根部形成好氧的微区，促进水中 NH_4^+ 发生硝化作用，而根周围的厌氧环境有利用反硝化作用的进行。因此，硝化—反硝化作用是排水沟渠去除N的主要途径，植物吸收及植物的根区效应是促进N迁移和转化的关键因素[14]。多花黑麦草对P的去除起着很大的作用，其庞大的根系促进P的吸附沉降。

（3）自然沟渠中，水生植物能够直接吸收沟渠水体中的N、P等营养物质，因此产生去污作用。但如果在秋季水生植物生长期结束后不及时收割从沟渠中移走，植物体内的N、P等营养成分将腐烂分解，释放出的N、P等营养物质将释放到沟渠水体，造成水体二次污染[15]。而多花黑麦草是一种冷季型的多年生牧草，具有适应性强的特点，在秋冬季不会腐烂分解而产生二次污染。同时，该牧草需肥量和生长量大，生长迅速和再生能力强，以多花黑麦草为主要内容的净化系统对污水降解具有更大的优势。

参考文献

[1] 徐红灯，席北斗，王京刚等．水生植物对农田排水沟渠中氮、磷的截留效应［J］．环境科学研究，2007，20（2）：84－88.

[2] Bculdin J L，Milam C D，Farris J L. Evaluating toxicitv of Asana X L（esfenvalerate）amendments in agricultural ditch mesocosms［J］．Chemosphere，2004，56（7）：677－683.

[3] Grootjans A P，Hunneman H. Longterm effects of drainage on species richness of a fen

meadow at different spatial scales [J]. Basic Appl Ecol, 2005, 6 (2): 185 - 193.

[4] Watson Alisa M, SJ. The distribution of three uncommon freshwater gastropods in the drainage ditches of Brifish grazing marshes [J]. Biol Conser, 2004, 118 (4): 455 - 466.

[5] 姜翠玲，崔广柏，范晓秋等．沟渠湿地对农业非点源污染物的净化能力研究 [J]. 环境科学，2004，25 (2)：125 - 128.

[6] 全为民，沈剑峰，董妹勤等．杭嘉湖平原农业面源污染及其治理措施 [J]. 农业环境与发展，2002 (2)：22 - 24.

[7] 朱棣，聂晶，王成等．一种新型的人工湿地生态工程设计—以山东省南四湖为例 [J]. 生态学杂志，2004，23 (3)：144 - 148.

[8] Hefting M M, Jeroen J M, Klein D. Nitrogen removal inbufter strips along a lowland stream in the Netherlands: a pilotstudy [J]. Environ. Pollut, 1998, 102: 521 - 526.

[9] 尹澄清，邵霞，王星．白洋淀水路交错带土壤对磷氮截流容量的初步研究 [J]. 生态学杂志，1999，18 (5)：7 - 11.

[10] 刘文祥．人工湿地在农业面源污染控制中的应用研究 [J]. 环境科学研究，1997，10 (4)：15 - 19.

[11] 杨林章，周小平，王建国等．用于农田非点源污染控制的生态拦截型沟渠系统及其效果 [J]. 生态学杂志，2005，24 (11)：1371 - 1374.

[12] 洋进明，姜雄辉．零排放循环流水水产养殖机械—细菌—草综合水处理系统研究 [J]. 农业工程学报，2004，20 (6)：237 - 241.

[13] 国家环境保护总局．水和废水监测分析方法 [M]. 第4版．北京：中国环境科学出版社，2002.

[14] Cooper P F and Findlatcr B C. Constructed wetlands in water pollution control [M]. Perganmon Prcss, 1990: 77 - 96.

[15] 李文朝．东太湖菱黄水发生原因与防治对策讨论 [J]. 湖泊科学，1997，9 (4)：364 - 368.

多花黑麦草人工湿地处理九峰河污水的研究*

李晨军[1]　郑春明[2]　陈海生[2]

1. 浙江省台州市黄岩区环境保护监测站　浙江台州　318020；

2. 浙江省台州科技职业学院　浙江台州　318020

摘　要：在由鹅卵石、砂砾和多花黑麦草盘培所构成的人工湿地上降解九峰河污水，结果发现：水流量越少，COD 去除率越大；人工湿地形成时间越长，

* 本文发表于《安徽农学通报》，2007，13 (4)：51，10.

多花黑麦草生长越旺盛，COD 去除率也越高；并且污水在人工湿地中总 N 的去除率随停留时间的延长而提高。试验证明了多花黑麦草是很有前途的去除河道污水的人工湿地植物。

关键词：人工湿地；多花黑麦草；处理污水

人工湿地（constructed wetland）是 20 世纪 70 年代末期得到较大发展的微水处理工艺，它由人工基质和生长在其上的植物组成，人为建造的一个独特的土壤—植物—微生物生态系统，它利用自然生态系统中的物理、化学和生物的三重协同作用实现对污水的净化[1~5]。这种湿地系统中，微水可以在人工基质中流动。湿地的表面种植具有处理性能好，成活率高，抗水性能强，成长周期长，且具有景观生态效应的水生植物，形成一个独特的生态系统。当它稳定后，基质表面和植物根系中生长了大量的微生物形成生物膜，废水流经时，固型物被基质及植物根系阻拦截留，有机质通过生物膜的吸附、同化及异化作用而得以去除[6~9]。因植物根系对氧的传递释放，湿地体层及其周围的微环境中依次呈现出好氧、缺氧和厌氧状态，保证了污染物不仅被植物及微生物作为营养成分直接吸收，还可以通过硝化、反硝化从废水中去除，最后通过基质的定期更换或植物收割使污染物从系统中去除。

运用人工湿地处理污水可追溯到 1903 年，建在英国约克郡 Earby 的这个被认作世界上第一处用于处理污水的人工湿地连续运行直到 1992 年。国外许多具有先进工艺的国家都建有用人工湿地处理污水的试验场和示范工程，且方兴未艾。在我国，也陆续建有人工湿地处理养猪场废水、人工湿地处理养殖废水和人工湿地处理染料废水的报道[10-12]。但对受污染的河流水体进行处理净化方面的研究报道目前不多见。

九峰河位于黄岩区域东，横穿台州科技职业学院南北两校区，东接著名的旅游胜地—九峰公园。近年来，随着经济的发展和人民生活条件的改善，九峰河两岸店铺林立，向河中排放的工业废水和生活污水也大量增加，九峰河水质日益恶化，严重影响两岸居民和游客的身体健康和正常生活。本研究拟探索利用人工湿地中的植物修复技术来降解九峰河中的 COD、总 N 以达到净化九峰河，美化黄岩的目的。

1 试验方法

人工湿地设在九峰河河岸九峰路中段的台州科技职业学院校园内，占地 1m^2，试验于 2004 年 11 月 20 日至 2005 年 1 月 10 日进行。人工湿地地面设计为矩形，长 5.0m 宽 2.0m，底坡为 1%，总高 1m，人工湿地池内铺上鹅卵石和砂砾，厚度为 0.5m。人工湿地的植物为多花黑麦草，以盘培形式漂浮于水面上。水质分析项目有 COD、总 N。按照国家环保局《水和废水水质监测方法》中的测定方法进行。

2 结果与分析

2.1 进水流量对 COD 去除率的影响

不同进水流量进出水的 COD 浓度如表 1 所示。水流量越大，COD 去除率越低。当流量为 1.38 时，COD 去除率只有 35.47%，当流量为 0.62 时，COD 去除率为最大，达 83.56%。

表 1　不同进水流量进出水的 COD 浓度

批次	流量 ($m^3/m^2 \cdot d$)	进水 COD (mg/L)	出水 COD (mg/L)	COD 去除率 (%)
1	0.62	180.33	29.64	83.56
2	0.79	134.12	27.89	79.21
3	1.01	203.12	59.91	70.51
4	1.38	139.02	89.71	35.47

2.2　正常流量下的 COD 去除率

从表 2 可以看出，在开始的一个月，由于植物刚开始生长，植物根际微生物还未繁殖到一定程度，所以第一个月 COD 去除率只有 59.79%，随着多花黑麦草的旺盛生长，根区微生物也大量繁殖，COD 去除率大幅度增加。

表 2　进出水 COD 浓度变化　(mg/L)

	1 月	2 月	3 月	4 月
进水 COD	155.01	183.21	139.21	175.22
出水 COD	62.33	30.51	29.32	30.03
去除率（%）	59.79	83.35	78.94	82.86

2.3　总氮去除效果

人工湿地除氮机理主要是氨氮挥发、植物吸收—硝化—脱氮。在一定的水湿及水力负荷条件下，污水在场地的停留时间直接影响污水氮的去除效果。从表 3 可看出，污水在人工湿地中 N 的去除率随停留时间的延长而提高，当污水停留时间为 47h，N 去除率只有 36%，当污水停留时间达到 79h 时，N 去除率可达到 76%。

表 3　污水中氮去除率随停留时间的变化

污水停留时间（h）	47h	60h	65h	79h
N 去除率（%）	36	45	51	76

3　讨论

人工湿地是一种高生产力的新型污水处理系统。通过湿地中基质、植物和微生物相互关联，物理、化学、生物学过程协同作用净化污水，对于处理城镇河道生活污水有良好的效果[13]。九峰河生活污水在经过山多花黑麦草和鹅卵石构成的人工湿地处理后，总氮和 COD 这些污染物指标均有不同程度的下降。尤其在冬季寒冷季节，当各种水生植物由于低温受冻而枯死时，多花黑麦草却由于其耐寒性强、生长旺盛等发挥着植物修复作用，是一种很有前途的人工湿地植物。本研究的结果将对城镇河道污水处理提供新的途径和思路。

参考文献

[1] Cookson W R, Comfort I S, Ravarth J S, Winter soil temperature (2 ~ 15℃) effects on nitrogen transformations in clover green manure or unamended soils a laboratory and field study [J]. Soil Biology and Biochemistry, 2002, 34 (10): 1 401 - 1 415.

[2] 国家环境保护总局. 水和废水监测分析方法 [M]. 北京: 中国环境科学出版社, 2002.

[3] 许光辉, 郑洪元. 土壤微生物分析方法手册 [M]. 北京: 农业出版社, 1986.

[4] 李玉中, 祝廷成, 李建东等. 火烧对草地土壤氮总矿化、硝化及无机氮消耗速率的影响 [J]. 应用生态学报 2003, 14 (2): 223 - 226.

[5] 成水平, 吴振斌, 况琪军. 人工湿地植物研究 [J]. 湖泊科学, 2002, 14 (2): 179 - 184.

[6] 宋勇生, 范晓晖. 稻田氨挥发研究进展 [J]. 生态环境, 2003, 12 (2): 240 - 244.

[7] 凌莉, 李世清, 李生秀. 石灰性土壤氨挥发损失的研究 [J]. 土壤侵蚀与水土保持学, 1999, 5 (6): 119 - 122.

[8] 王卫红, 季民, 薛玉伟等. 川蔓藻 (Rupp iamaritine) 对再生水河道水质的净化作用研究 [R]. 北京: 中国水环境污染控制与生态修复技术高级研讨会, 2000, 63 - 68.

[9] 国家环保总局. 水和废水监测分析方法 (第四版) [M]. 北京: 中国环境科学出版社, 2002: 278 - 285.

[10] 李芳柏, 吴启堂. 无土栽培美人蕉等植物处理生活废水的研究 [J]. 应用生态学报, 1997, 8 (1): 88 - 92.

[11] 程树培, 丁树荣, 胡忠明. 利用人工基质无土栽培水雍菜净化缫丝废水的研究 [J]. 环境科学, 1991, 12 (4): 47 - 51.

[12] 戴全裕, 陈钊. 多花黑麦草对啤酒废水净化功能的研究 [J]. 应用生态学报, 1993, 4 (3): 249 - 251.

[13] Jeny Coleman, Keith Hench, Keith Garbutt, Alan Sexstone, Gary Bissonnette and Jeff Skousen. Treatment of domestic wastewater by free plant specific in constructed wetlans [J]. Water A ir and Soil Pollution, 2001, 128: 283 - 295.

第六篇　绿肥作物综合利用技术

几种经济绿肥菜用营养价值初探*

王建红 张 贤 曹 凯 符建荣
浙江省农业科学院环境资源与土壤肥料研究所 杭州 310021

摘 要：以当前生产中具有较大发展潜力的紫云英、蚕豆、豌豆等3种主要经济绿肥的可食部分，紫云英嫩梢、蚕豆嫩果粒、豌豆嫩梢、豌豆嫩果粒等4个部分为研究对象，用普通青菜作对照，进行绿肥菜用部分营养价值分析。通过对以菜用为目的的主要可食部分营养成分粗蛋白、维生素C、β-胡萝卜素、核黄素、钙、氨基酸等6项营养指标分析表明，各种绿肥可食部分的营养成分含量存在差异，但总体营养水平较高，具有菜用开发价值。

关键词：绿肥；菜用；营养价值

我国具有种植绿肥的悠久历史。在化肥大量使用之前，绿肥作为重要肥源之一对促进作物高产、稳产发挥过重要作用。但是，随着化肥的大量使用，由于化肥的肥效和使用方便程度远高于绿肥，而种植绿肥时间长、直接效益低，使得农民种植绿肥的积极性大大降低。但随着化肥使用年限的增长，使用化肥造成土壤质量不断下降，导致土壤资源持续利用受到威胁，因此，人们又重新开始认识绿肥在发展生态农业中的作用。作者对紫云英、蚕豆、豌豆等几种经济绿肥的可食部分进行研究，希望农民在种植绿肥的同时，通过绿肥综合利用提高种植绿肥的经济效益，从而提高农民种植绿肥的积极性。

1 材料与方法

1.1 材料

研究所用实验材料有，紫云英初花前的嫩梢，鲜食蚕豆的嫩果粒，豌豆初花前的嫩梢，鲜食豌豆的嫩果粒和普通市购青菜。

1.2 方法

1.2.1 试验样品制备

紫云英初花前采收顶部15cm左右嫩梢500g，烘干研磨粉碎。鲜食蚕豆采收后剥出荚内嫩果粒500g，烘干研磨粉碎。豌豆初花前采收顶部15cm左右嫩梢500g，烘干研磨粉碎。鲜食豌豆采收后剥出荚内嫩果粒500g，烘干研磨粉碎。市购普通鲜食青菜500g，烘干研磨粉碎。以上样品各制备3份供测试分析。

* 本文发表于《浙江农业科学》，2011（5）：1 001－1 002，1 005.

1.2.2　测定分析方法

实验所用仪器主要有 Solaar Mk2-M6 原子吸收分光光度计、Kjeltec2300Analgze Unit 自动定氮仪、SYCAM 433 D 氨基酸分析仪等。粗蛋白采用 GB/T 5009.5—2003 检测方法，Vc 采用 GB/T 6195—1986 检测方法，β-胡萝卜素采用 NY/T 82.15—2003 检测方法，核黄素采用 GB/T 5009.85—2003 检测方法，钙含量采用 GB/T 5009.92—2003 检测方法，氨基酸采用 GB/T 5009.124—2003 检测方法。检测由农业部农产品及转基因产品质量安全监督检验测试中心（杭州）完成。

2　结果与分析

2.1　粗蛋白

粗蛋白含量分析结果（表 1）显示，蚕豆嫩果粒粗蛋白含量最高，高于普通青菜 4.5%，其余 3 种绿肥可食部分粗蛋白含量都低于普通青菜，豌豆嫩果粒粗蛋白含量最低，低于普通青菜 17.5%。

2.2　维生素 C

维生素 C 含量分析结果（表 1）显示，豌豆嫩梢含量最高，较普通青菜高出 18.0%，蚕豆嫩果粒维生素 C 含量最低，比普通青菜低 20.5%。除蚕豆嫩果粒外，其余 3 种绿肥可食部分维生素 C 含量均高于普通青菜。

表 1　各绿肥可食部分主要营养指标含量

种类	粗蛋白含量（%）	Vc 含量（mg/100g）	β-胡萝卜素（mg/100g）	核黄素（mg/100g）	钙（%）
普通青菜（CK）	41.8c	45.8b	4.29b	1.48b	1.64c
紫云英嫩梢	27.4a	56.9c	3.57a	2.17c	1.37c
蚕豆嫩果粒	46.3d	25.3a	6.14c	1.06ab	0.18a
豌豆嫩梢	32.8b	63.8d	3.96ab	2.36c	0.49b
豌豆嫩果粒	24.3a	53.5c	3.24a	0.63a	0.64b

注：同列小写字母不同表示（$P<0.05$）水平差异显著性。下同

表 2　各绿肥可食部分氨基酸总量和各氨基酸含量

氨基酸种类	普通青菜（%）	紫云英嫩梢（%）	蚕豆嫩果粒（%）	豌豆嫩梢（%）	豌豆嫩果粒（%）
天门冬氨酸	1.76a	2.56b	1.96a	2.97c	2.46b
苏氨酸（THR）	0.88b	1.14c	0.90b	1.22c	0.64a
丝氨酸（SER）	0.84a	1.11c	0.94ab	1.24c	1.02bc
谷氨酸（GLU）	3.34c	2.76b	2.42a	3.28c	3.68c
脯氨酸（PRO）	0.84b	1.10c	0.96b	1.18c	0.50a
甘氨酸（GLY）	1.12c	1.26c	0.86b	1.30c	0.63a
丙氨酸（ALA）	1.41b	1.46b	2.66d	1.80c	1.06a

（续表）

氨基酸种类	普通青菜（%）	紫云英嫩梢（%）	蚕豆嫩果粒（%）	豌豆嫩梢（%）	豌豆嫩果粒（%）
缬氨酸（VAL）	1.08a	1.28b	1.20b	1.40c	0.98a
蛋氨酸（MET）	0.05a	0.11b	0.10b	0.16c	0.06a
异亮氨酸（ILE）	0.82b	1.12c	0.99b	1.18c	0.61a
亮氨酸（LEU）	1.57b	2.08c	1.50b	2.10c	0.89a
酪氨酸（TYR）	0.42b	0.76c	0.50b	0.66c	0.25a
苯氨酸（PHE）	0.98b	1.34c	0.85b	1.31c	0.55a
组氨酸（HIS）	0.50a	0.90b	1.40c	0.75b	0.51a
赖氨酸（LYS）	0.97b	0.98b	1.22c	1.20c	0.68a
精氨酸（ARG）	1.06a	1.28b	1.83c	1.32b	1.19a
氨基酸总量	17.64a	21.24bc	20.29b	23.07c	15.71a

2.3　β-胡萝卜素

β-胡萝卜素含量分析结果（表1）显示，蚕豆嫩果粒β-胡萝卜素含量明显较高，比普通青菜高出1.95%，其余3个品种β-胡萝卜素含量都比普通青菜略低，其中豌豆嫩果粒最低，比普通青菜低1.05%。

2.4　核黄素

核黄素含量分析结果（表1）显示，豌豆嫩梢含量最高，比普通青菜高出0.88%，蚕豆嫩果粒和豌豆嫩果粒含量较低，其中最低的豌豆嫩果粒比普通青菜低0.85%。

2.5　氨基酸含量

对试验材料氨基酸总量和18种不同氨基酸测定结果（表2）显示，不同绿肥可食部分不同种类氨基酸间存在差异，总体上豌豆嫩梢多数氨基酸种类的含量都较高，紫云英嫩梢、蚕豆嫩果粒、豌豆嫩果粒个别氨基酸种类含量较高，普通青菜各氨基酸指标普遍较低。从氨基酸总量分析，紫云英嫩梢、蚕豆嫩果粒、豌豆嫩梢显著高于普通青菜，豌豆嫩果粒氨基酸总量与青菜差异不大。

2.6　钙

钙含量分析结果（表1）显示，普通青菜含钙最高，紫云英嫩梢略低于普通青菜，但差异不显著，其余绿肥可食部分钙都显著低于青菜，最低的蚕豆嫩果粒比普通青菜低1.46%。

3　小结

不同绿肥可食部分与普通青菜在粗蛋白、维生素C，β-胡萝卜素、核黄素、钙、氨基酸等6项营养指标的分析结果表明，不同绿肥可食部分主要营养指标与普通青菜相比，高低各有差异，总体而言，普通青菜的氨基酸总量较低，但钙含量相对较高。不同绿肥可食部分主要营养指标间的差异也比较明显，紫云英嫩梢的维生素C、核黄素、钙和氨基酸总量较高，但粗蛋白、β-胡萝卜素含量相对较低；蚕豆嫩果粒的粗蛋白、β-胡萝卜素比较高，维生素C，钙含量则相对较低；豌豆嫩梢的维生素C、核黄素、氨基酸总量较高，但粗蛋白、β-胡萝卜素含量一般；豌豆嫩果粒的维生素C较高，但粗蛋白、β-胡萝卜素、核黄素、氨基酸的含量相对较低。

总之，绿肥可食部分的主要营养指标各有特点，有些指标明显高于普通青菜，具有较高的营养价值和蔬菜开发前景。这一研究结果对绿肥的综合利用开发具有一定的指导意义。

施用有机硒肥生产富硒紫云英嫩梢菜的可行性研究*

王建红[1]　曹　凯[1]　张　贤[1]　符建荣[1]　朱小芳[2]　章佐群[3]

1. 浙江省农业科学院环境资源与土壤肥料研究所　杭州　310021；

2. 金华市农业局土肥站　浙江金华　321000；

3. 金华市蒋堂镇农业科学试验站　浙江金华　321071

摘　要：紫云英返青期初花前20和10d左右各喷施1次有机硒叶面肥的研究结果表明，在紫云英返青期初花前喷施有机硒叶面肥可以显著提高紫云英嫩梢菜中的硒含量，并对紫云英嫩梢菜的鲜菜产量有一定的增产效果，利用紫云英生产富硒蔬菜，可提高紫云英种植效益。试验使用的有机硒肥，用量在6.75～8.10kg/hm^{2}比较合理。

关键词：有机硒肥；喷施；紫云英嫩梢菜；富硒

硒是人类必需的微量元素，医学方面有关研究证实人类长期硒元素摄入量不足容易引发多种疾病[1]。土壤中的硒受地质、地貌、气候等因素的影响，分布极不均匀，世界上有40多个国家存在不同程度的缺硒[2,3]。中国农业科学院1980年调查了我国除台湾省以外的所有地区，证实了我国除陕西、湖北及四川、贵州、湖南等省存在面积不大的高硒地区以外，有72%的地区属于缺硒地区，其中，包括华东地区的江苏、浙江、上海等省市。我国20世纪90年代初进行的总膳食结构调查，为全面评价我国膳食结构和营养质量提供了准确的资料和可靠的依据。我国居民日常饮食中硒摄入量平均值为43.3μg/d，低于中国营养学会推荐的硒适宜摄入量下限50μg/d[4~6]。因此，开发富硒农产品，通过日常饮食提高人体硒摄入量，对于提高缺硒地区居民的健康水平具有重要的意义。已有研究表

* 本文发表于《浙江农业学报》，2011，23（1）：141－143.

明，紫云英是一种对硒富积能力较强的作物，利用无机硒肥喷施紫云英可显著提高紫云英植株的硒含量[7]。但是由于无机硒肥的使用存在安全隐患，因此生产上很难推广使用。当前市场上已有使用较安全的有机硒肥，并在多种作物上应用具有较好的富硒效果[8]，但目前还没有将有机硒肥应用于紫云英上的富硒效果研究。为了明确紫云英返青后初花前使用有机硒肥，并将紫云英嫩梢用作蔬菜目的的富硒效果，特进行试验研究，为富硒紫云英嫩梢菜的开发提供科学依据。

1 材料与方法

1.1 试验材料

试验地选择在金华市婺城区蒋堂农业科学试验站（28°32′N，119°14′E），试验地土壤为第四纪红色黏土发育而成的水稻土，土壤的基本理化性质：pH 值为 5.38，有机质 24.7g/kg，全氮 1.30g/kg；水解氮（N），有效磷 P_2O_5)，速效钾（K_2O），土壤全硒分别为 165，50.0，109，0.135mg/kg。试验用有机富硒叶面肥由长沙隆兴化工有限公司生产。产品登记证号：农肥准字 1237 号。产品标准：GB/T 17419—1998。紫云英品种为奉化市种子公司生产的宁波大桥种紫云英。

1.2 试验方法

1.2.1 田间试验

试验从 2010 年 3 月 13 日开始，4 月 1 日结束。试验前在紫云英试验地选择一块长势较为均匀的紫云英地块。试验设 6 个处理，即对照（CK），T1，T2，T3，T4 和 T5，富硒叶面肥用量分别为 0，2.70kg/hm^2，4.05kg/hm^2，5.40kg/hm^2，6.75kg/hm^2，8.10kg/hm^2。对照处理（CK）喷清水 750kg/hm^2。富硒叶面肥用清水 1∶500 倍稀释，然后用喷雾器将稀释液均匀喷洒在紫云英植株上，稀释液喷洒量 750kg/hm^2。试验重复 3 次，小区随机排列，小区面积 2.0m×3.7m。

试验在 2010 年 3 月 13 日第一次喷施有机硒叶面肥，3 月 24 日第二次喷施硒叶面肥，4 月 1 日取紫云英嫩梢菜样品并烘干供测定样品中硒含量，同时测定各小区紫云英嫩梢菜鲜菜产量。

1.2.2 硒测定方法

（1）土壤全硒量的测定方法参考文献［9］进行。

（2）紫云英植株样品中的硒含量按 GBT 12399—1996 中原子荧光法测定。测定工作由国家水产品及加工食品质量监督检验中心完成。

1.2.3 数据分析方法

采用 Excel，SPSS 16.0 等软件进行数据统计分析。

2 结果与分析

2.1 紫云英嫩梢菜中的硒含量差异与紫云英富硒标准分析

由表 1 可知，紫云英在返青期初花前喷施有机硒肥，各施硒处理与对照相比，紫云英嫩梢菜干物质中硒含量差异均达极显著水平（$P<0.01$），试验设定的硒肥不同水平间，试验结果也达到极显著性差异（$P<0.01$）。硒肥不同水平，紫云英嫩梢菜干物质中的硒含量比空白对照增加了 1.09～19.30 倍。紫云英嫩梢菜中的硒含量随着有机硒肥施用水平的增加而增加，这种增加趋势开始时比较缓慢，当施用量达到 2.7kg/hm^2 以上，紫云英嫩梢菜中的硒含量快速增加。

根据食品中硒限量标准（国家卫生标准 GB 14880—1994）的相关规定和我国富硒食品的相关研究进展[4]可知，人体膳食硒供给量的最佳水平为 50～250μg/d，最大安全硒摄入量为 400μg/d。浙江省大部分地区属低硒地区，人体通过饮食日摄入硒的水平并不高，一般低硒地区人体日硒摄入水平为 26～32μg/d[5,6]。假定低硒区正常情况下人体每天硒摄入量为 30μg/d，人体通过食用富硒紫云英嫩梢菜增加硒摄入水平，补充硒摄入量达到人体最佳硒摄入量的下限 50μg/d，按人体每天食用紫云英嫩梢菜 100g 计算，则紫云英鲜菜为人体提供硒的最低富硒标准为 200μg/d。对照表 1 中不同硒肥用量紫云英嫩梢菜中的硒含量水平，要达到富硒紫云英嫩梢菜的标准，硒肥的最低施用量需达到 6.75kg/hm^2 以上。而要达到人体硒摄入量最高安全标准 400μg/d，则紫云英嫩梢菜的富硒量要达到 1 850μg/d，在现有施硒水平下不可能达到该标准，也就是说一般情况下人体食用富硒紫云英嫩梢菜不会导致人体过量摄入硒元素而生产中毒的现象。

2.2 施用有机硒肥对紫云英嫩梢菜产量的影响

由表 1 可知，施用有机硒肥还显著增加了紫云英嫩梢菜的鲜菜产量，不同施硒水平间产量差异有两个处理达到显著水平，但并不完全是随硒肥用量增加而增加。

表 1　不同硒肥水平对紫云英嫩梢菜中硒含量和鲜菜产量的影响

硒肥用量 (kg/hm^2)	硒含量 (μg/kg · FW)	硒含量 (μg/kg · DW)	比对照增加培数	鲜菜产量 (kg/hm^2)	比对照增产 (%)
0（CK）	10.5	0.11a	0	8 864a	0
2.70	21.9	0.23bA	1.09	9 897bA	11.7
4.05	115.9	1.22cB	10.10	10 146bA	14.5
5.40	131.1	1.38dC	11.50	10 443cB	17.8
6.75	200.5	2.11eD	18.20	9 858bA	11.3
8.10	223.3	2.23fE	19.30	10 625cB	19.8

注：同列大、小写字母不同表示在（$P<0.05$）和（$P<0.05$）水平下差异极显著和差异显著

2.3 施有机硒肥对菜用紫云英的经济效益的影响

由表 2 可见，使用有机硒肥不会增加紫云英嫩梢菜的生产成本，反而使紫云英嫩梢菜的单位净产值增加。考虑到随着硒肥使用量的增加，单位面积使用成本也会增加，硒肥用量既要达到富硒标准，又能使使用硒肥的效益达到最大化，本研究结果表明，生产富硒紫云英嫩梢菜的硒肥用量在 6.75～8.10kg/hm^2 比较合理。

表 2　施有机硒肥对紫云英嫩梢菜经济效益的影响

试验处理	硒肥用量（kg/hm^2）	嫩梢菜增产量（kg/hm^2）	增加产值（元/hm^2）	增加成本（元/hm^2）	净增产值（元/hm^2）
CK	0	0	0	0	0
T_1	2. 70	1 034	2 067	780	1 287
T_2	4. 05	1 283	2 565	970	1 495
T_3	5. 40	1 580	3 159	1 360	1 799
T_4	6. 75	995	1 989	1 650	339
T_5	8. 10	1 761	3 522	1 940	1 582

注：嫩梢菜按 2. 0 元/kg，硒肥成本按 200 元/kg，人工按 80 元/天折算

3　小结

初步研究结果表明，要达到国家富硒食品的相关标准，本研究所采用的有机硒肥在紫云英嫩梢菜生产上使用，施用量要求达到 6. 75kg/hm^2 以上；使用有机硒肥不会对紫云英嫩梢菜产量产生不利影响，并表现出一定的增产作用；考虑到使用有机硒肥的综合效益，建议试验所选有机硒肥在紫云英嫩梢菜上的用量在 6. 75 ~ 8. 10kg/hm^2 比较合理。

参考文献

[1] 杨光圻．我国硒缺乏和硒过多及地方病预防［J］．中国地方病杂志，1990，5（5）：21 －25.

[2] 张学林．硒的世界地理分布［J］．国外医学（医学地理分册），1992，13（1）：65 －68.

[3] 王莹．硒的土壤地球化学特征［J］．现代农业科技，2008，17：155 －158.

[4] 吴正奇，刘建林．我国富硒食品的研究进展［J］．中国食物与营养，2005（6）：15 －17.

[5] 吴正奇，刘建林．硒的生理保健功能和富硒食品的相关标准［J］．中国食物与营养，2005（5）：14 －17.

[6] 王景怀，施辰子．富硒农产品开发及含硒标准的探讨［J］．天津农林科技，2005，85（3）：15 －18.

[7] 赵决建．外源硒对紫云英硒含量和产量的影响［J］．植物营养与肥料学报，2004，10（3）：334 －336.

[8] 崔晓阳，曹楷，郝敬梅．施硒对暗棕壤硒状况和森林蔬菜硒积累的影响［J］．土壤学报，2007，44（6）：1 111 －1 117.

[9] 李辉勇，金密，刘灿明等．土壤硒的荧光法测定［J］．湖南农业大学学报（自然科学版），2005，31（4）：370 －372.

临安市发展“羊—草—稻”轮作新模式的实践思考*

查振国　张志尧　张志伟　王伟明
浙江省临安市畜牧兽医局　浙江临安　311300

摘　要：通过对“羊—草—稻”轮作新模式的实践推广，使种草养羊成为农民的自主意识，为发展现代生态农业和循环经济、增加农民收入增添了活力。

关键词：“羊—草—稻”轮作新模式；冬闲田；种草养羊

浙江省临安市地处山区，是全国山区养羊的重点市（县）之一。由于传统养羊和山羊山养（放牧度日）的饲养方式管理粗放，母羊繁殖产羔的季节是冬季枯草期，常易导致羊只营养严重不良，因此，羊只生长滞缓，母羊流产，瘦弱羊只或羔羊死亡现象时有发生。20 世纪 90 年代以后，临安市先后被命名为全国“竹子之乡”和“山核桃之乡”，羊只冬春季节的放牧空间也因此受到限制，从而制约了肉羊产业的快速发展，人畜争粮问题已成为阻碍临安市以肉羊业为主的节粮型畜牧业持续、快速、健康发展的焦点。20 世纪 90 年代末，该市板桥乡成为联合国粮农组织列为《利用当地资源，发展可持续畜牧业》CCP/PAS/143/JPN 项目在浙江省的示范点之后，笔者通过调整种植结构、农牧结合，利用以冬闲田种植黑麦草的契机，建立了“羊—草—稻”轮作新模式，不但有效解决了人畜争粮的核心问题，使肉羊产业得到了长足发展（自 2002 年起，全市能繁基础母羊一直稳定在 3 万只以上），同时也使肉羊产业成为了临安市农民增收的一大新亮点。

1　公司与农户相结合，开发“羊—草—稻”农业新三元种植结构模式

公司与农户相结合就是通过杭州正兴牧业有限公司，选择具有一定养羊基础、规模和专业技术的养殖户引种推广用波尔山羊杂交改良本地山羊，以发展波尔杂交肉羊。其核心是推广良种波尔山羊，关键是种草养羊，树立种草即种粮的现代理念，改传统放养为放牧 + 补饲。方法是开发冬闲农田，通过冬种黑麦草、春种饲用玉米、夏种晚稻的“羊—草—稻”轮作新模式。既提高了农田的种植效益，又解决了冬春肉羊受自然牧草资源不足而限制规模养殖的瓶颈问题。

根据笔者对板桥乡采用“黑麦草—春玉米—水稻”轮作新模式（表 1）的抽样调查发现，全年每 667m² 产优质牧草 8 900kg、产粮 750kg、产值 2 665元、利润 1 159元，其产值和利润比同村相邻农户采用二熟制农作（油菜—稻、小麦—稻）高出 101.9% 和 177.9%，取得了种草养羊、养羊增收、农田增效的示范效果。

* 本文发表于《畜牧与饲料科学》，2009，30（10）：100 - 111.

2003 年，该市以杭州正兴牧业有限公司为核心，成立了临安市肉羊合作社，并以合作社为纽带，将种草养羊的新技术、新方法、新经验不断传输到各养羊大户，且已发展到全市和周边地区。据统计，杭州正兴牧业有限公司每年联动肉羊合作社成员，杂交改良种羊 2 000只以上，提供波尔山羊良种 600 只以上，全市冬闲田种草面积一直稳定在 0. 33 万 hm^2 左右。

2　实践思考

2. 1　发展“羊—草—稻”轮作新模式的关键是转变观念，树立种草即种粮的自主意识

种草养羊，既可使农田增效、农民增收，又是实现现代养羊业创新发展的必然选择、临安市通过“羊—草—稻”农牧结合的落实及其轮作新模式的实践推广，开发冬闲田种植牧草，保障冬春季羊只青绿饲料供应，提高羊羔成活率，从根本上解决了南方冬春季枯草期间羊只易死亡的问题，保障了肉羊产业的平稳发展（表 1）。

表 1　“羊—草—稻”轮作新模式效益分析

作物种类	熟次	产量（kg/亩）	产值（元/亩）	物化成本（元/亩）			劳务成本（元/亩）			成本合计（元/亩）	利润（元/亩）
				种子	肥、药	机械	土地	劳工	管理		
黑麦草	第一熟	4 900	685	20	90	50	100	100	50	410	275
春玉米	第二熟	4 000	1 080	25	96	50	100	150	50	471	509
水稻	第三熟	475	900	20	240	100	150	120	100	625	275
合计	草 8900 粮 475		2 665	65	326	200	350	370	200	1 506	1 159

2. 2　建立“羊—草—稻”轮作新模式是发展生态型农业的创新模式

把牧草或饲料作物，引入到常规的农业生产体系中，通过粮、草、畜的有机结合，建立“土地—植物产品—动物产品”生产链条，最大限度地生产植物和动物产品，有效地弥补了以谷物为主体的传统农业的缺失环节，提高了农业生产效率。“羊—草—稻”轮作新模式的核心是种草促农、寓粮于草，从而满足现代人的食物结构，既可在生态和生产兼顾的同时能持续发展现代农业系统，又为南方现代生态农业的可持续发展产生启示作用。

2. 3　利用冬闲田种草养畜，有利于农牧结合，发展循环经济

自 2007 年开始，浙江省将发展生态畜牧业的工作重心从治理为主逐步转移到推进种养结合上。羊是节粮型草食家畜，利用种植牧草养羊，既可节本节粮，为农田增加有机肥料，又解决了冬季各大养殖场畜禽排泄物的部分出路。过去，冬季是有机肥的使用淡季，各养殖场虽然对畜禽排泄物进行了以厌氧发酵、生产沼气为主的综合治理，但沼渣、沼液仍不能利用，畜禽排泄物处理减量化、无害化、资源化的目的无法实现，因此，保护环境就不能落到实处。而农田种植牧草，沼渣、沼液是最佳有机肥料，尤其在冬闲田种黑麦草后，据测算，农田能增加有机质 20% 以上，既提高了土壤肥力，又可减少因使用化肥而引起的污染和土质下降，从而对改善农业生态环境、节约利用资源，发展现代生态农业和

循环经济具有现实意义。

参考文献

[1] 李玉英，孙建好，陶爱丽等．武威市种植业粮—经—饲三元结构优化模式研究［J］．安徽农业科学，2008，36（34）：14 935－14 937.

[2] 魏晓静，王立威，刘玉玲等．粮、经、饲三元种植结构试验研究［J］．山东畜牧兽医，2008（2）：3－4.

[3] 谷奉天，王玉江．黄河三角洲多元化种植结构研究［J］．安徽农业科学，2008，36（20）：8 536－8 538.

[4] 王伟春．多元化种植结构模式实践与效益分析［J］．现代农业科技，2009（9）：223.

[5] 王晖，孙云，欧阳一沁．宁夏引黄灌区复种饲草潜力·效益及发展模式的研究［J］．安徽农业科学，2008，36（32）：14 046－14 049.

[6] 张军，刘庆，刘晓群等．北方农户生态农业模式及其效益分析［J］．现代农业科技，2009（10）：262－263.

[7] 李明，郭孝，哈斯等．河南省黄河滩区以草业为核心的综合开发与利用［J］．畜牧与饲料科学，2009，30（1）：71－74.

[8] 杨丽丽，杨进强．论农村经济合作组织在农业结构调整中的作用［J］．现代农业科技，2007（19）：227.

“草—稻—鹅”模式的效益与技术*

马利华[1]　许　萍[2]　陈永水[3]　顾国平[4]　闻秀娟[4]　陈伟光[4]　范浩定[5]

1. 绍兴县孙端镇农办　浙江绍兴　312090；
2. 绍兴市农业信息中心　浙江绍兴　312000；
3. 绍兴县天鸿鹅业有限公司　浙江绍兴　312000；
4. 绍兴市农业科学研究院　浙江绍兴　312000；
5. 绍兴市农技总站　浙江绍兴　312000

摘　要：通过在浙江绍兴的试验摸索得出：在水田种植一季早稻后，翻耕播种黑麦草，用黑麦草做鹅青饲料，用稻谷做鹅精饲料，用稻秆做鹅栏垫料。一般每公顷水田能产粮食 7 500kg 左右，产鲜草 15 万 kg 左右，养鹅 3 000只，净收入可达4.5 万～6.0 万元，是一条农民致富的好路子。

关键词：稻作制度；草—稻—鹅；增效增收

---

* 本文发表于《湖南农业科学》，2012，18（5）：56－57.

养鹅是一项投资少、周期短、见效快、利润高的畜牧养殖项目。鹅以草食为主，饲养结果表明：每只肉鹅在牧草充足的情况下，喂给 7 ~ 8kg 饲料加 60kg 牧草，饲养 70 ~ 80d 即可出栏，可获净利 20 元左右。而黑麦草是一种优质牧草，鹅非常爱吃。它每年秋天进行播种，至次年抽穗可收割利用 8 ~ 10 次。黑麦草也是改良土壤和深翻沤田的上等绿肥，在最后一茬青草收割后用大量草根沤田，可明显改善土壤肥力，提高稻谷产量。几年来我们通过不断摸索，总结出一整套水田种草养鹅技术：种黑麦草做鹅青饲料，用稻谷做鹅精饲料，用稻秆做鹅栏垫料。一般每公顷水田能产粮食 7 500kg 左右，产鲜草 15 万 kg 左右（高产者达 22.5 万 kg），养鹅 3 000只，扣除成本，净收入达 4.5 万 ~ 6.0 万元。2011 年笔者在浙江绍兴县孙端镇中心示范方连片种植黑麦草 14hm^2，实现了粮经双丰收。我们还运用合作社管理模式，对现有 700 余户实施这种模式的社员提供产前、产中、产后服务，实现五统一，即“统一供种、统一技术规程、统一市场讯息、统一产业模式、统一饲料核心配方”。目前此项技术受到许多种粮专业户的欢迎，都自觉到孙端镇参观学习，有关部门还专门办了几期培训班，介绍了此项技术。2011 年 10 月 10 日，中央电视台《科技苑》栏目，对这种“草—稻—鹅”的养殖模式进行了专题报道，题目为《钻空子养鹅的人》。现将草—稻—鹅生产技术简述如下。

1　黑麦草种植技术

1.1　品种

黑麦草一般选用常规种植的多花黑麦草品种，如用进口四倍体品种黑麦草则产量更高。

1.2　播种

主要采用翻耕播种方式。在早稻收割后用拖拉机将田翻耕耙细平整后，按幅宽 1.5m 或 2m 拉线开沟并晒白近一月，以利土壤风化疏松和消毒。一般黑麦草播种越早，产草量越高。但因黑麦草喜欢温暖湿润的气候，高于 30℃时发芽困难。一般在 8 月底 9 月上中旬开始播种，每公顷用种量 45.0 ~ 52.5kg，播种前可浸泡种子 5 ~ 8h，表面水分晾干后用 750kg 普钙和草种拌匀后进行撒播，播后用鹅粪厩肥覆盖。若遇天旱，可在播种前大水漫田一次，让土壤吸足水后再排掉，播种后保持水沟有水即可保证黑麦草快速发芽。若杂草较多，可提前 10d 用除草剂封草 1 次。出苗后主要防地老虎和蟒蟾等危害牧草，可用敌百虫、百树得等相关农药在天黑前喷雾防治，地老虎也可采用灌水方式进行防治。

1.3　管理

黑麦草的生长特点是喜湿又怕水浸渍，田间管理应紧紧围绕水、肥这两个环节。播种后一定要及时开好排水沟，田间有积水则要及时排出以免发生烂根病。但如果天太旱土干不利于黑麦草生长，要及时沟灌水保持土壤湿润。黑麦草生长不怕肥料多，肥料愈多，生长愈繁茂，愈能多次反复收割。一般出苗后三叶期或分蘖期每公顷追施 75 ~ 150kg 尿素或复合肥以壮苗。在直播后 40d，必须割第 1 茬，否则不利分蘖，降低产量。并将鹅粪担入草地撒开作追肥，又能防冻保温。一般在冬季，也能每隔一月割一次草，到年后气温回复后，每20～25d就能割一次，每次割草后根据长势每公顷追施150～225kg尿素或复合肥，需在割草后3～5d进行，以免灼伤草茬、草尖，引起腐烂。

1.4 利用

播种45～50d后即可割第一次草，第一次割草时无论其长势好坏均必须收割，留茬不能低于3cm，以利分蘖。为了提高割草工效，笔者购买了修草坪用人工割草机割草，大大提高了割草劳动效率。黑麦草的水分含量较高，如发现畜禽有“拉稀”现象，可采取提前一天收割，摊开晾晒萎蔫后再利用，即可避免。

1.5 留种

留种黑麦草不能大量施用氮肥，当穗子由绿转黄后即可收割，挑回去在水泥地上晒1～2d后脱落，妥善保管以备秋天播种。

2 水稻栽培技术

2.1 品种

水稻品种宜用生育期较长、产量较高的当地适宜品种，笔者选用金早47，每公顷产量水平在7 500kg左右。

2.2 播种

在黑麦草最后一批收割后，对草地喷洒草甘膦等除草剂，约一周待草黄萎后撒鹅粪并灌水浸草沤地，10d后拖拉机翻耕耙田，也可每hm^2撒石灰225～300kg，以加速草根的分解腐烂（同时兼行田间消毒）5月1～10日前后用直播方式进行播种，播后用丁草胺封闭，保持田沟满水即可。

2.3 管理

因种过黑麦草后土壤氮磷肥力较高，一般在水稻分蘖始期每公顷施75～150kg尿素促进分蘖，在搁田复水后施112.5kg氯化钾壮秆，一般不再施用其他肥料。水浆管理和病虫害防治上要加强纹枯病防治，其余措施同常规水稻。

2.4 收获

收割时尽量采用能整草收割的收割机收割，将稻草晒干收集备冬季养鹅作垫料用。稻谷则可作鹅精料用。

3 鹅的饲养

3.1 鹅的品种

笔者饲养鹅的品种是浙东白鹅。它生长快，肉质好，耐粗饲。肉用仔鹅经短期肥育较好，70日龄左右上市，体重3.2～4.0kg。

3.2　养鹅设施

长年实行该模式的农户，建议建专用育苗房，按每平方米建筑面积育苗 15 只设计（可育到 20d 前后）。育苗房冬季要保温，要准备 1 只三芯煤炉和排烟用的烟斗与排烟铁管，同时按每栏 10 只小鹅（0.5 ~ $1m^2$）准备 1 只饮水壶。饲料槽建议用直径 75mm 的 PVC 管对剖即可。冬春季节还应搭建一间中鹅过渡房，防止低温时段（每年的 12 月中旬—次年的 3 月中下旬）和长雨时段。可按每平方米养 4 只的要求搭建，配 2 倍的运动场所。为提高周转效率和场地的全面清洗消毒，按每平方米养 3 只的要求搭一个大鹅房，配同等比例的运动场。为减少投资和健康养殖，要求大鹅舍、过渡房建在离河岸较近的位置。育苗房用水能用自来水最好，否则要挖一口井，有利于小鹅防疫。

3.3　饲养管理

雏鹅管理要点是：防潮保暖，防止“打堆”、注意栏舍清洁卫生，尽早开食；仔鹅阶段应以喂青料为主或进行放牧，力争鹅每天能吃饱 4 ~ 5 次黑麦草；仔鹅在主翼长出后（45 日龄左右）转入育肥期，此期青料适当减少占 20% 左右，精料 50%，粗料（糠麸类）30%，要少量勤添，让鹅吃饱，日夜供足饮水。

3.4　疫病防治

鹅病防治主要采用加强饲养管理、周期消毒、预防接种等综合防治措施。并抓好对鹅瘟、禽霍乱和鹅流行性感冒等主要疾病的防治工作。

参考文献

[1] 严本均．冬闲田种黑麦草养鹅［J］．山区开发，1998（11）：36.
[2] 肖硕，解得应，肖月明．冬闲田栽培黑麦草养鹅技术［J］．现代农业科技，2011（10）：338，341.

蚕豆—甜玉米—富硒水稻间作套种新耕作模式*

李　林
浙江省丽水市莲都区农业局　浙江丽水　323000

近年来浙西南山区土地连作障碍严重，农作物品质和产量不断降低，经济效益和社会效益不断下降。为此我们特开展了蚕豆—甜玉米—富硒稻米间作套种新耕作模式试验示

* 本文发表于《上海蔬菜》2009（3）：57 - 58.

范，我区落实示范方面积6.9hm^2，提高了农田复种指数，而且实施水旱轮作，合理调整了种植结构，形成农作物耕种的良性循环，实现农业可持续发展，达到了农业增产、农民增收的目的，现将该模式介绍如下。

1 经济效益

耕作制度创新，提高耕地复种指数。蚕豆套种玉米，蚕豆平均667m^2产鲜荚560kg，667m^2产值1792元，比连作田块667m^2产鲜荚480kg增产80kg，按市场价3.2元//kg计，667m^2增收256元。玉米1茬667m^2产值1296元，除去每667m^2成本种子150元、化肥160元、农药60元和少量人工费用，667m^2收益800元左右。水稻不施肥，按常规每667m^2基肥碳铵50kg、追肥尿素10kg，氯化钾5~10kg计，节省化肥成本90元。3项合计可增收1 146元左右，按示范方案6.67hm^2计算，可增收11.46万元。蚕豆—甜玉米—富硒稻耕作模式，667m^2产值达4 462.1元，高产田块达5 000元以上，接近豇豆等蔬菜产业，但大大节省了生产成本、劳动用工等支出。

2 生态效益

多年来，广大生产者为提高农业经济效益，从过去单纯种粮向多种经济作物发展，种植模式为旱—旱—旱，导致土壤严重缺素，土传病害越来越重，连续多年种植引发连作障碍，田间表现为作物苗期、投产期植株死亡，且无有效防治药剂，造成种植成本成倍增加和产量明显下降，产品质量和经济效益降低。该耕作模式实行水旱轮作，有效解决或减轻了连作障碍，确保农作物正常生长，降低了农药化肥成本和人工费用，提高了单位面积产量和产值。

3 栽培技术

3.1 蚕豆

选用慈蚕1号大白蚕品种，于上年10月下旬播种。畦宽1.1m，沟宽0.3m，每畦靠畦的两边各种1行蚕豆，每667m^2栽2 200株。

（1）及时追肥：出苗后结合中耕除草，追施农家肥及速效肥，每667m^2开沟深施腐熟猪鸡粪1 000kg、洋丰牌硫酸钾复合肥50~60kg，3~4叶期宜施1次速效肥，以防脱肥影响分蘖，初花期每667m^2施尿素15~20kg。

（2）摘心：出苗30cm左右或主茎5~6叶时即可摘掉主茎顶芽促分枝。

（3）打顶：分枝复叶出现6片小叶或基部花凋谢时，留6~7节花及时打顶。

（4）抹芽：打顶后及时摘除基部无效分枝，确保养分向豆荚输送，以提高产量，提早成熟。

（5）加强病虫害防治：病害主要有立枯病、根腐病，后期有炭疽病、褐斑病、叶斑病等，虫害主要有蚜虫、美洲潜斑蝇等，要做到预防为主、综合防治。次年4月要重点防治赤斑病、褐斑病，可用50%多菌灵或50%托布津800~1 000倍液喷雾防治，每隔7~10d喷1次，连喷2~3次。4月下旬即可收获。

3.2　甜玉米

选用上品超级甜玉米品种，于蚕豆畦中间套种玉米。500m 范围内不宜种植非甜质和不同类型的甜玉米，以防串粉影响品质。蚕豆田套种玉米共生期时间掌握在 15d 左右。

（1）育苗：3 月上旬，采用营养钵育苗，宜干籽播种，1 钵 1 籽，播后覆土厚 1cm 左右，加强苗床管理。

（2）定植：4 月中旬适时移栽，定向单行定植，每 667m^2 栽 1 800株。

（3）追肥：移栽后施好活棵肥，蚕豆采摘前 7d 玉米施 1 次苗肥，蚕豆采摘后进行中耕除草，施第 2 次肥。

（4）除蘖打杈：由于甜玉米具有分蘖分枝特性，生育期短、生长快、耗养分多，为保证单果重和等级，要及早摘除分蘖，去早去小，避免损伤主茎及叶片，以后结合防治病虫害重施穗肥。

（5）中耕除草：定苗时进行第 1 次中耕除草，宜浅不宜深，深度 3cm 即可，主要是为了消除草荒：拔节期进行第 2 次中耕，深度 10cm，以促进根系生长；第 3 次中耕在抽雄花前 10d 左右，可结合追肥同时进行，深度 5cm；第 4 次中耕在抽雄花前 3d 进行，主要是为了培土。

（6）病虫害防治：一般病害有大、小斑病，发病初期，及时喷洒托布津 1 000 ~ 1 500 倍液防治；虫害主要有玉米螟，蛀食茎、秆、雄蕊和果穗，在喇叭口期可用 Bt 或敌百虫 500 倍液用喷雾器灌心防治，在抽雄雌蕊期如再有虫害可喷菊醋类农药 1 次。

（7）适时采收：采收时间一般在 6 月下旬。

3.3　富硒水稻

甜玉米后茬种植富硒水稻。稻谷中硒的含量在 0.1 ~ 0.3mg/kg。选用水稻良种两优 6326 品种。

（1）播种：播种时间为 6 月中旬，播前晒种 0.5 ~ 1d，用 25% 使百克 3000 倍液或 1.5% 的确灵 875 倍液浸种 20h，催芽。

（2）做秧板：667m^2 施复合肥 20kg 作基肥，稀播壮秧。

（3）移栽：7 月上旬移栽，秧龄 30 ~ 32d。将玉米秆还田，待玉米秆腐烂后再插秧，需 10d 左右。插后 7d 内结合除草 667m^2 施尿素 10kg。

（4）施硒肥：在水稻齐穗期前后施用硒肥（作物富硒增产剂，硒含量≥0.06%），用量为 100g/667m^2 · 次。将硒肥按计划用量加一定清水调匀稀释成糊状，将母液用水调配成使用浓度，用喷雾器均匀喷雾水稻叶面。一般每季稻施 1 次，于晴天午后施用，施后 12h 内遇下雨可酌情补施 1 次，用量应适度减少。

（5）施肥原则：插前不施基肥，插后少施追肥，看苗势酌情施用。

（6）水分管理：灌浆初期保持薄水层，灌浆中后期干湿交替，切忌断水过早。

（7）病虫害防治：加强防治稻纵卷叶螟、稻飞虱、纹枯病等病虫害。

“蚕豆、杂交稻制种、蘑菇、废菇料还田”高效生态循环模式与技术*

涂依琴
浙江省遂昌县农业局　浙江遂昌　323300

摘　要：遂昌县在杂交稻制种区开展了“蚕豆、杂交稻制种、蘑菇、废菇料还田”高效生态循环农业的示范推广，通过水旱轮作、蚕豆秸秆和废菇料还田等措施，不仅能培肥土壤地力，还能利用稻草培育蘑菇，提高产品附加值，该模式经济、生态效益显著。

关键词：蚕豆；杂交稻制种；蘑菇；废菇料；生态循环

遂昌县是浙江省杂交稻制种基地县，常年杂交稻制种面积稳定在1 000hm^{2}以上。为探索杂交稻制种与其他作物轮作高效栽培模式，近年来，在遂昌县云峰、金竹镇进行了“蚕豆、杂交稻制种、蘑菇、废菇料还田”高效生态循环农业示范推广。通过水旱轮作、废菇料和蚕豆秸秆还田等措施，不仅培肥了土壤地力，减少了农药、化肥使用量，还提高了农产品质量；同时利用稻草培育蘑菇，可延长产业链，提高产品附加值，实现农业增效、农民增收。2011 年示范区内蚕豆平均产值 3 385元/667m^2；杂交稻制种平均产值 2 460元/667m^2，两项合计5 845元/667m^2；利用稻草1 131t，培育蘑菇565. 5t，产值358万元，经济、生态效益显著。

1　茬口安排

蚕豆于10月下旬至11月上旬播种；杂交水稻制种，于翌年4月上旬播种，5月下旬至6月上旬移栽；蘑菇于9月中旬至10月中旬播种，10月下旬至翌年5月上旬为出菇、采菇期，5月中下旬清除废菇料。

2　栽培技术

2.1　蚕豆栽培技术

2.1.1　品种选择

选用生长势强、荚大粒大、产量高、品质优良、鲜食冷贮皆宜的“日本大白蚕”作为主栽品种。

---

* 本文发表于《上海农业科技》，2012（5）：131 – 133.

2.1.2　适时播种

蚕豆采用机械开沟免耕直播技术，开沟前，每 $667m^2$ 施腐熟厩肥 800kg 或土杂肥 2 000kg、过磷酸钙 15～20kg、氯化钾 10kg 作基肥，基肥条施或点施于种植行间。用开沟机开沟，畦面整平后，铺黑色地膜，即可进行破膜播种栽种密度 2 500～3 000株/$667m^2$，单粒播种，每 $667m^2$ 用种量 6～8kg。

2.1.3　田间管理

2.1.3.1　查苗补苗　出苗后及时检查苗情，发现缺苗及时补种或补苗。

2.1.3.2　化学除草　采用乙草胺（禾耐施）芽前喷施、化学除草和黑地膜覆盖相结合的方式进行大田除草。

2.1.3.3　灌溉和排水　开好田间排灌水沟，做到速灌速排。雨天做好清沟排水工作。

2.1.3.4　合理追肥　出苗后每 $667m^2$ 用人畜粪肥 500kg 或尿素 3～4kg 浇施，始花期每 $667m^2$ 施复合肥 12～15kg，开花期每 $667m^2$ 用硼砂 100g、钼酸铵 5g 加水 40kg 喷施。

2.1.3.5　整枝摘心　开春后当蚕豆株高达 30cm 左右时开始整枝，摘除 3 级以上不结荚的分枝。在蚕豆初荚期要及时摘心，一般摘掉顶部 1～2 个叶节即可。整枝摘心要在晴天进行，以促进伤口愈合。

2.1.3.6　病虫害防治　蚕豆易感赤斑病、锈病。赤斑病在发病初期，喷施 1∶2∶100 的波尔多液，以后每隔 10d 喷 50% 多菌灵 500 倍液 1 次，连喷 2～3 次；锈病可每 $667m^2$ 用 15% 粉锈宁 50g，加水 50～60kg 喷施。蚕豆虫害以蚜虫为主，可选用一遍净可湿性粉剂 2 000倍液防治。

2.1.4　适时采收

当豆荚饱满、籽粒呈淡绿色时即可分批采收鲜豆。

2.2　杂交水稻制种技术

2.2.1　确定播差期

根据不同组合合理确定播种差期。“中浙优 1 号”第 1 期父本于 4 月 7 日播种，第 2 期父本于 4 月 18 日播种，母本于 5 月 2 日播种，父母本播种时差 25 ±2d，叶差 4.9 ±0.2 叶；“中浙优 8 号”第 1 期父本于 4 月 1 日播种，第 2 期父本于 4 月 12 日播种，母本于 5 月 2 日播种，父母本播种时差 31 ±2d，叶差 6.1 ±0.2 叶。

2.2.2　培育壮秧

2.2.2.1　种子处理　用清水洗净种子，并捞去秕谷，0.5h 后再用强氯精 300 倍液浸 8～10h，然后捞起用清水洗净进行催芽。

2.2.2.2　播种育秧　采用半旱育秧方式，秧板宽 1.5m。秧田用幼禾葆进行除草。父本每 $667m^2$ 播种量 5kg，用地膜覆盖 15d，晴天注意开膜通风，慎防烧苗，秧龄 45d 左右。母本每 $667m^2$ 播种量 7kg，秧龄 30d 左右。

2.2.2.3　肥水管理　秧苗 2 叶 1 心后灌水上秧板。2.5 叶期每 $667m^2$ 用尿素 10kg 加过磷酸钙 15kg 拌匀撒施。隔 7d 施第 2 次肥料，每 $667m^2$ 用尿素 10～12kg 加过磷酸钙 15kg 拌匀撒施。移栽前 6d 每 $667m^2$ 施尿素 15kg 作起身肥。每次施肥时应保持 3.3cm 深水层。揭膜通风后下午 4 时左右盖回地膜，并做好移密补疏工作。

2.2.3 大田管理

2.2.3.1 施好底肥 每$667m^2$蚕豆鲜绿秸秆还田1 500kg，每$667m^2$配施碳铵25kg或尿素5～7kg、钙镁磷肥35～45kg、氯化钾4～6kg、硫酸锌1kg。

2.2.3.2 移栽行比 父母本采用2∶9的行比移栽，即2行父本加9行母本。两期父本比例1∶2，即1期父本插1丛，2期父本插2丛，交替种植，每丛单本插，并做好1、2期父本的标记，不能混杂不清，父本株行距33cm×25cm；父母本间距24cm，插母本的格内净空2m，内插母本9丛，母本株行距19cm×19cm。

2.2.3.3 施肥和化除 父本移栽后5d进行施肥，每$667m^2$施尿素7～8kg，施肥时田间要有深3.3cm的水层；并结合化学除草采用丁农或丁苄拌细沙全田均匀散施，施后隔7d插母本。待母本移栽后5d对父、母本同时施肥，每$667m^2$用尿素5～7kg、氯化钾4～6kg，并加丁农或丁苄除草剂防除杂草，需保持深3.3cm的水层3d。孕穗期每$667m^2$施尿素6～8kg、氯化钾5～7kg。抽穗期每$667m^2$用磷酸二氢钾0.2kg加尿素0.5kg对水50kg喷施，防止早衰。

2.2.4 花期预测调节

以幼穗分化进度预测父母本花期是否相遇。预测方法是在幼穗分化2～3期时剥查，以母本比父本早3d为最佳，衡量标准以母本比父本早1～2d始穗为好。花期相差3d以下宜用水促旱控，花期相差4d以上宜重施氮肥和喷施多效唑调节。

2.2.5 剪叶、赶花、喷施九二〇

（1）剪叶：父本不宜剪叶，母本在破口期一般留主茎顶叶10cm为准，其余部分剪去。

（2）喷九二〇：抽穗10%时开始喷九二〇，第1次，每$667m^2$用九二〇 5g对水40kg；次日喷第2次，每$667m^2$九二〇 4g对水40kg；隔日喷第3次，每$667m^2$用九二〇 2g对水40kg进行提穗；之后，每$667m^2$用九二〇 1g对水40kg喷雾进行养花，连续喷施2～3d。

（3）赶花授粉及去杂：父本初花时应及时赶花，每天赶花2～3次，连赶10～12d。始穗期和扬花期是去杂的关键时期，要及时彻底去杂。

2.2.6 病虫防治

主要防治纵卷叶螟、螟虫、稻飞虱和纹枯病、小球菌核病、稻瘟病、白叶枯病、稻粒黑粉病。该父本对稻瘟病抗性较差，应特别重视。

2.2.7 收晒藏防交售

父母本单晒单放，在收割、晒、藏过程中要严防机械混杂，晒干后放到安全、干燥处待售。稻草晒干后出售给食用菌生产企业，用于生产双孢蘑菇。

2.3 双孢蘑菇标准化生产技术

2.3.1 培养料配方

要求碳氮比（C/N）为（28～30）∶1，含氮量1.4%～1.6%。推荐配方1（以栽培面积$100m^2$计算）：干稻草2 200kg、尿素40kg、复合肥20kg、菜籽饼200kg、石膏75kg、石灰30～50kg；推荐配方2（以栽培面积$100m^2$计算）：干稻草2 000kg、过磷酸钙25kg、干牛粪850kg、石膏粉45kg、菜籽饼85kg、碳酸钙35kg、尿素25kg、碳酸氢铵25kg、石灰粉 50kg。

2.3.2 培养料堆制

2.3.2.1 预堆 稻草、牛粪应新鲜无霉变，牛粪碾碎过筛，均匀混入饼粉，加水预湿堆成长方形。

2.3.2.2 建堆 堆料场用石灰画出宽 1.8m 左右的堆基，周围挖沟，底层铺 30cm 厚的稻草，然后交替铺上牛粪（3 ~ 5cm）和稻草，层数 10 ~ 12 层，一直堆到料堆高达 1.5 ~ 1.8m。料堆边应基本垂直，铺盖粪肥要求边上多、里面少，下层少、上层多，从第 3 层起开始均匀加水和尿素，并逐层增加，水掌握在堆好后有少量水流出为宜。

2.3.2.3 翻堆 翻堆时应上和下、里和外、生料和熟料相对调位，把粪草充分抖松，干湿拌和均匀，各种辅料按程序均匀加入。一般堆料后的第 1 天料温上升，第 3 ~ 4 天料温可达 70 ~ 75℃，至第 4 ~ 5 天即可进行第 1 次翻堆。料堆中间每隔 1m 设 1 排气孔，翻堆时要浇足水分，并分层加入所需的铵肥和过磷酸钙，水分掌握在翻堆后料堆四周有少量粪水流出。第 1 次翻堆后 2 ~ 3d，堆温可达 75 ~ 80℃。3d 后再进行第 2 次翻堆，在料堆中设排气孔，翻堆时应尽量抖松粪草，加入石膏分层撒在粪草上。这次翻堆原则上不浇水，较干的地方补浇少量水。第 2 次翻堆后 2 ~ 3d，即可进行第 3 次翻堆，料堆中间设排气孔，改善通气状况，应使粪草均匀混翻，将石灰粉和碳酸钙混合均匀后分层撒在粪草上。整个堆制过程料堆水分应掌握前湿、中干、后调整的原则。

2.3.2.4 进房时料的标准 颜色呈咖啡色，生熟度适中，有韧性而又不易拉断，料疏松，含水量为 65% ~68%，pH 值为 7.5 ~ 8.5。若料偏干应用石灰水调至适宜含水量，一般以手握紧料时有 5 ~ 7 滴水滴由指缝渗出即可。

2.3.3 后发酵

2.3.3.1 菇房消毒 用甲醛、敌敌畏熏蒸密封 24h，然后打开门窗通气，以排出毒气。

2.3.3.2 进料 把已经前发酵的培养料迅速搬进菇房，堆放于 2 层以上床架上，堆放时要求料疏松、厚薄均匀。

2.3.3.3 后发酵 培养料进房后，关闭门窗，让其自热升温，培养 1 ~ 2d，再进行蒸汽外热巴氏消毒，以杀灭杂菌与害虫。每座菇房可采用 2 个蒸汽发生炉灶加热，使料温达 60℃，保持 6 ~ 10h。之后料温保持在 48 ~ 52℃，继续培养 3 ~ 5d 后通风至培养料无氨味。

2.3.3.4 培养料标准料色为褐棕色，腐熟均匀，富有弹胜，禾秆类轻轻拉即断，发酵正常的培养料，C∶N = 17∶1，含水量 65% 左右，pH 值为 7.5 ~ 7.8，无臭味异味，具有浓厚的料香味，料内及床架上长满棉絮状的嗜热性微生物菌落，具有较强的选择性，可供蘑菇优先利用。

2.3.4 栽培管理技术

2.3.4.1 播种 二次发酵结束后，打开门窗通风，待培养料温度降至 30℃ 左右时，把培养料均摊于各层，上下翻透抖松。若培养料偏干，可适当喷洒冷开水调制的石灰水，并再翻料 1 次，使之干湿均匀；如料偏湿，可将料抖松并加大通风，然后整平料面。当料温稳定在 28℃ 左右、同时外界气温在 30℃ 以下时，每平方米栽培面积使用麦粒种 1 瓶，撒播并部分轻翻入料面内，压实打平，关闭门窗，保温保湿促进菌种萌发。

2.3.4.2 发菌 播种后 2 ~ 3d，适当关闭门窗，以保持高湿为主，促进菌种萌发，若料温超过 28℃，应适当通风降温。3d 后，当菌种已萌发、且菌丝发白并向料上生长时，应适当增加通风量。播后 7～10d 菌丝基本封面后，逐渐加大通风量，促使菌丝整齐往下吃料，菇房相对湿度控制在 80% 左右。一般播种后 18～20d 菌丝即可发菌到料底。

2.3.4.3　覆土　覆土之前，必须彻底检查是否有潜伏的杂菌和害虫，尤其是绿霉菌和螨类，一旦发现，必须采取措施，将其消灭在覆土之前。覆土前培养料表面应保持干燥，切忌在料面喷水。若料面仍较潮湿，应打开门窗进行大通风 2～3d，以吹干料面。覆土前还应采取 1 次全面的“搔菌”措施。覆土调水以后，菌丝纷纷恢复生长。选择当年未施用蘑菇废料的田地，取耕作层以下的土壤，将土块打碎，直径在 1～1.5cm，栽培面积每 $250m^2$ 取土用量为 $10m^3$，约 9 000kg，用石灰 100～150kg 与土粒均匀混合，测定 pH 值，控制 pH 值为 7.5，土粒处理每 250m 用 5% 甲醛溶液 80kg 均匀喷洒土粒，并覆盖薄膜消毒 24 h，备用。播种后 15～20d，菌丝基本走满后即可覆土。覆土后采取轻喷、勤喷的办法逐步调至所需湿度。

2.3.4.4　菇房出菇管理　覆土后 12～15d，待土缝中刚见到菌丝时，及时喷结菇水，以土层吸足水分、不漏料为准，在喷结菇水的同时，通风量必须比平时大 3～4 倍。当土缝中出现黄豆大小的菇蕾后，及时喷出菇水，促进籽实体形成。蘑菇采收期间，保持室内相对湿度 90%～95%，喷水量应根据菇量和气候具体掌握，一般床面喷水，应以间歇喷水为主，以轻喷、勤喷为辅，从多到少，菇多多喷、菇少少喷，晴天多喷、阴雨天少喷，忌打关门水，忌在室内高温时和采菇前喷水。气温高于 20℃时应在早晚或夜间通风喷水，气温低于 15℃时应在中午通风和喷水。整个栽培管理过程，正确处理喷水、通风、保湿三者关系，既要保证多出菇、出好菇，又要保护菌丝，促进菌丝前期旺盛，中期有劲，后期不早衰。

2.3.5　清除废料

5 月中下旬蘑菇生产结束后，及时清除菇床上的废料，运往制种基地培育水稻。

茶畜草组合型生态茶园建设*

过婉珍　雷鹏法　王一民　马灿娟

浙江省临安市农业局　浙江临安　311300

摘　要：随着茶叶生产的发展，机械化作业程度的不断提高，农家肥的减少，茶园普遍出现缺肥（有机肥）现象，茶芽生长减弱，树势衰老加快，改造年限提前，导致茶树经济生产年限周期明显缩短。为改变这一现状，特提出以养畜积肥、畜肥培茶、种草养畜、种养结合的茶畜草组合型生态茶园建设，促进茶叶生产可持续发展。

关键词：养畜积肥；畜肥培茶；种草养畜；生态茶园建设

---

* 本文发表于《茶叶》，2004，30（3）：134－136.

1　意义与优势

1.1　意义

茶叶是临安市传统的优势主导产业，是临安市山区农民的重要经济来源，也是出口创汇的主要农副产品之一。大力推广生态农业，加强生态资源保护（环境保护、地力保护、水资源保护）相配套，茶畜草组合型（养畜积肥、畜肥培茶、种草养畜）等综合相配套的生态茶园建。形成种、养、饲，产、加、销一体化的茶叶产业化体系，为打造临安茶叶品牌奠定坚实的基础。依托资源优势，围绕建设“生态经济强市、吴越文化名城、休闲度假胜地”的战略目标，推进生态经济的可持续发展，让临安农民富起来、山川绿起来、城市美起来的要求，实施茶畜草组合型生态茶园建设具有重要意义。

1.2　优势

1.2.1　以养畜积肥，畜肥培茶，改善茶园地力，提高茶叶品质

茶树是常绿作物，一年采收多次而大量消耗养分，施肥应根据茶树生长和生物学特性，长效肥短效肥有机肥结合，才能满足全年茶树生长所需的养分。就目前茶园施肥现状而言，少数茶叶大户施部分有机肥外，大多数茶园均以施化肥（短效肥）为主，有机肥（长效肥）施得很少，有的茶园 10 年内都未施过农家肥或有机肥。加上茶园机械化作业程度高，有效养分得不到及时补充，树势得不到恢复，造成茶树提前衰老。为了改变目前的状况，特提出以养畜积肥，畜肥培茶，以短养长；种草养畜，种养结合的茶畜草组合型生态茶园建设，以增施茶园有机肥，培育茶树生长势，增强茶树生长后劲，提高茶园地力，为生产无公害绿色食品茶，为持续高产稳产创造条件打下坚实基础。如板桥乡茶叶承包大户黄方明，利用附近牛奶场垃圾这个得天独厚的条件，将成吨垃圾挑上茶山，使山顶最差的沙石土也变成了海绵土，采下蒸青茶鲜叶每千克要比其他承包户高出 0.10 ~ 0.30 元，不仅改善了地力，同时提高了茶叶品质。

1.2.2　以种草养畜，为食草畜禽提供优质草料，形成良性循环

为解决茶园有机肥短缺的问题，实行养禽养羊积肥；但养禽、养羊又势必解决畜禽饲料短缺的问题。以种黑麦草、竹草来供应禽、羊饲料，从而解决禽、羊青饲料的问题，黑麦草、皇竹草在临安引进后生长非常好，不仅产量高、草质高，营养丰富，且一年可以收获多次，两种草搭配种植，还可以解决青饲料断档的问题。

2　实施方案

2.1　养畜积肥，以解决茶园有机肥源不足的难题

以 100 亩（1 亩≈667m^2。下同）茶园为例，隔一年 40% 的茶园上一次畜肥的要求即每年解决 40 亩茶园畜肥的问题。其中，15 亩以养羊解决肥源，25 亩养禽解决肥源。①每头羊年积羊粪 450kg，45 头羊积的肥可解决 15 亩茶园的肥源，每亩茶园隔年可施上 1 350 kg，可大大改善目前茶园因单一施用化肥所带来的土壤硬化、板结、吸肥吸水能力弱，茶芽生长后劲不足等现状。并采用放养与圈养结合，以降低饲养成本；②以养禽解决 25 亩

茶园的肥源。每亩养30羽禽，每羽禽可产禽粪4kg，一批养750羽禽，一年养三批2 250羽，积成肥料可解决25亩茶园肥源问题。

2.2 种草供畜，解决养畜饲料短缺的矛盾

2.2.1 皇竹草

皇竹草具有适应性特强，生长速度快、产量高、营养丰富、一年栽种，可连续收割的优质牧草。从5月初种植，6月初收割一直到10月底，年可割7次，亩产鲜草10 000kg。按圈养每头羊日供鲜草5kg，按半放养半圈养，年每头羊需鲜草910kg，一亩地皇竹草可解决11头羊一年的饲料。

2.2.2 黑麦草

黑麦草具有产量高，草质好，不仅是羊的优质饲料，也是鸡、鹅、鱼、猪的好饲料。年可割6次，亩产鲜草4 500kg，可解决6头羊一年的饲料。当黑麦草长到40～50cm即可收割，从11月一直可供应到次年6月底。黑麦草和皇竹草搭配种植，可衔接鲜草供给，解决畜禽青饲料断档的难题。皇竹草、黑麦草也可晒干贮存，以备作过冬草料。

3 茶园综合经济效益分析

3.1 茶园的经济效益

据调查，茶叶按前几年不变价推算：①春茶前期生产名优茶，亩产鲜叶10kg，平均10元/kg计算，毛收入100元；②春茶中后期生产蒸青茶，亩产鲜叶500kg（常年施用化肥），按1.20元/kg计算得毛收入600元；③夏、秋茶生产蒸青茶700kg，按0.6元/kg计算得毛收入420元。年亩毛收入1 120元，除去生产成本（采摘、治虫、除草、修剪管理工资等）共637元，亩净收入483元。如茶园施有机肥，每千克鲜叶高出0.12元计算，每亩可获净收入627元，比单一施用化肥提高效益29.8%。

3.2 养鸡经济效益

每批养750羽三黄鸡，年养三批2 250羽，当鸡长到1.5kg重时，可卖30元/羽，除去成本（苗鸡款、配合饲料玉米、防疫费等）22元，可获收入8元，每批可获6 000元，年三批获毛利18 000元，鸡成活率按90%计算，年三批共可获利16 200元。

3.3 养羊经济效益

由于第一年需买10头母羊繁殖小羊，每头母羊成本250元。5年内每头母羊平均可繁28头小羊，5年平均可出售20头肉羊，其余的留下积肥。小羊通过一年的饲养，可养成30kg重的肉羊，按市场价10元/kg计算，每头羊可获毛利300元。除去（生产及草饲料成本109.44元、防疫费10元、年母羊成本折率17.86元饲养及饲料成本64.28元）合计成本201.58元，每头肉羊可获净收入98.42元。年出售20头羊可获净利1 968.40元。

3.4 种皇竹草的经济效益

每亩皇竹草可产鲜草10 000kg，可供11头羊一年的饲料。按现价每千克0.12元计

算，亩年收入 1 200元。除去成本：①每亩种苗成本 400 元，按一年种植，可连续 7 年收割，亩年种苗成本 57. 14 元，每年补苗 30% 为 120 元，小计 177. 14 元；②每亩基肥 500kg 计 150 元；③7 次追肥计 42 元；④7 次割草、运草成本 3 67. 5 元；⑤管理用工 6 工计 180 元。每亩总成本 916. 64 元。亩收入 283. 36 元，3 亩获净收入 850. 08 元。

3. 5　种黑麦草经济效益

黑麦草亩产鲜草 4 500kg，为备足冬草，需种 2 亩，可供 12 头羊年用草料。鲜草按每公斤 0. 12 元计算，每亩获毛收入 540 元。除去成本（种子 20 元，基肥或复合肥 40 元；6 次追肥 36 元；6 次割草、运草成本 225 元，管理用工 3 工计 90 元）亩总成本 411 元，亩收入 129 元，2 亩黑麦草年获净收入 258 元。

3. 6　总经济效益测算

①100 亩茶园收入 62 700 元；②养鸡年收入 16 200元；③养羊年收入 1 968. 4元；④皇竹草 3 亩净收入 850. 08 元；⑤黑麦草 2 亩净收入 258 元，以上 5 项总收益 81 976. 48 元，每亩茶园净收入 819. 76 元，比原单业经营茶叶 483 元提高经济效益 69. 72% 。

4　具体措施

4. 1　把好苗鸡质量关

苗鸡应选健康无病、活动力强，买回后及时注射防病疫苗，在雏鸡时防疫好鸡球虫病，鸡长到 0. 5kg 时，应及时注射禽出败等药剂，防治鸡瘟，提高成活率；并把好饲料进货关，杜绝饲喂霉变饲料。

4. 2　把好母羊的质量检疫关和防疫关

选健康、壮实的母羊，并少量饲喂精饲料，如豆腐渣加米糠和新鲜青饲料相配合，及时注射羊痘、羊传染性胸膜炎疫苗，使羊健康壮实肉味口感好。

4. 3　把好茶树病虫植保关

对羊、鸡栏肥需经堆积发酵熟化，使虫、卵及有害生物死亡后再施入茶园，杜绝有害生物带入茶园。茶园用水需清洁、干净的水，减少污染，达到生产安全食品的目的。推广使用植物源农药、病毒农药、生物农药 BT 等，并采用佳多频振杀虫灯诱蛾新技术，达到无公害农产品及出口农产品安全生产的要求。

5　生态效益

5. 1　茶畜草组合型是一个复合型生态系统工程建设

需要各学科的技术人员密切配合、通力协作、取长补短、互为利用，发挥各自优势，为生态环境保护（地力保护、环境保护、水资源保护）而提高经济效益共同出谋划策，为可持续发展奠定坚实的基础。

5.2 生态茶园建设不仅改善茶园土壤理化性状，还可为都市提供优质的茶、禽畜产品

茶园施有机肥后，能改善茶树根系生长环境，促进养分吸收，提高肥料的利用率，从而提高茶叶品质。还可为市场和都市提供优质的禽、羊肉。不仅为茶园增肥、培土，鸡啄草、吃虫，可减少茶园病虫、杂草发生为害。放养鸡由于活力强，活食吃得多，鸡肉鲜美，市场比较抢手。羊多吃鲜草，可使羊肉减少肥膘，增加瘦肉，提高肉质，为市场提供优质茶、禽、畜产品。

5.3 生态茶园建设可使地力和光能得到最大限度的利用

种黑麦草、皇竹草可使茶园四周的闲田、闲地、荒山、荒坡得到充分利用，既可为畜禽提供优质饲料，还可为茶园土壤得到充足有机肥供应，使地力和光能得到最大限度的利用。

5.4 生态茶园建设为茶叶持续高产、稳产打好基础提供物质保障

茶园逐年轮番得到有机肥的使用，土壤理化性状得到改善，土壤有机质含量增加，土层加厚，土壤中生物如蚯蚓等不断繁殖增多，土壤空隙度增加，通透性改善，茶树抗逆能力强，对夹叶减少，有了良好的高产土壤条件，加上精心管理，达到茶叶持续稳产、高产的目的就为期不远。

浙西南茶园套种大荚箭舌豌豆技术*

沈旭伟

浙江省庆元县农业局　浙江庆元　323800

近年来，浙西南地区随着山地茶园、果园的快速发展和无公害茶、绿色食品茶、有机茶的相继开发，对有机肥的需求量也大大增加，但是不少地方由于有机肥不足，用地和养地工作相脱节，造成了茶园土壤理化性状变差、肥力下降，产生了一系列茶园生态失衡问题。为了适应当前生态循环农业技术发展需要，开辟肥源，已是当务之急。于是，2002年秋庆元县进行了茶园套种大荚箭舌豌豆试验，并进行示范推广，取得较大成效。套种茶园平均亩产鲜草1 200 ~2 000kg，基本能满足茶树一年对基肥的需要。实践证明，茶园套种大荚箭舌豌豆是一项既能抑制杂草生长，又能培肥地力和提高茶树抗旱能力的茶园管理新技术。

---

* 本文发表于《中国茶叶》，2008（7）：24 -25.

1　茶园套种大荚箭舌豌豆技术

1.1　套种方法和年限

套种绿肥时必须给茶树生长留出适当的空间，并且要随着树冠的扩大逐年缩小套种面积，以保证绿肥作物不与茶树争水肥及攀树遮光。一般新植茶园在茶苗定植后1~4年内、低改茶园在封行前的1~2年内适宜套种大荚箭舌豌豆。重修剪和台刈改造的茶园可视具体情况套种1~2行大荚箭舌豌豆，封行后不宜进行套种。双行条栽1~2年生茶园，在大行间套种大荚箭舌豌豆2行；3~4年生茶园大行间套种1行；5年生以上茶园行间一般不套种，可在园边地角适当种植。

1.2　整地、播种

（1）深翻整地。套种大荚箭舌豌豆的茶园整地一般可结合秋末茶园深耕同时进行，深度20~30cm。深翻后稍作碎土平整即可开沟（或挖穴）播种，播种时每亩施钙镁磷肥25kg左右作基肥。

（2）适时播种。适期早播，争早发，年内多分枝是大荚箭舌豌豆鲜草高产的关键，一般以10月上中旬播种为宜。播种方式为条播或点播均可，条播行距为35~40cm，株距4~5cm；点播行距为35~40cm，穴距为25~30cm，每穴播5~6粒种子。播种后覆土厚度为1.0~1.5cm。播后3~4天内遇干旱应适当浇水，保持土壤湿润。

1.3　田间管理

大荚箭舌豌豆虽然适应性、抗逆性强，病虫害轻，易栽培，但既要实现高产又不致影响茶树生长，在田间管理上就必须注意以下两点：一是及时抓好前期肥培管理。苗期生长缓慢，需及时进行中耕除草，结合施少量速效肥，以利植株和根瘤菌生长。一般当苗高达6~8cm时中耕除草1次，并亩施复合肥6~8kg；开春后进行第2次中耕除草，并视植株长势再亩施尿素5~8kg。二是及时做好匍匐枝的整理工作。大荚箭舌豌豆匍匐茎长可达150cm以上，且攀绕性强，在茶园管理时应经常进行整理，使其不致因攀绕茶树而影响茶树生长。有条件的地方可在行间用长80~100cm的树枝、竹梢等作支架，使大荚箭舌豌豆攀援生长，以改善茶园下部通风透光度，提高鲜草产量。

1.4　割青、翻压

过早压青，鲜草产量低，植株过分幼嫩，肥效差；压青过迟，植株老化，茎叶养分含量较低，在土壤中不易分解，肥效低。一般大荚箭舌豌豆适宜的割青、翻压时间为盛花至终花期，浙南地区在4月中下旬割青、翻压为宜。翻压方法是就地挖深20~25cm的沟，将鲜草压埋入土。

2 茶园套种大荚箭舌豌豆的生态和经济效益

2.1 改良土壤

茶园内套种的大荚箭舌豌豆，通过压青后增加了土壤的有机质含量，而且大荚箭舌豌豆的固氮作用能为茶树提供部分氮素营养，从而可减少化学氮肥的施用量，降低茶叶生产成本。试验结果（表1）表明，套种大荚箭舌豌豆，能够明显增加土壤有机质、有效氮、有效磷和速效钾含量，其中有机质含量提高0.88%，有效氮、有效磷和速效钾含量分别提高137.5%、77.1%和41.8%，对改善土壤结构非常有利。不仅如此，在套种大荚箭舌豌豆后，地面上生物量大、覆盖率高，地下根系分布广，可有效减轻因降雨出现的“土壤迸溅”现象，降低地表径流速度，有效防止地表水土流失，增加土层蓄水量。

表1 茶园套种大荚箭舌豌豆1年后土壤养分含量

处理	有机质（g/kg）	有效氮（mg/kg）	有效磷（mg/kg）	速效钾（mg/kg）
对照	22.3	96	35.1	55
套种茶园	31.1	228	62.0	78

2.2 改善茶园小气候

试验结果（表2）表明，茶园内套种大英箭舌豌豆后夏季地表温度平均降低4℃左右，地表湿度平均提高5.5%，蓄水保土效率也有所提高。土壤温度变幅减小，水分蒸发率降低，土壤含水量增加，起到保湿防旱促长的作用。

表2 茶园套种大荚箭舌豌豆后地表温湿度变化

日期	茶园地表温度（℃）		茶园地表相对湿度（%）		日期	茶园地表温度（℃）		茶园地表相对湿度（%）	
	套种茶园	对照	套种茶园	套种茶园		套种茶园	对照	套种茶园	对照
7月15日	27.0	31.3	88.8	82.3	8月12日	23.7	29.7	86.5	84.3
7月16日	26.7	31.5	90.5	81.3	8月21日	24.9	25.0	97.5	98.0
7月17日	25.7	31.1	85.0	81.3	8月22日	25.5	26.5	95.8	94.5
8月10日	25.5	30.9	92.3	80.8	8月23日	24.6	27.5	90.0	87.0
8月11日	24.7	30.6	91.5	79.3	平均	25.5	29.3	90.9	85.4

2.3 增加经济效益

茶园内套种大荚箭舌豌豆除了具有显著的生态效益外，更重要的是它具有很好的经济效益，每吨鲜大荚箭舌豌豆压青后相当于尿素15.86kg、过磷酸钙9.28kg，氯化钾10.17kg的肥量，套种后可以减少化肥用量，节约成本开支。除此之外，由于套种大荚箭舌豌豆，茶园化肥和农药用量大大减少，增加了茶园的生物多样性，改善了茶园小气候，有利于茶树生长，特别是夏秋季节，能调节和改善茶树的光照条件，使茶芽萌发快，叶色浓绿，达到茶叶优质、增产的效果。

浙西南山区蚕、豌豆种植效益与栽培技术*

王海芬[1]　沈凤妍[2]　林昌庭[3]　林敏莉[3]

1. 浙江省景宁县陈村乡农业技术综合服务站　浙江景宁　323500；
2. 浙江省景宁县渤海镇农业技术综合服务站　浙江景宁　323500；
3. 浙江省景宁县农业局　浙江景宁　323500

近年来由于种植业结构的迅速调整，景宁县农民种植蚕、豌豆的积极性逐年高涨，种植面积不断扩大。2001 年全县蚕、豌豆种植面积 $300hm^2$ 左右。其中，蚕豆面积约有 $100hm^2$。2002 年冬季蚕、豌豆种植面积发展到 $450hm^2$，其中，蚕豆面积达 $180hm^2$。为了进一步抓好蚕、豌豆生产，提高农田种植效益，增加农民收入。现将景宁县蚕、豌豆生产的效益和栽培技术整理报道如下：

1　种植效益

从景宁县渤海、陈村、金钟、大顺等乡镇多年种植结果来看：种植蚕、豌豆综合经济效益明显高于油菜、小麦等大宗的冬种作物，因此，深受景宁县农民欢迎。

1.1　当季经济效益倍增

根据我们在陈村乡岳口村调查统计，蚕豆 $10.5hm^2$，每公顷产鲜荚 8 950.5kg，销售收入为 7 477.5元；豌豆 $16.7hm^2$，平均每公顷产鲜荚 4 980kg，收入为 8 475元。渤海镇梅坑村种植豌豆 $4.5hm^2$，每公顷产鲜荚 10 732.5kg，销售收入为 8 587.5元；金钟乡绿草村种植蚕豆 $6.8hm^2$，每公顷产鲜荚 7 867.5kg，销售收入为 10 530.5元。与 $667m^2$，产 200kg 小麦，100kg 油菜籽相比，种植蚕豆比种小麦增加收入 70% ~80%，种植豌豆比种小麦增加收入 80% ~100%。

1.2　有利后熟水稻增产

种植蚕、豌豆能使早稻移栽期提前 10 ~15d，并能明显增加土壤有机质。据我们在岳口村调查：早、晚两季水稻合计可增稻谷 116kg，增产 15% 左右（未包括缓和其他大田的收种季节，减少秧苗超令的增产数在内）。

---

* 本文发表于《内蒙古农业科技》，2003（S2）：288 -289.

1.3 用养结合，可增加农田有机质含量及改良土壤

从试验结果来看，种植蚕、豌豆可以明显改变近几年来用地过度、有机质肥料不足，土壤变劣的问题。经测产一般每 $667m^2$ 大田可产豌豆鲜藤 1 000kg左右，蚕豆鲜茎叶 1 250 kg 上下，相当于增施了 10kg 尿素的肥效。

1.4 有利于水稻轻型栽培技术的推广应用，降低粮食生产的成本

近几年景宁县迅速推广的水稻直播、塑盘抛秧、旱育秧抛栽等轻型栽培技术，早稻一般要求季节早或秧龄较短。蚕、豌豆的收获期早，有利于这些技术的推广应用。

2 栽培技术要点

2.1 选用优良品种

品种要有利于高产，品质要好，最重要的是要适应市场的需求。经两年来的种植实践，我们认为比较理想的品种，豌豆为中豌 6 号。该品种矮生，冬播株高一般为 40 ~ 45cm，适宜密植，开白花，籽粒绿色，荚呈翠绿，一般每千克为 200 荚左右，商品性状较好，一般每亩可产鲜荚 500 ~ 700kg；蚕豆则以慈溪大白蚕为好，该品种生长势旺，抗病、耐湿，荚大、籽粒大，商品性好，较受消费者欢迎。在选购种子时除了要选用优良品种外，还要重视种子的纯度和质量。近两年我县有些农民贪方便和低价，不到专业经营种子的店、铺购买种子，而是私自到市场摊贩那里去购买低质种子。种植结果因种子质差种杂，严重影响产量，所以造成贪小失大的经济损失。

2.2 实行连片规模种植

商品生产要求具有一定的规模和特色；生产技术的推广和辅导也要求具有一定的规模和特色；病虫、鼠草防治也要求连片种植，以促提高防治效果。所以要求各村种植一种商品作物，一定要达到较大面积。种植蚕、豌豆一个村一般面积要求在 $5hm^2$ 以上。集中连片种植，容易产生规模效益。

2.3 播种期、播种量及种植方式

2.3.1 豌豆

中豌 6 号为春性较强品种，苗期抗寒性强，中、后期抗冻性差，过早播种、生长后期容易遇上晚雪造成冻害。在我县一般于 11 月下旬播种较适宜，最迟不要超过 12 月上旬。因为过迟播种，温度低会影响种子的萌发，造成出苗慢、不整齐和苗数不足。播种量一般每亩播 9 ~ 10kg，争取 3 万苗左右。早播肥田用种可少点，反之则要多点。一般采用翻耕，开沟整畦，实行条播为好。畦连沟宽 1.7 ~ 1.8m，种植 4 行。对排水性能好、双子叶杂草少的田也可采用稻板撒播，再开沟覆土，像稻板麦的方式一样种植。

2.3.2 蚕豆

播种期一般应在 11 月上旬，不能迟于 11 月 15 日，以作畦穴播为好。行株距为 40cm × 30cm，肥力高的可稍稀些，一般每 $667m^2$ 种植 2 500 ~ 3 000穴，每穴 2 ~ 3 粒籽。

用种量为 7～8kg。如果排水不良的田和雨水多的年份，采用翻耕点播比免耕稻板撒播的生长好，产量高。

2.4　提高施肥技术

蚕、豌豆是豆科作物，对氮肥的需要量较少，但对磷、钾肥要求较多，对微肥要求敏感。在高产栽培中，可采用如下施肥方法，进行科学施肥，以满足蚕、豌豆各个生育时期对肥料的需求。

2.4.1　增施磷、钾肥

播种前一般每亩施钙镁磷肥 30～50kg，焦泥灰 750～1 000kg 作基肥。播种时可用钙镁磷肥及猪粪灰拌种或穴施作种肥。

2.4.2　有机肥的增产作用明显

为使蚕、豌豆高产，一般可在开春前铺施猪粪及牛栏肥，或铺盖稻草。从近两年种植结果来看，对有机肥不足的田，采用稻草还田的增产效果很明显。

2.4.3　施用钼肥、硼肥，忌用含氯肥料

从渤海农技站试验结果来看，在我县施用钼肥能使蚕豆增产两成以上。蚕豆采用钼酸铵拌种或喷苗，均能使蚕豆鲜荚增产 20%～30%。因此我们建议播种时，蚕、豌豆均要采用钼酸铵拌种。具体用法是每亩用钼酸铵 5～7g 对水制成 1% 的溶液拌种即可。从陈村乡农技站试验结果来看，在苗期或初花期施硼肥对蚕、豌豆也有明显的增产效果。一般每亩用硼砂 100g 对水 40kg 喷施 1～2 次，能使蚕、豌豆增产 20% 以上。

2.4.4　重视苗肥、春肥的施用

中豌 6 号不同于一般的豌豆品种，因此要重视苗肥、春肥的施用。出苗后一般每亩用 2.5～3.0kg 尿素，冲水 250～300kg 浇施苗肥；开春后在 2 月中下旬再每亩用尿素 5.0～7.5kg 补施苗肥就能获得较高的产量。蚕豆开花初期，对生长不良的黄苗也要看苗补施氮肥。

2.5　认真抓好鼠害，草害及病害的防治

在播前要连片投放毒饵进行灭鼠，播时再用灭鼠药对水拌种以避鼠害。播后用 50% 的乙草胺 50～60ml 对水 40kg 喷施防草害。生长期间要注意防治蚜虫、潜叶蝇及蚕豆的锈病、炭疽病和豌豆的白粉病。

2.6　注意事项

从近年种植结果来看，豌豆要重视轮作，不能连年种植。不论是本地品种，还是中豌系列品种，连年种植均不利豌豆的生长，会严重影响产量。蚕豆虽然可连年种植，但它是忌氯作物，一定不能施用氯化钾及含氯的农药。

从近两年试种和高产攻关结果来看，蚕、豌豆要获得高产就必须做到选用良种，适时播种，合理用肥，加强管理。这样才能获得较高的产量和种植效益。

南方山地桃园生草技术*

吴全聪[1]　郑仕华[2]　王贤芳[3]　谢发贤[3]
1. 浙江省丽水市农业科学研究所　浙江丽水　323000；
2. 丽水市莲都区农业局　浙江丽水　323000；
3. 丽水市莲都区可持续发展实验区办公室　浙江丽水　323000

摘　要：桃园生草可防或减少水土流失，改良土壤，提高土壤肥力，促进桃园生态平衡，优化桃园小气候，抑制杂草生长。南方桃园适宜种植白三叶、百喜草、黑麦草等，根据不同需要选择三草合一、二草合一或单一种植，春播或秋播，适施基肥和提苗肥，苗期要清除恶性杂草，桃园养殖或科学刈割，5～7 年后全园翻压。

关键词：南方；山地桃园；生草技术

桃园生草亦即在桃树株行间或全园种植对桃树有益的特定品种的草。它是桃园保持水土、增加土壤有机质和肥力、改善桃树生长环境的有效措施。为摸索南方桃园生草技术，从 2004 年开始在浙江丽水开展了桃园生草技术研究，并取得一定成效。

1　桃园生草的优点

1.1　防比或减少水土流失

桃园生草成坪后，地上部分有效防止雨水对土壤的直接冲刷，减少或防止因雨水冲刷引起的水土流失；地下草根在土壤中盘根错节，固土能力很强；种草后改善土壤团粒结构，大粒径的团粒多，土壤的“凝聚力”增强。因此，桃园生草从多个方位防止或减少园地的水土流失。

1.2　改良土壤，提高土壤肥力

桃园生草并适时翻埋入土，可提高土壤有机质，改善土壤结构，增加土壤养分，为桃树根系生长创造一个养分丰富、疏松多孔的根层环境。豆科牧草长有根瘤，还能积累有机养分和固定氮素。据国内专家测定，在达到一定覆盖的情况下，白三叶草可固定氮素 150～195kg/hm^2，相当施用尿素 300～435kg/hm^2，二年生草地的全氮和有机质含量分别为0. 105% 和 1. 42%，四年生草地分别为 0. 122% 和 1. 72%，与清耕相比，全氮分别增加 80. 7% 和 110. 3%，有机质分别提高 114. 5% 和 159. 8%。再者桃园种草可提高土壤中一些

---

* 本文发表于《现代农业科技》，2006（7）：25－26.

必需营养元素的有效性，种草桃园缺磷和缺钙的症状明显减少。

1.3　促进桃园生态平衡

南方桃园主要害虫有蚜虫类、叶蝉类等。据调查，生草桃园瓢虫、草蛉、食蚜蝇和蜘蛛等捕食性天敌和寄生蜂等寄生性天敌种群和数量增大，利用天敌控制虫害发生和猖獗的能力明显增强，生草桃园在使用化学农药次数和种类减少的情况下其虫害比清耕桃园尚轻。

1.4　优化桃园小气候

桃园种草可使土壤的温湿度昼夜变化和季节变化幅度减小，有利于桃树的根系生长和对养分的吸收。雨季来临时，草能够吸收和蒸发水分，缩短桃树淹水时间，增加土壤排涝能力。高温干旱季节时，草间作区由于地表覆盖好，可显著降低土壤温度，减少土表水分蒸发，对土壤水分调节起缓冲作用，利于果树的生长发育。

根据测定，在白三叶草的植被作用下，冬季地表温度可增加 1～30℃，5cm 土层增加 2.5℃左右，20cm 土层增加 1.50℃左右；夏季地表温度可降低 5～7℃，5cm 土层降低 2～4℃，20cm 土层降低 1.8℃左右。

1.5　抑制杂草生长

白三叶、百喜草、黑麦草等竞争力强，成坪后能有效抑制多种杂草生长，抑制率达 55%～70%，尤其能抑制蓼、藜、苋等恶性阔叶杂草，对扛板归等恶性杂草也有一定的控制作用。白三叶、百喜草、黑麦草成坪后，基本不需人工除杂，轻易解决了桃园不宜使用草甘膦带来的除草问题。

1.6　促进观光农业发展

随着近年来观光休闲农业的发展，农家乐深受广大消费者喜爱。春季桃花盛开时，生草桃园已是一片碧绿，增添了一层美景；桃子挂满枝头时，套种白三叶的桃园满地白花，似夏夜繁星点点，让人心旷神怡；即使桃花谢了、桃子收了，生草桃园还是一片绿。桃园生草使农业观光淡季不淡、旺季更旺。

2　桃园生草技术

2.1　草种的选择

2.1.1　选择原则

（1）与桃树和谐生长。高度适中，覆盖性好，根系浅；无与桃树共有的病害；提供桃树害虫天敌栖息场所；春季早发性好，返青快，能在高温前迅速覆盖地面。

（2）容易繁殖抗性好。容易繁殖，耐割耐践踏，再生能力强；耐阴、耐旱、耐高温、耐低温；春季返青后能迅速覆盖地面，以有效控制越冬杂草返青和春季杂草萌发。

（3）易于被控制。便于必要时采用人工、机械或施用化学除草剂等灭除。

（4）经济价值明显。能改良土壤，提高土壤肥力，优化桃园生态环境；有益发展生态农业（如桃园养鸡）或观光农业。

2.1.2　南方桃园适宜种植的草种

（1）白三叶。白三叶属豆科多年生草本植物，固氮能力强，培肥地力效果明显，绿色期长，在不太寒冷的地方可四季常青，一次种植可收益5～8年。其草层低矮、致密，只有30cm高，且根系浅，主要集中在地表10cm的土层中，不与桃树争肥争水；且当夏季高温干旱时，几乎停止生长，但仍然成活，保墒效果明显，同时抑制杂草生长；耐旱、耐寒、耐阴强，耐践踏性能好，适应性强，无与桃树共有的病害；观赏价值高，花好看，叶美观。若作为牧草，其适口性好，各种畜禽均喜食，是食草类畜禽优质饲草，产量和营养价值高：鲜草的粗蛋白含量为29.8%、全株为19.3%，另外还含有大量氨基酸和维生素B_1、维生素B_2、维生素C、维生素E和维生素K等，干物质消化率可达80%。

（2）黑麦草。黑麦草是禾本科黑麦草属植物，生长快，分蘖多，繁殖力强，茎叶柔嫩光滑，品质好，畜禽喜食，须根发达，根系较浅，主要分布于15cm以内的土层中，茎秆直立光滑。株高50～120cm，多年生黑麦草喜温暖、湿润、排水良好的壤土或黏土生长。再生性强，耐刈割，耐放牧，抽穗前刈割或放牧能很快恢复生长。干物质中营养成分为粗蛋白13.8%，粗脂肪5.6%，粗纤维18%，无氮浸出物44.4%，粗灰分12%，钙0.31%，磷0.28%，必需氨基酸含量丰富，微量元素含量较多，适口性好，是鹅、牛、猪、兔、羊的冬、春牧畜最理想青饲料。

（3）百喜草。百喜草为匍匐茎，年生长量20～35cm，并常向四周蔓延而使植株呈圆盘状。须根系，集中在0～20cm的表土层中。随着茎的蔓延，每节触土即生根。是保持水土的优良草种。

以上3种牧草可单一种植，考虑生物多样性和具体实际还可同园种植几种：①三草合一：株间以黑麦草与白三叶混播，行间种植百喜草。适合养殖类桃园；②二草合一：株间种植白三叶或黑麦草，行间种植百喜草。适合水土易流失的桃园；③单一草种：单一种植白三叶、百喜草或黑麦草。以单一种植白三叶的适用范围较广，它集水土保持、养土、生态养殖、观光等诸多作用于一身。黑麦草主要考虑养殖，百喜草主要考虑保持水土。

2.2　整地与播种

2.2.1　播种时期及播种量

白三叶最佳播种时间是春秋两季，最适生长温度为19～24℃。春季播种可在3月中下旬，气温稳定在15℃以上时进行。秋季播种一般从8月中旬开始至9月中下旬，秋季墒情好，杂草生长势弱，有利于白三叶生长成坪，因此较春季播种更为适宜。黑麦草宜秋播，具体为9月中旬至10月上旬；百喜草宜春播，时间为3月中旬至4月上旬。

播种量：白三叶为7.5～15kg/hm^2，黑麦草为15～22.5kg/hm^2，百喜草为22.5kg/hm^2。

2.2.2　整地与播种

种子在播种前1d用50℃左右的热水浸种，边搅动热水边倒入种子，搅动到室温后浸种8h，捞出后晾干即可播种。播种前结合整地施磷肥750～1050kg/hm^2，尿素112.5kg/hm^2。将地整平、整松，不要有大土块。将种子与适量细土或沙子（混钙镁磷肥亦可）拌匀后撒播在地表，然后耙一耙，覆土0.5～1.5cm。播种时可结合天气预报，采用干种等雨的方式。种植方式条播、撒播均可，春季以条播为好，行距 20～30cm。秋季以撒播为好。

树盘上种的草会与树根争水、争肥和争呼吸，不利于果树正常生长。一般要求幼园，只能在树行间种草，其草带应距离树盘外缘 40cm 左右，作为施肥营养带。而成龄果园，可在行间和株间都种草，但在树盘下也不要种草。

2.3　苗期管理

除了播种前，应施足底肥外，在苗期，应施提苗肥尿素 60～75kg/hm^2。每年还应施尿素 225～300kg/hm^2。施肥方法可结合灌水施肥，也可趁天雨撒施或叶面喷施。白三叶属豆科植物，自身有固氮能力，但苗期固氮菌尚未生成，需补充少量的氮肥，待成坪后则只需补磷、钾肥，百喜草和黑麦草则还需一定的氮肥。苗期应保持土壤湿润，成坪后如遇长期干旱也需适当浇水。小苗期还要清除杂草，尤其是蓼、藜、苋、扛板归等恶性阔叶杂草。

2.4　刈割与翻耕

当高度长到 30cm 左右时进行刈割。1 年可刈割 2～4 次；刈割时留茬 10cm 以上（黑麦草可留 5cm 以上），以利再生；割下的可就地株间覆盖。播种后的头 1 年，因苗弱根系小，不宜刈割。从第 2 年开始，每年可刈割 3～5 次。当草长到 30cm 左右时，就可刈割。把刈割下的草可覆盖在树盘上，以利保墒。若结合桃园养殖，则不需刈割，只需轮流放养和休闲。5～7 年后进行全园秋翻压，使其休闲 1～2 年后，再重新播种生草。